高强方钢管高强混凝土构件的工作机理与设计方法

Working Mechanism and Design Method of High-strength Concrete-filled High-strength Square Steel Tubular Members

李帼昌　陈博文　著

中国建筑工业出版社

图书在版编目（CIP）数据

高强方钢管高强混凝土构件的工作机理与设计方法＝Working Mechanism and Design Method of High-strength Concrete-filled High-strength Square Steel Tubular Members/李帼昌，陈博文著. —北京：中国建筑工业出版社，2021. 12
ISBN 978-7-112-26722-4

Ⅰ. ①高… Ⅱ. ①李…②陈… Ⅲ. ①高强度钢-研究②高强混凝土-研究 Ⅳ. ①TG142. 7②TU528. 31

中国版本图书馆 CIP 数据核字（2021）第 211812 号

本书对各种受力工况下的高强方钢管高强混凝土构件的工作机理进行了深入研究，进而提出了实用设计方法与设计建议。本书内容共 8 章，主要包括：绪论、高强方钢管高强混凝土短柱轴压性能研究、高强方钢管高强混凝土长柱轴压性能研究、高强方钢管高强混凝土构件抗弯性能研究、高强方钢管高强混凝土柱单向偏压性能研究、高强方钢管高强混凝土柱双向偏压性能研究、高强方钢管高强混凝土柱承载力计算与设计方法研究、结论。本书适用于建筑结构工程设计、研究人员参考使用。

责任编辑：万　李
责任校对：关　健

高强方钢管高强混凝土构件的工作机理与设计方法
Working Mechanism and Design Method of High-strength Concrete-filled High-strength Square Steel Tubular Members
李帼昌　陈博文　著

*

中国建筑工业出版社出版、发行（北京海淀三里河路 9 号）
各地新华书店、建筑书店经销
北京科地亚盟排版公司制版
北京建筑工业印刷厂印刷

*

开本：787 毫米×1092 毫米　1/16　印张：14¼　字数：351 千字
2021 年 11 月第一版　2021 年 11 月第一次印刷
定价：**49.00** 元
ISBN 978-7-112-26722-4
（38529）

前　　言

钢管混凝土具有承载力高、塑性和韧性好等特点，被广泛应用于高层建筑与桥梁工程中。在钢管混凝土中采用高强钢材和高强混凝土来替代普通强度材料，形成高强钢管高强混凝土，可改善高强混凝土的脆性、延缓钢管的局部屈曲。将其应用在建筑结构中，在提高构件与结构承载性能的同时，可减小构件截面尺寸并降低结构自重，进而减小对自然资源的消耗与环境污染。目前，关于普通钢管混凝土受力性能的相关研究已趋于成熟，但对采用高强钢材和高强混凝土的方钢管混凝土构件受力性能研究相对较少，尚未明晰高强方钢管高强混凝土构件的工作机理，且各国设计规范对高强钢管与高强混凝土在组合结构中的应用存在限制。因此，深入研究各受力工况下高强方钢管高强混凝土构件的工作机理，进而提出实用设计方法与设计建议十分必要。基于此，本书进行 146 个试件的试验研究与约 1500 个模型的数值计算，主要研究内容及取得的研究成果如下：

进行了高强方钢管高强混凝土轴压短柱、轴压长柱、纯弯构件、单向偏压短柱、单向偏压长柱、双向偏压短柱、双向偏压长柱的试验研究，分析构件的典型受力过程与破坏形态，明确了构件的传力机制，归纳总结了承载力与弯矩变化规律、变形发展规律、应变与应力影响因素等。基于试验结果，重点研究了构件局部屈曲与屈曲后性能、长细比对混凝土破坏形态及中性轴移动规律的影响、二阶效应对承载力与变形的影响、钢-混凝土界面粘结与摩擦作用对钢管应力的影响等。

建立了各受力工况下高强方钢管高强混凝土构件的精细化有限元模型，以轴压短柱和单向偏压长柱数值模型为例，对比分析了采用不同混凝土本构关系的模型计算结果，确定了合理有效的本构关系及本构参数，探讨了高强混凝土的立方体、棱柱体、圆柱体抗压强度相互转化关系；并对现有文献中适用于高强钢材的屈强比关系进行了拓展性研究。对数值模型的收敛性进行了研究，给出了可有效提升有限元模型计算效率的实用建议。建立了高强方钢管高强混凝土组合应力-应变全曲线方程。

结合试验与数值计算结果，揭示了各受力工况下高强方钢管高强混凝土构件的工作机理，明确了钢与混凝土的协同工作性能、约束效应、应力与应变分布、内力分配机制等。试验和数值研究表明，钢管发生局部屈曲后，构件纵向应变的发展趋势有所改变，而屈曲位置附近区域的钢管仍可继续约束核心混凝土。单向偏压柱弯矩-曲率曲线可分为下降&稳定、下降&强化、平台&强化三种类型。与双向偏压短柱相比，钢-混凝土界面粘结与摩擦作用对单向与双向偏压长柱钢管横向应力的影响相对显著。

通过参数化分析，研究了受力工况（轴压、纯弯、单向偏压、双向偏压）、几何因素（含钢率 α、长细比 λ）、材料强度（钢材屈服强度 f_y、混凝土抗压强度 f_{cu}）对构件受力性能的影响。对比分析了高强钢管高强混凝土柱（HSS-HSC）、高强钢管混凝土柱（HSS-CSC）、钢管高强混凝土柱（CSS-HSC）、钢管混凝土柱（CSS-CSC）受压性能与内力分配的差异以及偏心率（e/B）的影响。分析结果表明，λ 与 e/B 显著影响钢管的约束作用与材料强度的发挥效率。在钢管混凝土构件中采用高强钢材可提高构件的屈服荷载比例，采用高强混凝土会改变构件的内力分配机制，且会延缓钢管局部屈曲的发生。

基于试验与数值计算结果，建立了各受力工况下的高强方钢管高强混凝土构件承载力计算方程与实用设计方法。同时，研究表明，高强钢宜与高强混凝土相组合，建议$\lambda=14\sim37$时，将f_y/f_{cu}比值控制在6.57～7.00范围内；$\lambda>37$时，将f_y/f_{cu}比值控制在5.75～6.57范围内。为有效发挥构件的承载性能，建议λ的取值不大于56、在f_y或e/B相对较小时增加f_{cu}、在e/B较大时增加f_y或α，但建议α不大于0.2。最后，建立了含1119个高强方（矩）形钢管高强混凝土柱的数据库，为高强方钢管高强混凝土柱的工程实践奠定基础，为《钢管混凝土结构技术规范》GB 50936—2014和AISC 360—16的进一步修订与完善提供参考。

本书的研究工作是在国家自然科学基金重点项目（51938009）、国家自然科学基金面上项目（51378319）和国家重点研发计划子课题（2018YFC0705704）的资助下完成的，在此表示诚挚的谢意。国内外学者已发表的文献、教材和著作的相关研究成果为本书的撰写工作提供了灵感与帮助，在此特向各位专家、学者和朋友们表达衷心的感谢。

由于作者水平有限，书中难免存在疏漏与不足之处，本书作者怀着感激的心情恳请各位读者批评指正。

目　　录

1　绪论 …… 1
1.1　课题研究背景与意义 …… 1
1.1.1　钢管混凝土的特点 …… 1
1.1.2　新型高强钢管混凝土柱的特点 …… 3
1.1.3　高强钢材与高性能混凝土的特点、研究、应用 …… 3
1.1.4　高强钢管高强混凝土柱的特点及应用 …… 4
1.2　采用高强材料的钢管混凝土构件课题研究现状 …… 5
1.2.1　钢-混凝土界面粘结强度研究 …… 6
1.2.2　钢-混凝土组合效应与本构方程研究 …… 6
1.2.3　轴压构件工作机理与受压性能研究 …… 6
1.2.4　轴压构件承载力计算、可靠度分析、数据库建立 …… 8
1.2.5　纯弯构件工作机理与抗弯性能研究 …… 9
1.2.6　纯弯构件抗弯刚度与抗弯承载力计算 …… 9
1.2.7　偏压构件工作机理与受压性能研究 …… 10
1.2.8　偏压构件承载力计算、可靠度分析、数据库建立 …… 10
1.3　文献总结与拟解决关键问题 …… 12
1.3.1　破坏形态 …… 13
1.3.2　材料本构关系 …… 13
1.3.3　工作机理与受力性能 …… 13
1.3.4　材料强度匹配 …… 14
1.3.5　规范计算 …… 14
1.3.6　承载力计算公式推导与设计方法提出 …… 14
1.3.7　数据库建立 …… 15
1.4　本书主要研究内容与技术路线 …… 15
2　高强方钢管高强混凝土短柱轴压性能研究 …… 17
2.1　引言 …… 17
2.2　试验方案设计 …… 17
2.2.1　试件设计 …… 17
2.2.2　材料性能 …… 17
2.2.3　试件制作 …… 19
2.2.4　测点布置与加载制度 …… 19
2.3　试验结果分析 …… 20

2.3.1 破坏形态与破坏过程 …… 20
2.3.2 荷载-纵向应变曲线 …… 22
2.3.3 荷载-纵向位移曲线 …… 22
2.3.4 各测点应变与应力发展 …… 24
2.4 精细化数值模型建立 …… 25
2.4.1 部件创建 …… 25
2.4.2 接触关系 …… 25
2.4.3 边界条件 …… 26
2.5 钢材本构关系 …… 26
2.5.1 钢材本构方程 …… 26
2.5.2 钢材屈服强度与极限抗拉强度的关系 …… 26
2.6 混凝土本构关系 …… 27
2.6.1 混凝土受压本构模型对比分析 …… 27
2.6.2 混凝土本构方程适用条件 …… 30
2.6.3 混凝土强度转化关系 …… 31
2.6.4 混凝土受压本构关系参数设置 …… 32
2.6.5 混凝土受拉本构关系 …… 33
2.7 数值模拟结果与分析 …… 33
2.7.1 模型验证 …… 33
2.7.2 荷载-纵向位移曲线分析 …… 33
2.7.3 钢管 Mises 应力分析 …… 36
2.7.4 混凝土纵向塑性应变分析 …… 37
2.7.5 混凝土纵向应力分析 …… 38
2.7.6 接触压力分析 …… 39
2.7.7 强、弱约束区混凝土单元纵向应力分析 …… 40
2.8 参数分析 …… 41
2.8.1 各参数对荷载-纵向位移曲线的影响 …… 41
2.8.2 各参数对接触压力的影响 …… 44
2.8.3 各参数对 $\sigma_{lc\text{-}center}/f'_c$ 的影响 …… 51
2.8.4 各参数对混凝土强度提升系数的影响 …… 52
2.9 本章小结 …… 54

3 高强方钢管高强混凝土长柱轴压性能研究 …… 55

3.1 引言 …… 55
3.2 试验方案设计 …… 56
3.2.1 试件设计 …… 56
3.2.2 材料性能 …… 56
3.2.3 加载装置、数据采集与加载制度 …… 57
3.3 试验结果分析与讨论 …… 58

3.3.1 试验加载过程 …… 58
3.3.2 荷载-侧向挠度曲线 …… 59
3.3.3 构件破坏形态 …… 60
3.3.4 混凝土破坏形态 …… 61
3.3.5 荷载-应变曲线 …… 63
3.4 数值模型建立与验证 …… 67
3.4.1 模型建立 …… 67
3.4.2 材料本构关系 …… 67
3.4.3 模型验证 …… 68
3.5 数值模拟结果与分析 …… 70
3.5.1 全过程受力性能 …… 70
3.5.2 接触压力 …… 73
3.5.3 混凝土中截面纵向应力 …… 74
3.5.4 各截面纵向应力 …… 74
3.5.5 轴压柱截面应力特征 …… 75
3.6 参数分析 …… 76
3.6.1 各参数对稳定系数的影响 …… 77
3.6.2 各参数对构件受力性能的影响 …… 77
3.7 本章小结 …… 83
4 高强方钢管高强混凝土构件抗弯性能研究 …… 84
4.1 引言 …… 84
4.2 纯弯试验 …… 84
4.2.1 试验概况 …… 84
4.2.2 试验装置与试验方法 …… 85
4.3 试验结果分析 …… 86
4.3.1 试验现象 …… 86
4.3.2 试件破坏形态 …… 87
4.3.3 正弦半波曲线的验证 …… 88
4.3.4 平截面假定的验证 …… 89
4.3.5 应力-应变曲线的分析 …… 90
4.3.6 中性轴位置变化 …… 91
4.4 精细化数值计算 …… 93
4.4.1 模型建立 …… 93
4.4.2 模型验证 …… 93
4.4.3 承载力与挠度的对比 …… 94
4.5 纯弯构件工作机理分析 …… 95
4.5.1 弯矩-曲率曲线分析 …… 95
4.5.2 应力、应变分布云图分析 …… 98

4.5.3 接触压力分析 …… 101
4.6 参数分析 …… 103
4.6.1 混凝土强度的影响 …… 103
4.6.2 含钢率的影响 …… 104
4.6.3 钢材屈服强度的影响 …… 105
4.7 本章小结 …… 106
5 高强方钢管高强混凝土柱单向偏压性能研究 …… 107
5.1 引言 …… 107
5.2 短柱试验 …… 107
5.2.1 试验概况 …… 107
5.2.2 破坏形态 …… 108
5.2.3 荷载-中截面侧向挠度曲线分析 …… 108
5.2.4 荷载-纵向应变曲线分析 …… 109
5.3 长柱试验 …… 110
5.3.1 试件设计 …… 110
5.3.2 测点布置 …… 110
5.3.3 试件破坏形态 …… 112
5.3.4 破坏过程 …… 112
5.3.5 混凝土破坏形态 …… 113
5.3.6 应变分析 …… 114
5.3.7 荷载（P）-侧向挠度（Δ）曲线 …… 114
5.3.8 弯矩-曲率分析 …… 117
5.3.9 应力分析 …… 119
5.4 精细化有限元分析 …… 120
5.4.1 模型建立 …… 120
5.4.2 模型收敛性和敏感性的影响因素 …… 120
5.4.3 提升数值模型计算效率的实用建议 …… 123
5.4.4 数值模型验证 …… 123
5.5 数值模拟结果与讨论 …… 127
5.5.1 工作机理 …… 127
5.5.2 受力全过程 …… 128
5.5.3 偏心率与长细比对应力分布的影响 …… 131
5.5.4 采用高强材料的钢管混凝土柱与普通钢管混凝土柱的力学性能对比 …… 132
5.6 参数分析 …… 134
5.6.1 各参数对承载力提升系数的影响 …… 134
5.6.2 各参数对 P-M 与 P/P_0-M/M_0 曲线的影响 …… 136
5.7 本章小结 …… 139
6 高强方钢管高强混凝土柱双向偏压性能研究 …… 140
6.1 引言 …… 140

6.2 试验方案设计 …… 140
6.2.1 试件设计 …… 140
6.2.2 材料性能 …… 141
6.2.3 测点布置 …… 142
6.3 试验结果 …… 144
6.3.1 短柱破坏形态 …… 144
6.3.2 长柱破坏形态 …… 146
6.3.3 破坏过程 …… 149
6.3.4 荷载-侧向挠度曲线及极限承载力分析 …… 150
6.3.5 应变发展 …… 152
6.4 数值模型建立与验证 …… 155
6.4.1 模型建立 …… 155
6.4.2 本构关系 …… 155
6.4.3 模型验证 …… 155
6.5 工作机理 …… 160
6.5.1 受力阶段全过程分析 …… 160
6.5.2 不同构件混凝土中截面纵向应力分析 …… 161
6.5.3 接触压力分析 …… 162
6.6 单向与双向偏压长柱力学性能对比 …… 163
6.6.1 荷载-侧向挠度曲线 …… 163
6.6.2 内力分配机制 …… 165
6.7 参数分析 …… 167
6.7.1 各参数对长柱 P-M 与 P/P_0-M/M_0 曲线的影响 …… 167
6.7.2 各参数对单向与双向偏压柱承载性能的影响 …… 170
6.8 本章小结 …… 172
7 高强方钢管高强混凝土柱承载力计算与设计方法研究 …… 173
7.1 引言 …… 173
7.2 各类构件简化极限承载力计算公式推导 …… 173
7.2.1 轴压短柱 …… 173
7.2.2 轴压长柱 …… 174
7.2.3 纯弯构件 …… 175
7.2.4 单向偏压短柱 …… 178
7.2.5 单向偏压长柱 …… 178
7.2.6 双向偏压短柱 …… 179
7.2.7 双向偏压长柱 …… 180
7.3 组合应力-应变全曲线方程推导 …… 181
7.4 设计公式及可靠度指标计算 …… 182
7.4.1 轴压短柱 …… 183

7.4.2 轴压长柱 …… 187
7.4.3 单向偏压短柱 …… 188
7.4.4 单向偏压长柱 …… 188
7.4.5 双向偏压短柱 …… 190
7.4.6 双向偏压长柱 …… 191
7.5 设计建议 …… 192
7.5.1 钢材与混凝土强度匹配关系 …… 192
7.5.2 偏心率与长细比限值 …… 196
7.6 高强方（矩）形钢管高强混凝土柱数据库 …… 197
7.6.1 试验数据收集 …… 197
7.6.2 数值模型计算结果汇总 …… 200
7.6.3 数据库建立 …… 201
7.7 本章小结 …… 203
8 结论 …… 204
参考文献 …… 206

1 绪　论

1.1 课题研究背景与意义

1.1.1 钢管混凝土的特点

建筑工程中常采用钢材和混凝土用于承重，两者具有诸多优点。钢材力学特性较为稳定，发生屈服后，塑性开始显著发展，应用于建筑构件中可保证构件的延性。钢材抗压与抗拉强度大、弹性模量大，与其他材料相比，在承受相同竖向荷载作用时，钢结构构件截面尺寸小、自重小、基础负荷小、经济效益好。同时，钢结构构件可在工厂进行预制并在现场进行拼装，缩短了施工工期，且不受季节变化影响。此外，与铝等材料相比，钢材具有较好的焊接性能，因此，使梁柱节点及复杂结构的施工变得方便而快捷。然而，由于钢结构构件壁厚通常较薄且构件纤细，因此长细比较大而易引起构件失稳，从而钢材的材料性能并不能充分发挥。同时，钢材导热性好、耐火极限较低，因此抗火性能较差。

与钢结构相比，混凝土结构抗压性能较为稳定，且取材方便，造价低。竖向荷载作用下，混凝土与钢材受力特性显著不同，受力初期混凝土并无明显微裂缝，当混凝土内部拉应力大于砂浆-骨料界面的粘结强度时，混凝土出现裂缝。当（0.3～0.4）f_{ck}≤应力≤（0.7～0.9）f_{ck}时，混凝土裂缝随着荷载的增大而继续开展，此阶段混凝土横向变形系数增大。随着应力增加，裂缝不断扩展，当纵向应变达到极限压应变时，素混凝土纵向应力达到极限压应力，此后承载力下降，混凝土被压碎。虽然混凝土具有较好的受压性能但受骨料级配、粒径大小、裂缝拓展等因素的影响，混凝土的性能并不如钢材性能稳定。

随着结构工程技术的日益进步与发展，组合结构被广泛应用于工程实践。组合结构是指由两种或多种材料相组合形成的结构，常见的有组合板、组合梁、型钢混凝土柱、钢管混凝土（Concrete-filled steel tube，CFST）柱等。组合结构于1894年起源于美国，当时将混凝土浇筑在钢梁外来达到防火的效果，并未考虑两者协同工作性能。众所周知，组合结构具有“1+1>2”的力学性能，主要归因于各材料的协同工作性能与组合效应。钢管混凝土柱由钢管和混凝土两种材料组成，在组合结构的发展中具有重要的代表性。

钢管混凝土具有较高的承载能力、良好的塑性和韧性等特点，被广泛应用于高层建筑、桥梁工程中。图1-1所示为钢管混凝土柱的工程应用。钢管与混凝土相结合可充分发挥两者优点，在受压荷载作用下，混凝土的侧向膨胀受到外钢管的限制，因此混凝土受力状态为三向受压，进而混凝土可承担更大的纵向应力；同时，在钢管约束下，混凝土开裂在一定程度上得到抑制。由于钢管内部有混凝土的填充，钢管向内屈曲变形被抑制，因此钢管的局部屈曲得到延缓，提高了钢管的稳定性能，同时也对火灾条件下钢管的热传导性质产生一定影响。因此，与同尺寸的普通钢结构或混凝土结构柱相比，钢管混凝土柱具有优越的力学性能。钢管混凝土构件通常具有多种截面形式，如图1-2所示。

(a) 杭州瑞丰大厦(中国)　　(b) 美国西雅图联邦法院(美国)

图 1-1　钢管混凝土柱工程应用

注：图片来源于 Han 等（2014）和 Moon 等（2014）。

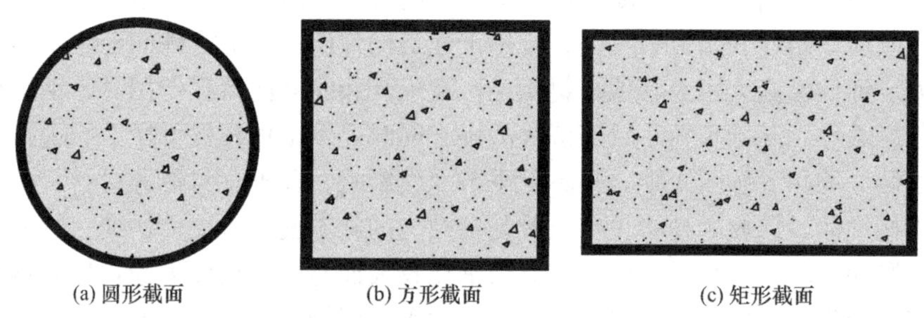

(a) 圆形截面　　(b) 方形截面　　(c) 矩形截面

图 1-2　钢管混凝土横截面

在各类截面形式的钢管混凝土柱中，由于圆钢管截面形状较为规则、对称，所以圆钢管混凝土柱的钢-混凝土组合效应最好，承载能力相对较高，而方（矩）形截面由于角部区域存在弯角因此存在一定的应力集中现象。但方（矩）形柱抗弯刚度大，且便于梁柱节点施工，值得推广。此外，各学者对多边形和椭圆形钢管混凝土柱也进行了系列试验研究与理论分析，如图 1-3 所示。目前，关于圆、方、矩形截面核心混凝土本构关系的研究较为成熟，而椭圆形截面的混凝土本构方程通常是基于圆形或矩形混凝土本构方程进一步修正后得到的。综上所述，深入分析方（矩）形柱的力学性能，并探究方（矩）形混凝土本构关系的准确性与适用性十分重要。

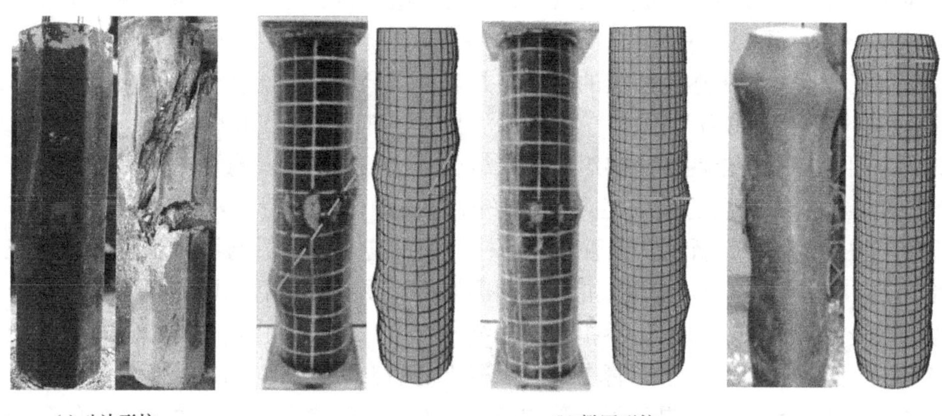

(a) 八边形柱　　(b) 椭圆形柱

图 1-3　八边形和椭圆形柱

注：图片来源于 Zhu 和 Chan（2018）、Shen 和 Wang（2019）。

1.1.2 新型高强钢管混凝土柱的特点

目前，建筑结构逐渐向超高层、大空间等方向发展，而采用普通钢管混凝土柱通常需要较大的截面尺寸，既增加了材料的消耗又限制结构空间的使用。为提升构件承载性能，同时消耗更少的建筑材料，常用的方法有采用新型构件截面形式等。各学者对新型钢管混凝土柱的力学性能进行了系列研究，在圆、方钢管混凝土构件中加入了 CFRP（碳纤维增强复合材料）拉挤型材、加入了 FRP 筋和 FRP 管、加入了 GFRP（玻璃纤维增强复合材料）管和工字型钢、加入了纵向加劲肋；在构件外表面整体包裹或部分包裹 CFRP 布；研发了多腔组合柱；在中空夹层构件中应用了高性能材料。

由此可见，在钢管混凝土组合构件截面与构造优化的同时，采用高性能材料将是未来的发展趋势；也正是因为在组合构件中采用高性能材料，组合构件可表现出更优越的力学性能。如上所述，CFRP 等材料属于新型高强材料，如今在组合结构领域中也得到了广泛应用。将 CFRP 等轻质高强材料应用于钢管混凝土柱中，是提高构件承载性能、减轻自重行之有效的方法，这类构件通常具有施工方便、传力机制合理、耗能能力强等多方面的优越性能。然而 CFRP 多应用于工程改造与加固领域，从本质上提升混凝土的抗压性能十分必要。此外，对于管状材料，如铝管、高强钢管等，近年来也被广泛应用于钢管混凝土柱中。铝虽然重量较轻、强度较大，但其焊接难度大、弹性模量小（约为钢材的 1/3），故高强钢材的采用备受工程师青睐。

1.1.3 高强钢材与高性能混凝土的特点、研究、应用

图 1-4 所示为高强钢材的工程应用，同时，各学者对高强钢材的材料性质及构件的力学性能进行了广泛研究。Ban 等（2013）研究了 Q960 高强钢结构构件的整体屈曲性能，并计算了构件的屈曲曲线。Wang 等（2017）通过试验研究分析了高强钢的材料特性与方（矩）形高强空钢管的力学性能，并发现 Eurocode 3 规定的高强钢安全分项系数 γ_{M0} 需进行进一步的调整。Ban 等（2018）对高强钢材材料特性及采用高强钢材的构件、节点与框

(a) 悉尼Latitude大厦(澳大利亚)
(采用690 MPa钢材)

(b) 横滨Landmark Tower(日本)
(采用600 MPa钢材)

图 1-4 高强钢材工程应用

架结构的研究进行了汇总，结果表明，高强钢结构具有良好的力学性能。

目前，高性能混凝土在组合结构领域中得到广泛应用。混凝土的“高性能”是指抗压与抗拉强度大、延性好、耐久性好等。各学者对高性能混凝土材料性质进行了系列研究，Shi 等（2015）、Ozbakkaloglu 和 Xie（2016）研究表明将地聚物混凝土应用于组合柱中具有诸多优势，但其收缩问题值得关注。Lang 等（2020）研发了有益于环保和可持续发展的新型混凝土材料；Song 等（2020）将类似的新材料应用于组合柱中并发现新型组合构件具有卓越的力学性能。然而，显著提升上述新材料的抗压强度仍具挑战。高强纤维混凝土与高强混凝土同样是高性能混凝土，各学者通过在混凝土中添加纤维等材料使得混凝土具有较高的抗压、抗拉强度，Jang 等（2018）研究了各因素对高强混凝土抗压与抗弯刚度的影响，并发现钢纤维掺量对其影响大于粗骨料粒径的影响，然而高强纤维混凝土的施工工艺与最佳纤维含量等技术问题仍需进一步探讨。此外，各学者对高强混凝土的抗压强度、尺寸效应、徐变与收缩特性等也进行了广泛研究，并且高强混凝土在实际工程中得到了广泛应用，如图 1-5 所示。

(a) 芝加哥South Wacker Drive大厦(美国)(采用83 MPa混凝土)

(b) 吉隆坡Petronas Twin Towers(马来西亚)(采用C80混凝土)

图 1-5　高强混凝土工程应用

1.1.4　高强钢管高强混凝土柱的特点及应用

随着冶金技术的发展与合金元素的多样化，高强钢（f_y>420MPa）生产工艺日益成熟，且通过在混凝土中添加硅灰等矿物质使得高强混凝土（f'_c>50MPa）的生产工艺十分成熟。结合上述研究，高强钢具有优越的力学特性，高强钢虽然比普通钢的屈强比大，但在单调荷载作用下，高强钢材的破坏形态为延性破坏，且高强钢具有较高的强度-重量比。与普通混凝土相比，高强混凝土具有较高的抗压强度与刚度，因此耐久性能好、徐变小。同时将高强钢与高强混凝土应用于钢管混凝土柱中，可更有效发挥钢材高屈服强度，提高其局部稳定性，增加对核心混凝土的约束，增强高强混凝土的延性，进而有效发挥高强混凝土的高抗压性能。

如图 1-6 所示，基于 Eurocode 4，计算了在方钢管混凝土短柱承担相同的轴压荷载条件下构件截面宽度（B）与材料强度的关系，可见高强钢与高强混凝土的结合显著节约了材料用量，因此两者的结合可有效实现“轻质、高强、节地、节材”的目标，该类型组合柱的工程应用如图 1-7 所示。

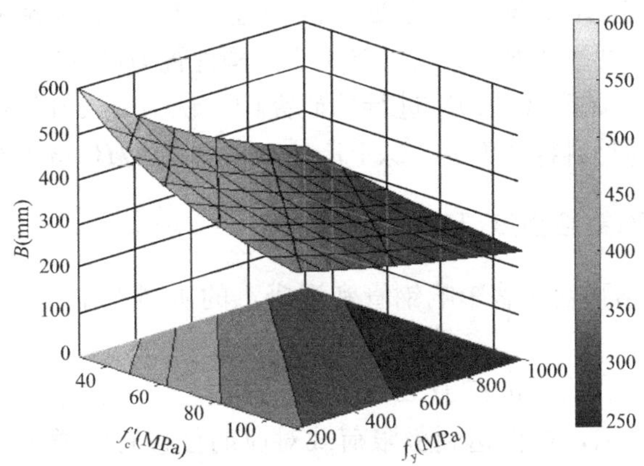

图 1-6　截面宽度与材料强度的关系

(a) 东京Techno Station(日本)
(采用160 MPa混凝土和780 MPa钢材)

(b) 东京办公、商铺、酒店综合体(日本)
(采用150 MPa混凝土和780 MPa钢材)

图 1-7　高强钢管高强混凝土的工程应用

注：图片来源于 Liew 等（2016）。

1.2　采用高强材料的钢管混凝土构件课题研究现状

各学者对采用高强材料的钢管混凝土构件进行了轴压、抗弯、单向偏压、双向偏压等力学性能研究。对于荷载工况，通常通过改变构件的偏心距来实现构件的“轴压与偏压”，通过改变偏心角来实现不同的初始偏心方向。对于组合柱的分类，通常将其分为短柱、中长柱、长柱，但中长柱与长柱均发生失稳破坏，不便于区分。另一种分类方法是将中长柱与长柱统称为长柱，因此组合柱可分为短柱和长柱。短柱可被认为是忽略压曲效应影响的构件，然而精确地定义短柱与长柱的界限长细比十分困难。

各科研人员采用多种方法来定义短柱与长柱的界限长细比。例如，Ahmed 等（2019）基于澳大利亚规范 AS 3600 的相关规定，将长细比大于 22 的柱定义为长柱。然而，目前计算构件长细比的方法并不统一。为便于区分短柱与长柱的界限，Han 等（2001）、Huang 等（2019）将构件长宽比（L/B）等于 3 的构件视为可忽略整体屈曲和端部效应的短柱，且在 Gunawardena 等（2019）进行的研究中，认为“长柱”的概念可被用来仅反映构件长度的影响而与材料特性无关。综上所述，本书将 $L/B>3$ 的构件定义为长柱。

1.2.1 钢-混凝土界面粘结强度研究

钢-混凝土界面粘结强度显著影响钢管和混凝土的协同工作，对组合构件的承载性能有着重要的作用。

Lam 和 Williams（2004）进行了 18 个方钢管混凝土短柱轴压试验研究，研究表明，随着构件约束系数的增加，构件达到极限荷载对应的位移有所增大；此外，钢-混凝土界面粘结强度对于采用 100MPa 高强混凝土的短柱轴压性能影响较大。Guler 等（2014）基于试验研究发现，钢-混凝土界面粘结作用对轴压短柱的承载性能十分重要。当构件宽（径）厚比小于 20 时，界面粘结作用对方截面和圆截面轴压短柱承载力的影响几乎相同。总体上，高强圆截面钢管混凝土短柱的钢-混凝土界面粘结强度比方截面柱中的粘结强度大。

1.2.2 钢-混凝土组合效应与本构方程研究

钢管混凝土柱具有“1＋1＞2”的承载性能，主要得益于钢-混凝土组合效应的作用。Sakino 等（2004）基于试验研究提出钢管与混凝土的本构方程，并给出考虑方钢管局部屈曲的承载衰减系数经验公式。王力尚和钱稼茹（2004）提出了圆钢管高强混凝土轴压柱中核心混凝土的应力-应变全过程曲线计算表达式，并与试验结果吻合较好。Aslani 等（2015）对采用 $f_y=701$MPa 高强钢的方钢管混凝土柱进行了轴压试验研究，通过荷载-横向/纵向应变关系曲线研究了钢管的约束作用，结果表明，当构件承受较大竖向荷载时，混凝土的横向变形系数显著增加，混凝土逐渐受到钢管的约束。同时，提出了可评估高强钢管混凝土柱中组合效应的简化约束应力计算公式，公式适用条件是宽厚比在 10～45 范围内，f'_c在 20～100MPa 范围内。Zhou 等（2018）对 15 个采用高强钢的钢管混凝土柱进行了轴压试验研究，其中 $f_y=691\sim734$MPa、$f'_c=42.4\sim45.4$MPa。同时，Liang 等（2009）对采用普通强度和高强材料的钢管混凝土轴压短柱进行了数值模拟研究。Zhou 等（2018）和 Liang 等（2009）基于 Mander 等（1988）所报道的模型，提出了考虑钢管约束效应的混凝土本构方程，进而对高强圆钢管混凝土短柱力学性能进行了进一步探讨。涂程亮等（2020）研究表明，当高强钢管与普通混凝土相组合时，构件中的组合效应并不显著，而高强钢管与高强混凝土相组合时，组合效应有所提升。

1.2.3 轴压构件工作机理与受压性能研究

Vrcelj 和 Uy（2002）提出简化理论模型来保守预测试验构件的极限荷载。Liu 等（2003，2005a，2005b）基于轴压短柱试验研究，建议矩形钢管混凝土构件截面长宽比（H/B）不宜大于 2.0，且计算结果表明，美国规范 AISC-LRFD 可保守预测构件极限强度。王玉银和张素梅（2003）基于圆钢管高强混凝土短柱轴压试验实测应变值计算得到钢管应力-应变关系，并进一步分析了钢管与混凝土分别承担的竖向荷载，研究表明横向变形系数的变化显著影响钢与混凝土应力的变化，且钢管约束作用发挥的同时减小了纵向应力。张素梅和王玉银（2004）通过试验研究表明构件约束对构件破坏模式存在一定影响，但研究发现对于采用高强混凝土和普通混凝土的圆钢管混凝土短柱，在轴压荷载作用下，即使两者的约束系数相近，两者的破坏形态也存在较大的差异。康洪震和钱稼茹（2011）进行了 18 个圆截面轴压短柱试验研究，其中 f_{cu}＝51.5～73.5MPa，结果表明，构件的约束指标是影响组合柱承载能力的主要因素之一。此外，基于数值模拟得到结论，与钢筋混凝土构件相比，采用高强混凝土的钢管混凝土柱具有更好的承载性能与延性。牛海成等（2015）进行了采用再生高强混凝土的轴压柱试验，并发现构件的破坏机理与普通钢管混凝土柱类似。

李帼昌等（2015）、刘余（2015）通过方截面轴压短柱试验研究发现，当钢管壁厚较薄时试件发生剪切型破坏，而随着壁厚的增加，试件发生腰鼓型破坏。同时，基于数值模拟，揭示了混凝土及钢管纵向塑性应变发展规律，且参数分析表明，随着混凝土强度增加，构件在达到极限荷载后的加载阶段，构件延性有所降低。Khan 等（2017）通过试验研究发现，当高强钢管混凝土柱截面宽厚比小于等于 30 时，构件强度承载力能够被充分发挥，且钢管局部屈曲的影响也可被忽略。通过数值模拟探究了焊接残余应力对构件力学性能的影响，且结果表明，构件采用轻型焊接和重型焊接方式时，轴压短柱极限强度无明显差别。Khan 等（2017）报道的典型试件破坏形态如图 1-8 所示。

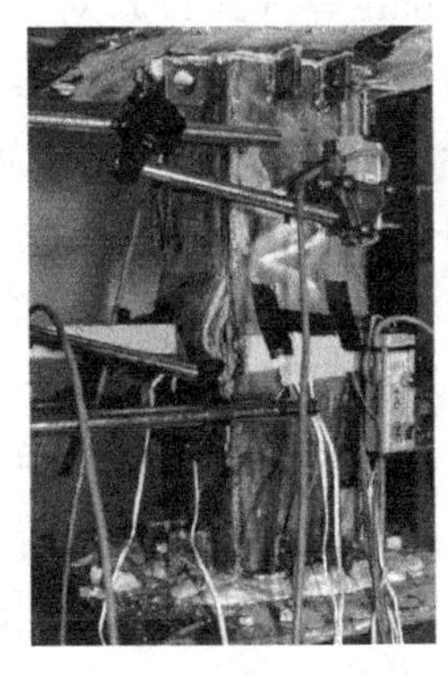
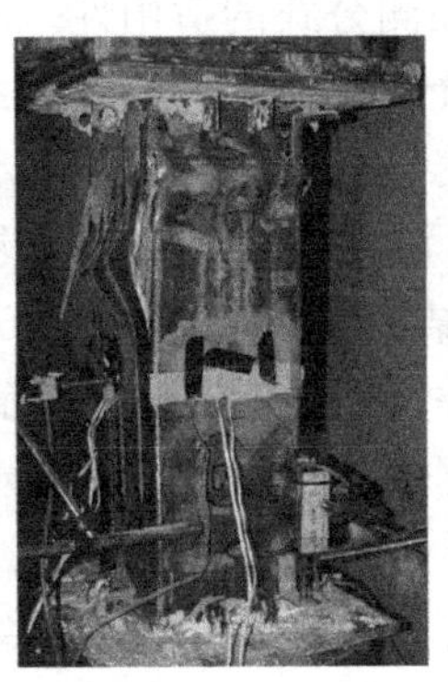

图 1-8 Khan 等（2017）研究中部分试件破坏形态

Yan 等（2019）进行了 32 个采用高强钢和高性能混凝土的轴压短柱试验研究，其中 f_y 为 444.6～668.8MPa，$f_{cu\text{-}100}$（边长为 100mm 宽的立方体试块强度）为 102.4～141.0MPa。研究表明，轴压短柱的延性随着约束系数的增加而增加。此外，Yan 等（2019）基于叠加法提出了轴压短柱强度承载力计算公式，该公式对钢材强度进行了折减，定义构件达到极限荷载时钢材强度为 f_y 的 0.89 倍。Lee 等（2019）对 5 个采用高强材料的矩形钢管混凝土柱进行了轴压试验研究，其中 f_y 为 301～746MPa，f_c'为 70.5～83.6MPa。并且基于数值模拟研究发现，钢管和混凝土所承担的竖向荷载主要受构件的材料强度和钢管宽厚比影响。Lai 和 Varma（2018）也报道了类似的结论。韦建刚等（2019）对 f_y 为 1020MPa、f_c'为 128.1MPa 的圆截面轴压短柱和长柱进行了试验研究，结果表明，长径比显著影响构件的破坏机理与材料强度发挥效率。Xiong 等（2020）研究了超高强混凝土的抗压性能并对采用混凝土强度为 149～175MPa 的圆钢管混凝土短柱进行了轴压试验。结构表明，在超高强混凝土中增加骨料粒径对混凝土抗压强度的提升既有利又有弊，混凝土强度主要受粗骨料比例的影响。超高强混凝土的抗拉强度与弹性模量与最大骨料粒径并无明显关联。且圆钢管混凝土柱的延性与混凝土粗骨料的比例和最大粒径无明显关联。韦建刚等（2020a，2020b）进行了采用普通强度与高强材料的圆钢管混凝土轴压短柱试验研究，其中 $f_y \leqslant 1153$MPa、$f_{ck} \leqslant 142.1$MPa。对比了不同强度材料组合时构件的受力全过程，并得出结论：高强钢管对超高性能混凝土的约束作用优于普通强度钢管的约束作用。此外，基于现行国家规范对极限荷载的计算结果对比发现，日本规范 AIJ 计算结果与试验结果最为接近。

1.2.4 轴压构件承载力计算、可靠度分析、数据库建立

Ellobody 等（2006）基于普通和高强圆钢管混凝土短柱轴压性能研究表明，美国规范 AISC-LRFD 的可靠度指标比 Eurocode 4 的可靠度指标大。Du 等（2016）收集了 241 组采用普通、高强材料的矩形轴压短柱（f_y=194～835MPa，f'_c=14.5～164.0MPa）试验数据，研究表明，当构件约束系数较大和采用高强钢时，《钢管混凝土结构技术规范》GB 50936—2014 计算误差相对较大。Wang 等（2017）研究了轴压荷载作用下的圆、矩形钢管混凝土短柱（f_y=175～960MPa，f'_c=20～120MPa）的强度、应变、刚度，对设计过程中规范限值要求的适用性进行了讨论，并基于目标可靠度指标（3.04），得到了钢与混凝土材料强度折减系数，进而验证了构件强度预测公式的适用性。Khan 等（2017）对 f_y 为 762MPa、f'_c为 113MPa 的钢管混凝土长柱进行了轴压试验研究，并且验证了 Eurocode 3、Eurocode 4 中的屈曲曲线在进行紧凑型和非紧凑型截面轴压长柱设计时的可行性，结果表明，与屈曲曲线“a_0、b”相比，屈曲曲线“a”可更精准预测轴压构件的缺陷系数。余敏等（2017）采用一次二阶矩法对《钢管混凝土结构技术规范》GB 50936—2014 中关于轴压短柱、长柱的设计规定进行了可靠度分析，并研究了各参数对可靠度指标的影响。

涂程亮等（2018）收集了 182 组采用高强钢材的方（矩）形、圆形截面钢管混凝土轴压短柱与长柱试验数据，并与各规范设计公式计算结果进行了对比。结果表明，与普通强度构件相比，采用高强钢材的钢管混凝土柱具有更好的局部与整体稳定力学性能；且在采用高强钢材的钢管混凝土柱设计工作中仍需进一步完善当前国家规范的相关设计规定。Lai 和 Varma（2018）建立了包含 124 组试验数据的高强方（矩）形钢管混凝土柱（f_y=259.0～835.0MPa，f'_c=20.0～164.1MPa）数据库，提出了高强材料本构方程与轴压短柱强度承载力计算公式，并基于可靠度分析证明了 AISC 360—16 进行钢管混凝土设计时所考虑抗力系数（0.75）的合理性。廖慧娟（2018）收集了 529 组圆轴压短柱（f_y=222.7～823.0MPa，f_{cu}=22.2～136.5MPa）试验数据，并采用蒙特卡洛法进行了承载力可靠度分析，结果表明，可靠度指标随着 f_{cu}增大而增大，而 f_y 对其影响并不显著。Lee 等（2019）建立了包含 195 组试验数据的方（矩）形钢管混凝土轴压短柱数据库，f_y 的范围是 211～835MPa、f'_c的范围是 20.0～202.0MPa。同时，通过引入系数 α 和 β 分别对混凝土及钢材强度进行了折减，建议了高强矩形钢管混凝土轴压短柱承载力计算公式。此外，应用 Eurocode 4、AIJ、AISC 360—16 对 195 组试件极限荷载进行计算，结果表明，

Eurocode 4 计算结果平均比试验结果大，而 AIJ 和 AISC 360—16 计算结果偏于保守；试验结果与上述三个规范计算结果比值的均值分别为 0.96、1.05、1.08。Han 等（2020）基于 1096 组圆（f_y=185.7～853.0MPa，f_{cu}=12.9～251.6MPa）、方（f_y=192.4～835.0MPa，f_{cu}=16.3～215.1MPa）轴压短柱试验数据，采用一次二阶矩法进行了可靠度分析，计算了材料统计参数，提出了符合各安全等级的组合抗力分项系数，适用条件是混凝土为 C80 等级以下，钢材为 Q460 等级以下。Thai 和 Thai（2020）基于 2224 组圆、矩形轴压柱试验结果，采用蒙特卡洛法对 Eurocode 4 的设计规定进行了可靠度分析，随着 f_y 的增加，圆、矩形短柱、长柱的可靠度指标均随之下降；随着 f'_c的增大，可靠度指标随之增加。Chen 等（2021）收集了 443 组方（矩）形轴压短柱（f_y=194.0～835.0MPa，f'_c=10.5～156.4MPa）试验数据，并基于 Eurocode 4 进行了可靠度分析，结果表明，Eurocode 4 中关于钢材和混凝土分项系数（分别为 1.0 和 1.5）的规定适用于普通强度材料，然而在进行采用高强材料的轴压短柱设计时偏于不安全。

此外，诸多学者应用各国国家规范对采用高强材料的钢管混凝土轴压短柱强度承载力进行了计算。对于圆截面柱，de Oliveira 等（2009）、Ekmekyapar 等（2016）、Zhu 等（2016）研究表明，Eurocode 4 计算结果与试验结果吻合较好。Patel 等（2019）通过数值模拟研究验证了 AISC 360—16 在进行极限荷载预测时的准确性，并发现《钢管混凝土结构技术规范》GB 50936—2014 计算结果偏大。

对于高强方（矩）形截面短柱极限荷载，Aslani 等（2015）、Khan 等（2017）、Kang 等（2015）研究表明 AS 5100—2004 计算结果较为精准。Lai 等（2019）研究发现 Eurocode 4 可被用来保守预测 f_y 为 780MPa 以下且 f'_c为 150～190MPa 的钢管混凝土轴压短柱极限荷载。Goode 等（2010）、Lai 等（2019）、Thai 等（2019）、Horsangchai 和 Lenwari（2020）建立了采用普通强度和高强材料的钢管混凝土柱数据库。基于各国国家规范对于轴压长柱极限荷载的计算结果对比，Thai 等（2019）报道 Eurocode 4 和澳大利亚规范 AS/NZS 2327 计算结果最为精准。同时，Goode 等（2010）和 Lai 等（2019）研究表明，Eurocode 4 计算结果偏于保守。此外，Horsangchai 和 Lenwari（2020）对各长细比的紧凑型截面和非紧凑型截面轴压柱极限荷载进行了计算，并得出结论，AISC 360—16 计算结果较为准确。

1.2.5 纯弯构件工作机理与抗弯性能研究

Lu 等（2009）采用有限元分析法对钢管混凝土构件的抗弯性能进行了研究，分析了钢管与核心混凝土的组合作用，并提出了数值分析模型来揭示圆钢管混凝土荷载传递机理。Montuori 等（2015）进行了 8 根高强方钢管混凝土纯弯构件（f_y=330～508MPa）的试验研究，并建立了考虑局部屈曲、混凝土约束效应、钢材冷弯成型引起角部强化的纤维模型，并与试验结果进行了比较。

1.2.6 纯弯构件抗弯刚度与抗弯承载力计算

Han 等（2006）进行了 36 个方、圆钢管高强自密实混凝土纯弯构件（f_{cu}=51.5、62.6、81.3MPa）的试验研究，研究了构件弯矩-曲率曲线规律及抗弯刚度，并提出了相应的计算方法。Chung 等（2013）进行了 6 个高强方钢管高强混凝土受弯构件（f_y=235、555、900MPa，f_{ck}=80、120MPa）的试验研究，并将试验构件的抗弯承载力与AISC-LRFD规范的计算结果进行了对比。Javed等（2017）采用有限元分析对钢管高强混凝土的抗弯性能进行了参数化研究，对比了各规范设计方法的准确性，发现Eurocode 4计算结果是安全的。

1.2.7 偏压构件工作机理与受压性能研究

Varma等（2002）基于试验研究计算了高强压弯构件的曲率延性并发现f_y对其影响并不明显。张素梅等（2004）进行了方截面柱（$f_{cu\text{-}100}$=94.1MPa，f_y=316.6～319.3MPa）单向偏压试验研究，结果表明，当构件含钢率较小时（8.2%），构件发生破坏时表现为多波屈曲；而当含钢率较大时（14.3%）则未发生明显屈曲。郭兰慧等（2004）研究表明，尽管增加钢管高强混凝土柱的含钢率可增大构件弹性阶段的初始刚度，但其增大幅度随着长细比的增加而减小。Liu（2006）进行了16个单向偏压短柱与4个单向偏压长柱试验研究，分析了构件侧向挠度与纵向应变的变化规律，并发现试件偏心率显著影响挠度与应变的增长。

Liang（2011）和Patel等（2012）提出新型数值模拟方法并对高强偏压柱受力性能进行了研究，探讨了各关键因素对构件极限荷载的影响。Du等（2017）研究了高强矩形钢管（f_y=514.5MPa）混凝土单向偏压柱的力学性能，试件破坏形态如图1-9所示，并探讨了在受力过程中柱中截面钢-混凝土接触压力的发展规律，结果表明，构件达到极限荷载时接触压力主要集中于受压侧角部区域，而在荷载下降阶段，构件受拉侧角部接触压力显著增长。

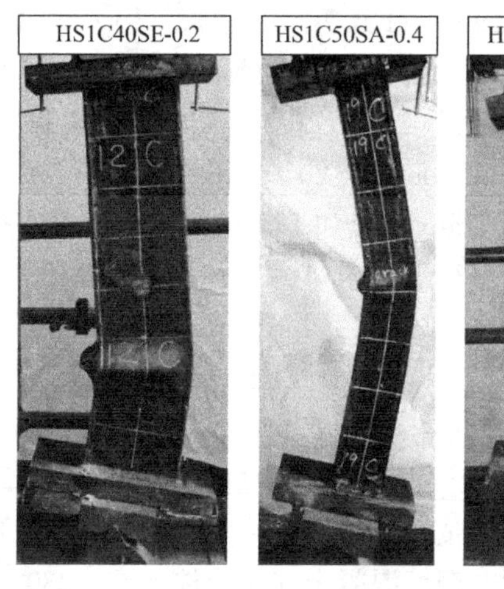

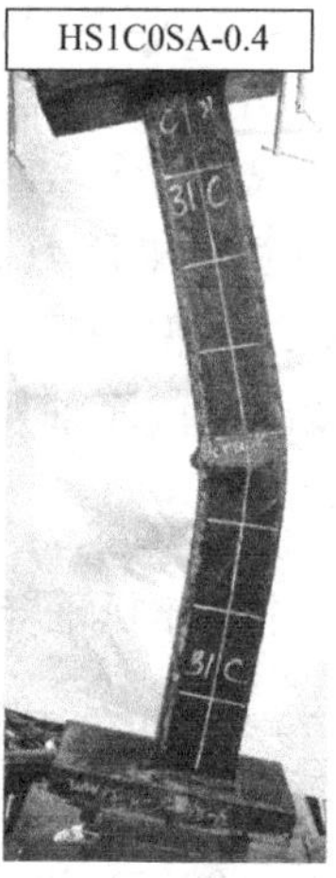

图1-9 单向偏压试件破坏形态

1.2.8 偏压构件承载力计算、可靠度分析、数据库建立

（1）规范计算结果比较

各学者研究了现行国家规范预测高强偏压柱极限荷载的可行性。对于方（矩）形单向偏压短柱（$L/B=3$），Liu等（2006）研究表明，Eurocode 4预测结果偏大，在Lee等（2011）进行的圆截面高强偏压短柱研究中也得到上述结论。

对于方（矩）形截面高强偏压长柱的极限荷载，Eurocode 4 规定可采用两种方法来对其进行计算，即“k”系数法和二阶分析法。Goode 和 Lam（2008）研究表明，采用“k”系数法的 Eurocode 4 预测值大于采用二阶分析法的预测值。Hernández-Figueirido 等（2012）和 Xiong 等（2017）进行了相关研究且结果表明，采用“k”系数法的 Eurocode 4 计算得到的极限荷载值小于试验实测结果，由此说明，尽管“k”系数法计算值比二阶分析法计算值大，但仍可被用来保守预测极限荷载。Zeghiche 和 Chaoui（2005）同样基于圆钢管混凝土偏压长柱试验得出类似结论。

此外，偏压柱在受力过程中承担着弯矩的作用，在高强钢管混凝土长柱弯矩值计算方面，Varma 等（2002）和 Liu（2004）将各国规范预测值与试验值进行了对比，结果表明，Eurocode 4 计算值大于试验结果，然而美国规范 AISC-LRFD 计算结果过于保守。Guo 等（2012）进行了单向与双向偏压荷载作用下的矩形柱试验研究，并将 9 个试件的极限荷载与各规范计算结果进行了对比，结果表明，美国规范 AISC-LRFD 在计算单向偏压柱承载力时，计算结果低于试验值 40%；在计算双向偏压柱承载力时，计算结果偏低 60%。

（2）极限承载力计算方程推导与设计建议的提出

Uy（2001）对 Eurocode 4 荷载-弯矩模型进行了修正，建议将混凝土视为刚塑性模型，而将钢材假设为线弹性模型。Mursi 和 Uy（2004）分析了方钢管混凝土短柱与长柱的轴压与偏压性能，其中 f_y=761MPa，并基于 Eurocode 4 提出了考虑等效宽度概念的改进力学模型，该模型可被用来对钢管混凝土柱的极限荷载进行预测。王志滨等（2005）研究发现钢管高性能混凝土（f_{cu}=103～112MPa）偏压柱具有一定的脆性破坏特性，同时，文中采用纤维模型法对构件的极限荷载进行了计算。Choi 等（2008）基于采用高强混凝土的钢管混凝土柱试验数据，并提出了荷载-弯矩简化计算方法。Liang 等（2008，2012）与 Patel 等（2015）开发了新型数值模拟程序，对采用高强混凝土的双向偏压柱力学性能进行了模拟，分析了钢材和混凝土贡献比，研究了各参数对构件承载性能的影响。Patel 等（2017）对矩形不锈钢管混凝土柱的双向偏压性能进行了模拟分析，结果表明，加载角对构件极限荷载的影响较小，偏心率和长细比显著影响构件的极限荷载，构件的宽厚比显著影响截面抗压承载力。陈博文（2017）对 f_y=435MPa、f_{cu}=110.5MPa 的偏压短柱进行了试验及数值模拟分析，提出了偏压短柱荷载-弯矩方程。

在采用 Eurocode 4 进行偏压柱承载力计算时需考虑系数 α_M 的影响，Xiong 等（2017）基于钢管混凝土偏压长柱试验研究，建议对采用超高强材料（f_y 约为 800MPa、$f'_c \leqslant$ 186MPa）的构件进行承载力计算时 α_M 取为 0.8。Choi 等（2017）对矩形偏压柱（$f_y \leqslant$ 703MPa）进行了试验研究，并采用各规范对构件的等效弯曲刚度进行了计算，结果表明，Eurocode 4 和 AISC-LRFD 计算结果偏大。同时，Kim 等（2014）也报道了该结论。Lee 等（2017）基于 $f_y \leqslant$746MPa、$f'_c \leqslant$83.6MPa 的矩形偏压柱试验研究，提出了考虑等效宽度概念的构件设计方法。

（3）数据库的建立、强度匹配准则的提出、可靠度分析

Liew 等（2016）收集了 2033 组试验数据并提出了 $f'_c \leqslant$190MPa、$f_y \leqslant$550MPa 的钢管混凝土材料强度匹配准则，该准则是基于钢和混凝土的破坏顺序所提出的，基于该匹配准则，混凝土将在钢管屈服后被压碎。若混凝土在钢管屈服前被压碎，钢管则承担较大的竖

向荷载，而由于钢管混凝土柱中通常钢管壁厚较小，钢管截面面积则较小，进而此时钢管将承受较大的纵向应力且在瞬间显著增长而不利于塑性的充分发挥。因此，混凝土在钢管屈服后被压碎的破坏模式可保证构件的延性，在工程设计中需重点考虑。

Thai 等（2019）收集了 3103 组试验样本，包括轴压与偏压荷载作用下的钢管混凝土短柱与长柱试验数据，并建立了圆形、方形、矩形钢管混凝土构件试验数据库，其中材料强度 f_y 为 115.0～853.0MPa、f'_c为 7.6～186.0MPa。同时，采用 Eurocode 4、AISC-LRFD、AS 2327 对钢管混凝土柱极限荷载进行了计算，结果表明，在轴压短柱强度承载力计算方面，Eurocode 4、AS 2327 计算结果与试验结果吻合较好且偏于保守（平均比试验值小5%～7%）。

Phan 等（2020）基于钢与混凝土的破坏顺序提出了钢与混凝土强度匹配准则，见表 1-1，此表与 Liew 等（2016）进行的研究适用条件有所差异，分别为 250MPa≤f_y≤690MPa 和 235MPa≤f_y≤550MPa。此外，由表 1-1 可见，当采用 f_y≤400MPa 的钢管时采用强度≤190MPa 的混凝土均为可行；而当 f_y=450、500、550MPa 时，宜分别适配抗压强度大于 40、50、65MPa 的混凝土。

钢与混凝土强度匹配 **表 1-1**

$\gamma_c f'_c$	钢材屈服强度 f_y（MPa）							
	250	300	350	400	450	500	550	690
20	√	√	√	√	×	×	×	×
25	√	√	√	√	×	×	×	×
32	√	√	√	√	×	×	×	×
40	√	√	√	√	√	×	×	×
50	√	√	√	√	√	√	×	×
65	√	√	√	√	√	√	√	×
80	√	√	√	√	√	√	√	×
100	√	√	√	√	√	√	√	×
120	√	√	√	√	√	√	√	×
140	√	√	√	√	√	√	√	×
160	√	√	√	√	√	√	√	×
180	√	√	√	√	√	√	√	×
190	√	√	√	√	√	√	√	×

注：“√”代表匹配，“×”代表不匹配。

Thai 等（2021）基于 3200 组轴压与偏压柱试验结果，采用蒙特卡洛法对各规范设计公式进行了可靠度分析，结果表明，当荷载效应比小于 1.0 时各规范可靠度指标波动较大；应用 AISC 360—16 时，可靠度指标随着 f'_c的增大而下降。

1.3 文献总结与拟解决关键问题

通过上述国内外关于采用高强材料的钢管混凝土柱静力性能方面的研究，可总结出如下几个研究方向。

1.3.1 破坏形态

以往文献研究了在不同受力工况下构件的破坏过程与破坏形态，结果表明，钢管混凝土柱具有卓越的承载性能，其中，轴压短柱破坏形态分为剪切型（约束系数较小时）与腰鼓型（约束系数较大时），而构件发生腰鼓型破坏时钢管鼓曲变形出现在构件端部或柱高中部。

然而，目前关于构件破坏机理方面的研究仍十分有限。理想条件下，轴压短柱破坏模式为柱高中部发生腰鼓型破坏，而对于圆截面或方截面轴压短柱，目前尚未明确构件端部区域发生腰鼓变形的破坏机理。同时，揭示轴压短柱的工作机理是掌握轴压长柱、单向偏压柱、双向偏压柱力学性能的重要基础。综上所述，明确轴压短柱的传力机制十分必要，本书将着重解决此科学问题，详见第 2 章。此外，关于高强钢管高强混凝土柱中混凝土破坏形态方面的报道相对较少，尚需对其进行深入研究，本书将以单向偏压柱为例，探究长细比对混凝土破坏形态的影响，详见第 5 章。

1.3.2 材料本构关系

明确材料本构关系是进行有限元分析的重要前提，以往研究中，各学者提出的混凝土本构方程各具特点，主要差异在于如何考虑钢管对混凝土的约束作用。在进行混凝土本构参数计算时，经常会遇到立方体、棱柱体、圆柱体混凝土抗压强度相互转化的问题，对于普通混凝土，各国规范对三者之间的转化关系具有明确的规定，然而，当混凝土强度较大时（如 $f_c'>85\text{MPa}$），可供参考的资料相对较少。因此，本书将对相关研究内容进行归纳汇总，确定适用于高强方钢管高强混凝土（High-strength concrete-filled high-strength square steel tube，HCFHSST）柱有限元计算的混凝土强度转化关系，详见第 2 章。

与混凝土本构方程研究相比，钢材本构方程方面的研究相对成熟。然而，在进行有限元参数化分析时，高强钢材的屈服强度（f_y）与极限抗拉强度（f_u）之间的比例关系难以确定，因为钢材的屈强比通常随着钢材屈服强度的增大而增大。因此，本书将对 f_y 与 f_u 两者之间的比例关系取值进行深入分析，详见第 2 章。

此外，为探究各本构关系对构件受力性能的影响，本书将以轴压短柱与单向偏压柱为例，探讨本构方程的选取与本构参数的取值对构件力学性能的影响，给出数值模型计算效率提升建议，并提出高强方钢管高强混凝土组合应力-应变全曲线计算方程，详见第 2 章、第 5 章、第 7 章。

1.3.3 工作机理与受力性能

如前所述的构件破坏形态研究是对构件宏观层面上的研究，此外，各学者通过试验量测的数据、数值模拟等方法对构件的微观工作机理与受压性能开展了系列研究。主要侧重于探索钢-混凝土界面粘结强度、钢管与混凝土内力分配、混凝土性质、残余应力影响、稳定性能、延性等。由以往文献可知，与轴压短柱、单向偏压柱方面的研究相比，关于轴压长柱、双向偏压柱力学性能方面的研究相对较少，且关于各受力工况下，高强方钢管高强混凝土柱的工作机理尚未完全知晓。然而，揭示静力荷载作用下高强方钢管高强混凝土柱的工作机理、明确其受压性能是提出构件承载力设计方法等的重要基础，具有重要科学意义。

尽管各学者采用多种方法对钢管混凝土柱中的组合效应进行了评估，但主要侧重于对中截面钢-混凝土组合效应方面的研究，沿着构件各高度的约束作用相关研究相对较少。并且沿着构件各高度的混凝土单元纵向应力变化可间接反映钢管的约束作用，然而对此未见相关研究报道。

以往研究中，各学者针对采用高强材料的钢管混凝土构件进行了受弯试验研究与理论分析，分析了纯弯构件的受力过程，提出了抗弯刚度与抗弯承载力计算方法。但仍有必要明晰高强方钢管高强混凝土纯弯构件中各组成部分的协同工作机制，且仍需系统进行参数化分析，为偏压构件受力性能研究与承载力公式推导奠定基础。

综上所述，与以往研究相比，本书将侧重于研究钢与混凝土协同工作机理、构件破坏机制、轴压短柱强与弱约束区各高度混凝土纵向应力、钢管约束作用、构件局部屈曲与屈曲后性能、构件受力状态、应力变化特征、二阶效应的影响等，进而归纳总结高强钢管高强混凝土柱与普通钢管混凝土柱力学性能相比的优势、构件双向偏压性能与单向偏压性能的差异，详见第 2 章～第 6 章。

1.3.4 材料强度匹配

目前，国内外关于高强材料的生产工艺日益成熟，但工程师们所面临的问题是设计钢管混凝土柱时，如何将钢与混凝土的强度进行合理匹配，才能使钢管混凝土柱的承载性能最优。虽然 Liew 等（2016）和 Phan 等（2020）提出了材料强度匹配准则，但其主要是基于构件发生强度破坏时钢与混凝土的破坏顺序提出的；而在实际工程中，长柱通常应用较多，长柱往往发生失稳破坏，且二阶效应对构件的破坏存在一定影响。因此，研究在钢管混凝土长柱中高强材料的最佳强度匹配关系十分必要，可为工程应用提供重要参考。本书将针对此内容进行量化分析，详见第 7 章。

1.3.5 规范计算

各学者采用国家规范计算了钢管混凝土柱的极限承载力，并进行了详细的对比分析。值得关注的是，在进行轴压长柱稳定折减系数及极限荷载计算时，根据 Eurocode 3、Eurocode 4 规定，有两种计算式可被用来计算钢管混凝土构件的等效弯曲刚度，两种计算式的选取主要与二阶效应的影响有关，而对于两种计算式计算结果的量化对比未见相关报道。同时，计算稳定折减系数及稳定承载力时，Eurocode 3、Eurocode 4 规定有“a_0、a、b、c、d”五条屈曲计算曲线，Khan 等（2017）基于试验研究，探讨了各屈曲曲线计算高强轴压长柱极限荷载的适用性，并推荐采用曲线“a”。

此外，各国规范对于由二阶效应引起的偏压柱弯矩放大方面的规定有所区别，有必要进行对比分析。以往关于各规范计算结果的对比主要侧重于整体预测趋势的比较，而对于偏心率较大和偏心率较小工况的预测结果差异未见详细报道；此方面值得深入研究，因为构件偏心率显著影响构件的受力特性。

1.3.6 承载力计算公式推导与设计方法提出

各科研人员从多角度提出了钢管混凝土构件承载力计算方法，为工程实践提供了重要参考。各轴压短柱极限承载力计算方法的主要区别在于如何考虑钢管局部屈曲、高强混凝土尺寸效应、构件约束作用。各学者提出的轴压长柱、偏压柱承载力计算方法通常是在轴压短柱极限承载力计算的基础上，考虑了失稳因素、偏心因素等的影响后提出的。从国内外相关文献的研究结果来看，目前关于轴压短柱强度承载力计算方法的研究相对成熟，而关于轴压长柱、偏压柱极限荷载计算公式推导方面的研究仍需进一步深入。

此外，各学者基于一次二阶矩法或蒙特卡洛法进行了各国规范设计公式可靠度指标计算，验证了各规范设计公式的可靠性。Han 等（2020）给出了适用于 C30～C80 混凝土、Q235～Q460 钢材的组合抗力分项系数，但其研究对象主要是轴压短柱，且目前关于混凝土强度等级大于 C80、钢材强度等级大于 Q460 的组合柱承载力可靠度指标计算相关报道相对较少，对于高强方钢管高强混凝土柱的设计方法研究尚未成熟。因此，有必要对其进行深入研究，提出高强方钢管高强混凝土柱承载力设计公式，进行可靠度分析，并给出设计建议，进而为工程实践及规范条文的完善提供参考。本书将对此科学问题进行深入研究，详见第 7 章。

1.3.7 数据库建立

近三年，各学者建立了多个静力荷载作用下，圆、方、矩形钢管混凝土柱试验数据库。由以往文献可知，研究采用高强材料的轴压短柱力学性能所使用的方法与技术路线已趋于成熟，但以往进行的试验研究中，同时采用高强钢和高强混凝土的轴压短柱相关研究相对较少，且采用 $f_y>835$MPa 钢材的方（矩）形钢管混凝土柱试验研究鲜为报道。本书将对采用 $f_y=566.90\sim889.87$MPa 钢材的方截面轴压短柱进行试验研究，丰富高强钢管高强混凝土构件试验数据库，详见第 2 章。此外，建立高强方钢管高强混凝土柱试验数据库十分必要，可为国家规范的修订、适用范围的扩大提供参考。因此，本书将收集现有文献中的典型试验数据，建立相应的试验数据库，详见第 7 章。

1.4 本书主要研究内容与技术路线

轴压短柱力学性能研究是进行轴压长柱、偏压柱相关研究的基础。尽管实际工程中的长柱通常承受偏心荷载，即理想的轴压长柱工程应用较少，但轴压长柱力学性能研究可为探索构件的稳定性能与偏压性能提供重要参考。同时，钢管混凝土纯弯构件在实际工程中的应用较少，但其力学性能研究是进行偏压构件力学性能研究的基础。此外，由于缺乏足够的试验和模拟数据，目前各国国家规范均在不同程度上限制高强材料的应用。在上述背景下，针对第 1.3 节报道的内容，本书主要进行高强方钢管高强混凝土试件的试验研究与理论分析，主要研究内容与方法汇总如下：

（1）高强方钢管高强混凝土构件的试验研究

对 14 个高强方钢管高强混凝土轴压短柱、26 个轴压长柱、10 个纯弯构件、18 个单向偏压短柱、33 个单向偏压长柱、16 个双向偏压短柱、29 个双向偏压长柱进行试验研究，主要变化参数包括钢材屈服强度（轴压、纯弯与偏压）、长细比（轴压与偏压）、偏心率（偏压）、含钢率（轴压、纯弯与偏压）。得到不同受力工况下高强方钢管高强混凝土构件的破坏过程、破坏形态、变形增长规律、应变分布特征、应力变化特点及各参数对构件受力性能的影响。

（2）高强方钢管高强混凝土构件的本构关系研究

采用ABAQUS软件进行精细化有限元计算，结合试验结果，确定适用于高强方钢管高强混凝土构件数值模拟分析的材料本构关系，探索适用于高强钢材的屈服强度与极限抗拉强度之间的比例关系，探讨混凝土本构参数取值的影响，建立合理有效的立方体、棱柱体、圆柱体混凝土强度转化关系，提出高强方钢管高强混凝土组合应力-应变全曲线计算方程。

（3）高强方钢管高强混凝土构件的工作机理与受力性能

进行轴心受压、受弯、单向偏心受压、双向偏心受压荷载作用下的高强方钢管高强混凝土构件全过程受力分析，结合试验结果，研究不同受力工况下，钢管与混凝土的协同工作机理、破坏机制、应力分布特征、钢-混凝土组合效应、构件局部屈曲与屈曲后性能，深入探讨构件失稳特性、二阶效应等对构件受压性能的影响。明确高强钢管高强混凝土柱与普通钢管混凝土柱的内力分配机制，归纳总结单向与双向偏压柱承载性能的差异。

（4）高强方钢管高强混凝土构件设计方法

建立各受力工况下高强方钢管高强混凝土构件承载力计算方程与设计方法，提出高强方钢管与高强混凝土的材料强度匹配建议，给出高强方钢管高强混凝土柱的合理含钢率与长细比限值，建立高强方钢管高强混凝土柱数据库。

2 高强方钢管高强混凝土短柱轴压性能研究

2.1 引言

随着城市进程发展与人口不断增长，可能会出现城市用地紧张等问题。因此，在科技创新的驱动下，我国高层与超高层建筑不断涌现。那么，在建筑结构形式逐渐趋于多样化的同时，对结构柱承载性能的要求也越来越高。为解决结构柱截面尺寸大、建筑基础负荷大等问题，并满足绿色建筑与可持续发展的设计理念，在工程实践中应用高强钢管高强混凝土柱具有广阔前景。

目前，对于采用屈服应力大于 420MPa 钢材的方钢管混凝土柱受压性能研究尚未成熟。同时，进行轴压短柱力学性能研究是明确轴压长柱与偏压柱力学性能的重要前提。因此，本章进行两批次共 14 个高强方钢管高强混凝土轴压短柱试验研究（$f_y=434.6\sim889.87$MPa、$f_{cu}=90\sim98$MPa）与数值模型参数化分析。

本章主要研究目的如下：

（1）通过试验研究了解高强方钢管高强混凝土短柱在轴压荷载作用下的破坏过程、破坏形态，得到试件的荷载、变形、应力发展规律；

（2）建立精细化数值模型，确定适用于高强钢材的屈服强度与极限抗拉强度之间的转化关系、适用于模拟高强混凝土受压性质的约束混凝土本构方程，探讨高强混凝土的立方体、棱柱体、圆柱体抗压强度相互转化关系；

（3）基于合理有效的数值模型，研究轴压短柱的工作机理与传力机制，分析构件的局部屈曲与屈曲后性能、钢管约束作用；

（4）通过参数化分析，研究混凝土抗压强度、钢材屈服强度、含钢率等对轴压短柱受力性能、约束效应、混凝土强度提升等方面的影响。

2.2 试验方案设计

2.2.1 试件设计

为研究含钢率和钢材屈服应力对轴压短柱受压性能的影响，设计并制作两批次共 14 个高强方钢管高强混凝土短柱试件，改变 3 种构件含钢率和 4 种钢材屈服应力，试件参数见表 2-1。综合考虑试验加载装置量程、方便试验结果对比等因素，本章试验构件截面尺寸为 150mm×150mm，高度为 450mm。

2.2.2 材料性能

第 1 批次轴压短柱试件的钢管采用冷弯方钢管，并带有一条焊缝，第 1 批次试件的钢

试件参数与试验结果 表 2-1

批次	试件编号	B (mm)	t (mm)	L (mm)	L/B	f_y (MPa)	f_u (MPa)	f_{cu} (MPa)	P_u (kN)
1	SC4-1	150	4	450	3	434.6	546.2	98	2820
	SC4-2		4			430.0	547.0		2950
	SC5-1		5			416.3	513.7		2980
	SC5-2		5			420.0	516.0		3035
	SC6-1		6			430.0	545.0		3257
	SC6-2		6			436.9	550.4		3435
2	HSSA1-1	150	5	450	3	566.9	644.0	90	3510.5
	HSSA1-2					566.9	644.0		3363.5
	HSSA2-1					780.8	830.2		4006.5
	HSSA2-2					780.8	830.2		3975.0
	HSSA3-1					838.0	880.0		4124.5
	HSSA3-2					838.0	880.0		4197.5
	HSSA4-1					889.9	947.1		4257.5
	HSSA4-2					889.9	947.1		4248.5

注：第 1 批试件的编号中，如 SC4-2，SC 代表高强方钢管高强混凝土轴压试件，4 代表钢管壁厚为 4mm，2 代表对比试件。第 2 批试件的编号中，如 HSSA1-2，HSSA 代表高强方钢管高强混凝土轴压试件，1 代表第一组试件，2 代表对比试件。B 为方截面边长，t 为钢管壁厚，L 为试件长度，f_y、f_u 分别为钢材屈服应力与极限拉应力，f_{cu} 为实测立方体混凝土抗压强度，P_u 为实测试件极限承载力。

材材性数据由辽宁省建设科学研究院有限责任公司提供，并出具检测报告单。第 2 批次试件的钢管采用无缝钢管，基于《金属材料 拉伸试验 第 1 部分：室温试验方法》GB/T 228.1—2010，对钢材拉伸试件进行拉伸试验，拉伸试件试验加载装置、典型破坏形态、典型试验曲线如图 2-1 所示。图 2-1（c）中的虚线与实线相交的点所对应的应力值为 0.2%钢材名义屈服应力，与拉伸试验数据采集系统自动读取的钢材屈服应力值较为相近。对拉伸试验结果取平均值，并汇总至表 2-1。拉伸试验过程中，纵向应变片在钢材应力达到 f_y 后易发生破坏（剥离钢材表面等），因此，钢材极限拉应力（f_u）由拉伸试验测得的极限荷载与拉伸试件中部横截面面积的比值确定。

此外，混凝土由商品混凝土搅拌站配制，最大粗骨料粒径约为 25mm，并且该搅拌站提供的第 1 批次与第 2 批次轴压短柱试件的混凝土配合比分别见表 2-2 和表 2-3。进行第 1 批次与第 2 批次的轴压短柱试验前，实测立方体（150mm×150mm×150mm）混凝土抗压强度的平均值分别为 98MPa 和 90MPa，见表 2-1。

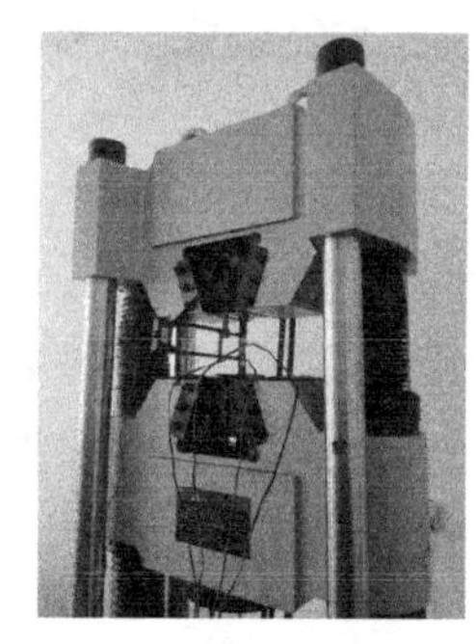

(a) 加载装置

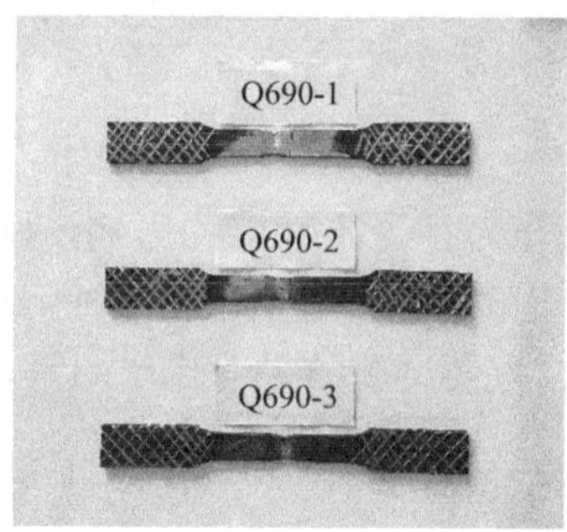

(b) 典型破坏形态

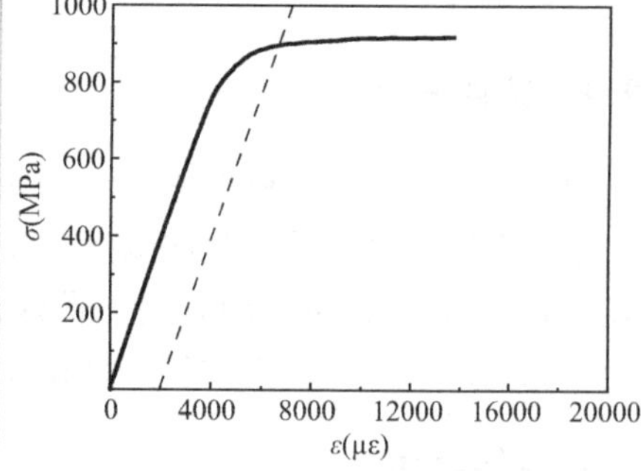

(c) 典型Q890钢材拉伸曲线

图 2-1 钢材拉拔试件试验

第 1 批次试件的混凝土配合比（单位：kg/m³）　　　　表 2-2

成分	水泥	掺合料	硅灰	砂	碎石	水	外加剂
用量	500	50	50	660	1150	130	15

第 2 批次试件的混凝土配合比（单位：kg/m³）　　　　表 2-3

成分	水泥	掺合料	砂	碎石	水	外加剂
比例	500	100	660	1150	130	15

2.2.3 试件制作

试件制作时，端板、钢管在钢结构工厂进行切割、焊接。采用角焊缝在钢管一端焊接 200mm×200mm×10mm 的端板，焊接完成后进行混凝土浇筑工作，混凝土浇筑前，将钢管直立在平整场地并进行固定。根据《钢管混凝土结构技术规范》GB 50936—2014，混凝土采用分层浇筑，为保证振捣密实，浇筑时采用振捣棒进行振捣。为考虑混凝土收缩，混凝土浇筑完成后表面高出钢管表面约 15mm。28d 后采用角磨机将混凝土表面磨平，同时，焊接上端板和肋板。将试件搬运至实验室内在常温下养护直至进行试验测试。

2.2.4 测点布置与加载制度

如图 2-2（a)、(b）所示，第 1 批次与第 2 批次轴压短柱试件分别采用 5000kN 压力试验机和 10000kN 多功能试验机进行平板加载，左、右两侧放置位移计测量构件轴向变形，

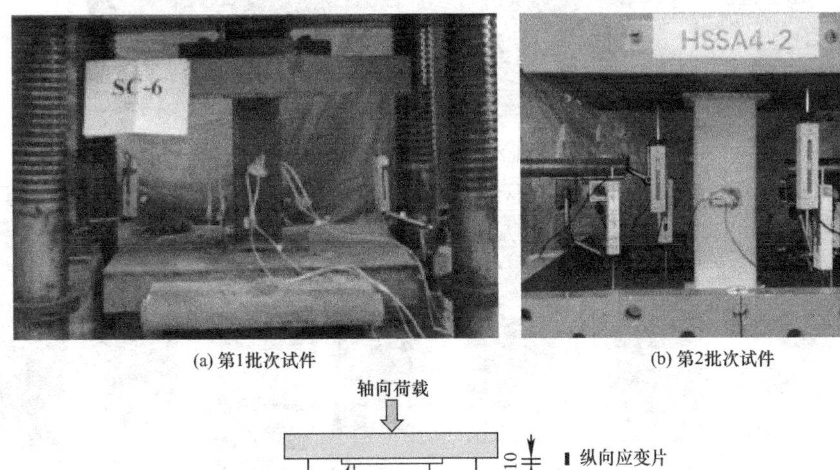

(a) 第1批次试件　　(b) 第2批次试件

(c) 示意图(单位：mm)

图 2-2　试验装置

在试件中部截面各钢管表面中部粘贴纵向与横向应变片用以测量试件纵向与横向应变。以第 2 批轴压短柱试件为例，试件信息及测点布置如图 2-2 所示。试件就位后采用红外线对中仪进行对中，保证试件中心与加载仪器荷载施加的中心对齐，所有试验数据全部由英国 IMP 自动采集系统采集。

正式加载前进行试验预加载，来消除加载装置加载板与试件端部之间的细微间隙，通过应变、位移读数来观察各测点测量的数据是否正确、有效，并采用红外线对中仪观测试件是否偏离中心线。试验正式加载时采用分级加载，每级加载为 ABAQUS 数值模拟预估极限荷载的 1/15～1/10，每级持荷为 3～4min。当试件所承受的荷载接近极限荷载时采用慢速连续加载，在荷载下降阶段，加载速率约为 1.5mm/min。

2.3 试验结果分析

2.3.1 破坏形态与破坏过程

图 2-3 所示为高强方钢管高强混凝土轴压短柱试件破坏形态图，可以看出，第 1 批次

(a) 第1批次试件破坏形态

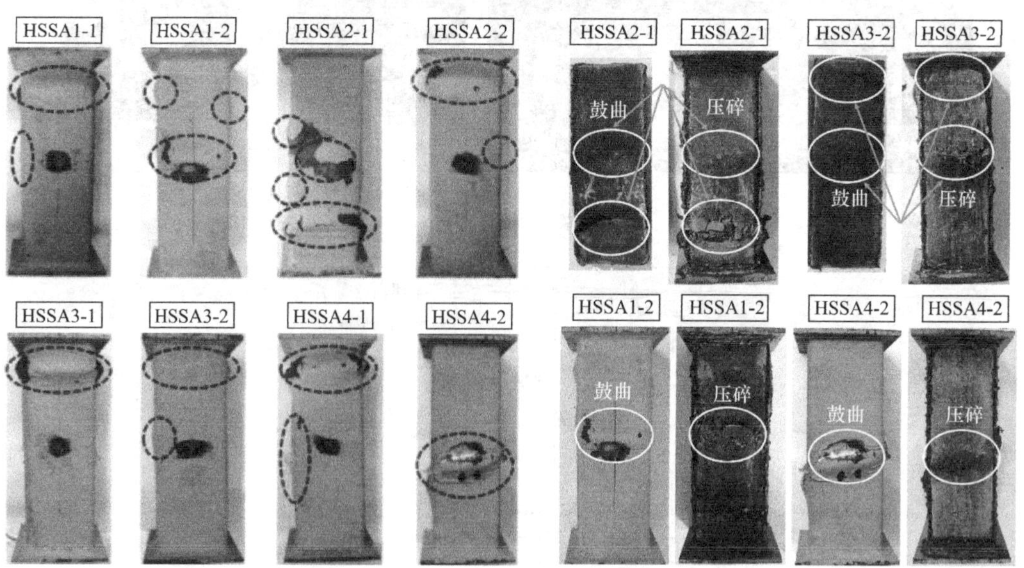

(b) 第2批次试件破坏形态

(c) 第2批次试件混凝土破坏形态

图 2-3　轴压短柱破坏形态

试件卸载后，钢管在 $L/3 \sim L/2$ 区域向外鼓曲。随着构件含钢率的增加，构件破坏状态逐渐由剪切型转变为腰鼓形。

第 2 批次试件卸载后，在试件端部和中部出现钢管向外鼓曲现象，如图 2-3（c）所示，剥去试件外钢管可以发现，在钢管向外鼓曲位置处，混凝土被压碎。图 2-4 为 HSSA4-2 试件中部混凝土横截面图，可见弱约束区（图中阴影部分）的高强混凝土被压碎，强约束区的混凝土保持相对完整。

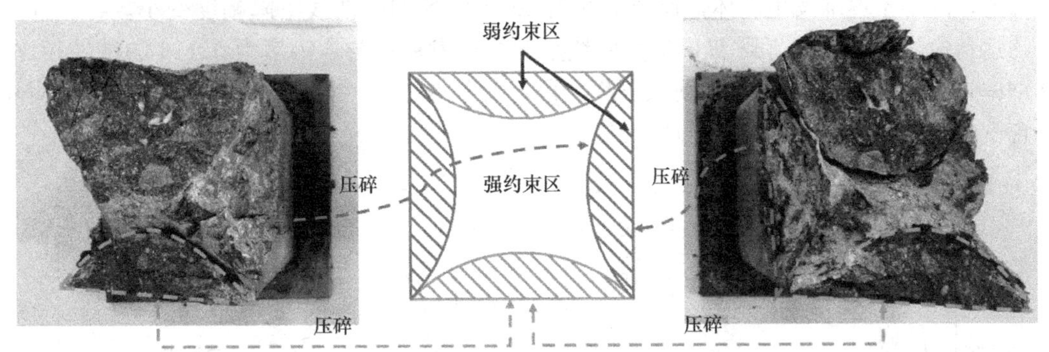

图 2-4 HSSA4-2 试件中部混凝土横截面

如图 2-5 所示，以 HSSA1-2、HSSA4-2 试件为例，阐述高强方钢管高强混凝土轴压短柱试件的破坏过程。对于 HSSA1-2 试件，加载初期，钢管与混凝土均处于弹性工作状态，两者之间无明显约束作用；构件达到极限荷载时（P_u），构件上端部钢管存在向外鼓曲趋势但不明显；在荷载下降阶段，当荷载降低至 -75% P_u 时（“$-$”代表荷载下降阶段），在构件中部出现明显鼓曲变形。同时，在此阶段，构件端部附近的钢管鼓曲变形也逐渐增加。关于试件的破坏机理将在第 2.7 节进一步通过数值模拟进行分析。

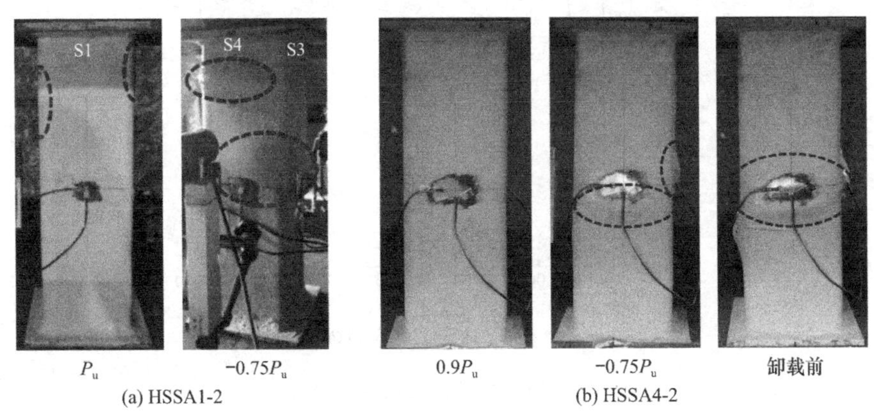

图 2-5 试件加载过程

对于 HSSA4-2 试件，荷载加载至 0.9 P_u 时，钢管无明显变形；当荷载达到 4246kN，即接近极限荷载时，出现连续混凝土被压碎的声音；当荷载下降至 3715kN（-0.87 P_u）时（“$-$”代表极限荷载后的荷载下降阶段），试件右侧（S4）中部出现钢管向外鼓曲现象；当荷载下降至 3500kN（-0.82 P_u）时，试件正面（S1）中部出现钢管向外鼓曲现象，此时，仍存在连续的混凝土被压碎声。

2.3.2 荷载-纵向应变曲线

以第 1 批次试件的试验结果为例，阐述构件的荷载-纵向应变曲线变化过程。如图 2-6 所示，SC4-1 试件在加载初期，荷载与纵向应变基本呈线性增长，构件处于弹性受力阶段，加载过程中由于构件的混凝土浇灌留下的气孔等原因会使得曲线产生微量的波动。当荷载达到 2780kN（约极限承载力的 98%）时，曲线呈非线性增长。随后轴压荷载迅速达到峰值，混凝土逐渐发生破坏，荷载下降到 2000.9kN 时，曲线下降幅度变小。各试件均在约达到极限荷载时，荷载-纵向应变曲线呈非线性发展；与含钢率为 0.116 的试件相比，含钢率为 0.148～0.182 试件在荷载下降阶段，荷载-纵向应变曲线基本趋于平缓，说明随着含钢率的增加，构件延性有所增加。

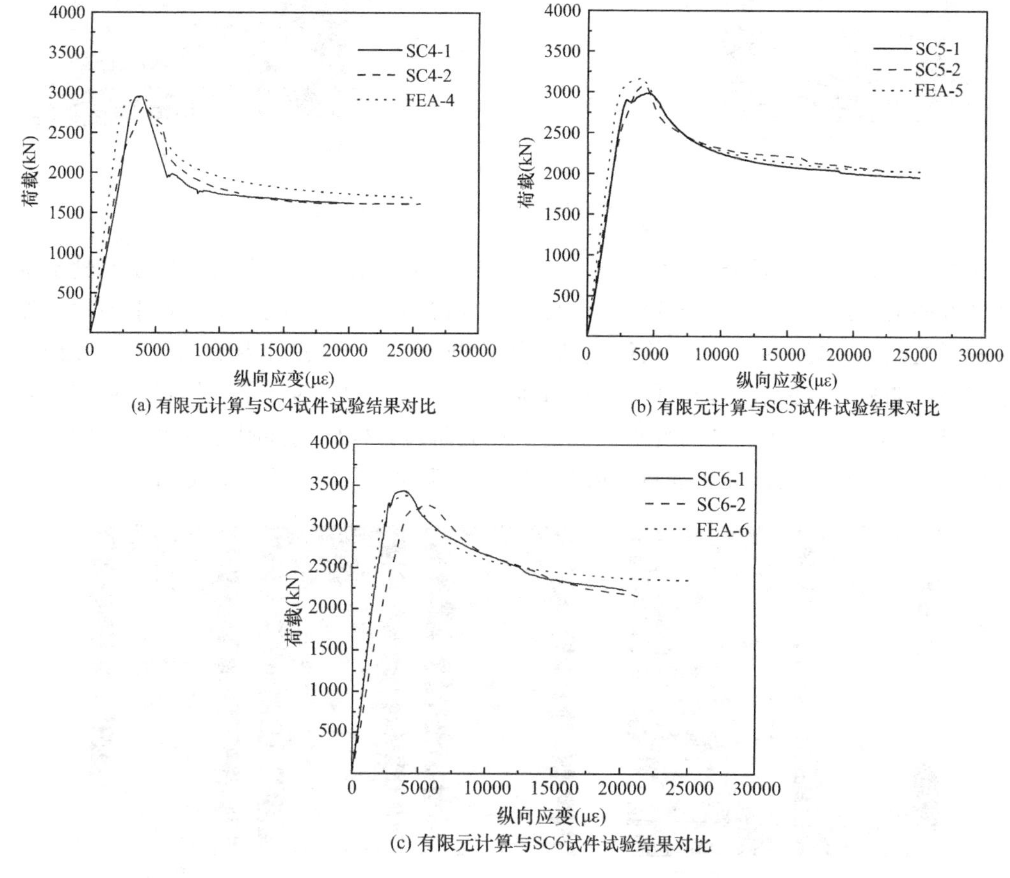

(a) 有限元计算与SC4试件试验结果对比
(b) 有限元计算与SC5试件试验结果对比
(c) 有限元计算与SC6试件试验结果对比

图 2-6 有限元计算与试验结果对比

2.3.3 荷载-纵向位移曲线

以第 2 批次轴压短柱试件试验结果为例，阐述构件的受力与变形变化规律。如图 2-7 所示，HSSA1-2、HSSA2-1、HSSA2-2 试件荷载-位移曲线特征相似，以 HSSA1-2 试件进行描述。当 HSSA1-2 试件所受荷载达到极限荷载后，下降至 3304.5kN 时，随着变形的增加，荷载迅速降至 2532.0kN，下降了 23.4%，纵向位移由 1.63mm 增加至 1.78mm，

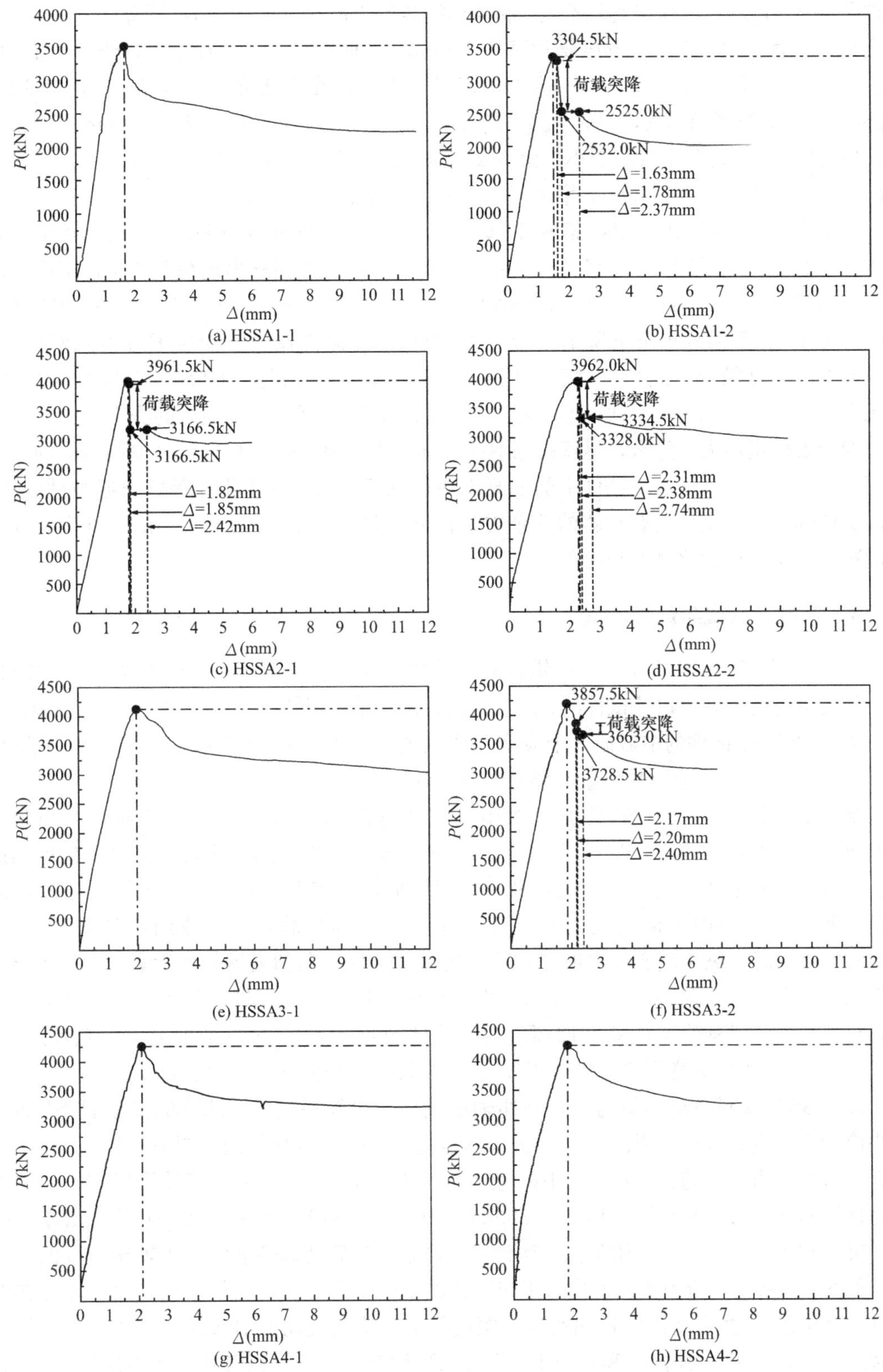

(a) HSSA1-1 (b) HSSA1-2

(c) HSSA2-1 (d) HSSA2-2

(e) HSSA3-1 (f) HSSA3-2

(g) HSSA4-1 (h) HSSA4-2

图 2-7 荷载-纵向位移曲线

增加了 9.2%；此后，荷载变化不大，由 2532.0kN 下降至 2525.0kN，下降了 0.3%，而纵向位移显著增加，由 1.78mm 增加至 2.37mm，增加了 33.1%。而对于 HSSA3-2 试件，当荷载达到极限荷载后，下降至 3857.5kN 时，随着变形的增加，荷载迅速降至 3728.5kN，下降了 3.3%，纵向位移变化不大，由 2.17mm 增加至 2.20mm，增加了 1.4%；此后，荷载下降幅度变小，由 3728.5kN 迅速降至 3663.0kN，下降了 1.8%，而纵向位移显著增加，由 2.20mm 增加至 2.40mm，增加了 9.1%。

综上所述，与采用 Q550 钢材和 Q690 钢材的三个试件（HSSA1-2、HSSA2-1、HSSA2-2）相比，采用 Q770 钢材的试件（HSSA3-2）虽然同样出现荷载“迅速下降”的情况，但 HSSA1-2、HSSA2-1、HSSA2-2 试件分别在 −98.2% P_u、−98.9% P_u、−99.7% P_u 出现荷载迅速下降的情况，而 HSSA3-2 试件在 −91.9% P_u 时荷载迅速下降，且下降幅度较小。此外，对于采用 Q890 钢材的两个试件（HSSA4-1 与 HSSA4-2）均无上述在峰值荷载后，荷载迅速下降现象。说明，随着钢材屈服强度的提高，钢管对混凝土的约束作用增大，那么，尽管高强混凝土脆性大，但高强钢管也足以提供足够的约束作用，延缓或防止轴压短柱试件中的混凝土在达到峰值荷载后发生显著劈裂或脆性破坏，进而保证轴压短柱试件具有足够的残余力学性能。此外，在 f_y 相对较小的试件中，其核心混凝土承担着更大比例的竖向荷载。

2.3.4 各测点应变与应力发展

HSSA4-2 试件在构件中部发生钢管向外鼓曲，并且 f_y=889.87MPa 的钢管有效阻止了构件发生脆性破坏。以该试件试验结果为例，阐述轴压短柱应变与应力发展规律。图 2-8 所示为 HSSA4-2 试件的中截面 8 个应变片实测值，其中，SG 代表应变，S1～S4 为试件的四个表面，1～8 为应变片位置，详见图 2-2（c）。

如图 2-8 所示，SG1、SG3、SG7 数值在试件初始加载阶段相近且应变值随着荷载增加而增大。荷载约达到 2500kN（58.8% P_u）时，SG7 的增加速率逐渐小于 SG1 的增加速率。同时，与其他横向应变值相比，SG8 数值增加幅度较大。上述分析结果表明，S4 面中部的变形主要集中于横向且钢管向外鼓曲程度较为显著。当荷载约增加至 3500kN（82.4% P_u）时，纵向应变值出现应变反转现象，即 SG7 数值发展趋势逐渐相反，主要与钢管局部屈曲有关。此外，在钢管的 S3 面出现两个钢管鼓曲区域。总体上，在极限荷载前，SG5 数值比其他纵向应变增加幅度大，并且 SG2、SG4、SG6 数值的发展趋势近似，表明 S3 面钢管中部的变形主要集中于纵向，并且钢管向外鼓曲程度相对较小。

以 HSSA4-2 试件应力值为例，阐述轴压短柱应力发展趋势。HSSA4-2 试件 S1 面钢管中部的横向应力（σ_h）、纵向应力（σ_v）、等效应力（σ_z）变化绘制于图 2-9 中。其他试件具有类似的应力发展趋势。图 2-9 中的应力值是根据 SG1 和 SG2 数值计算得到的，关于应力计算的相关假定与计算过程详见 Zhang 等（2005）和 Wang 等（2019）研究成果；此外，韦建刚等（2020）也采用类似方法计算了高强圆钢管超高性能混凝土轴压短柱的应力值。如图 2-9 所示，应力值的变化对于应变值的变化十分敏感，初始加载阶段，σ_h 存在波动（显著增加），主要是由短暂性且较小幅度的横向应变波动所引起的。总体上，在整个加载过程中，σ_h 显著小于 σ_v 和 σ_z 并且主要在 P_u 后开始增长。钢管几乎在构件达到 P_u 时发生屈服。屈服后，尽管钢材经历应变强化阶段，但 σ_v 和 σ_z 数值逐渐减小，主要与局部屈曲有关。

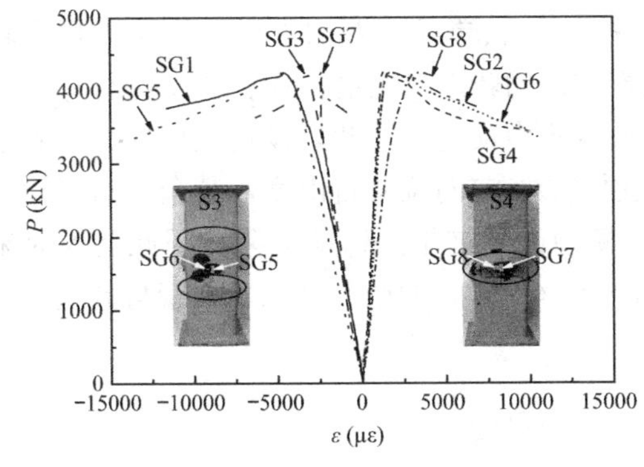

图 2-8 荷载-纵向应变曲线

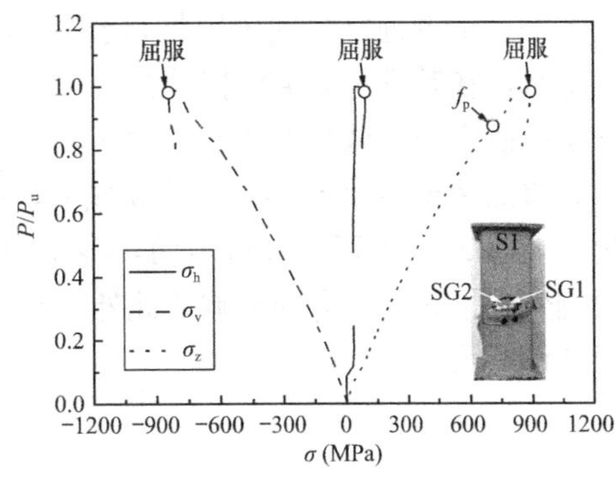

图 2-9 应力变化

2.4 精细化数值模型建立

2.4.1 部件创建

为进一步研究轴压短柱的力学性能，采用 ABAQUS 建立轴压短柱数值模型。通常钢管采用壳单元（S4R）或实体单元（C3D8R）建模，以往，本书作者进行的高强方钢管高强混凝土轴压短柱数值模拟研究表明，钢管单元类型对轴压短柱极限荷载的影响较小，而对钢与混凝土分担荷载比例存在一定影响，并推荐采用实体单元（C3D8R）建模。同时，Qiu 等（2017）和 Li 等（2017）通过试验研究与数值模拟研究了钢管混凝土构件的轴压、纯弯与偏压性能，同样采用了 C3D8R 单元建立钢管模型，且数值计算结果与试验结果吻合较好。综上所述，本书中，钢管采用 C3D8R 单元建模。此外，盖板、混凝土均采用 C3D8R 单元建模。由于盖板对试件力学性能影响较小，只起到传递荷载的作用，所以在建模过程中，将盖板假定为刚体，设置其弹性模量为 1×10^{12} MPa，泊松比设置为 0.001。

2.4.2 接触关系

在设定各部件的接触关系时，对盖板与钢管之间的接触关系进行了简化，两者之间的焊缝通过 ABAQUS 中的“Tie”进行连接。为使竖向荷载从端板有效传递至核心混凝土，混凝土与盖板之间设置“Hard contact”。此外，钢管与混凝土之间的接触关系设置通常有两种方法，第一种方法是不考虑钢管与混凝土之间的相对滑移，将两者视为整体，采用“Tie”来定义两者之间的接触或采用“Merge”将两者进行合并，该方法常在进行复杂钢管混凝土结构数值分析时使用。第二种方法是采用“Hard contact”和“Friction contact”来定义钢管与混凝土之间的接触。由于在本章进行的轴压短柱试验研究中发现，试件钢管鼓曲处混凝土被压碎且发生明显侧向膨胀变形，说明构件在受力过程中钢与混凝土存在显著的挤压与摩擦，因此，本书采用上述第二种方法来定义钢与混凝土之间的接触关系，且摩擦系数取 0.6。

2.4.3 边界条件

在一些学者进行的轴压短柱试验过程中，构件加载端可随着构件变形发生小幅度转动，那么，在其进行数值模拟分析时可释放构件端部的转动自由度。而在本章进行的轴压短柱试验研究中，试验加载时加载端转动功能被设置为锁定。因此，设定数值模型边界条件时，参照 Zhu 等（2016）的研究成果，仅柱顶释放 z 方向位移自由度，其余自由度均被锁定，如图 2-10 所示。分析表明，残余应力对模型计算结果的影响有限，因此建模时未考虑钢管焊接残余应力的影响。此外，基于 Tao 等（2013）的研究结果，钢管与混凝土网格尺寸设置为 $B/15$。

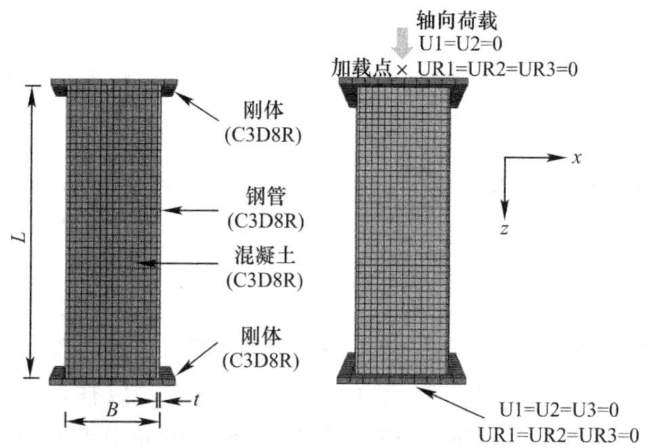

图 2-10 模型建立

2.5 钢材本构关系

2.5.1 钢材本构方程

由于在本书主要研究的钢管混凝土构件中，钢管采用高强钢材，所以在有限元模型建立过程中，钢材本构关系模型采用高强钢材双线型本构关系模型，其中弹性阶段弹性模量为 E_s，E_s=206000MPa，应力达到屈服应力后的强化阶段折线斜率为 0.01E_s，示意图及表达式分别如图 2-11 和式（2-1）所示，此外，泊松比取为 0.3。

2.5.2 钢材屈服强度与极限抗拉强度的关系

本书采用 ABAQUS 软件进行建模，在输入钢材本构关系时需确定屈服应力（f_y）与极限抗拉强度（f_u）之间的关系。在进行试验与数值模拟结果对比时，数值模型中的 f_y 与 f_u 输入试验实测值；而在参数分析中，f_u 通常是未知的。为解决此问题，Tao 等（2013）提出了已知 f_y 求 f_u 的计算公式，见式（2-2）。该公式被广泛应用于组合结构领域，其适用条件为 200MPa$\leqslant f_y \leqslant$800MPa（室温）。因此，在数值模拟研究中，采用式（2-2）来确定 $f_y \leqslant$800MPa 钢材的 f_y 与 f_u 关系。

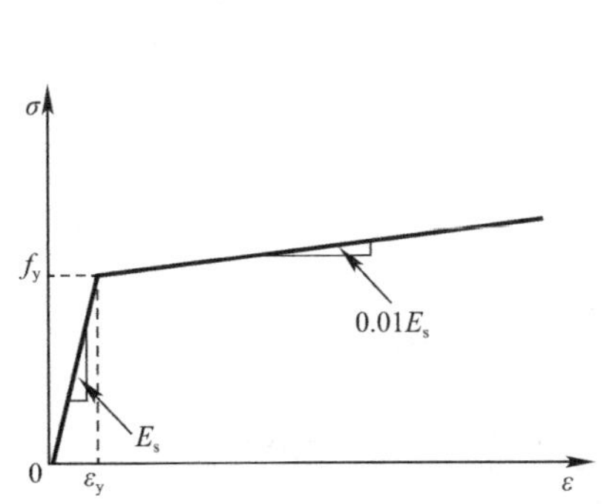

图 2-11 钢材本构模型

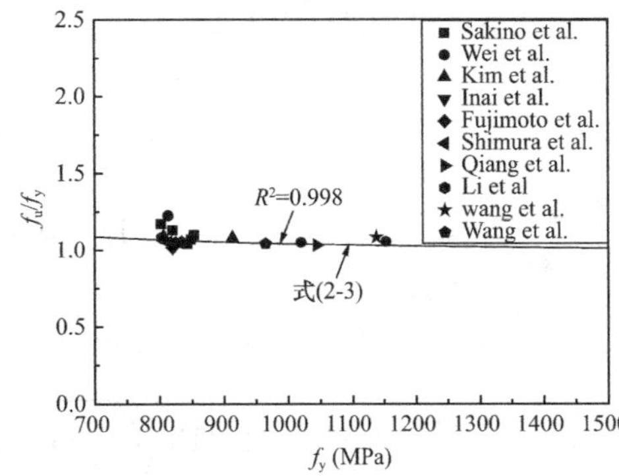

图 2-12 式 (2-3) 在 f_y>800MPa 条件下的准确性验证

$$\sigma=\begin{cases}E_s\cdot\varepsilon & (\sigma\leqslant f_y)\\ f_y+0.01E_s(\varepsilon-\varepsilon_y) & (\sigma>f_y)\end{cases} \tag{2-1}$$

$$f_u=\begin{cases}[1.6-2\times10^{-3}(f_y-200)]f_y & 200\text{MPa}\leqslant f_y\leqslant400\text{MPa}\\ [1.2-3.75\times10^{-4}(f_y-400)]f_y & 400\text{MPa}<f_y\leqslant800\text{MPa}\end{cases} \tag{2-2}$$

$$f_u=0.96f_y+\frac{650}{f_y^{0.3}} \qquad 800\text{MPa}<f_y\leqslant1153\text{MPa} \tag{2-3}$$

对于 f_y>800MPa 的结构钢，Lin 和 Zhao（2019）提出了一个适用范围更广的（$f_y\leqslant$ 1045MPa）计算公式，见式（2-3）。为进一步验证式（2-3）在 f_y>800MPa 条件下的准确性，从以往文献中收集 24 组试验数据（其中，800MPa<$f_y\leqslant$1153MPa），所收集的 24 组数据涵盖 Lin 和 Zhao（2019）中所使用的试验样本。将所收集数据的试验结果与式（2-3）的计算结果进行对比，对比结果见图 2-12。

由图 2-12 可见，f_u/f_y 比值随着 f_y 增大呈减小趋势，并且各数据点分布在式（2-3）预测线附近（决定系数 R^2=0.998）。同时，计算结果表明，式（2-3）对于 f_u 的计算值与 f_u 的试验实测值之比的平均值为 0.99、标准差 SD=0.042、变异系数 COV=0.042。上述数据说明式（2-3）在 800MPa<$f_y\leqslant$1153MPa 范围内是适用的。因此，采用式（2-3）来确定 800MPa<$f_y\leqslant$1153MPa 时 f_y 与 f_u 之间的强度转化关系，并且 Lin 和 Zhao（2019）所报道的 f_y 的上限值可从 1045MPa 拓展至 1153MPa。

2.6 混凝土本构关系

2.6.1 混凝土受压本构模型对比分析

混凝土本构关系的选择对于数值模型计算结果的准确性非常重要，与素混凝土不同，钢管混凝土构件中混凝土处于三向受压状态，因此应采用约束混凝土本构，其特点是对混凝土的极限压应力进行改进。为确定合理的约束混凝土本构关系，基于本书进行的轴压短柱试验结果，对下述本构方程进行对比与讨论。

Mander 等（1988）报道了约束混凝土本构方程，见式（2-4）。

$$\sigma=\frac{f'_{cc}xr}{r-1+x^r} \tag{2-4}$$

$$x=\frac{\varepsilon}{\varepsilon_{cc}}$$

$$r=\frac{E_c}{E_c-E_{sec}}$$

$$E_{sec}=\frac{f'_{cc}}{\varepsilon_{cc}}$$

$$\varepsilon_{cc}=\varepsilon_{co}\left[1+5\left(\frac{f'_{cc}}{f'_{co}}-1\right)\right]$$

$$f'_{cc}=f'_{co}\left(-0.413+1.413\sqrt{1+11.4\frac{f_l}{f'_{co}}}-2\frac{f_l}{f'_{co}}\right)\quad (f'_{co}>50\text{MPa})$$

式中　f'_{cc}——考虑约束作用后的混凝土极限压应力；

ε_{cc}——其对应的应变；

f'_{co}——圆柱体混凝土强度；

ε_{co}——其对应的应变；

f_l——钢管有效约束应力；

E_c——混凝土弹性模量。

Mander 等（1988）报道 ε_{co} 可取为一定值，同时，式（2-4）中的 f_l 对计算结果影响较大，且 Nisticò 等（2014）研究发现，ε_{co} 随着混凝土强度的增加而增加且钢管的约束作用对 ε_{co} 也会产生一定影响。因此，在 Mander 等（1988）所报道的模型基础上变化 f_l 与 ε_{co} 来探讨本构方程的适用性。

表 2-4 列举了各混凝土本构方程，混凝土本构关系模型 1（CCRM1）中的 f_l、ε_{co} 参照 Liu 和 Zhou（2010）、Wang 等（2015）计算，CCRM2 中曲线上升段的 f'_{cc}、ε_{co} 等参照文献［148］的报道进行计算，CCRM2 曲线下降段参照 Razvi 和 Saatcioglu（1999）计算，其余参数参照 Mander 等（1988）所报道的模型进行计算。CCRM3 与 CCRM2 的区别在于方程曲线下降段表达式不同，而上升段表达式相同。上述本构方程是基于 Mander 等（1988）所报道的模型进行进一步改进后得到的，此外，各学者提出了各种形式的本构方程。CCRM4 为韩林海等（2007）提出的本构方程且目前被广泛应用于组合结构领域。CCRM5 和 CCRM6 分别为 Liu 等（2005）和 Sakino 等（2004）报道的本构方程。CCRM4～CCRM6 的区别在于如何考虑钢管约束作用，CCRM4 与 CCRM5 均采用系数 ξ 来考虑约束作用，但 CCRM5 中认为混凝土极限应力为 0.85 f'_c 而 CCRM4 中采用的混凝土极限应力为棱柱体抗压强度（f_{ck}）；CCRM6 采用 σ_{re} 来表示约束作用。

本构方程　　　　**表 2-4**

编号	本构方程	文献来源
CCRM1	$f_l=1.27\frac{t\sigma_{h,s}}{B-2t}$ $\sigma_{h,s}=21.5\ (B/t)^{0.5}$ $\varepsilon_{co}=0.0015+f'_{co}/70000$	Liu 和 Zhou（2010）、Wang 等（2015）
CCRM2 曲线上升段	$f'_{cc}=f'_{co}+4f_{rp}$ $\frac{1.2}{R}-\frac{0.3}{R^2}\leqslant 1.0\quad f_{rp}=0$	Li 等（2014）

续表

编号	本构方程	文献来源
CCRM2 曲线上升段	$\frac{1.2}{R}-\frac{0.3}{R^2}\geqslant 1.0$ $f_{rp}=-6.5R\frac{(f'_{co})^{1.46}}{f_y}+0.12\ (f'_{co})^{1.03}$ $R=B/t\sqrt{12\ (1-v^2)\ /4\pi^2}\sqrt{f_y/E_s}$ $\varepsilon_{co}=\begin{cases}0.002 & \gamma_c f'_{co}\leqslant 28\\ 0.002+\frac{\gamma_c f'_{co}-28}{5400} & 28\leqslant\gamma_c f'_{co}\leqslant 82\\ 0.003 & \gamma_c f'_{co}\geqslant 82\end{cases}$ $\gamma_c=1.85D_c^{-0.135}\ (0.85\leqslant\gamma_c\leqslant 1.0)$ $D_c=2B/\sqrt{\pi}$	Li 等（2014）
CCRM2 曲线下降段	$\sigma=f'_{cc}\left[1-0.15\left(\frac{\varepsilon-\varepsilon_{cc}}{\varepsilon_{cc85}-\varepsilon_{cc}}\right)\right]$ ε_{cc85}为$\sigma=0.85f'_{cc}$所对应的应变	Razvi 和 Saatcioglu（1999）
CCRM3 曲线下降段（上升段与 CCRM2 相同）	$\sigma=f'_{cc}\exp[-k_1\ (\varepsilon-\varepsilon_{cc})^{k_2}]$ $k_1=\frac{\ln 0.5}{(\varepsilon_{cc50}-\varepsilon_{cc})^{k_2}}$ $k_2=1+25\ (I_{e50})^2$ $\varepsilon_{cc50}=0.004\ (1+60I_{e50})$ $I_{e50}=\frac{f_y}{1000\ (f'_{co})^{0.4}}$	Légeron 和 Paultre（2003）
CCRM4	$y=\begin{cases}2x-x^2 & (x\leqslant 1)\\ \frac{x}{\beta_0(x-1)^{\eta}+x} & (x>1)\end{cases}$ $x=\varepsilon/\varepsilon_0$ $y=\sigma/\sigma_0$ $\sigma_0=f'_c$ $\varepsilon_0=\varepsilon_c+800\xi^{0.2}\times 10^{-6}$ $\varepsilon_c=\ (1300+12.5f'_c)\ \times 10^{-6}$ $\eta=1.6+1.5/x$ $\xi=\frac{f_y\cdot A_s}{f_{ck}\cdot A_c}$ $\beta_0=\frac{(f'_c)^{0.1}}{1.2\sqrt{1+\xi}}$	Han 等（2007）
CCRM5	$y=\begin{cases}\frac{1.6x}{0.6+x}, & x\leqslant 1\\ \frac{Ux+Vx^2}{1+\ (U-2)\ x+\ (V+1)\ x^2}, & x>1\end{cases}$ $y-\frac{f}{f_0}$；$x=\frac{\varepsilon}{\varepsilon_0}$；$f_0=0.85kf'_c$；$k=1+\frac{0.37\xi^{0.82}-0.19\xi}{1+0.05\ (f'_c/50)^{5.65}}$； $\xi=\frac{f_yA_s}{0.85f'_cA_c}$； $\varepsilon_0=1300+\ (1300+18f'_c)\ \xi^{0.2}$；$U=-0.15$；$V=0.26\xi^{0.3}$	Liu 和 Gho（2005b）
CCRM6	$Y=\frac{VX+\ (W-1)\ X^2}{1+\ (V-2)\ X+WX^2}$ $X=\frac{\varepsilon}{\varepsilon_c}$；$Y=\frac{f}{f_c}$；$V=\frac{E_c\varepsilon_c}{f_c}$； $\sigma_{re}=\frac{2t^2\ (B-t)\ \sigma_{sy}}{b^3}$	Sakino 等（2004）

续表

编号	本构方程	文献来源
CCRM6	$W=1.50-17.1\times10^{-3}f_c+2.39\sqrt{\sigma_{re}}$ $E_c=3320\sqrt{f_c}+6900$ $\varepsilon_c=0.94(f_c)^{1/4}\times10^{-3}$	Sakino 等（2004）

表 2-4 中，B 为方钢管边长，t 为钢管壁厚，$\sigma_{h,s}$为极限荷载作用下钢管横向应力，f_{rp}为混凝土最大径向应力，v 为钢材泊松比，f_y 为钢材屈服强度，E_s 为钢材弹性模量，γ_c为混凝土强度折减系数，A_s 和 A_c 分别为钢管和混凝土的截面面积。

采用 CCRM1～CCRM4，对本章轴压短柱试验 SC4-1（$B=150$mm、$t=4$mm、$L=450$mm、$f_{cu}=98$MPa、$f_y=434.6$MPa、$f_u=546.2$MPa、$E_s=206$GPa）进行数值模拟，结果见图 2-13。可见采用 CCRM1 计算得到数值结果与试验结果存在较大差异，说明仍需对 f_l 计算式的适用性进行进一步分析，CCRM1 对高强方钢管高强混凝土中的 f'_{cc}计算偏大，使曲线整体上移；而 CCRM2～CCRM4 关于 f'_{cc}的计算较为准确，且偏于保守，但对比曲线的下降段，采用 CCRM4 的有数值结果与试验结果吻合最好，模型极限承载力及对应的纵向应变分别为试验值的 99.6%和 102.4%。

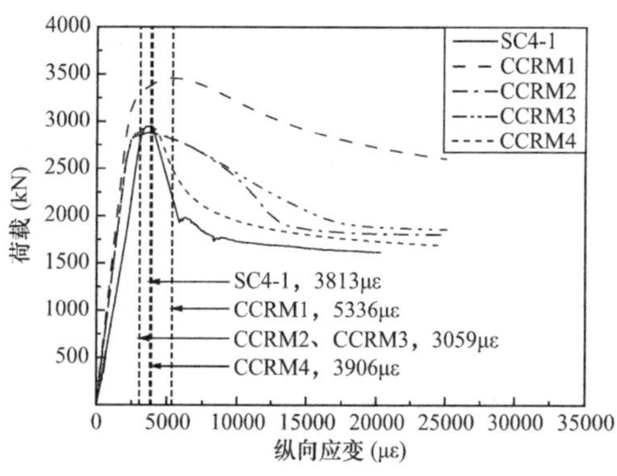

图 2-13　各本构模型计算结果对比

本章第 1 批试验通过改变钢管壁厚（4～6mm）共进行了 3 组共 6 个轴压短柱试件，将试验结果与采用 CCRM4～CCRM6 本构方程的数值计算结果进行对比，见图 2-14，其中，试件编号如 SC4-2，4 代表钢管壁厚，2 代表对比试件。

由图 2-14 可见，采用 CCRM4 和 CCRM6 计算得到的构件极限荷载比较接近，采用 CCRM5 得到的极限荷载相对保守。对比采用 CCRM4 和 CCRM6 的计算结果，后者数值模型在达到极限荷载后，荷载下降过于平缓，荷载-纵向应变曲线下降段与试验曲线吻合较差。对比采用 CCRM4 和 CCRM5 的计算结果，采用 CCRM4 的计算结果与试验曲线吻合相对较好。综上所述，在本章的轴压短柱数值模拟研究中，混凝土本构方程采用韩林海等（2007）提出的本构方程（CCRM4）。

2.6.2　混凝土本构方程适用条件

对于 CCRM4 模型，值得关注的问题是该模型是否适合应用于高强混凝土，基于此，进行如下讨论：韩林海教授（2016）报道，该本构模型适用于混凝土立方体抗压强度（f_{cu}）为 30～120MPa 的混凝土。此外，课题组对采用 f_{cu}为 80～125MPa 混凝土的钢管混凝土组合构件进行了系列试验研究与数值模拟，研究对象包括轴压、纯弯、偏压构件，数值计算过程中均采用 CCRM4 模型，且数值模拟结果与试验结果吻合均较好。因此，采用 CCRM4 本构模型进行本书数值研究是可行的。

此外，基于以往国内外研究可发现，目前采用 $f_{cu}>120$MPa 混凝土的钢管混凝土柱试验数据十分有限。尽管在一些研究中采用了 $f_{cu}>120$MPa 的混凝土，但通常在混凝土中添加了纤维，然而，纤维混凝土的力学特性与素混凝土力学特性是不同的。因此，纤维混凝土需要采用特定的本构关系来进行模拟。上述结果导致目前对采用 $f_{cu}>120$MPa 混凝土的钢管混凝土柱模型验证仍不充分。基于此背景下，作者建议，当模拟 $f_{cu}>120$MPa 的混凝土性质时应进行充分的模型验证。

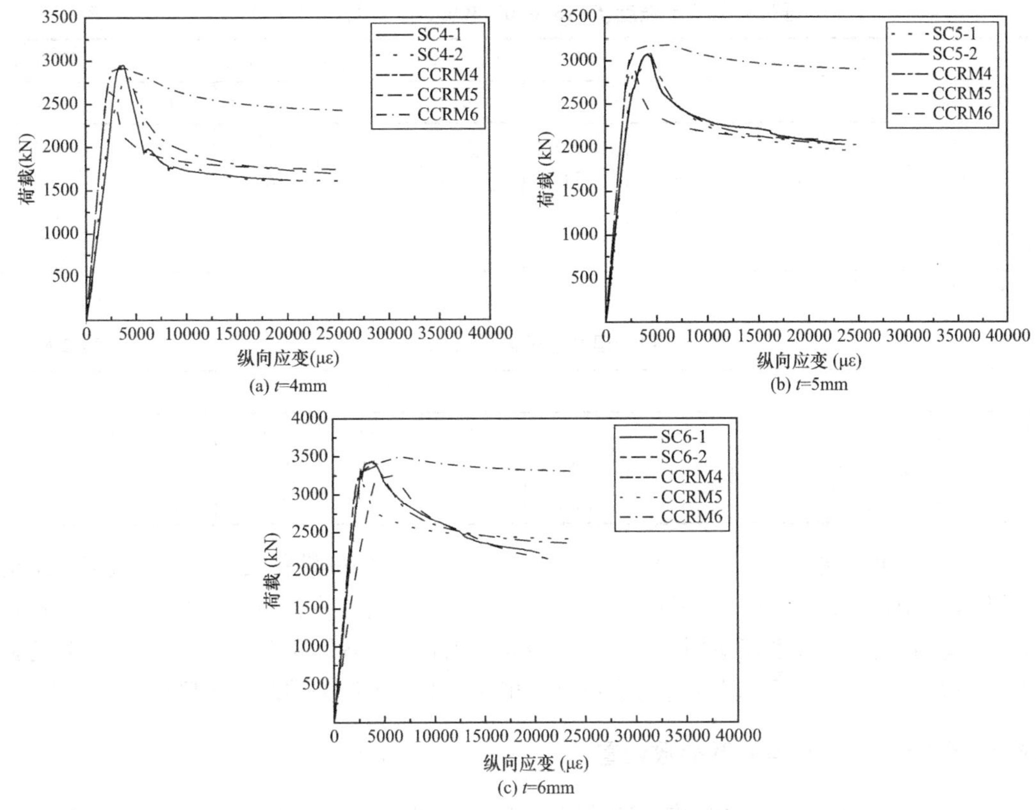

(a) t=4mm

(b) t=5mm

(c) t=6mm

图 2-14　荷载-纵向应变曲线对比

2.6.3　混凝土强度转化关系

CCRM4 模型的创新之处在于将约束系数 ξ 考虑在混凝土本构模型中，$\xi=f_yA_s/(f_{ck}A_c)$。该本构方程涉及了圆柱体（100mm×300mm）混凝土强度（f'_c）和棱柱体（150mm×150mm×300mm）混凝土强度（f_{ck}），此外本书轴压短柱试验研究测试了立方体（边长 150mm）混凝土强度（f_{cu}）。

表 2-5 列举了部分规范和文献报道的混凝土强度转化关系，其中，例如在 Eurocode 2 中，并未直接规定 $f_{cu}=100$MPa 的强度转化关系，而规定了 $f_{cu}=90$MPa 和 105MPa 的强度转化关系，因此，为便于表 2-5 中数据的对比，将 Eurocode 2 的 f'_c值采用线性插值法确定。

根据 Eurocode 2 的表 3-1，$f_{cu}<25$MPa 时 $f_c/f_{cu}=0.8$，而对于高强混凝土，该比值大于 0.8，例如 $f_{cu}=105$MPa 时 $f_c/f_{cu}=0.857$。CEB-FIP 的表 2.1.1 规定了 $f_{cu}\leqslant 90$MPa 的强度转化关系，并且规定当 $f_{cu}=50\sim 90$MPa 时 $f_c=f_{cu}-10$（MPa）；Tao 等（2013）

和 Yu 等（2008）也采用了类似的方法进行计算。综上所述，目前关于普通混凝土的 f_{cu}、f'_c、f_{ck}三者转化关系相关规定与研究相对成熟，而尚未有一个统一的方法来确定高强混凝土的强度转化关系，因此关于高强混凝土的相关规定仍需完善。本书采用公式 $f_c=f_{cu}-8$（MPa）来计算 f_{cu}与 f'_c之间的强度转化关系，该式计算结果与 Tao 等（2013）、Yu 等（2008）计算结果相似，且该方法是合理可行的。

圆柱体混凝土强度 f'_c(150mm×300mm)（单位：MPa）　　**表 2-5**

文献来源	位置	f_{cu}（150mm×150mm×150mm）						
		50	60	70	80	90	100	110
Eurocode 2	表 3.1	40	50	57	65	75	85	N/A
CEB-FIP	表 2.1.1	40	50	60	70	80	N/A	N/A
Tao 等（2013）	公式（20）	42	51	61	71	80	90	100
Yu 等（2008）	表 2	41	51	60	70	80	90	100

注：N/A 代表不适用。

本书采用的混凝土强度值（单位：MPa）　　**表 2-6**

类型	参数分析						
f_{cu}（150mm×150mm×150mm）	50	60	70	80	90	100	110
f'_c（150mm×300mm）	42	52	62	72	82	92	102
f_{ck}（150mm×150mm×300mm）	34.4	40.1	45.9	51.7	58.8	66.0	73.2

通过上文可确定 f'_c与 f_{cu}的转化关系，本书 f'_c与 f_{ck}之间的转化关系按照《混凝土结构设计规范》GB 50010—2010 计算得到。然而，《混凝土结构设计规范》GB 50010—2010 给出的 f_{cu}与 f_{ck}转化关系仅适用于 $f_{cu}\leqslant$80MPa，因此在本书研究中，$f_{cu}>$80MPa 时的强度转化系数与 $f_{cu}=$80MPa 时的转化系数取为相同。本书采用的混凝土强度值见表 2-6。

2.6.4 混凝土受压本构关系参数设置

本书混凝土性质采用塑性损伤模型模拟，混凝土塑性流动参数（e_f、f_{b0}/f_{c0}、K_c）分别取为 0.1、1.16、1/3（默认值），弹性模量（E_c）根据公式 $E_c=3320\sqrt{f'_c}+6900$（MPa）计算。此外，Logan 等（2009）基于试验研究发现，将混凝土泊松比取为 0.2 对于抗压强度小于 124MPa 的高强混凝土是可行的。因此，本书中混凝土泊松比设置为 0.2。

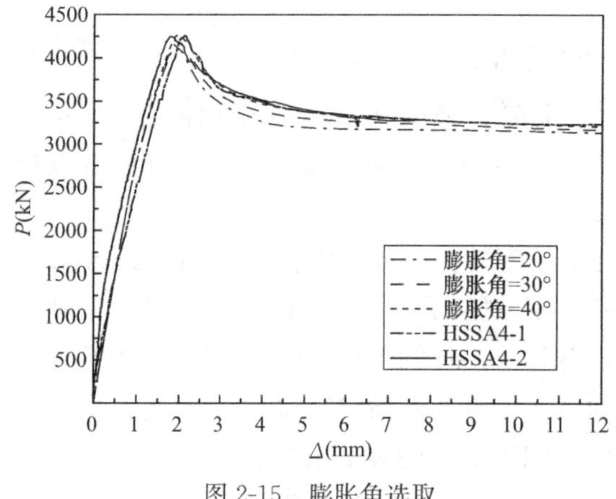

图 2-15　膨胀角选取

为选取合适的混凝土膨胀角来准确模拟试件受力过程，选取混凝土膨胀角 20°、30°与 40°进行有限元计算，并与本书 HSSA4-1 及 HSSA4-2 试件荷载-纵向位移曲线结果进行对比。图 2-15 所示为对比结果，可以看出，混凝土膨胀角对轴压短柱荷载-纵向位移曲线初始刚度无影响，对极限荷载及曲线下降段有较大影响，随着膨胀角的增大，极限荷载增大。当膨胀角分别取为 20°、30°、40°时，模型计算得到的极限荷载分别为 4177.83kN、4217.94kN、4266.17kN，而试验试件 HSSA4-1 及 HSSA4-2 极限荷载分别为 4257.5kN、4248.5kN。尽管当膨胀角取为 40°时，模型计算得到的极限荷载略大于试验值，但误差在 0.4%以下，且从整体来看，其荷载-纵向位移曲线下降段与试验结果吻合最好。此外，计算表明，在选取膨胀角为 40°时，模型计算结果与其余试件实测结果吻合较好，因此，膨胀角取为 40°。

2.6.5 混凝土受拉本构关系

在上述数值模拟中，混凝土受拉性质采用 GFI 能量法模拟，具体如下：

$$G_f = a \times (f'_c/10)^{0.7} \times 10^{-3} (\mathrm{N/mm}) \tag{2-5}$$

$$a = 1.25 \times d_{max} + 10$$

式中 G_f——断裂能；

d_{max}——混凝土粗骨料最大粒径。

若 d_{max} 值未知，则取为 20mm。此外，开裂应力根据 $\sigma_{to} = 0.26 \times (1.25 f'_c)^{2/3}$ 进行计算。研究表明，上述模拟混凝土受拉性质的方法适用于模拟采用高强混凝土的钢管混凝土构件力学性能。

2.7 数值模拟结果与分析

2.7.1 模型验证

如图 2-16 所示，有限元计算得到的荷载-纵向位移曲线与试验结果吻合较好，验证了有限元模型的准确性，此处需要说明的是，对于 HSSA1-2、HSSA2-1 试件，由于在加载过程中，试件达到极限荷载后纵向变形突然增大，荷载迅速下降，故试验实测荷载-纵向变形曲线下降段与有限元计算结果存在偏差，但其对比试件实测结果与有限元计算结果吻合较好，此现象合理，且如图 2-17 所示，有限元计算结果表明，当模型发生破坏时，在短柱中截面位置处出现钢管向外鼓曲的现象，与试验实测现象吻合较好。

2.7.2 荷载-纵向位移曲线分析

选取 HSSA1 组试件对应的轴压短柱有限元模型作为典型模型进行深入力学性能分析，图 2-18 给出了典型模型的荷载-纵向位移曲线（归一化），该曲线被分为弹性阶段（OA 段）、弹塑性阶段（AB 段）、塑性强化阶段（BD 段）和下降阶段（DF 段），其中 P_F 为模型极限荷载，Δ_F 为 P_F 所对应的纵向位移。

（1）弹性阶段（OA 段）

高强方钢管高强混凝土轴压短柱的荷载-纵向位移曲线初始刚度较大，加载初期，随着纵向位移的增加，荷载显著增加，当达到特征点 A 时，中截面钢管应力已达到钢材比例极限，此时构件所受荷载已达到极限荷载的 84.2%，纵向位移为 1.00mm。同时，在此阶段，荷载-纵向位移曲线几乎呈线性，钢管与混凝土均处于弹性状态。

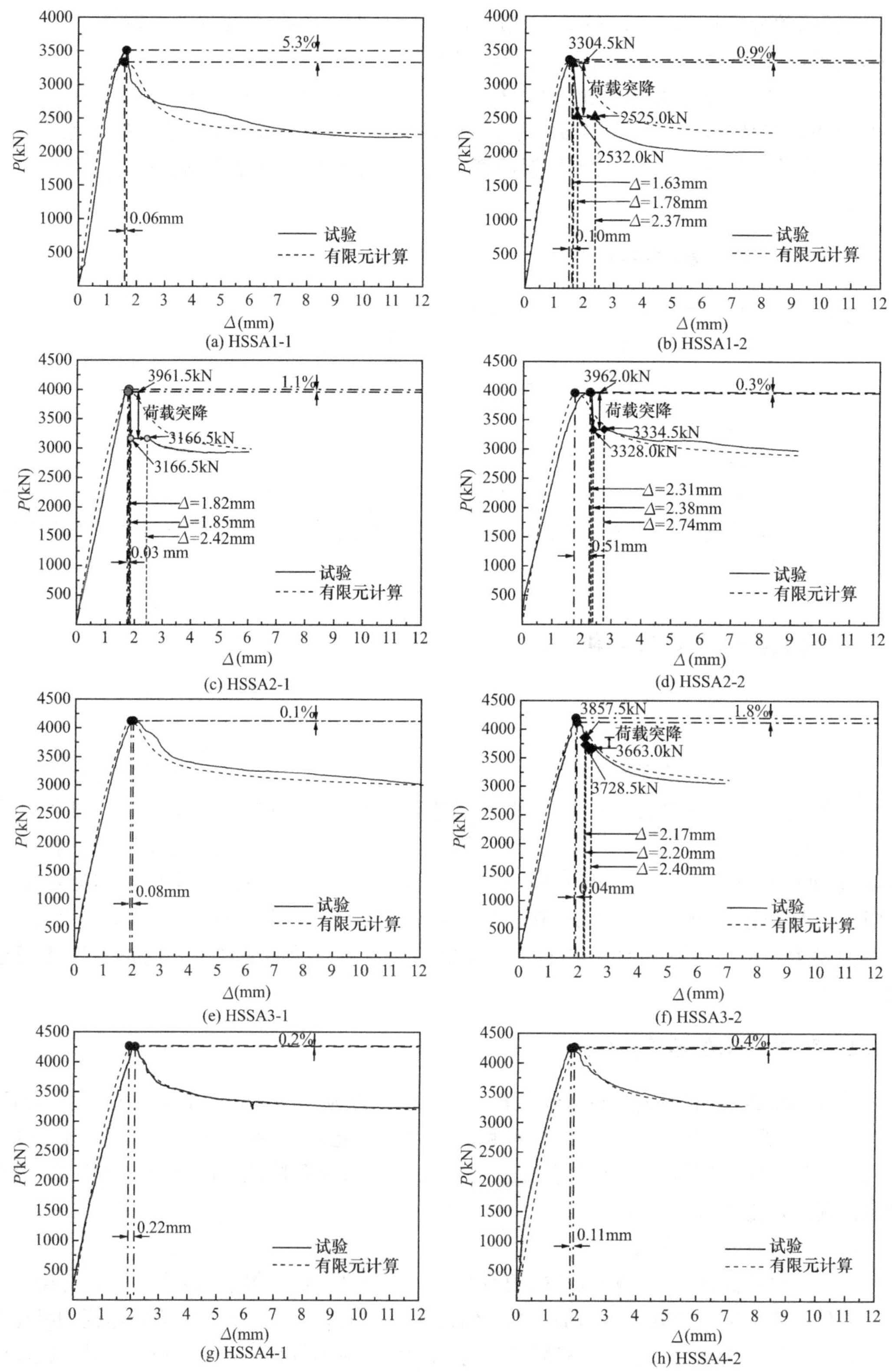

图 2-16　荷载-纵向位移曲线对比

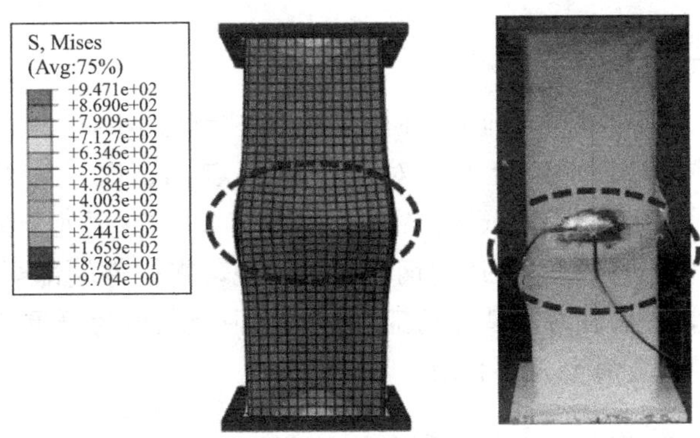

图 2-17 破坏形态对比

(2) 弹塑性阶段（AB 段）

在特征点 A 后，构件逐渐发展为塑性，因此，构件荷载-纵向位移曲线呈非线性，荷载增加速度变缓，纵向位移增速变快。当达到特征点 B 时，中截面钢管发生屈服，此时，构件所受荷载已达到极限荷载的 98.5%，纵向位移为 1.30mm。同时，可以看出，高强方钢管高强混凝土轴压短柱中截面钢管发生屈服时所受荷载十分接近极限荷载。

(3) 塑性强化阶段（BD 段）

在特征点 B 后，构件塑性已发展十分充分，随着纵向位移的增加，荷载增速更加缓慢。达到特征点 C 时，中截面混凝土纵向应变达到混凝土极限压应变，此时构件所受荷载已达到极限荷载的 99.6%（P=3318.5kN），纵向位移为 1.45mm。当达到特征点 D 时，轴压短柱模型达到极限荷载，纵向位移为 1.60mm。

(4) 下降阶段（DF 段）

在特征点 D 后，由于此时钢管已发生屈服，混凝土已达到极限压应变，此后，随着纵向位移的增加，构件已不适宜继续承担轴向荷载，荷载逐渐开始下降，并在特征点 F（−70% P_F）后的受力阶段，随着变形的增加，模型承载力逐渐趋于稳定。由此可以看出，高强方钢管高强混凝土轴压短柱具有较好的残余力学性能，即在模型加载后期，随着变形增加，轴压短柱承载力仍能达到极限荷载的 70%。

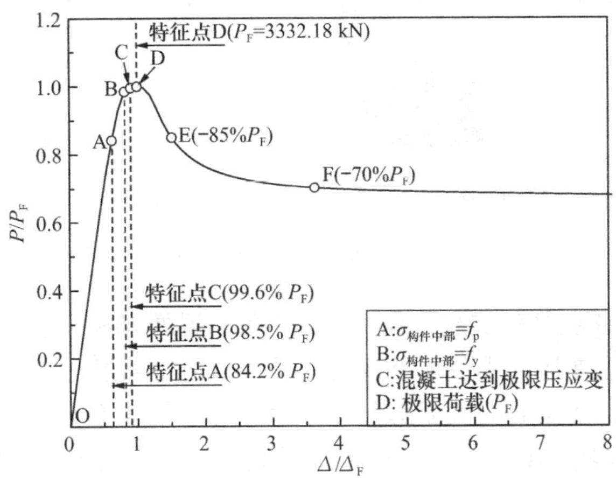

图 2-18 典型轴压短柱 P/P_F-Δ/Δ_F 曲线

2.7.3 钢管 Mises 应力分析

钢材 Mises 应力为钢材的折合应力，研究轴压短柱钢管 Mises 应力有助于快速判定轴压短柱受力危险区域。图 2-19 给出了对应于特征点 A、B、D、E 的典型轴压短柱（HSSA1 组试件）钢管 Mises 应力云图。在特征点 A 时，构件仍处于弹性工作阶段，构件 $L/3$～$L/2$ 位置处钢管 Mises 应力已达到钢材比例极限，在构件端部至 $L/3$ 位置处角部区域存在应力集中现象，且构件端部截面角部的应力集中现象最为严重，该 Mises 应力接近于屈服应力（f_y），最大数值为 530.2MPa（0.94 f_y）。

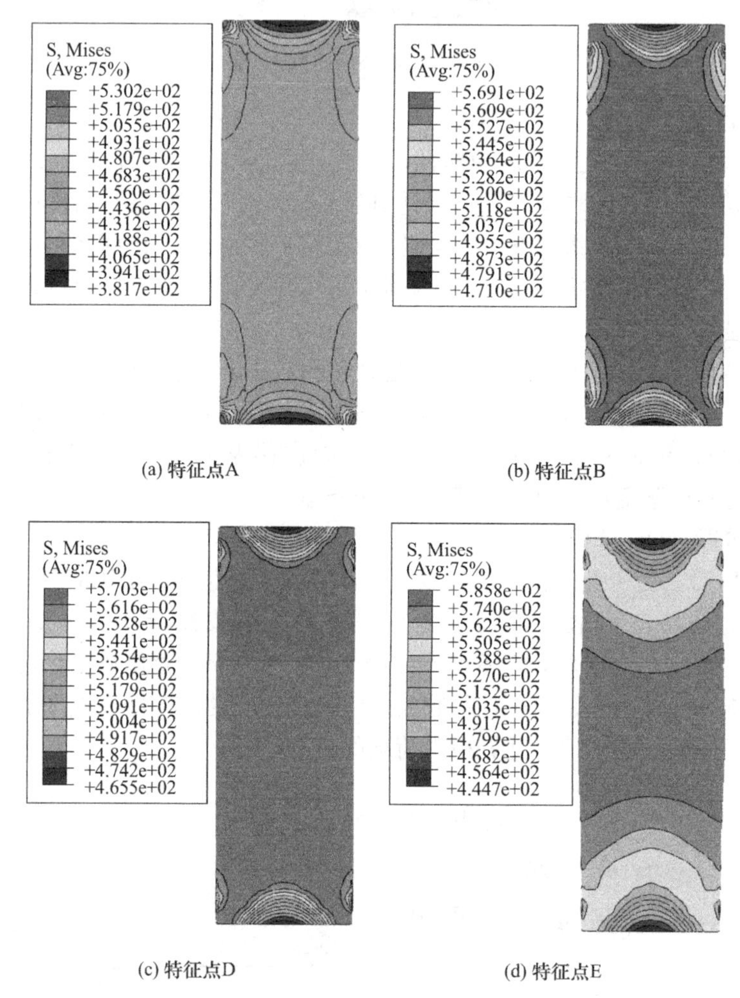

图 2-19　钢管 Mises 应力云图

由特征点 A 至特征点 B 的加载过程中，钢管各位置处 Mises 应力值逐渐增大，在特征点 B 时，钢管中部发生屈服；由特征点 B 至特征点 D 的加载过程中，中部位置处 Mises 应力值有所增长，由于特征点 B 与 D 比较接近，因此增加幅度不大。

在特征点 E 时，钢管 Mises 应力分布较为均匀，中部位置 Mises 应力值最大，但与特征点 D 时相比，增加幅度不大，最大值为 585.8MPa，仍未达到钢材极限抗拉强度

644.0MPa。由此说明，钢管屈服后，由于定义的钢材本构关系斜率为初始弹性阶段斜率的 1/100，所以，钢管应力值增长较为缓慢。

在整个加载过程中，与其他高度截面 Mises 应力值相比，靠近端部钢管平板区域的 Mises 应力值始终相对较小，呈近似半圆状。且由特征点 A 至 B 的过程中，该区域 Mises 应力值增大（最大值由 381.7MPa 增加至 471.0MPa），在钢管屈服（特征点 B）后，该区域 Mises 应力最大值逐渐减小。说明，钢管中部发生屈服后不断发展塑性，荷载逐渐向柱中部传递，因此，Mises 应力逐渐向柱中部集中，柱中部逐渐成为模型最危险截面，同时，其纵向变形逐渐增加，横向膨胀也更加明显。

2.7.4　混凝土纵向塑性应变分析

纵向塑性应变能够反映轴压短柱受力过程中纵向塑性变形的发展情况。图 2-20 所示为对应于各特征点的典型（HSSA1 组试件）混凝土纵向塑性应变（PE33）云图，可以看出，在整个加载过程中，柱端部混凝土纵向塑性应变较小。在特征点 B 时，靠近柱端部的混凝土角部位置纵向塑性应变最大，其次为柱 $L/3$ 位置处。同样，在特征点 C 时，靠近柱

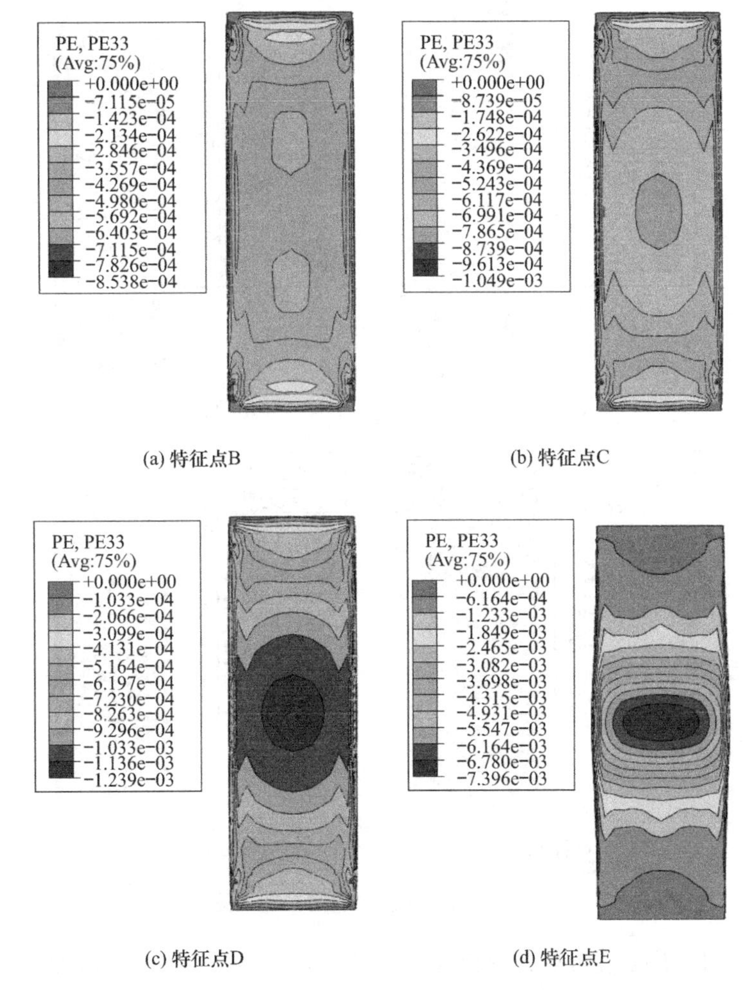

(a) 特征点B　(b) 特征点C

(c) 特征点D　(d) 特征点E

图 2-20　混凝土纵向塑性应变云图

端部的混凝土角部位置纵向塑性应变最大，其次为柱 $L/2$ 位置处。此后，在特征点 D 至 E 过程中，柱中截面混凝土纵向塑性应变最大。由此说明，在加载过程中，轴压短柱纵向塑性应变逐渐由 $L/3$ 向 $L/2$ 传递，此外，在极限荷载（特征点 D）前，靠近端部的混凝土角部纵向塑性应变始终较大。

2.7.5 混凝土纵向应力分析

如前述图 2-3 所示，在钢管向外鼓曲位置处，混凝土被压碎，说明钢管沿柱高度向外鼓曲的位置与内部混凝土受力情况有很大关联。因此，研究混凝土纵向应力（S33）十分重要。图 2-21 给出了对应于各特征点的混凝土纵向应力云图。在特征点 A 时，混凝土端部角部区域存在纵向应力集中现象，且与 $L/2$ 位置处相比，端部承担着更大的纵向应力。在特征点 B 时，在柱 $L/2$ 位置处，靠近角部的混凝土纵向应力大于中部的纵向应力，而在特征点 A 时无此现象，原因为：在特征点 A 后，由于混凝土逐渐发展塑性而产生侧向膨胀，钢管逐渐对混凝土产生约束，钢管与混凝土不再单独工作，两者之间产生了相互作用，且角部区域易产生应力集中。

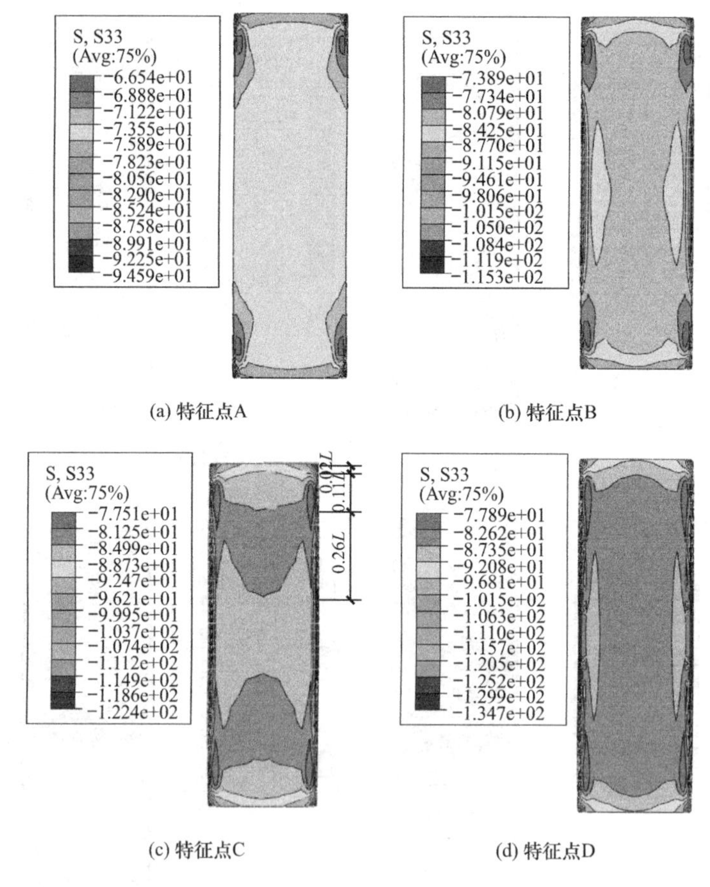

(a) 特征点A　(b) 特征点B

(c) 特征点C　(d) 特征点D

图 2-21　混凝土纵向应力 S33 云图

在特征点 C 时，$L/2$ 位置处角部仍存在纵向应力集中现象且应力最大；柱端纵向应力次之，但范围较小（$0.02L$）；其次为柱 $L/2$ 位置处及距柱端 $0.02L \sim 0.13L$（$0.02L +$

0.11L）位置处。此外，如图 2-21 所示，在特征点 C 时，柱 $L/2$ 位置处及距柱端 0.02L～0.13L 位置处混凝土纵向应力几乎相等，此结论与Liang 等（2019）报道的双钢管混凝土柱的研究结论类似。由于混凝土在特征点 C 时达到极限压应变，则在特征点 D 时，柱 $L/2$ 位置处混凝土中部纵向应力由特征点 C 时的 84.99MPa（1.04f_c'）～ 88.73MPa（1.08 f_c'）减小至 82.62（1.01f_c'）～ 87.35MPa（1.07f_c'）。

同时，可以发现，在特征点 C 时，柱 $L/2$ 位置处及距柱端 0.13L 范围内的混凝土纵向应力均较大，而此区域与前述试验研究中观察到的试件最终破坏区域较为相似。

2.7.6 接触压力分析

图 2-22 所示为典型模型 $L/2$ 截面钢管与混凝土间的接触压力，接触压力是反映模型接触对算法表面之间挤压接触的参数，可通过 ABAQUS 中的 * CPRESS：Contact pressure 选项提取。由图 2-22 可以看出，接触压力主要集中于角部位置，而平板区域无接触压力产生。由特征点 B 至 C、C 至 D、D 至 E，角部位置处最大接触压力分别增加了 48.4%、53.4%、226.8%。同时，可以发现，接触压力在模型达到峰值荷载前相对较小，在峰值荷载后迅速发展。此外，有限元分析结果表明，在特征点 E 后，接触压力逐渐由角部向平板区域发展，表明，在峰值荷载后的荷载下降阶段，方钢管平板区域逐渐约束混凝土的侧向膨胀变形。

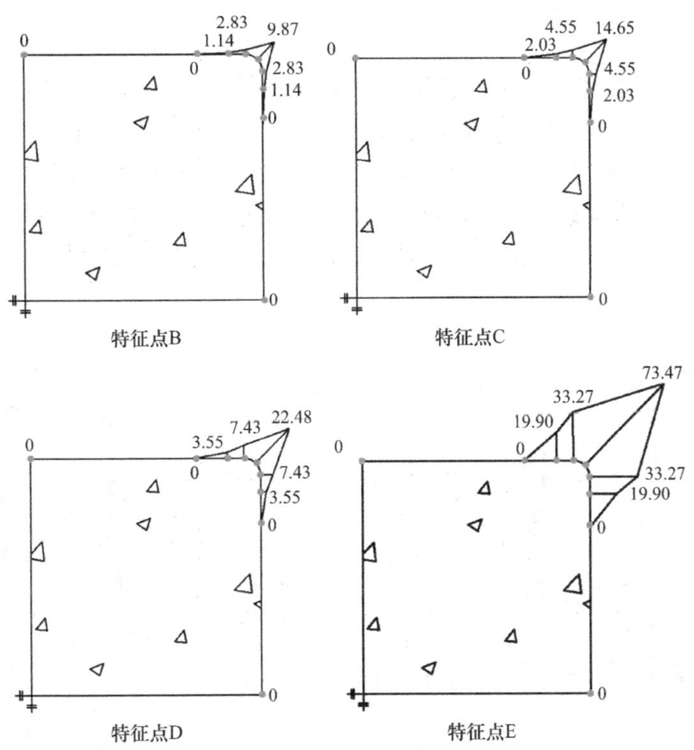

图 2-22 典型模型 $L/2$ 截面钢管与混凝土间的接触压力（单位：MPa）

前述研究表明，在轴压短柱角部位置处，钢管与混凝土之间的接触压力较大。图 2-23 给出了对应于特征点 C、D 的沿柱高的角部、中部位置处钢管与混凝土之间的接触压力，以此来说明在极限荷载前接触压力的变化过程并进一步分析沿柱高度接触压力变化情况。

图 2-23 为角部位置处钢管与混凝土之间的接触压力，可以看出，在特征点 C 时，与距柱端 $L/2$ 位置处接触压力（p=14.65MPa）相比，距柱端 0.31L 位置处接触压力（p=16.22MPa）较大。说明，在特征点 C 时，与距柱端 $L/2$ 位置处相比，距柱端 0.31L 位置处的混凝土角部侧向膨胀变形更显著大于钢管角部侧向膨胀变形。而在特征点 D 时，距柱端 0.31L 及 $L/2$ 位置处角部接触压力几乎相等。由特征点 C 至 D，沿柱高各截面的接触压力均有所增加，距柱端 $L/2$ 位置处角部接触压力增长较大，增长了 53.4%，同时，也说明了在此过程中，钢管与混凝土的协同工作性能较好。

同时，在特征点 C 时，沿柱高各截面角部接触压力在距柱端 0.07L 位置处达到最大值 16.22MPa；由特征点 C 至 D，与 $h=L/2$ 位置处接触压力增长幅度（53.4%）相比，虽然 $h=0.07L$ 位置处接触压力值增长幅度相对较小（21.4%），但仍可发现 $h=0.13L$ 范围内的接触压力较大，尤其是在 $h=0.07L$ 位置处。并结合图 2-21 中 $h=0.13L$ 范围内的混凝土纵向应力分布情况，由于 $h=0.13L$ 范围内的混凝土纵向应力较大，将导致混凝土产生较大的侧向膨胀变形，同时，也说明此范围内钢管对混凝土的约束作用较强，钢管在此处也易向外鼓曲。因此，本书部分试验试件在端部出现钢管向外鼓曲现象又得以进一步解释。

2.7.7 强、弱约束区混凝土单元纵向应力分析

图 2-24 所示为在极限荷载时，典型模型核心混凝土有效约束区（强约束区）中心位置处（点 a）与混凝土外表面中点位置处（点 b，弱约束区）$\sigma_{lc\text{-}center(outer)}/f_c'$的比值与轴压短柱高度之间的关系，该比值反映了钢管约束作用对混凝土单元纵向应力的提高程度。从图 2-24 中可以看出，上述两个位置处 $\sigma_{lc\text{-}center(outer)}/f_c'$沿柱高分布情况显著不同，在点 a 位置处，靠近柱端的混凝土单元纵向应力小于其他截面混凝土纵向应力，而点 b 位置处情况则相反。说明，在极限荷载时，轴压短柱端部位置处混凝土纵向应力主要由外表面承担。因此，也印证了前述试验研究中，试件破坏后，剥去外钢管，发现端部混凝土外表面存在被压碎现象。

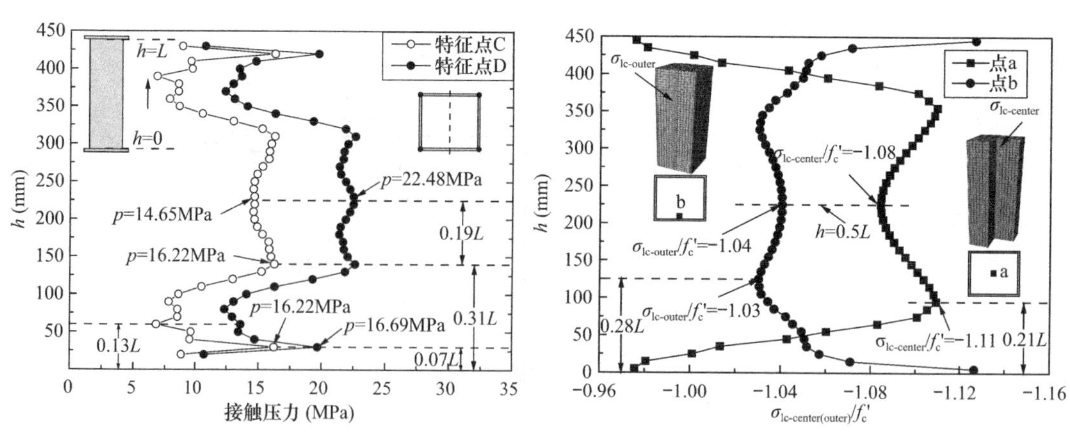

图 2-23　典型模型各高度接触压力

图 2-24　典型模型各高度 $\sigma_{lc\text{-}center(outer)}/f_c'$值

此外，在点 a 位置处，$h=0.21L$ 的 $\sigma_{lc\text{-}center}/f_c'$值（−1.10）略大于 $h=0.5L$ 的 $\sigma_{lc\text{-}center}/f_c'$值（−1.06），主要原因为，在极限荷载时，柱高中部范围内钢管发生向外鼓曲，使得鼓

曲位置处的钢管周围发生卸载，然而对混凝土会继续产生约束作用。而在点 b 位置处，虽然 $h=0.5L$ 的 $\sigma_{lc\text{-}outer}/f_c'$ 值（−1.04）大于 $h=0.28L$ 的 $\sigma_{lc\text{-}outer}/f_c'$ 值（−1.03），但不明显。即在柱高中部 $0.44L$（$1-0.28L\times2$）范围内的 $\sigma_{lc\text{-}outer}/f_c'$ 值较为接近，数值在 −1.03～−1.04 范围内。说明，在该区域内，方钢管对混凝土外表面单元所受纵向应力的提高程度较为接近。

2.8 参数分析

2.8.1 各参数对荷载-纵向位移曲线的影响

（1）混凝土强度的影响

图 2-25 所示为混凝土强度对轴压短柱荷载-纵向位移曲线的影响，结果表明，尽管与钢管弹性模量相比，混凝土弹性模量较小，但增加混凝土强度的同时也将增加混凝土弹性模量，即增大了混凝土轴向刚度 E_cA_c。因此，随着 f_{cu} 增大，构件荷载-纵向位移曲线初始

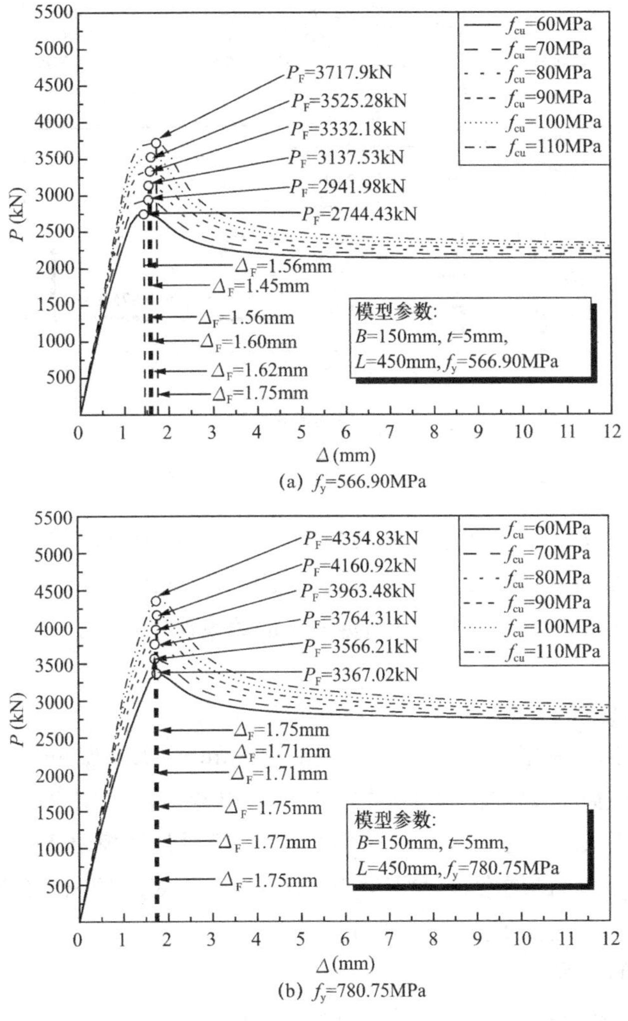

(a) f_y=566.90MPa

(b) f_y=780.75MPa

图 2-25 f_{cu} 对轴压短柱荷载-纵向位移曲线的影响（一）

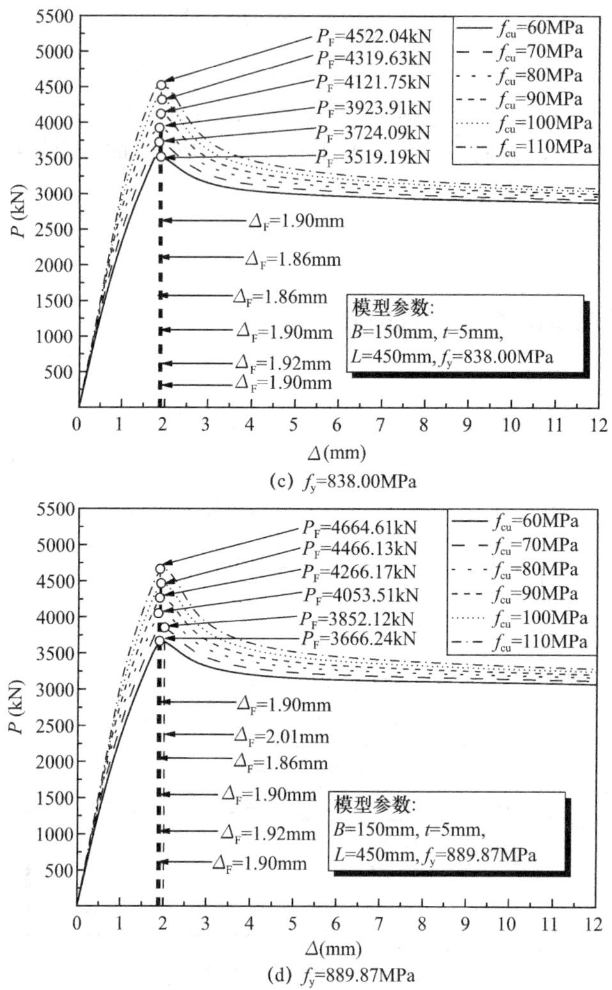

(c) f_y=838.00MPa

(d) f_y=889.87MPa

图 2-25　f_{cu}对轴压短柱荷载-纵向位移曲线的影响（二）

刚度增大。此外，与 f_{cu}=110MPa 的模型相比，f_{cu}=60MPa 的模型在达到极限荷载后的受力阶段，荷载-纵向位移曲线趋于平缓，主要原因为：随着 f_{cu}的减少，混凝土的脆性减小，此外，构件约束系数增加，即钢管对混凝土的约束作用增加，进而对混凝土强度的提升作用更加明显。

（2）钢材屈服强度的影响

图 2-26 所示为钢材屈服强度对 B=150mm，t=5mm，L=450mm，f_{cu}=60～110MPa 轴压短柱有限元模型荷载-纵向位移曲线的影响，可以看出，f_y 对轴压短柱模型荷载-纵向位移曲线初始刚度无影响。因为，钢材材料的 f_y 对钢材弹性模量无影响，即对轴向刚度 E_sA_s 无影响。但随着 f_y 的增大，模型达到极限荷载时所对应的纵向位移增大，说明，增加 f_y 的同时，增加了轴压短柱的变形能力。

（3）钢管壁厚的影响

图 2-27 所示为钢管壁厚（t）对 B=150mm，L=450mm，f_y=566.90～889.87MPa 轴压短柱荷载-纵向位移曲线的影响。可以看出，随着钢管壁厚的增加，构件的含钢率增

大，尽管钢管与混凝土的材料弹性模量未发生改变，但钢管的轴向刚度 E_sA_s 增大，使得轴压短柱荷载-轴向位移曲线初始刚度随着钢管壁厚增大而增大。

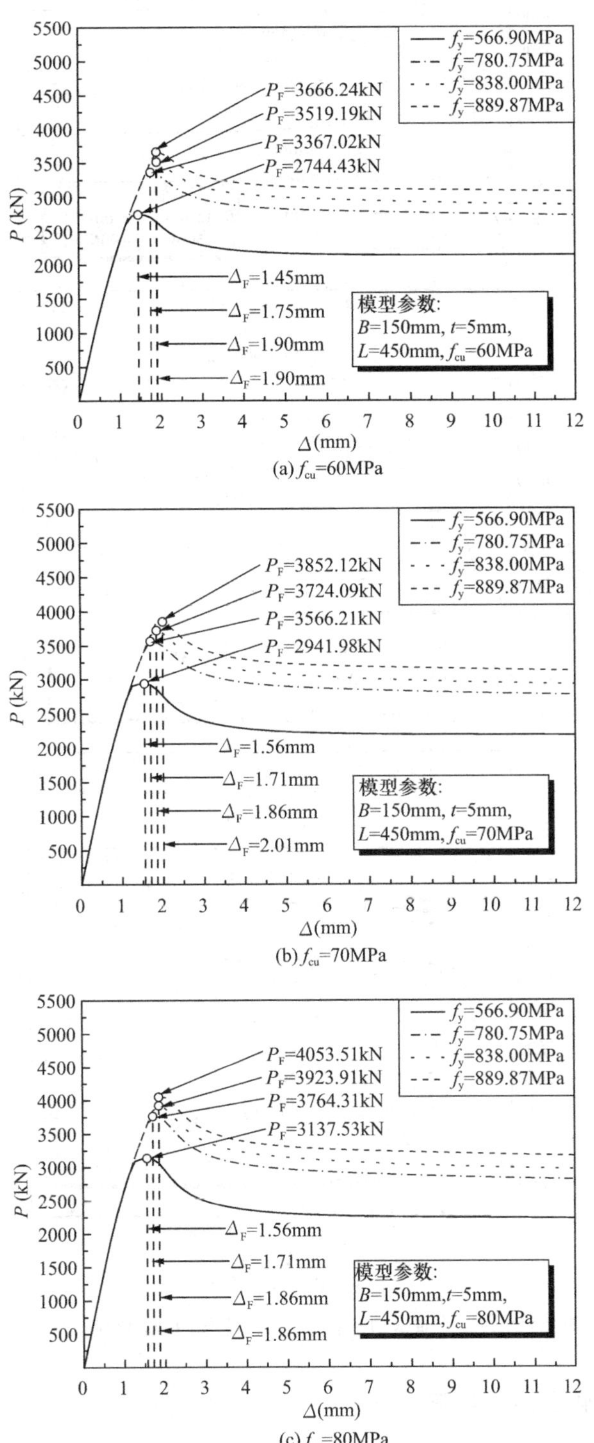

图 2-26 f_y 对轴压短柱荷载-纵向位移曲线的影响（一）

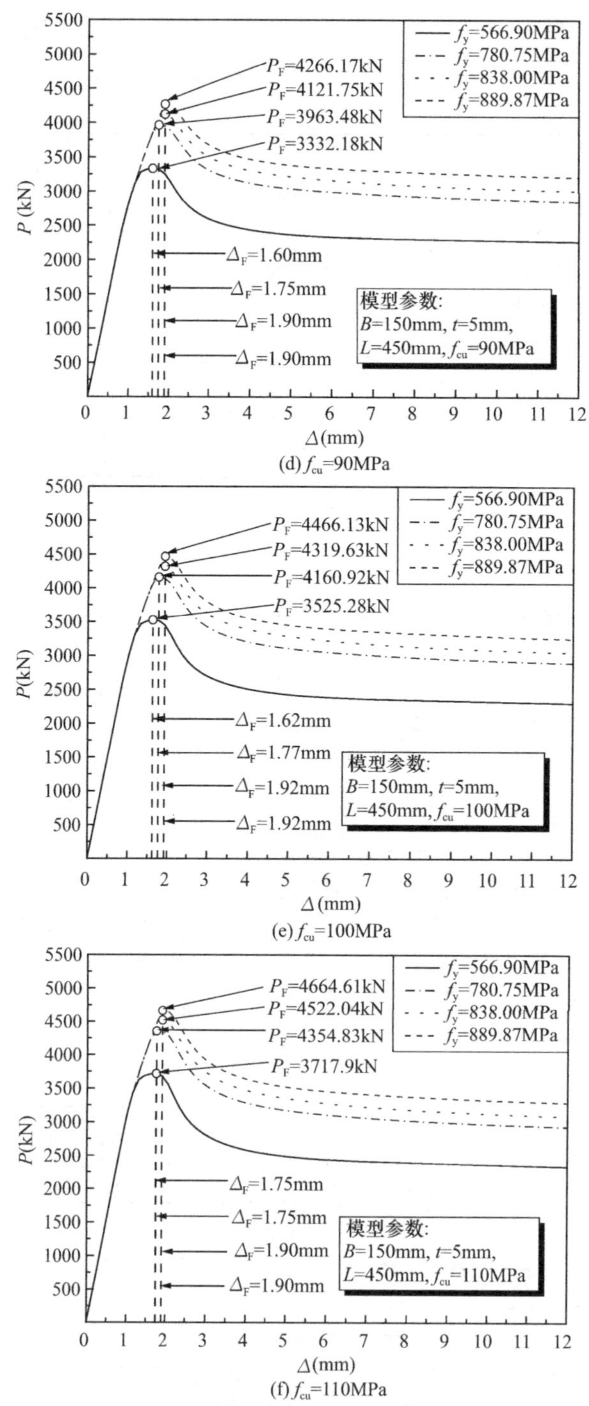

(d) f_{cu}=90MPa

(e) f_{cu}=100MPa

(f) f_{cu}=110MPa

图 2-26 f_y 对轴压短柱荷载-纵向位移曲线的影响（二）

2.8.2 各参数对接触压力的影响

（1）钢材屈服强度的影响

图 2-28～图 2-30 所示为有限元计算得到的极限荷载时各轴压短柱模型角部钢管与混

凝土间的接触压力（p）沿柱高变化情况，其中，图 2-28 为钢材屈服强度（$f_y=566.90\sim889.87$MPa）对轴压短柱（$B=150$mm、$\alpha=0.148$、$L=450$mm、$f_{cu}=70\sim110$MPa）接触

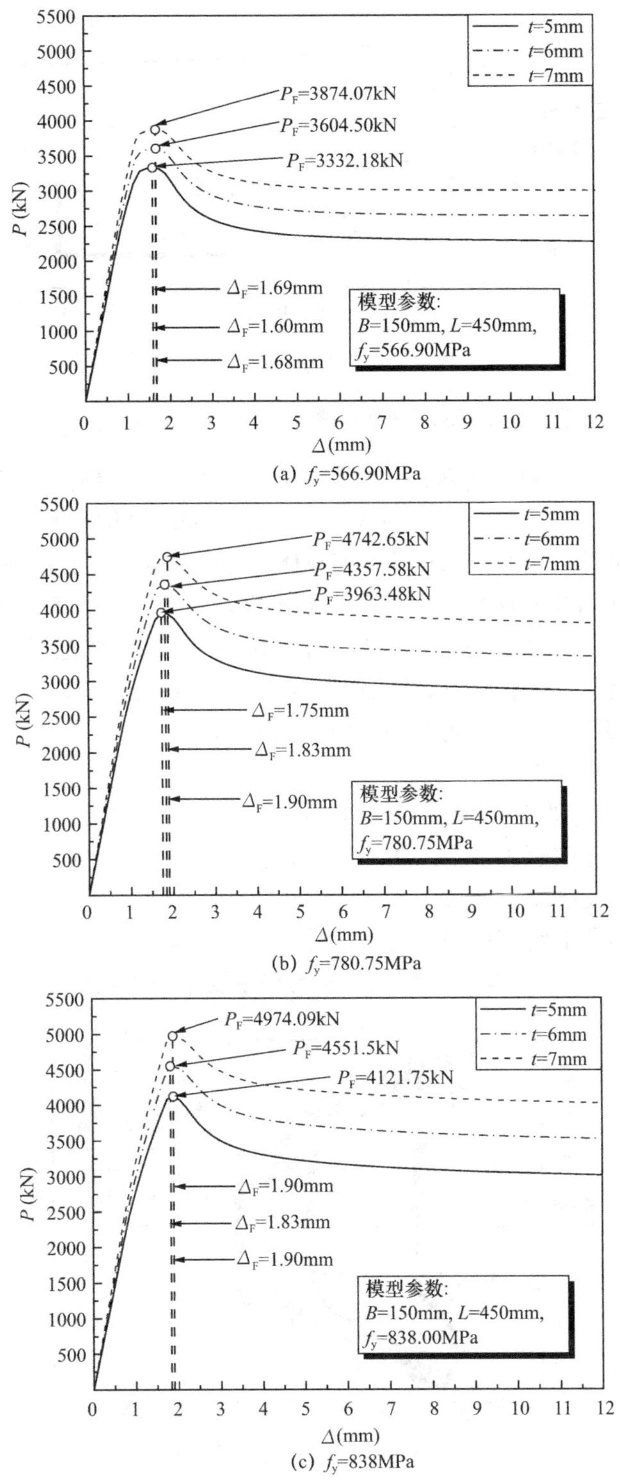

图 2-27　t 对轴压短柱荷载-纵向位移曲线的影响（一）

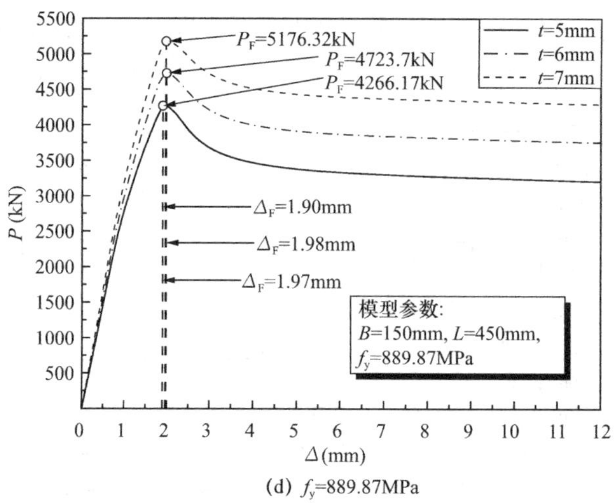

(d) f_y=889.87MPa

图 2-27 t 对轴压短柱荷载-纵向位移曲线的影响（二）

压力的影响，同时图 2-28（b）为各试验试件所对应的有限元模型接触压力。尽管从图 2-28（b）、（c）中可以看出，在 f_y 由 838.00MPa 增加至 889.87MPa 过程中，在 $h=0.18L$ 范围内钢与混凝土间的接触压力几乎相等，但整体来看，随着钢材屈服强度的增大，沿构件各高度位置处接触压力均有所增大。此外，基本上，对于 $f_y=566.90$MPa 的模型，在柱高中部 $0.38L$ 范围内，接触压力变化不大、几乎相等，说明，此范围内钢管对混凝土约束作用几乎相同；而随 f_y 的增加，该范围由 $0.38L$ 逐渐减小至 $0.29L$，说明随着钢材屈服强度增加，钢管对混凝土的约束向 $h=L/2$ 位置处集中。

（2）混凝土强度的影响

图 2-29 为混凝土强度（$f_{cu}=70\sim110$MPa）对 $B=150$mm，$t=5$mm，$L=450$mm，$f_y=566.90\sim889.87$MPa 轴压短柱有限元模型角部钢管与混凝土之间接触压力（p）的影响。整体来看，随着混凝土强度的增大，各高度位置处接触压力逐渐减小，说明混凝土强度增大降低了钢管对混凝土的约束作用。同时，对于 $f_y=566.90$MPa 的轴压短柱有限元模型，尽管 f_{cu}从 70MPa 增加至 110MPa，但接触压力仍主要集中于柱中部 $0.38L$ 范围内；对于

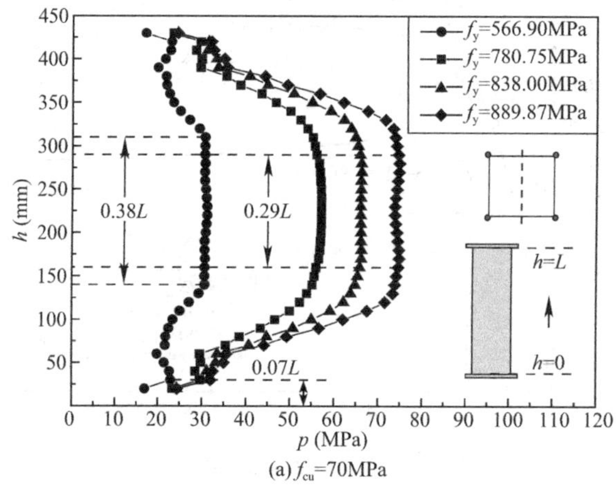

(a) f_{cu}=70MPa

图 2-28 f_y 对接触压力的影响（一）

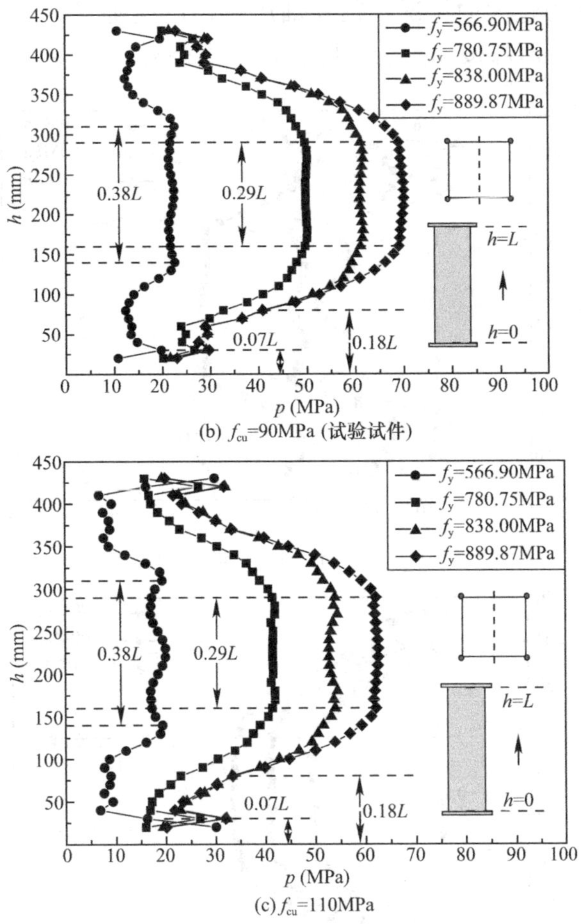

(b) f_{cu}=90MPa (试验试件)

(c) f_{cu}=110MPa

图 2-28 f_y 对接触压力的影响（二）

f_y=780.75～889.87MPa 的轴压短柱有限元模型，随着混凝土强度的增大（f_{cu}=70MPa 增加至 110MPa），接触压力仍集中于 0.29L 范围内。由此说明，与 f_y 对接触压力在柱高中部的集中范围影响相比，f_{cu}对其影响相对不明显。

同时，研究表明，在下述情况下，靠近构件端部位置的接触压力较大。在轴压短柱达到极限荷载时，尽管大部分构件柱高中部接触压力大于端部区域接触压力，如图 2-28、图 2-29 所示。但有限元分析结果表明，在各构件达到极限荷载前的加载阶段，即钢管对混凝土约束应力相对较小阶段，在靠近构件端部，仍存在如图 2-23 所示（特征点 C 时）的 h=0.07L 位置处接触压力与柱高中部接触压力相近的现象。

以图 2-29 中的数据为例，在极限荷载时，对于 f_y=889.87、838.00、780.75、566.90MPa 模型，当 f_{cu}=70MPa 时，h=0.07L 位置处接触压力（p_1）与柱高中部接触压力（p_2）之比分别为 0.43、0.48、0.52、0.74；当 f_{cu}=110MPa 时，p_1 与 p_2 之比分别为 0.51、0.61、0.64、0.81。可以看出，当 f_{cu}值不变时，随着 f_y 的减少，即构件约束系数减少，p_1 与 p_2 的比值呈增大趋势；当 f_y 值不变时，随着 f_{cu}值的增大，即构件约束系数减少，p_1 与 p_2 的比值同样呈增大趋势。

此外，结果表明，在变化材料强度的同时，在轴压短柱的加载过程中也不可避免地存在端部附近接触压力过大的情况，则在轴压短柱试验研究中，建议在靠近端部 $h=0.13L$ 范围内的钢管表面焊接加劲肋，防止荷载不能有效地传递至 $L/2$ 截面。Yan 等

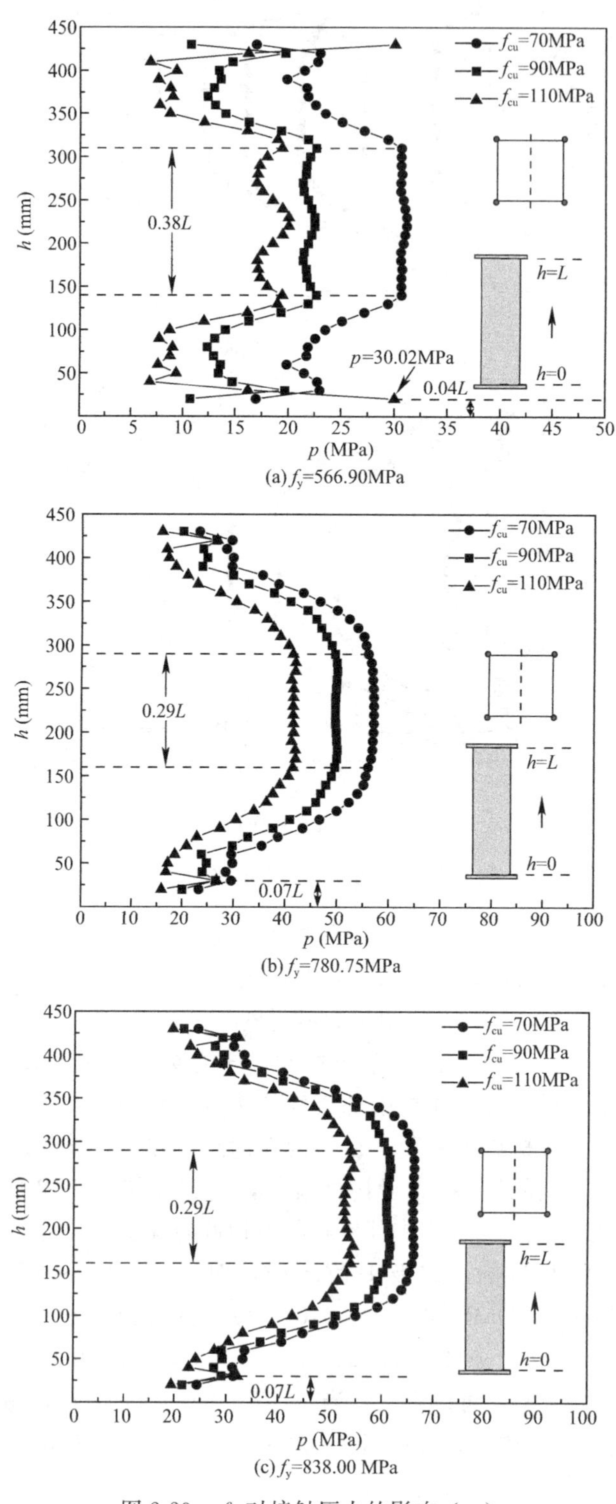

图 2-29　f_{cu}对接触压力的影响（一）

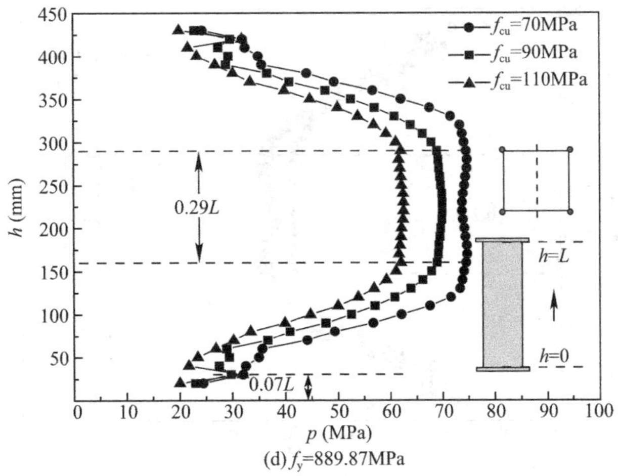

(d) f_y=889.87MPa

图 2-29 f_{cu}对接触压力的影响（二）

(2019) 在方截面轴压短柱试件端部设置了加劲肋，使得钢管向外鼓曲变形向 $h=L/2$ 位置处聚集。

(3) 钢管壁厚的影响

图 2-30 所示为钢管壁厚（t）对 $B=150$mm，$L=450$mm，$f_{cu}=90$MPa，$f_y=566.90$～889.87MPa 轴压短柱有限元模型沿柱高角部接触压力的影响，可以看出，在柱高中部位置处，当钢管壁厚由 5mm 增加至 6mm 时，接触压力有所增加，说明含钢率的增加使钢管对混凝土的约束作用有所增大，但当钢管壁厚由 6mm 增加至 7mm 的过程中，可以发现，如图 2-30（b）所示，接触压力增加幅度不大，甚至出现如图 2-30（a）、(c)、(d) 所示的柱高中部接触压力小幅度减小及 $h=0.04L$ 位置处接触压力较大的情况。这可能是因为钢管壁厚 $t=5$、6、7mm 的构件含钢率分别为 14.8%、18.2%、21.7%，而 $t=7$mm 构件的含钢率超过了《钢管混凝土结构技术规范》GB 50936—2014 中规定的合理含钢率范围（4%～20%）。此外，与 f_y 和 f_{cu}对接触压力的影响相比，t 对其的影响相对较小；尽管增大 t 的

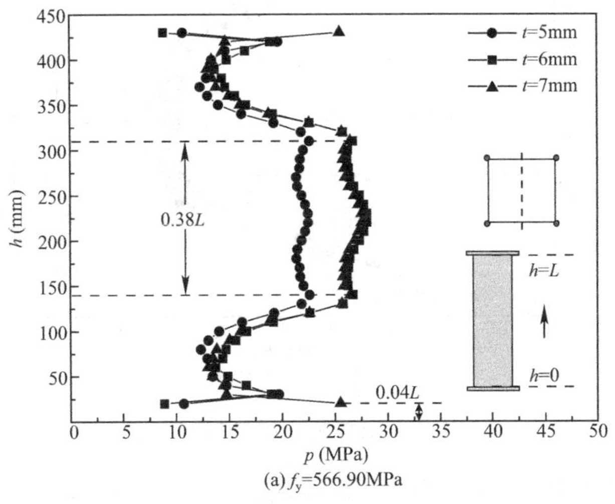

(a) f_y=566.90MPa

图 2-30 t 对接触压力的影响（一）

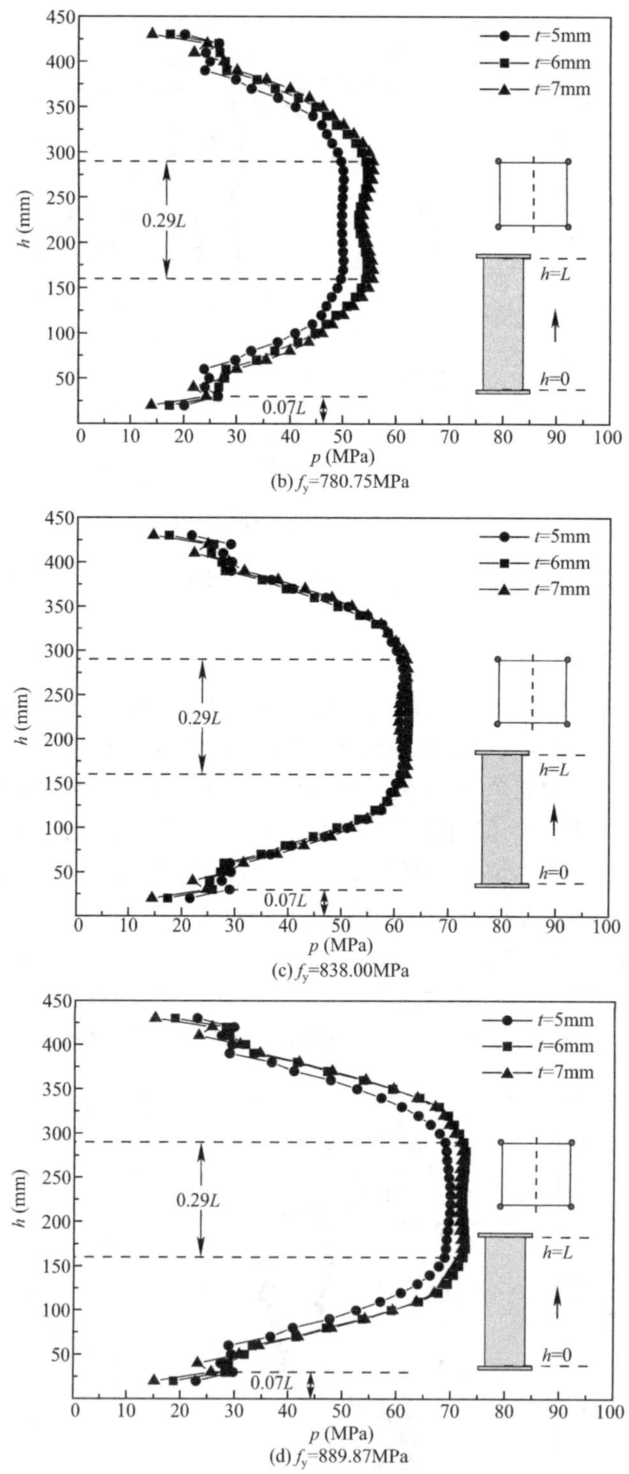

(b) f_y=780.75MPa

(c) f_y=838.00MPa

(d) f_y=889.87MPa

图 2-30　t 对接触压力的影响（二）

同时，增大了构件的约束系数，但当构件含钢率超过了合理范围时，钢管对混凝土的约束作用增加幅度较小，甚至反而下降。

2.8.3 各参数对 $\sigma_{lc\text{-}center}/f_c'$ 的影响

图 2-31 给出了在极限荷载时，各影响因素对有效约束区中心位置混凝土 $\sigma_{lc\text{-}center}/f_c'$ 值

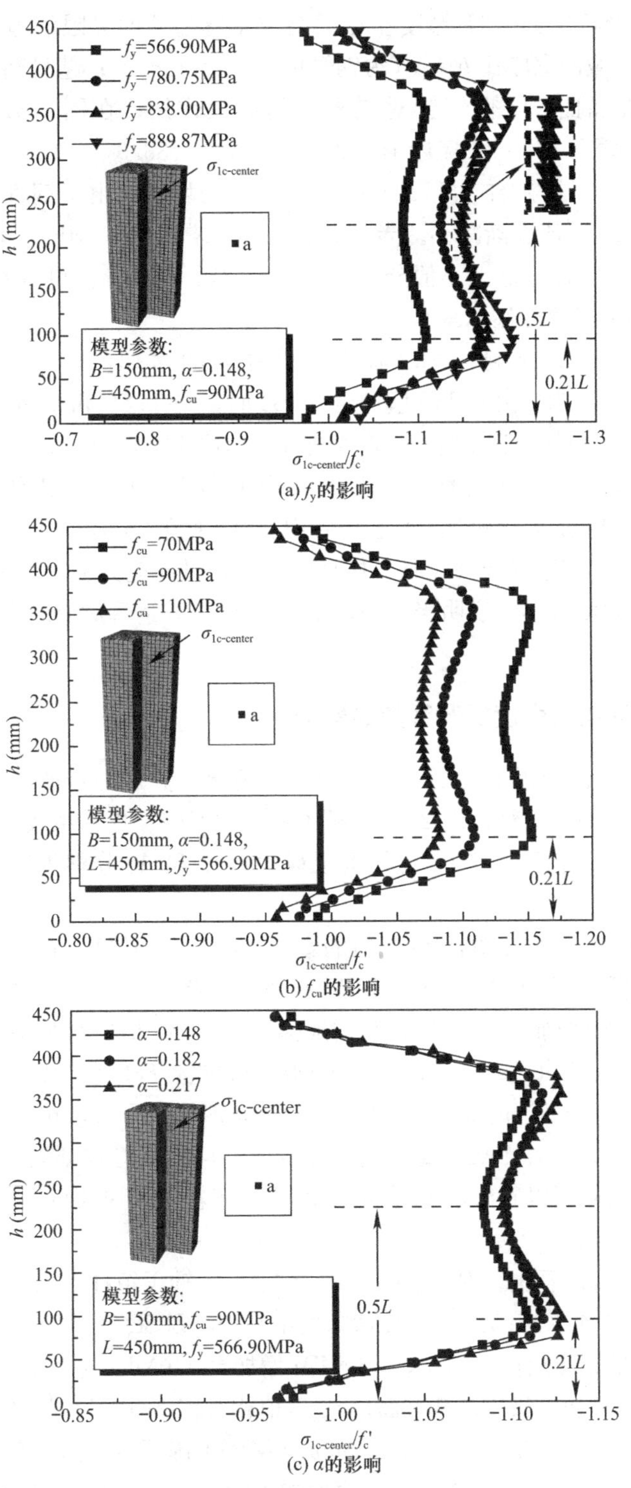

(a) f_y 的影响

(b) f_{cu} 的影响

(c) α 的影响

图 2-31 各参数对 $\sigma_{lc\text{-}center}/f_c'$ 的影响

的影响。图 2-31（a）为 f_y 的影响，由图 2-31（a）所示，当 f_y 由 566.90MPa 增加至 838.00MPa 时，$h=0.5L$ 的 $\sigma_{lc\text{-}center}/f'_c$ 值增加了 6.3%，值得注意的是，当 f_y 由 838.00MPa 增加至 889.87MPa 时，$h=0.5L$ 的 $\sigma_{lc\text{-}center}/f'_c$ 值略有减少，减少了 0.4%。主要原因为，根据 AISC 360—16，紧凑型截面与非紧凑型截面界限值为 2.26（E_s/f_y）；而随着 f_y 的增大，柱截面宽厚比 b/t（b 为钢管内宽，$b=B-2t$）越易超过该限值规定，进而钢管易发生局部屈曲，降低钢管对混凝土的约束作用；在图 2-31（a）中，当 $f_y=$ 889.87MPa 时，柱截面 $b/t=28$ 接近于 2.26（E_s/f_y）$=33.9$。

图 2-31（b）为 f_{cu} 的影响，可以看出，随着 f_{cu} 的增加，由于钢管对混凝土的约束作用减少，进而 $\sigma_{lc\text{-}center}/f'_c$ 值逐渐减小。当 f_{cu} 由 70Mpa 增加至 90MPa，并由 90Mpa 增加至 110MPa 时，$h=0.5L$ 的 $\sigma_{lc\text{-}center}/f'_c$ 值分别减少了 4.2%、1.4%。可以看出，随着 f_{cu} 的增加，$\sigma_{lc\text{-}center}/f'_c$ 值的下降幅度逐渐减小。

图 2-31（c）为 α 的影响，可以看出，随着 α 的增加，$h=0\sim0.21L$ 范围内的 $\sigma_{lc\text{-}center}/f'_c$ 值较为接近。当 α 由 0.148 增加至 0.182 时，$h=0.5L$ 和 $h=0.21L$ 的 $\sigma_{lc\text{-}center}/f'_c$ 值分别增加了 3.7%、1.9%，当 α 由 0.182 增加至 0.217 时，$h=0.5L$ 的 $\sigma_{lc\text{-}center}/f'_c$ 值减少了 0.2%，$h=0.21L$ 的 $\sigma_{lc\text{-}center}/f'_c$ 值增加了 1.0%。可以发现，尽管约束作用随着含钢率的增大而增大，但当 α 超过了《钢管混凝土结构技术规范》GB 50936—2014 和 Yang 等（2014）报道的正常含钢率（20%）时，柱高中截面处纵向应力值反而减小，且 $h=0.21L$ 的纵向应力值提高幅度减小。说明当 α 超过了 20%后，方钢管对混凝土纵向应力提高程度变得有限。

2.8.4 各参数对混凝土强度提升系数的影响

图 2-31 从应力层面分析了混凝土的纵向受力情况，为进一步研究在钢管中填充混凝土对承担轴压荷载方面的贡献，图 2-32 分析了各参数对强度提升系数（SEC）的影响，其中，$SEC=N_u/(f_yA_s)$；N_u 为轴压短柱极限荷载，f_y 和 A_s 分别为钢管屈服强度与截面面积。

图 2-32（a）为 f_y 对轴压短柱 SEC 值的影响，以 $f_{cu}=60$MPa 的轴压短柱模型为例来说明 SEC 的变化过程，当 f_y 由 566.90MPa 增加至 889.87MPa 时，轴压短柱 N_u 值增加了 33.6%，而 f_yA_s 值增加了 57.0%，其增加幅度大于 N_u 值的增加幅度，因此，SEC 值减少了 14.9%。计算表明，当 f_y 由 566.90MPa 增加至 889.87MPa 时，对于 $f_{cu}=60$、70、80、90、100、110MPa 的轴压短柱，N_u 值分别增加了 33.6%、30.9%、29.2%、28.0%、26.7%、25.5%，SEC 值分别减少了 14.9%、16.6%、17.7%、18.4%、19.3%、20.1%。由此可以看出，N_u 值的增加幅度随着 f_{cu} 的增加而减少，SEC 的减小幅度随着 f_{cu} 的增加而增加。

由图 2-32（b）可以看出，对于 $f_y=566.90$MPa 的轴压短柱，当 f_{cu} 由 60MPa 增加至 110MPa 时，N_u 值增加了 35.5%，f_yA_s 值未发生改变，则 SEC 值增加了 35.5%。同理，对于 $f_y=889.87$MPa 的轴压短柱，当 f_{cu} 由 60MPa 增加至 110MPa 时，SEC 值增加了 27.2%。由此说明，在增加轴压短柱极限荷载方面，当 f_y 值相对较小时，建议增加混凝土强度。

由图 2-32（c）可以看出，对于 $f_y=566.90$MPa 的轴压短柱，当 α 由 0.148 增加至 0.217 时，N_u 值增加了 16.3%，而 f_yA_s 值增加了 38.1%，其增加幅度大于 N_u 值增加幅

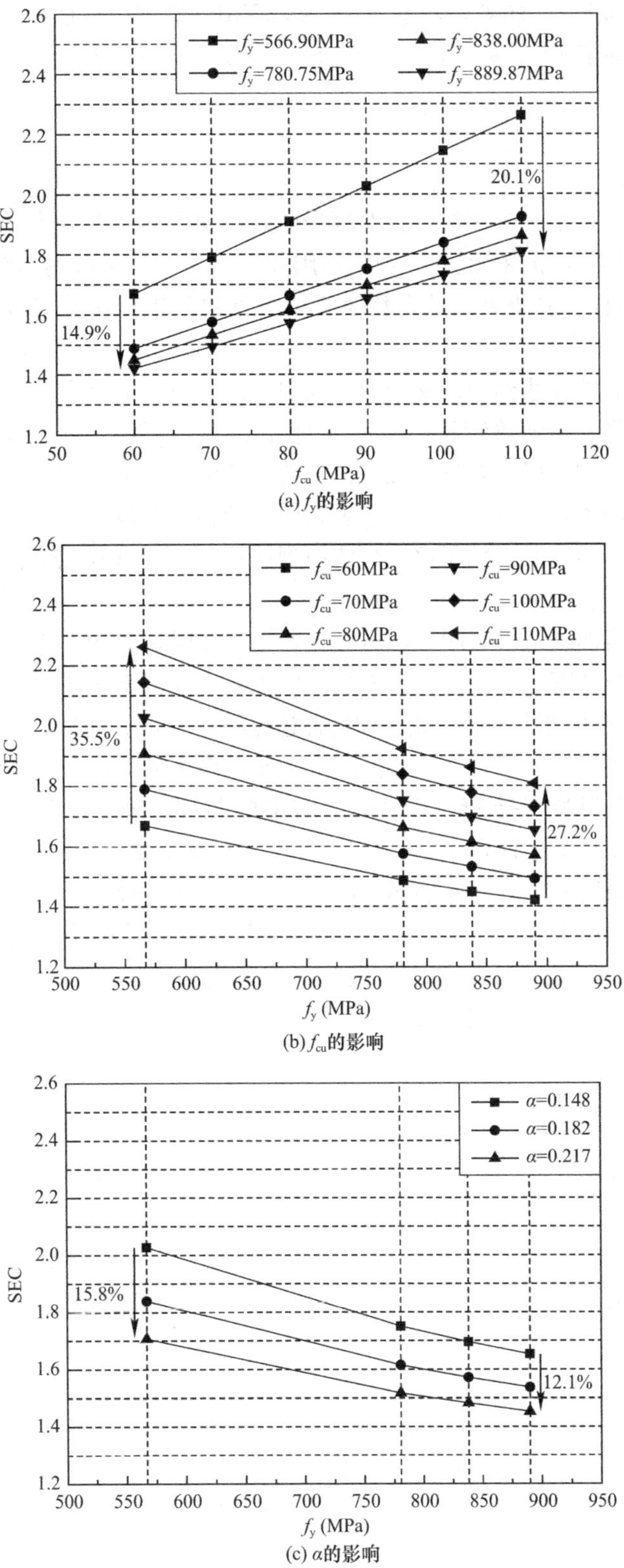

图 2-32 各参数对 SEC 的影响

度，则 SEC 下降 15.8%；同理，对于 f_y=889.87MPa 的轴压短柱，当 α 由 0.148 增加至 0.217 时，SEC 下降了 12.1%。综上所述，SEC 值随着 α 的增大而减小。

2.9 本章小结

高强方钢管高强混凝土轴压短柱具有复杂的局部屈曲与屈曲后力学性能，高强混凝土具有一定脆性，且构件中的钢-混凝土约束作用并不均匀。为系统揭示轴压短柱工作机理，进行了 14 个轴压短柱试验研究，结合数值模拟与参数分析，在本书研究参数范围内得到如下结论：

(1) 轴压短柱试件在达到峰值荷载后，高强混凝土发生显著劈裂或脆性破坏，导致试件所受荷载迅速下降，而随着钢材屈服强度的增加（f_y=838.00～889.87MPa），此现象得到了延缓或避免，进而保证轴压短柱试件具有足够的残余力学性能。

(2) 对六种本构关系进行了对比，结果表明，韩林海教授提出的约束混凝土本构关系适用于高强方钢管高强混凝土轴压短柱数值模型计算；进行有限元分析计算时，膨胀角选取为 40°，计算结果与试验结果吻合较好。

(3) 试验与数值模拟结果表明，轴压短柱发生破坏时，在构件中截面及靠近端部位置处易出现钢管向外鼓曲现象，同时，钢管鼓曲位置处，混凝土被压碎。建议在轴压短柱端部 0.13L 范围内设置加劲肋，使荷载能均匀传递至柱中截面。此外，钢管屈曲后，屈曲位置附近区域的钢管仍可以继续约束核心混凝土，使得该区域的混凝土纵向应力继续增加。

(4) 接触压力是反映钢-混凝土组合效应的重要参数，研究表明，角部钢管与混凝土之间的接触压力主要集中在柱高中部一定范围内（0.29L 或 0.38L）；在构件达到极限荷载前或当构件约束系数较小时，柱端部区域的接触压力相对较大。

(5) 参数分析结果表明，f_y=838.00MPa 可视为由钢管约束作用引起的混凝土强度提升的分界点；基于钢-混凝土约束效应与混凝土应力提升分析，建议轴压短柱含钢率小于 0.2。此外，为有效增加构件极限荷载，当 f_y 相对较小时，建议增加 f_{cu}。

3 高强方钢管高强混凝土长柱轴压性能研究

3.1 引言

在以往文献的报道中，常根据轴压柱破坏模式将柱划分为短柱（强度破坏）、中长柱（弹塑性失稳）和长柱（弹性失稳）。然而，如第 1.2 节所述，实际工程中钢管混凝土柱受力情况较为复杂，很难准确给出各长度柱的明确分界。为将问题简单化，根据以往部分文献［42，50-52，160］，$L/B \leqslant 3$ 时构件可被视为短柱，因此，在本书进行的研究中统一将 $L/B>3$ 的构件定义为长柱。

本书收集了高强方（矩）形钢管高强混凝土典型轴压柱试验数据，得到了构件极限荷载与构件高宽比（L/B）之间的关系分布，如图 3-1 所示，采用纤维混凝土的试验数据未包含其中。如图 3-1 所示，总体上，构件极限荷载随着 L/B 增大而减小，表明 L/B 比值对构件的破坏影响较大。同时，长柱在实际工程中应用范围较广。因此，研究长柱力学性能十分必要，且构件的轴压性能研究是偏压性能研究的重要基础。

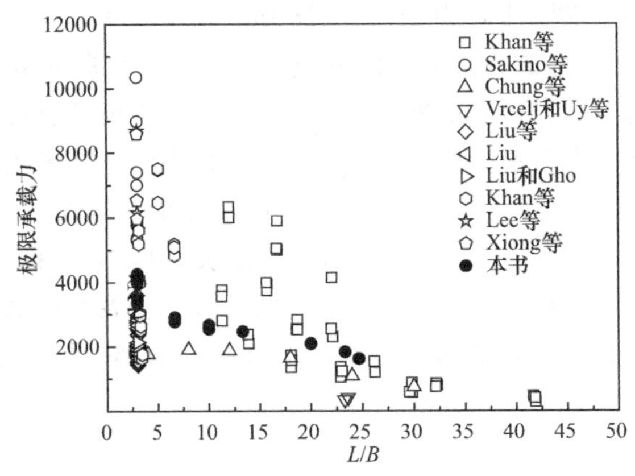

图 3-1 极限荷载与 L/B 之间的关系

由第 2 章所述的试件破坏形态及应变与应力发展过程可知，轴压短柱破坏时构件发生整体压缩破坏且钢管发生局部屈曲后纵向应变发展规律发生变化；同时，在组合效应的作用下，混凝土强度有所提升。然而，随着构件长细比的增加，构件的破坏形态将发生变化，应变与应力的发展规律、组合效应的演变过程也将随之发生改变。与采用高强钢材和高强混凝土的轴压短柱力学性能研究相比，关于采用高强材料的轴压长柱力学性能研究则相对较少。基于此，本章主要进行两批次共 26 个高强方钢管高强混凝土轴压长柱试验研究（$\lambda=23.09 \sim 85.45$）与 300 余个数值模型（$\lambda \leqslant 120$）计算。

需要说明的是，《钢结构设计标准》GB 50017—2017 规定轴心受压柱的长细比不宜超过 150，《钢管混凝土结构技术规范》GB 50936—2014 规定钢管混凝土框架柱长细比不宜大于 80。而 Eurocode 4 规定组合柱的相对长细比不应大于 2.0，按照本章的数值模型参数进行计算，结果表明构件相对长细比为 2.0 时构件的 λ 值约为 120。因此，本章进行参数分析时，在对 $\lambda \leqslant 80$ 的轴压长柱进行有限元分析时同样对 $\lambda = 80 \sim 120$ 的轴压柱进行了数值计算。其中，长细比根据文献［36，70］计算，即 $\lambda = 2\sqrt{3} \times L/B$。该计算方法将钢与混凝土视为一种组合材料，不同于文献［34］报道的另一种常用长细比计算方法。

本章主要研究目的如下：

（1）通过试验研究，分析长细比对构件破坏形态、受力过程、应变发展规律的影响；

（2）建立合理有效的数值模型，研究构件的工作机理、内力分配机制、各横截面应力分布、钢管约束作用；

（3）基于参数化分析，研究混凝土抗压强度、钢材屈服强度、构件含钢率、长细比等对稳定折减系数等的影响，归纳总结在钢管混凝土柱中采用高强材料的优势。

3.2 试验方案设计

3.2.1 试件设计

为研究长细比、钢材屈服强度等对轴压长柱受压性能的影响，设计并制作两批次共 26 个轴压长柱试件，试件长度（L）为 1000～3700mm，$L/B = 6.67 \sim 24.67$，$\lambda = 23.09 \sim 85.45$。本章进行的轴压长柱试验研究是已完成的轴压短柱试验研究的拓展性工作，综合考虑试验加载装置量程等因素，本章进行的轴压长柱试验方钢管边长（B）及壁厚（t）分别为 150mm、4～5mm，均为紧凑型截面柱。此外，在钢管端部采用角焊缝焊接端板和肋板，其中第 1 批次试件端板尺寸为 200mm×200mm×20mm，第 2 批次试件端板尺寸为 200mm×200mm×30mm。轴压长柱试件详细参数见表 3-1，第 1 批次试件编号如 AS1-2，“AS”代表轴压方钢管混凝土柱，“1”代表第一组，“2”代表对比试件。由于数据采集错误，表 3-1 未给出 AS3 试件对比试件的数据。第 2 批次进行 17 个构件的受压试验研究，每个试件未设置对比试件。

3.2.2 材料性能

轴压长柱所采用的材料与第 2 章第 1 批轴压短柱所采用的材料为同一批次，材料性能参数见表 3-1，混凝土配合比见表 2-2。进行编号为 AS1-1～AS4-2 的轴压长柱试验前在 5000kN 压力机上测试 3 个边长为 150mm 的立方体混凝土试块强度，实测值分别为 95、96、102MPa，平均值为 98MPa（记为 f_{cu}，见表 3-1），变异系数 COV 为 0.039。在第 1 批次轴压长柱试验过程中，由于试验机油阀和控制系统发生故障，所以在修复后（130d），AS5 和 AS6 试件的混凝土强度则高于 AS1-1～AS4-2 试件混凝土强度。在对 AS5 和 AS6 试件进行轴压测试之前，再次对立方体混凝土试块进行了测试，强度平均值为 109.5MPa，见表 3-1。此外，第 2 批次轴压长柱试验前，实测 f_{cu} 的平均值为 112.6MPa，见表 3-1。

轴压长柱试件参数与试验结果 **表 3-1**

批次	试件	B（mm）	t（mm）	L（mm）	λ	f_y（MPa）	f_u（MPa）	f_{cu}（MPa）	P_{ue}（kN）
1	AS1-1	150	4	1000	23.09	434.6	546.2	98	2899.0
	AS1-2			1000	23.09			98	2768.9
	AS2-1			1500	34.64			98	2662.8
	AS2-2			1500	34.64			98	2540.9
	AS3			2000	46.19			98	2463.5
	AS4-1			3000	69.28			98	2082.5
	AS4-2			3000	69.28			98	2092.3
	AS5			3500	80.83			109.5	1831.6
	AS6			3700	85.45			109.5	1622.6
2	ASSC-1	150	5	1000	23.09	591	650	112.6	3664
	ASSC-2			1000	23.09	745	791		4111
	ASSC-3			1000	23.09	852	917		4231
	ASSC-4			1000	23.09	914	989		4434
	ASSC-5			1500	34.64	591	650		3490
	ASSC-6			1500	34.64	745	791		3816
	ASSC-7			1500	34.64	852	917		4118
	ASSC-8			1500	34.64	914	989		4247
	ASSC-9			2000	46.19	591	650		3477
	ASSC-10			2000	46.19	745	791		3523
	ASSC-11			2000	46.19	852	917		3871
	ASSC-12			2000	46.19	914	989		3930
	ASSC-13			2400	55.43	852	917		3589
	ASSC-14			2600	60.06	852	917		3369
	ASSC-15			2700	62.35	852	917		3142
	ASSC-16			2800	64.66	852	917		3105
	ASSC-17			3000	69.28	852	917		2763

注：B、t、L 分别表示构件截面外边长、钢管壁厚、构件长度；λ 为构件长细比；f_y 与 f_u 分别为钢材屈服强度与极限抗拉强度；f_{cu}为混凝土立方体（边长为 150mm）强度；P_{ue}为极限荷载。

3.2.3 加载装置、数据采集与加载制度

如图 3-2 所示，试件在 5000kN 压力机上进行试验测试，为实现试验试件与压力试验机之间的连接，在试件两端端板表面焊接角钢来固定加载块，加载块的截面尺寸为 100mm×150mm。轴压荷载通过加载机械的刀铰传递至加载块，并通过加载块传递至试件两端端板。需特别注意的是，加载块与试件端板的接触面需保证平滑，否则会对试验结果产生微小影响。

轴压长柱试验主要量测数据包括：极限荷载、荷载-位移响应、荷载-应变曲线。在试验中采用位移计（D）来量测构件中截面（$L/2$）和构件 $L/4$ 的侧向挠度，同时，也采用位移计来记录构件整体压缩变形。第 1 批次试件仅测量了构件下 $L/4$ 的侧向挠度，第 2 批次试件测量了构件的上 $L/4$ 及下 $L/4$ 侧向挠度。在构件钢管中截面（C1 截面）四个外表面粘贴尺寸为 3mm×2mm 的应变片来量测纵向、横向应变值。此外，构件所承受的荷载

数值通过压力试验机内置的传感器获得，所有试验数据通过 IMP 系统记录。正式加载前进行试验预加载，来消除加载块与试件端板、刀铰与加载块之间的细微间隙。正式加载时采用分级加载，加载制度与文献［118］一致。

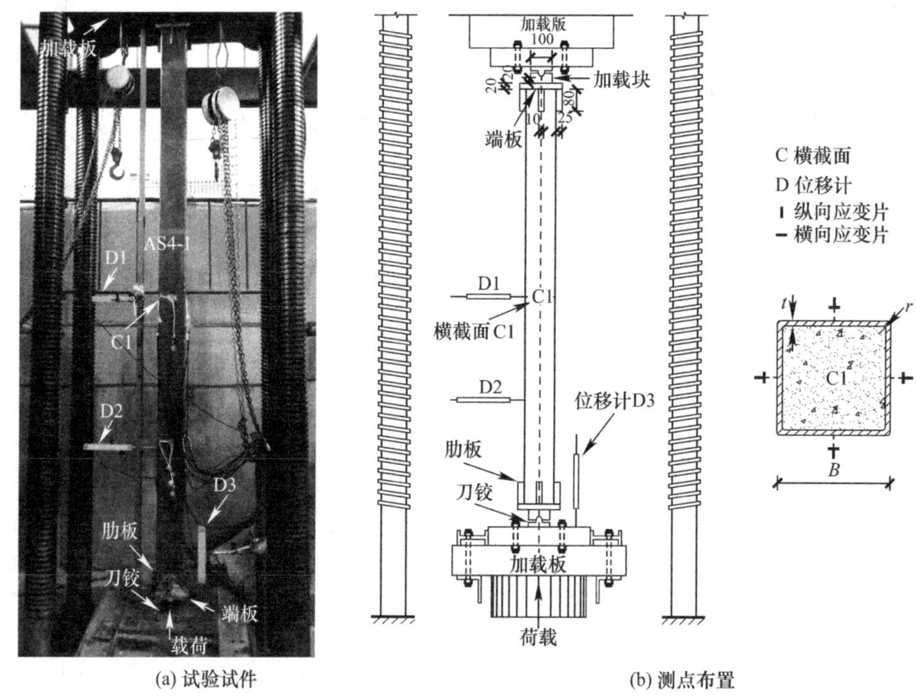

(a) 试验试件　　(b) 测点布置

图 3-2　轴压长柱试验装置

3.3　试验结果分析与讨论

3.3.1　试验加载过程

选取 AS3 试件作为典型试件来阐述轴压长柱加载过程，同时，图 3-3 给出了试件的荷载（P）-侧向挠度（Δ）曲线。在初始加载阶段，荷载随着侧向挠度的增加呈线性增加且构件无明显弯曲与局部变形。在荷载约达到极限荷载时（P＝99.7% P_u，P_u 为极限荷载），凹侧钢管发生屈服。极限荷载时构件发生失稳，此后荷载迅速从 2365.5kN（−96.0% P_u，"−"代表荷载下降阶段）降低至 1258.3kN（−51.1% P_u），同时，侧向变形突然增加，在此阶段伴随着混凝土被连续压碎声，此时由于构件不适宜继续承载，对构件进行了卸载。然而，由图 3-3 可见，长细比较小的试件（AS1 和 AS2 组试件）未发生荷载突降的现象，说明随着轴压构件长细比的增加，构件稳定性越差。

此外，需要说明的是，与偏压柱不同，轴压长柱在达到极限荷载时基本仍处于全截面受压状态（将在第 3.3.5 节进行详细阐述），因此常用构件弯曲变形的凹凸侧来分别代表构件的受压与受拉侧。

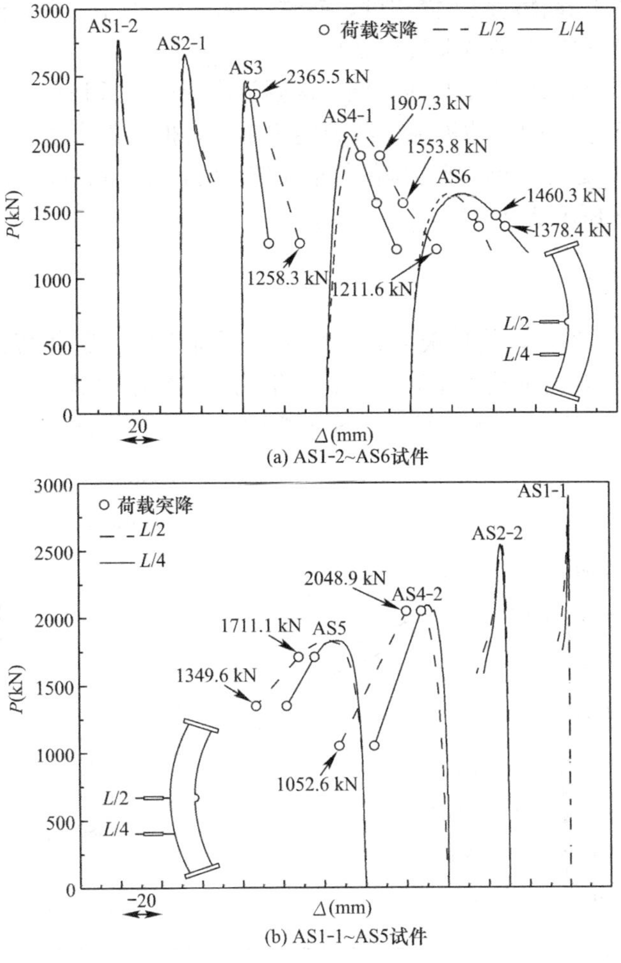

图 3-3 第 1 批次试件荷载-侧向挠度曲线

3.3.2 荷载-侧向挠度曲线

为方便对比各试件的力学性能，将第 1 批次试件的荷载（P）-侧向挠度（Δ）曲线汇总于图 3-3，Δ 值的“正负”代表构件的不同弯曲变形方向。表 3-1 给出了详细试验结果。如图 3-3 所示，长细比相对较小构件的 P-Δ 曲线初始刚度与极限荷载相对较大，主要原因为 e 二阶效应影响相对较小且在整个受力过程中均处于全截面受压状态（将结合表 3-1 阐述）。当构件长细比大于 46.19 时，二阶效应的影响更加显著，进而构件在达到极限荷载时的侧向变形显著增加且 P-Δ 曲线初始刚度显著下降（图 3-3）。同时，在二阶效应影响下，AS1 和 AS2 组试件（λ＝23.09～34.64）$L/4$ 与 $L/2$ 位置处的侧向挠度（分别记为 $\Delta L/4$ 与 $\Delta L/2$）在整个加载过程中近似相等；AS3 试件（λ＝46.19）的 $\Delta L/4$ 与 $\Delta L/2$ 在极限荷载前近似相等，而在极限荷载后两者呈现显著差异；与上述试件相比，AS4～AS6 组试件（λ＝69.28～85.45）的 $\Delta L/4$ 与 $\Delta L/2$ 在整个加载过程中均存在较明显差异。值得注意的是，如图 3-3（a）所示，AS6 试件（λ＝85.45）在荷载下降阶段荷载由 1460.3kN 突然下降至 1378.4kN（下降 5.6%），下降幅度小于 AS3（λ＝46.19）

和 AS4-1（λ=69.28）试件荷载下降幅度；同时，如图 3-3 所示，随着构件长细比的增加，构件 P-Δ 曲线下降阶段趋于平缓即具有更好的延性。

图 3-4 给出第 2 批次共 17 个高强方钢管高强混凝土轴压长柱荷载-侧向挠度曲线。增加构件的钢材屈服强度，构件的极限承载力随之增大，但试件发生失稳破坏前，荷载-侧向挠度曲线初始刚度变化较小，而当构件长细比较大时，极限荷载所对应的中截面侧向挠度则较大，与图 3-3 所示结果类似。

3.3.3 构件破坏形态

如图 3-5、图 3-6 所示，构件破坏时发生钢管局部鼓曲与整体弯曲破坏，同时，混凝土被压碎。进一步观测试验现象表明，在长细比相对较小的试件（如第 1 批次试件中的 AS1-1、AS1-2、AS2-1、AS2-2）中，整体弯曲变形并不明显但钢管局部鼓曲现象发

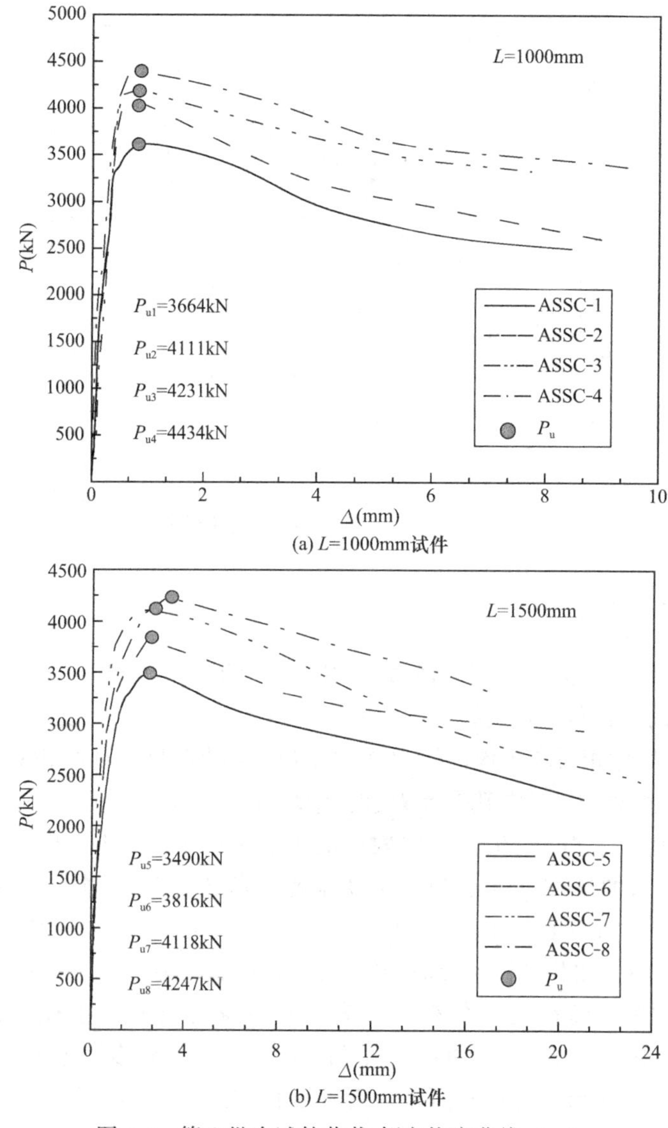

(a) L=1000mm试件

(b) L=1500mm试件

图 3-4 第 2 批次试件荷载-侧向挠度曲线（一）

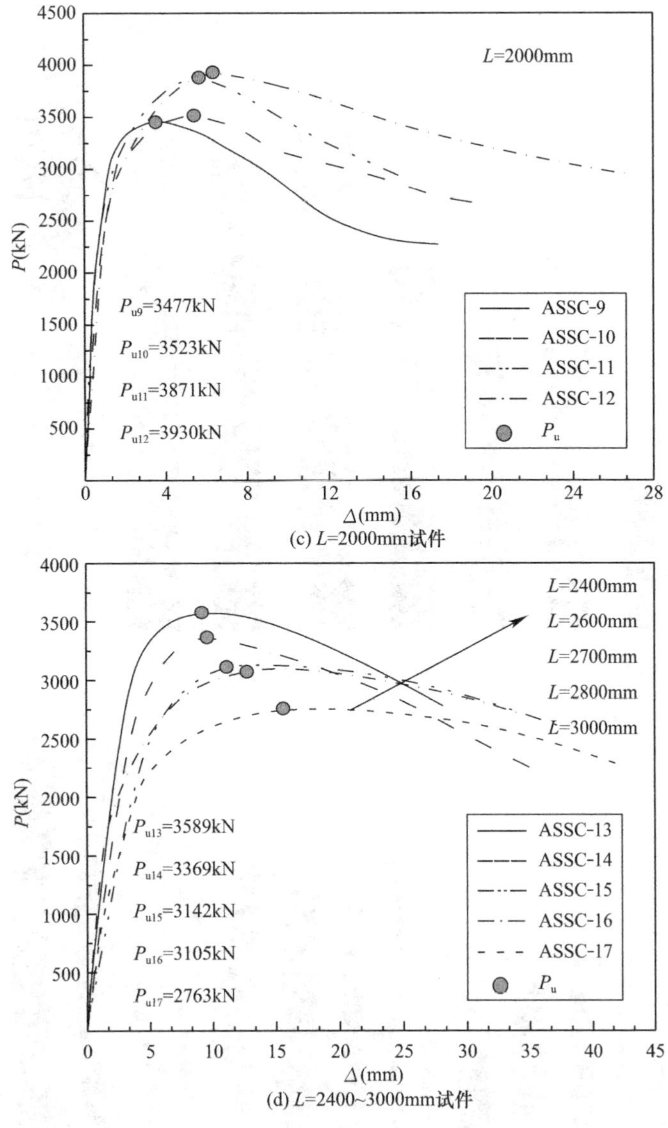

(c) L=2000mm试件

(d) L=2400~3000mm试件

图 3-4 第 2 批次试件荷载-侧向挠度曲线（二）

生在构件端部区域。主要原因为在加载过程中，长细比相对较小的构件侧向挠度较小，构件两端加载铰转动有限，进而竖向荷载未能均匀地从柱端传递至柱高中截面。此外，在端部肋板周围存在应力集中现象。然而，当长细比相对较大时，构件发生明显整体弯曲变形，柱两端加载铰转动幅度增大，且肋板区域应力集中对构件局部变形的影响并不显著。因此，钢管局部鼓曲变形主要发生在柱高中部区域。如图 3-5、图 3-6 所示，构件的钢材屈服强度对构件的破坏形态影响较小，长细比对轴压长柱破坏形态的影响相对较大。

3.3.4 混凝土破坏形态

如图 3-5 所示，第 1 批次试验结束后，将 AS1-1 和 AS5 试件钢管移除，混凝土凸侧

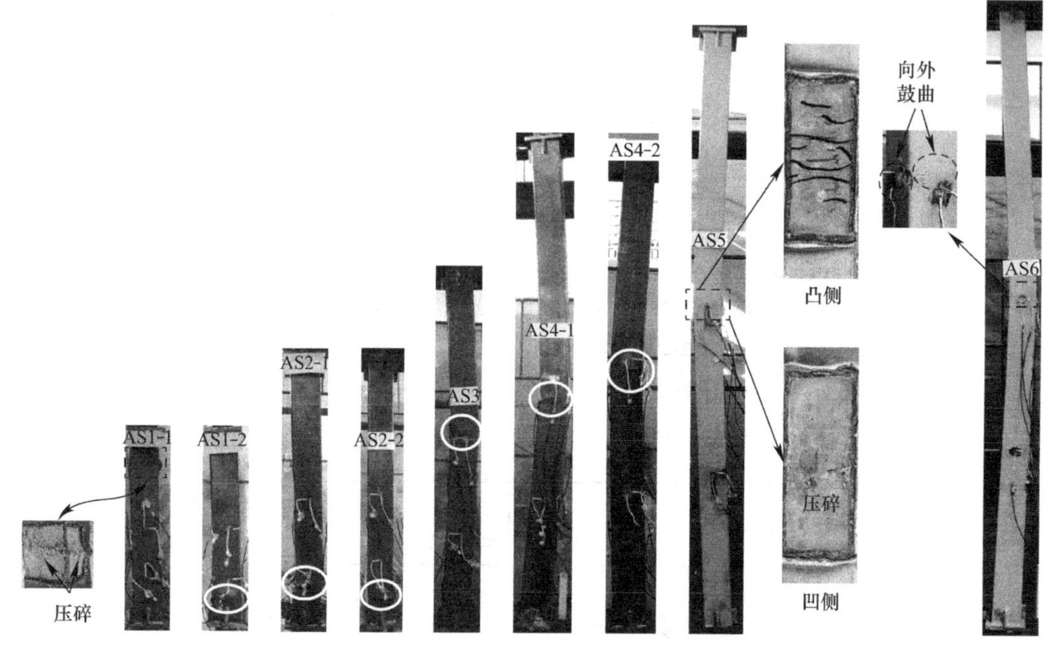

图 3-5　第 1 批次轴压长柱破坏形态

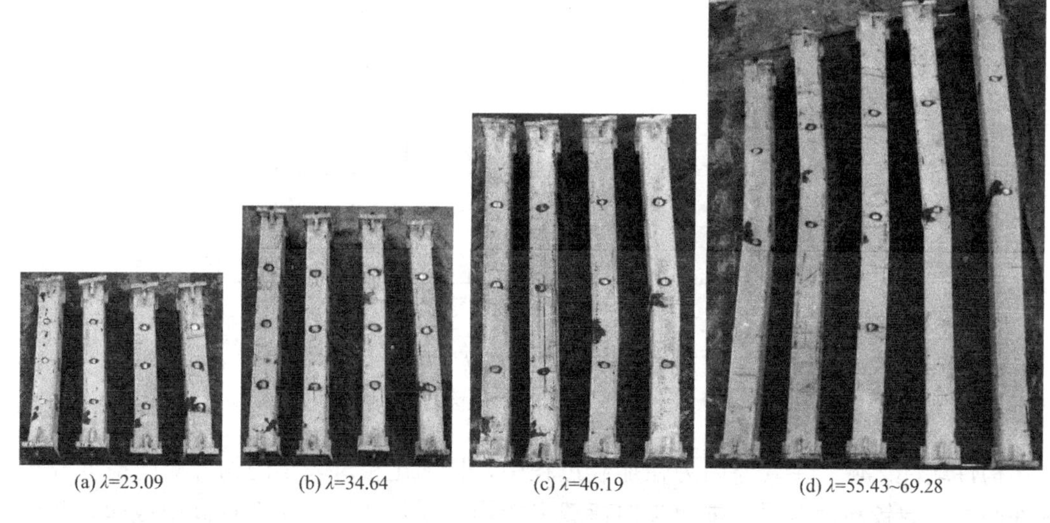

图 3-6　第 2 批次轴压长柱破坏形态

存在多条裂缝，且在钢管鼓曲位置处混凝土被压碎。值得注意的是，与长细比较大的构件相比，当构件长细比相对较小时（AS1-1 试件），钢管凹侧局部鼓曲变形更大且混凝土发生更为严重的压碎破坏。此外，如图 3-3 所示，长细比相对较大时构件在荷载下降阶段存在荷载突降现象，在此阶段混凝土并不能充分承担竖向荷载。同时，图 3-17 将通过数值模拟验证，混凝土纵向应力随着构件长细比的增加而减小。在上述因素影响下，AS5 试件混凝土仅发生轻微压碎。第 2 批次试验呈现出同样的规律，如图 3-7 所示，不再详述。

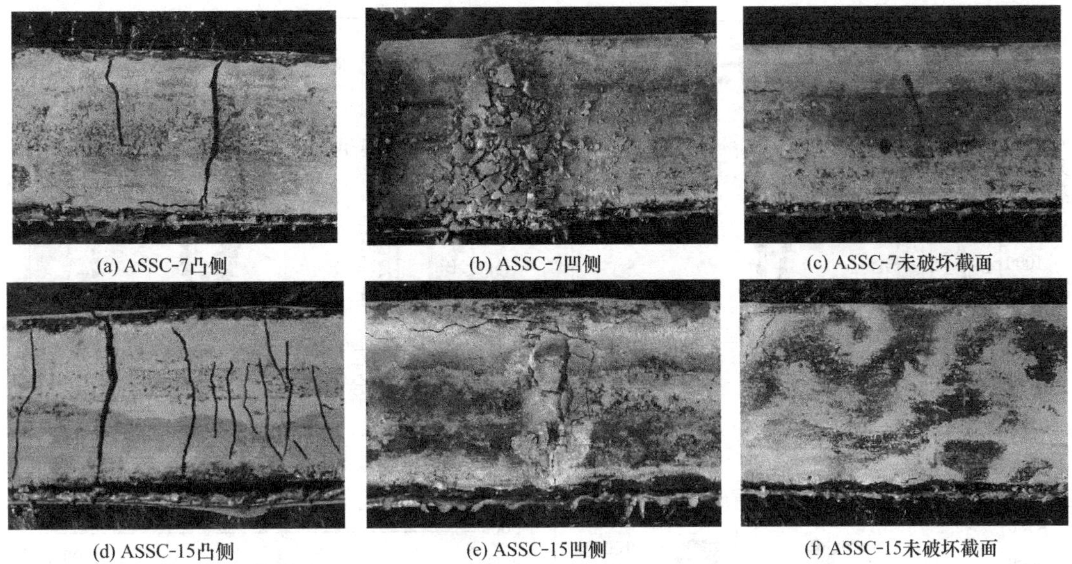

(a) ASSC-7凸侧　(b) ASSC-7凹侧　(c) ASSC-7未破坏截面

(d) ASSC-15凸侧　(e) ASSC-15凹侧　(f) ASSC-15未破坏截面

图 3-7　第 2 批次试验不同长细比试件的核心混凝土破坏情况

3.3.5　荷载-应变曲线

下面以第 2 批次试验结果为例，分析轴压长柱纵向应变与横向应变的发展过程。

图 3-8 为第 2 批次试件荷载-应变曲线，中截面应变片粘贴示意图也标注在图中，其中，正值为拉应变，负值为压应变；大写字母 A、B、C、D 为钢管的纵向应变，小写字母 a、b、c、d 为钢管的横向应变；测点 B 和 b 位于构件的受拉侧（凸侧），测点 D 和 d 位于构件的受压侧（凹侧）。由图 3-8 可以看出，各试件的钢管应变变化过程可分为两个阶段。

第一阶段：由于试件整体处于受压状态且全截面变形基本保持一致，所以每个测点的横向应变与纵向应变之比均为常数，即钢材的泊松比，但受压区压应变增长速率略微快于受拉区应变增长速率。在此阶段有较少部分试件，同一区域的应变曲线间出现上升差异，可能由于电阻应变片粘贴位置不精确或构件初试缺陷误差所造成。

第二阶段：截面逐渐开始出现受拉区与受压区，此阶段钢管对混凝土套箍作用增强，两侧应变变化开始出现差异。并且随着荷载的继续增加，各测点处的应变斜率开始出现变化，各曲线不再重合，证明了构件此时由弹性阶段逐渐进入弹塑性阶段。除长度为 1000mm 的试件曲线出现拐点在接近到达极限承载力时，其他试件的应变曲线均在 $0.7P_u$～$0.8P_u$ 范围内出现曲率变化的拐点。当构件达到极限承载力附近时，试件各测点应变变化较为复杂。试件受压侧此时混凝土变形开始增加且持续发展导致内部混凝土膨胀，外钢管与混凝土两者间的作用力迅速增加，钢管出现屈服，所以横向应变和纵向应变均急速增长。应变在构件受拉侧的变化情况与前者相反，由于核心混凝土的横向应变较小，所以钢管对混凝土的约束作用也相对于受压侧较弱，钢管自身的横向应变与纵向应变也因此增长地较为缓慢。

对于长细比较大的试件在承载力进入下降段时，凸侧的横向应变与纵向应变出现

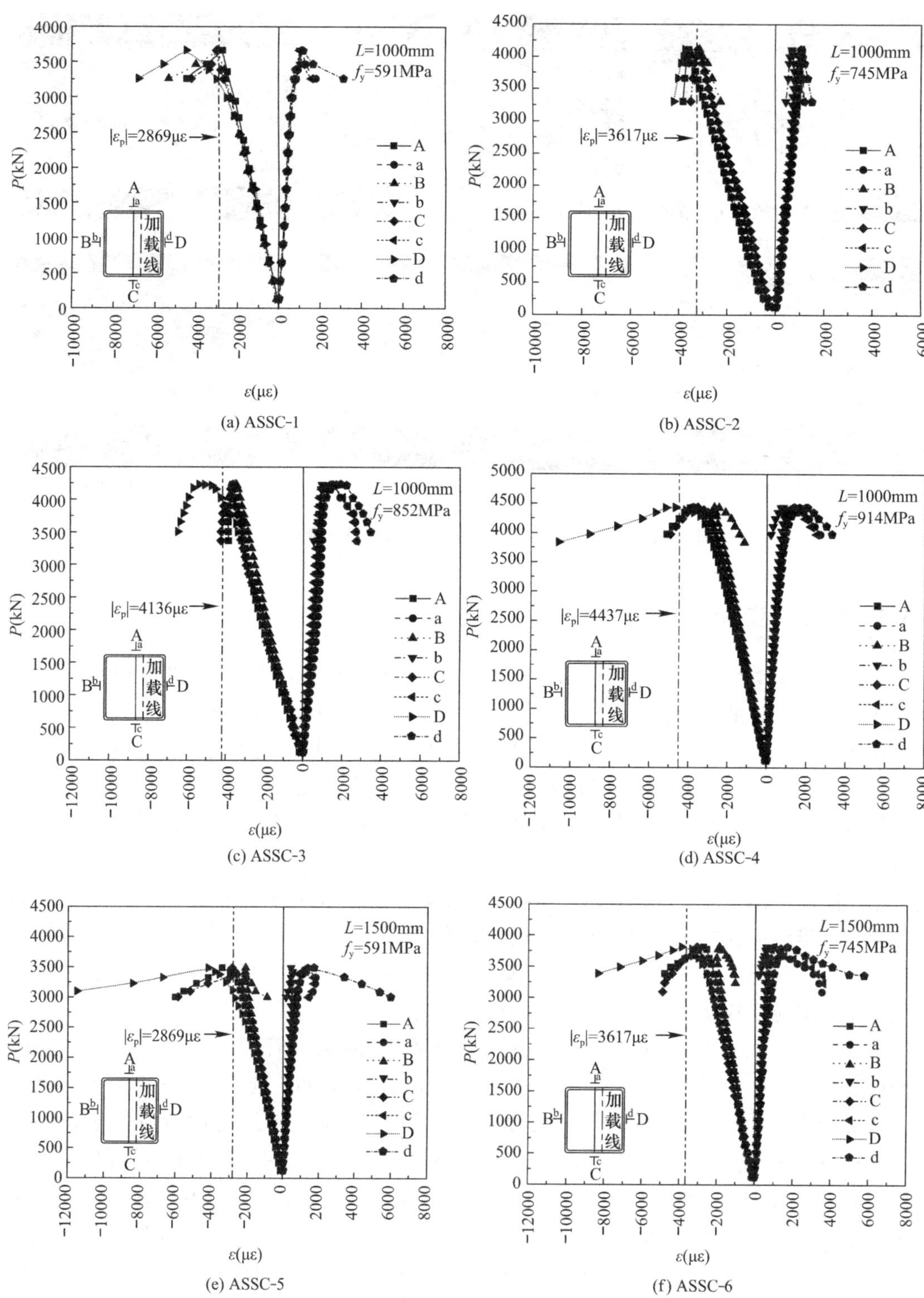

图 3-8 第 2 批次试件荷载-应变曲线（一）

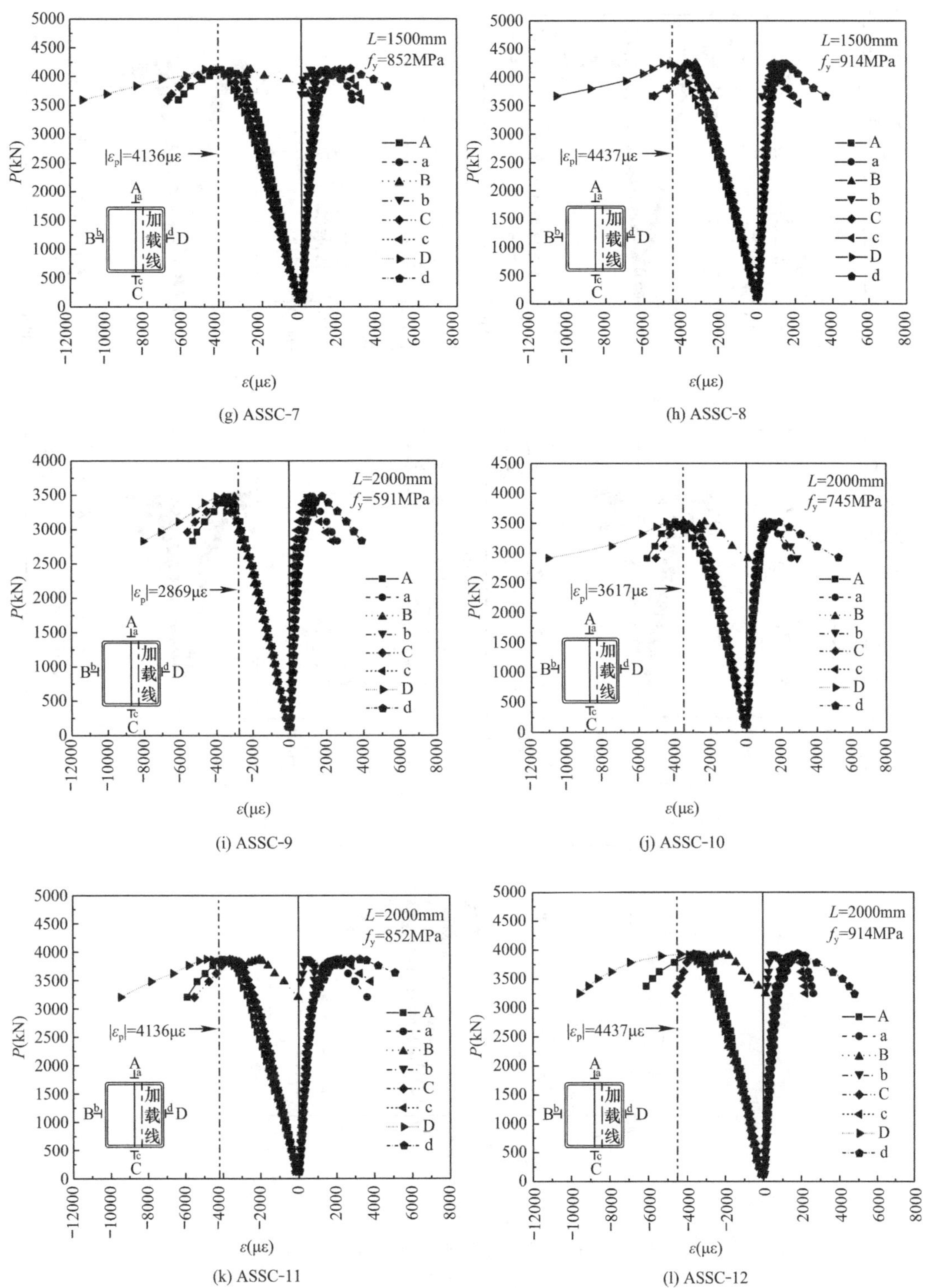

(g) ASSC-7

(h) ASSC-8

(i) ASSC-9

(j) ASSC-10

(k) ASSC-11

(l) ASSC-12

图 3-8 第 2 批次试件荷载-应变曲线（二）

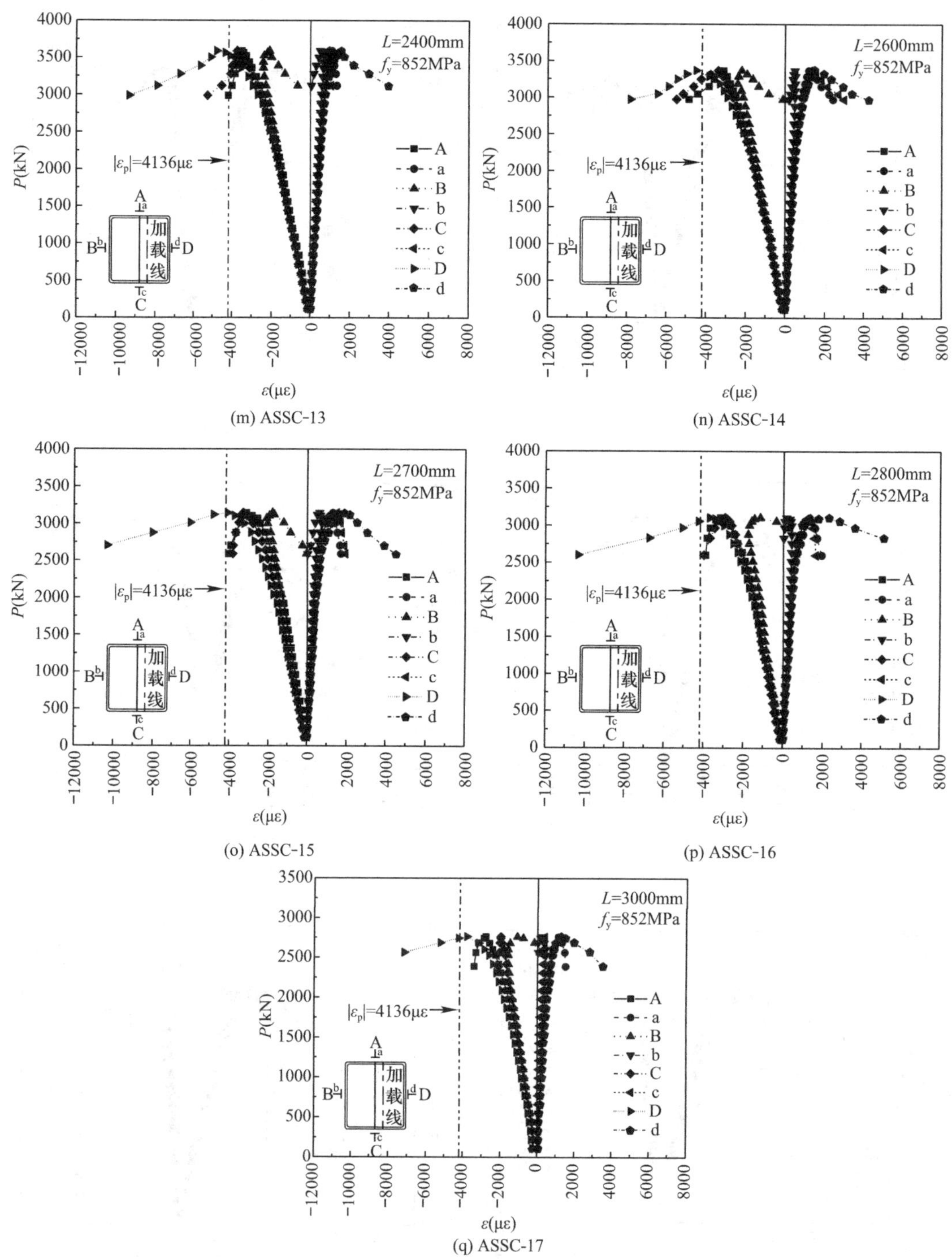

图 3-8 第 2 批次试件荷载-应变曲线（三）

了反向增长情况；长度在 2000mm 以上的试件除 ASSC-9 和 ASSC-13 以外，凸侧纵向应变由压应变逐渐反向增长至拉应变，说明凸侧由加载开始时的受压状态转变为受拉状态。

3.4　数值模型建立与验证

3.4.1　模型建立

为进一步研究高强方钢管高强混凝土轴压长柱的力学性能，采用 ABAQUS 建立轴压长柱数值模型，建立过程如图 3-9 所示，单元选择与接触关系见第 2 章。理想的轴压柱在实际工程中是不存在的，即构件往往存在初始偏心。在模拟轴压长柱时，通常各学者采取两种方法来模拟构件的初始偏心。第一种方法是：通过设置带有一定初始偏心距的加载线来实现构件在加载过程中荷载的偏心情况。第二种方法是：通过 ABAQUS 特征值屈曲分析确定构件不同阶数的破坏形态，并将某一阶（通常为第一阶）破坏形态引入数值模型再进行有限元计算。与方法一相比，方法二进行的特征值屈曲分析通常可确定整个构件的最薄弱区域与沿柱高各高度缺陷的分布，但对模型收敛性要求较高；而方法一则更易实现且模型收敛性较好。基于此，本书采用方法一来实现构件的初始偏心，且初始偏心距设置为 $L/1000$。

此外，对荷载加荷方式进行了简化，采用位移加载对柱顶 RP 点进行加载，RP 点与柱顶加载线相耦合，柱顶 RP 点释放 U3 轴向位移自由度与 UR2 转动自由度，柱底加载线仅释放 UR2 转动自由度，其余自由度均被锁定（数值设置为 0）。由于采用上述方式进行模型加载，当构件端板为可变形体时，加载线的存在会引起加载线附近的端板出现局部非理想变形，使得荷载不能有效传递至钢管与混凝土。因此，为避免应力集中现象、获得合理的变形，将端板假定为刚体。ABAQUS 可采用多种方法建立刚体模型，本书通过将端板弹性模量与泊松比分别设置为 1.0×10^{12}MPa 和 0.001 来实现，该方法也被文献［163，164］近似采用。

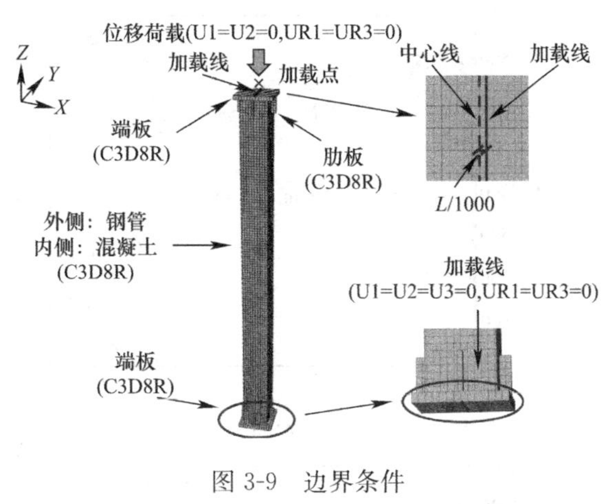

图 3-9　边界条件

网格敏感性分析结果表明，当模型网格尺寸设置为 10～30mm 时，模型极限荷载等力学性能相近，且第 5 章单向偏压长柱数值模拟也呈现类似结果；当网格尺寸较小时会显著增加模型计算时间。经多次试算研究发现，当模型网格尺寸约取为截面边长的 1/10 时模型收敛性较好，该现象也在文献［165］中进行了类似报道。

3.4.2　材料本构关系

（1）钢材本构模型

进行轴压长柱数值模拟时，采用与进行轴压短柱数值模拟时相同的本构方程与材料参数（泊松比、屈服强度与极限抗拉强度之间的关系、弹性模量），详见第 2.5 节。

（2）混凝土本构模型

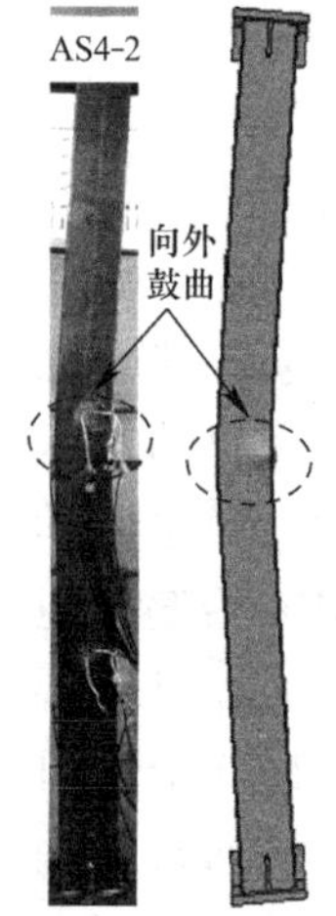

图 3-10　破坏形态对比

混凝土采用塑性损伤模型，详见第 2 章。

3.4.3　模型验证

采用上述数值模型计算得到的破坏形态与典型构件试验破坏形态对比图如图 3-10 所示，两者均发生整体弯曲变形与局部鼓曲变形。试验与数值模拟得到的荷载-侧向位移（P-Δ）曲线对比结果如图 3-11 所示，其中，P_F 和 Δ_F 分别为数值模拟计算的极限荷载极其对应的中截面侧向挠度。

以第 2 批轴压长柱试验结果与数值计算结果对比分析为例来阐述模型验证过程，如图 3-11 所示。由图可见，整体上，数值模拟计算得到的极限荷载偏于保守；而数值计算的中截面侧向挠度略大，可能与试验构件中存在初始缺陷，使得试验构件提前发生破坏有关。总体上，本书进行的数值模型计算分析是合理可行的。

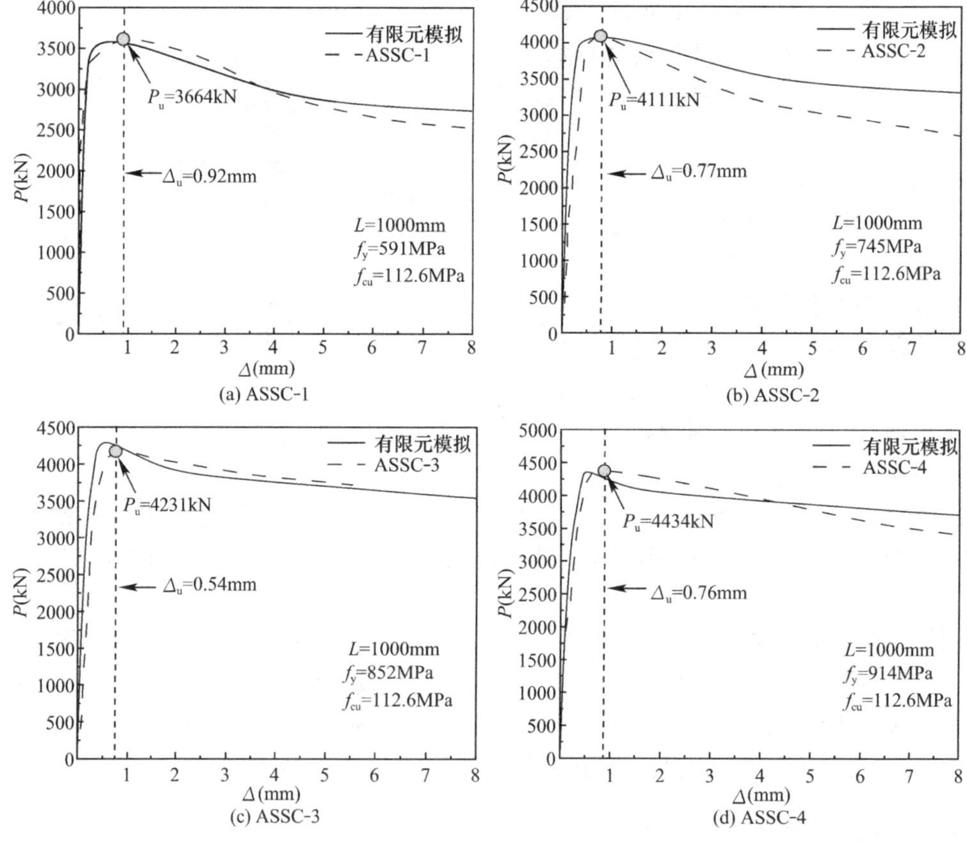

图 3-11　荷载-柱高中部侧向挠度曲线（一）

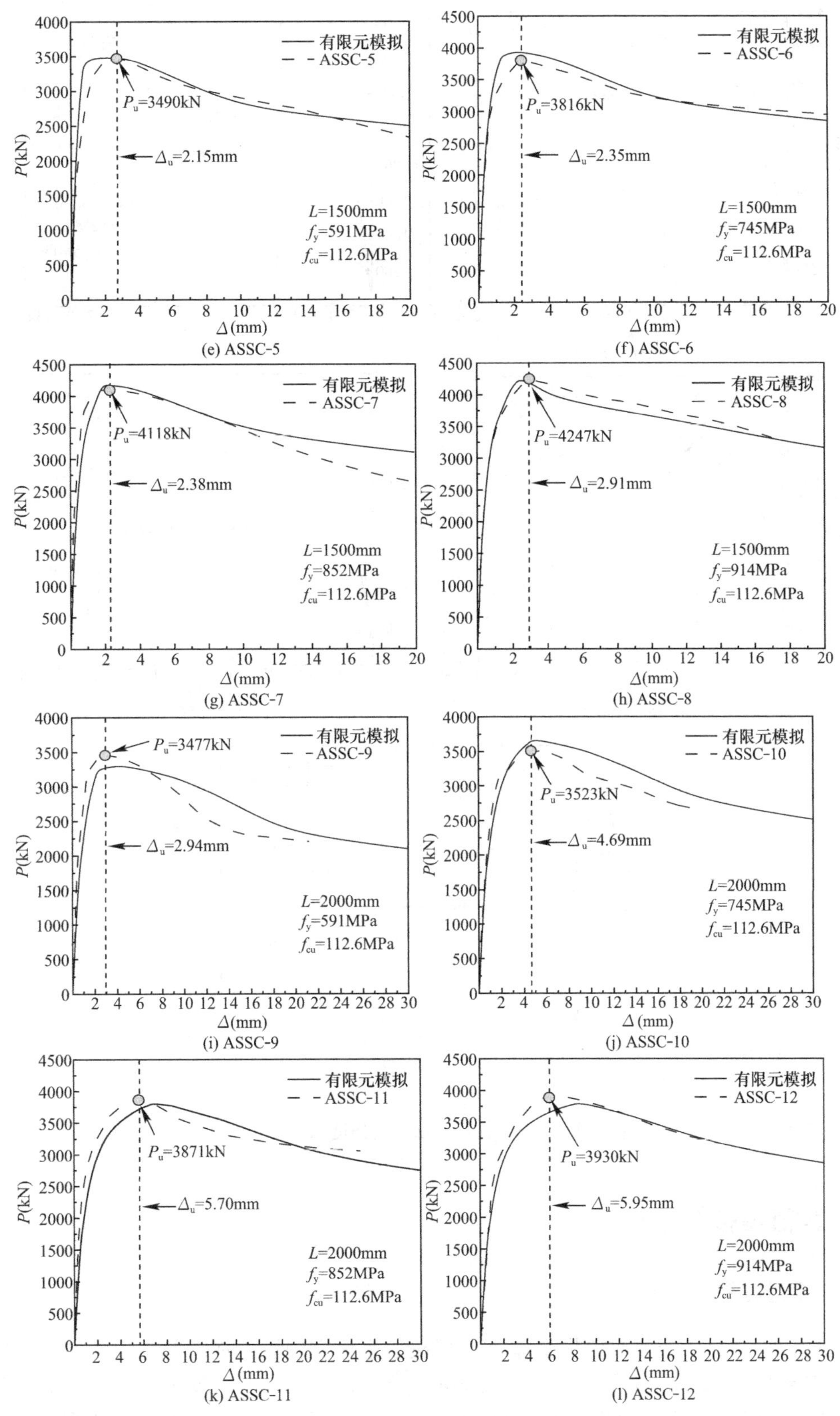

图 3-11 荷载-柱高中部侧向挠度曲线（二）

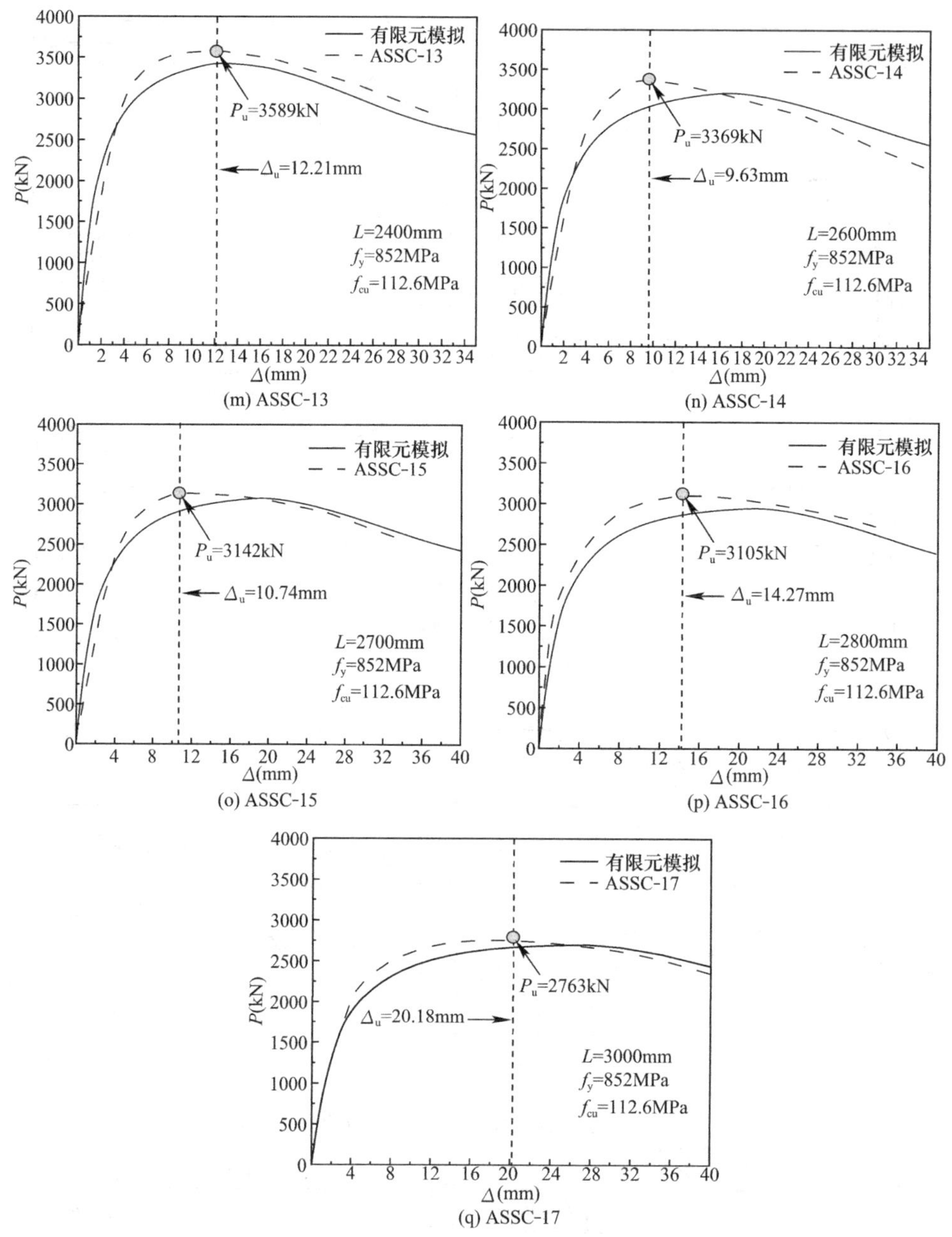

(m) ASSC-13

(n) ASSC-14

(o) ASSC-15

(p) ASSC-16

(q) ASSC-17

图 3-11 荷载-柱高中部侧向挠度曲线（三）

3.5 数值模拟结果与分析

3.5.1 全过程受力性能

选取 AS3 构件对应的数值模型作为典型模型来探究轴压长柱的基本力学性能，模型参数为 $B=150$mm、$t=4$mm、$L=2000$mm、$\lambda=46.19$、$f_{cu}=98$MPa、$f_y=434.6$MPa。整个构件、钢管、混凝土的荷载-中截面侧向挠度曲线及荷载分配关系如图 3-12 所示（归一化)，其中 P_F 为模型极限荷载，Δ_F 为 P_F 所对应的柱中截面侧向挠度，同时，特征点 A～G 被标注在图中。详细的荷载与纵向应力值分别汇总于表 3-2、表 3-3。表 3-3 中的 $P_{concrete}$、P_{steel}、和 P_{total} 分别表示混凝土、钢管和整个构件承担的荷载。各高度（$L/8$、$L/4$、$L/2$)、各位置点（a_1、a_2、a_3、b、c）以及加载线的位置如图 3-13 所示。其中，各特征点是基于图 3-14 的钢管 Mises 应力值来定义的。

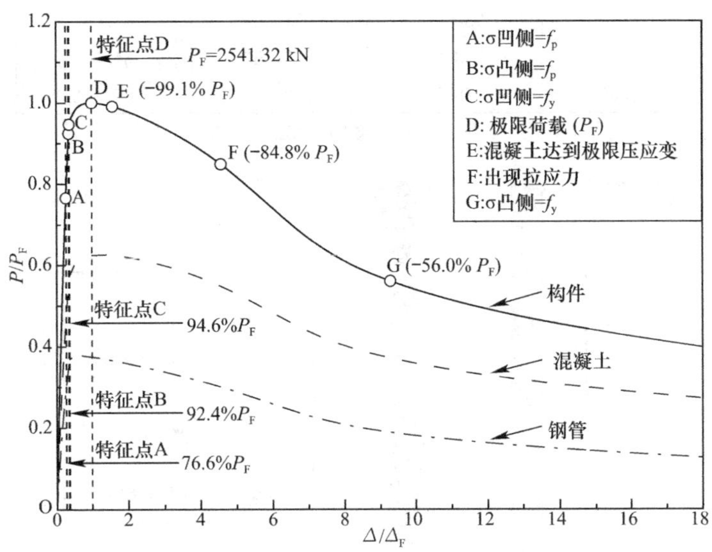

图 3-12 典型模型 P/P_F-Δ/Δ_F 曲线

典型模型各组成部件纵向应力 **表 3-2**

高度	特征点	钢管（σ_l/f_y）				混凝土（σ_l/f'_c）			
		a_1	a_3	b	c	a_1	a_3	b	c
$L/8$	A	−0.68	−0.79	−0.79	−0.68	−0.62	−0.70	−0.70	−0.62
	C	−0.84	−0.98	−0.98	−0.84	−0.76	−0.87	−0.87	−0.76
	D	−0.84	−1.00	−1.00	−0.84	−0.79	−0.98	−0.97	−0.79
	E	−0.79	−1.00	−1.00	−0.79	−0.77	−0.98	−0.98	−0.78
	F	−0.55	−0.91	−0.91	−0.55	−0.62	−0.92	−0.91	−0.63
$L/4$	A	−0.68	−0.79	−0.80	−0.68	−0.61	−0.71	−0.71	−0.61
	C	−0.83	−0.99	−0.99	−0.83	−0.75	−0.88	−0.88	−0.75
	D	−0.81	−1.00	−1.00	−0.81	−0.73	−1.00	−1.00	−0.74
	E	−0.74	−1.01	−1.00	−0.74	−0.68	−1.02	−1.02	−0.70
	F	−0.41	−0.97	−0.97	−0.41	−0.46	−0.98	−0.98	−0.48
$L/2$	A	−0.67	−0.80	−0.80	−0.67	−0.60	−0.72	−0.71	−0.61
	C	−0.82	−1.00	−1.00	−0.82	−0.74	−0.89	−0.89	−0.75
	D	−0.79	−1.00	−1.00	−0.79	−0.67	−1.03	−1.03	−0.69
	E	−0.70	−1.00	−1.01	−0.70	−0.57	−1.07	−1.07	−0.60
	F	−0.14	−0.76	−0.93	−0.14	−0.07	−1.88	−0.88	−0.10

注：a_1、a_3、b、c 位置点如图 3-13 所示。

典型模型各组成部件的内力分配　　表 3-3

特征点	$P_{concrete}$（kN）	P_{steel}（kN）	P_{total}（kN）	$P_{concrete}/P_{total}$	P_{steel}/P_{total}
A	1189.78	755.89	1945.67	61.2%	38.8%
B	1434.32	914.27	2348.59	61.1%	38.9%
C	1468.35	936.11	2404.46	61.1%	38.9%
D	1587.02	954.30	2541.32	62.4%	37.6%
E	1586.90	930.71	2517.61	63.0%	37.0%
F	1392.31	763.22	2155.53	64.6%	35.4%
G	943.56	478.70	1422.26	66.3%	33.7%

注：$P_{concrete}$、P_{steel}、P_{total}分别为混凝土、钢管、典型模型所承担的荷载值。

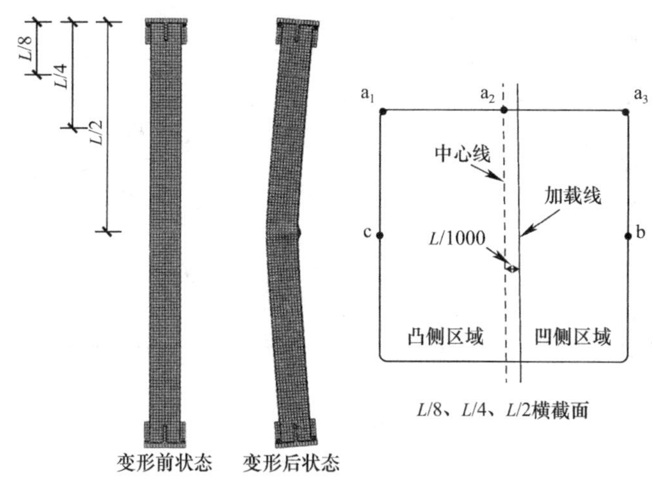

图 3-13　不同横截面的 a_1、a_2、a_3、b、c 点位置

典型模型的全过程受力性能分为以下四阶段：

（1）OA 阶段

如图 3-12 所示，在特征点 A（$P=76.6\%P_F$）前，构件处于弹性状态，因此，整个构件及各组成部分所承担的荷载随着 Δ 的增加呈线性增加。特征点 A 时，与钢管相比，混凝土承担更大比例的荷载（61.2%，见表 3-3），并且凹侧钢管应力达到比例极限（表 3-2 和图 3-14）。其中，钢材比例极限（f_p）按公式 $f_p=0.8f_y$ 计算。

（2）AC 阶段

如表 3-3 所示，尽管构件的塑性在 AC 阶段发展，但钢管与混凝土承担的荷载比例在此阶段保持稳定；特征点 C 时（$P=94.6\%P_F$），柱高中部凹侧钢管发生屈服，见表 3-2 和图 3-14。

（3）CD 阶段

在 CD 阶段，混凝土承担荷载比例（$P_{concrete}/P_{total}$）显著增加（表 3-3）。同时，尽管在钢材本构模型（图 2-11）中定义了硬化阶段，但由于钢管发生屈曲，因此钢管压应力仅发生小幅度变化（表 3-2），进而钢管承担的荷载值在短暂增加后开始下降（图 3-12）。此外，由特征点 C 至 D，构件的塑性区逐渐从凹侧向凸侧发展（图 3-14），导致了中截面侧向变形显著增加（172%）。因此，图 3-12 呈现出非线性发展趋势。

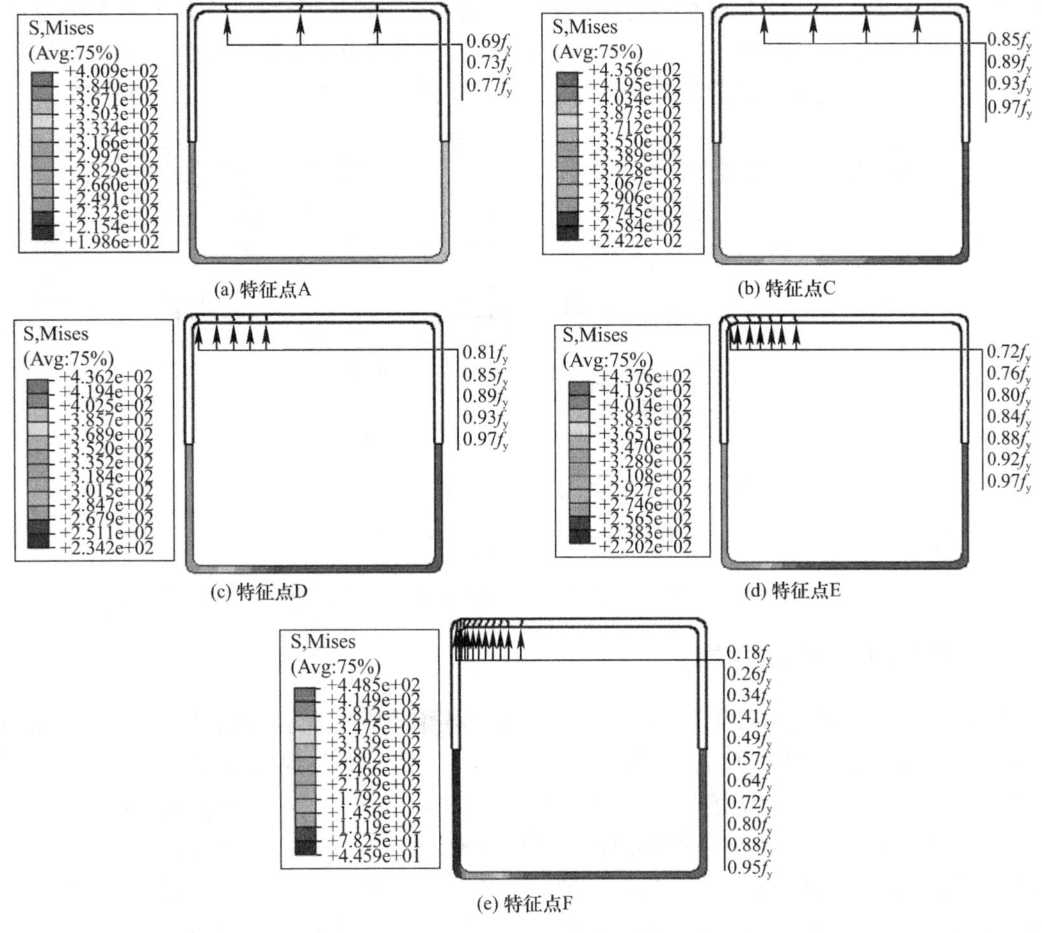

(a) 特征点A　(b) 特征点C　(c) 特征点D　(d) 特征点E　(e) 特征点F

图 3-14　典型模型（L=2000mm）中截面钢管 Mises 应力

（4）DG 阶段

构件在特征点 D 时发生失稳，其相应的极限荷载记为 P_F，而后混凝土纵向应变在特征点 E 时（$P=-99.1\%P_F$，“－”表示荷载下降阶段）达到极限压应变，并且构件凸侧受力状态在特征点 F 由受压变为受拉。同时，由特征点 D 至 F，钢管凹侧 Mises 应力变化幅度较小，且在特征点 F 时构件凸侧应力值较小，小于 $0.18f_y$，详见图 3-14。因此，凸侧钢管发生屈服相对较晚（特征点 G，$P=-56.0\%P_F$）。

3.5.2　接触压力

在以往研究中，各学者通常采用数据提取、理论研究和建立平衡方程等多种方法来评估构件的组合作用。为评估方钢管的约束作用，图 3-15 给出了上述典型模型中截面的钢-混凝土接触压力变化分布图。为便于比较，同时在图中定义了位置点 a_1、a_2、a_3、b、c。

在 OA 阶段，钢管和混凝土界面无相互作用。在特征点 C 时，在凸侧角部（点 a_1）形成接触压力，而在凹侧未出现接触压力。凹侧钢管发生屈服后加速了混凝土侧向膨胀，因此接触压力主要集中在凹侧角部区域（a_3 点），然而在特征点 D 时接触压力较小，表明约束作用在长柱中十分有限。且研究表明，当构件 λ 值由 46（对应典型模型）增加至 69（对应 AS4 构件模型）时，图 3-15 中在特征点 D 时的接触压力最大值（0.36MPa）将减小为零。在构件受力过程中，在位置点 a_2、b、c 处（平板区域）的约束作用始终较小，角部区域（a_1 和 a_3 位置）接触压力在极限荷载后显著增大，该现象同样存在于轴压短柱与偏压柱中。

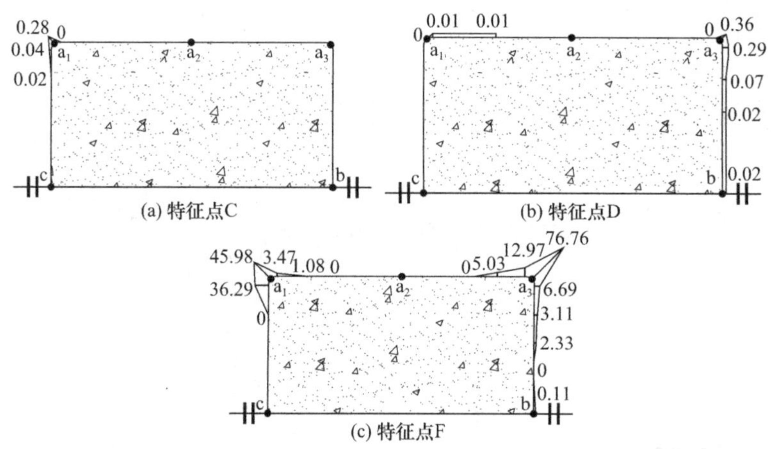

图 3-15　典型模型钢-混凝土接触压力（单位：MPa）

3.5.3　混凝土中截面纵向应力

图 3-16 给出了对应各特征点的典型模型中截面混凝土纵向应力，可见在 AC 阶段，混凝土纵向应力随着荷载增加而增加。在特征点 C 时，最大混凝土应力为 $-0.90f'_c$（-81.19MPa，“−”表示混凝土处于受压状态）。此后，在钢管所提供的约束效应作用下，混凝土压应力有所提高，在特征点 D 时最大压应力为 $-1.05f'_c$（-94.94MPa）。在约束效应作用下，混凝土压应力在特征点 D 后继续增加，在特征点 E 时凹侧平板区域混凝土纵向应力最大值达到 $-1.07f'_c$（-96.56MPa），而在特征点 E 后由于混凝土被压碎而减小。在特征点 F 时，由于钢管角部约束作用较强［图 3-15（c）］，因此凹侧角部存在应力集中［图 3-16（e）］。

3.5.4　各截面纵向应力

表 3-2 给出了典型模型的钢管和混凝土在不同高度处的纵向应力（σ_l）。在特征点 A，两者在不同高度处几乎相同，说明荷载从柱端均匀地传递至构件的不同截面。由于与其他截面相比，构件中部侧向挠度相对较大，导致中截面二阶弯矩相对较大，但此时二阶效应影响并不显著。因此，特征点 C 时构件中部凸侧纵向应力略小于其他截面（$L/4$ 和 $L/8$）的纵向应力。同理，由特征点 C 至 D，由于构件侧向变形显著增加（图 3-12），构件凸侧纵向应力逐渐减小。然而，$L/8$ 截面应力未呈现上述现象（表 3-2），因二阶效应对该截面影响相对较小。

特征点 C 时构件凹侧中截面 a_3 和 b 点位置处的钢管压应力达到钢材屈服应力，而 $L/4$ 和 $L/8$ 位置的钢管则屈服相对较晚（特征点 D），说明在特征点 C 后，构件屈服区域逐渐从中截面向其他截面发展。因此，特征点 D 时，钢管整个凹侧区域发生屈服。

特征点 D 后，在二阶效应影响下，构件凸侧中部的纵向应变向零发展，进而导致应力减小（表 3-2）。此外，特征点 E 后，由于凹侧钢管发生屈曲且混凝土被压碎，凹侧区域纵向应力逐渐减小，且在 $L/2$ 高度处的降低幅度较其他高度的降低幅度更为明显。然而，$L/2$ 高度 a_3 位置处的混凝土纵向应力未呈现上述现象，主要与角部存在应力集中有关。

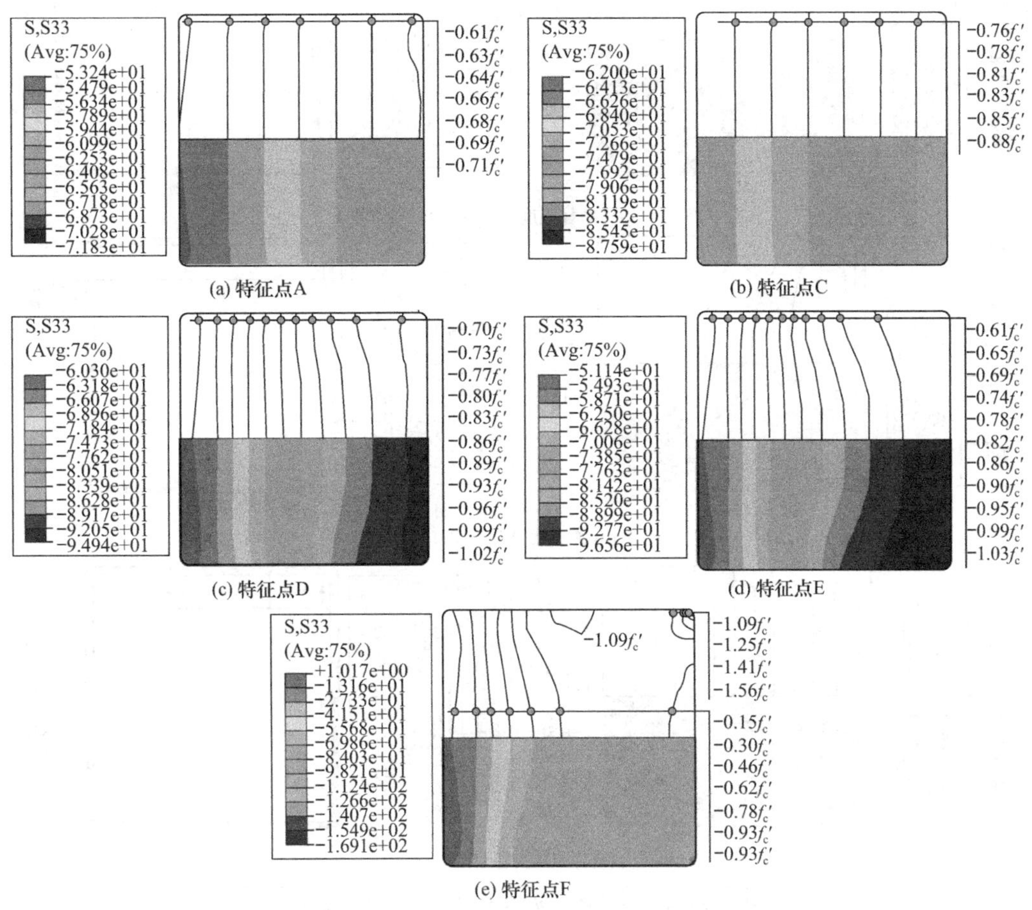

图 3-16 中截面混凝土纵向应力

3.5.5 轴压柱截面应力特征

图 3-17 给出了长细比（λ）对钢管和混凝土截面应力的影响，其中，构件 λ 由 10（强度破坏）增加至 23（弹塑性失稳）、69（弹塑性失稳）、92（弹性失稳）；其余模型参数均与上述典型模型参数相同。如图 3-17（a）所示，轴压短柱通常发生强度破坏，混凝土强度（f_c'）与钢材屈服应力（f_y）可充分发挥且伴随钢管屈曲。与轴压短柱相比，λ 为 23 和 69 的轴压长柱发生弹塑性失稳破坏，钢管与混凝土截面应力随着 λ 增大而减小［图 3-17（b）和（c）］且整个构件发生局部屈曲与整体弯曲。尤其是当构件 λ 非常大时（$\lambda=92$），构件发生弹性失稳破坏，在极限荷载时钢管应力则小于钢材屈服应力［图 3-17（d）］。值得关注的是，发生弹塑性失稳破坏构件的混凝土应力最大值可能大于 $1.0f_c'$［图 3-17（b）］，也可能小于 $1.0f_c'$［图 3-17（c）］，主要与不同的钢-混凝土约束效应作用有关。然而，如图 3-17（d）所示，轴压长柱发生弹性失稳时，其混凝土纵向应力通常小于 $1.0f_c'$。上述研究论述的构件强度破坏、弹塑性失稳破坏、弹性失稳破坏的界限长细比符合韩林海教授（2016）的研究成果。

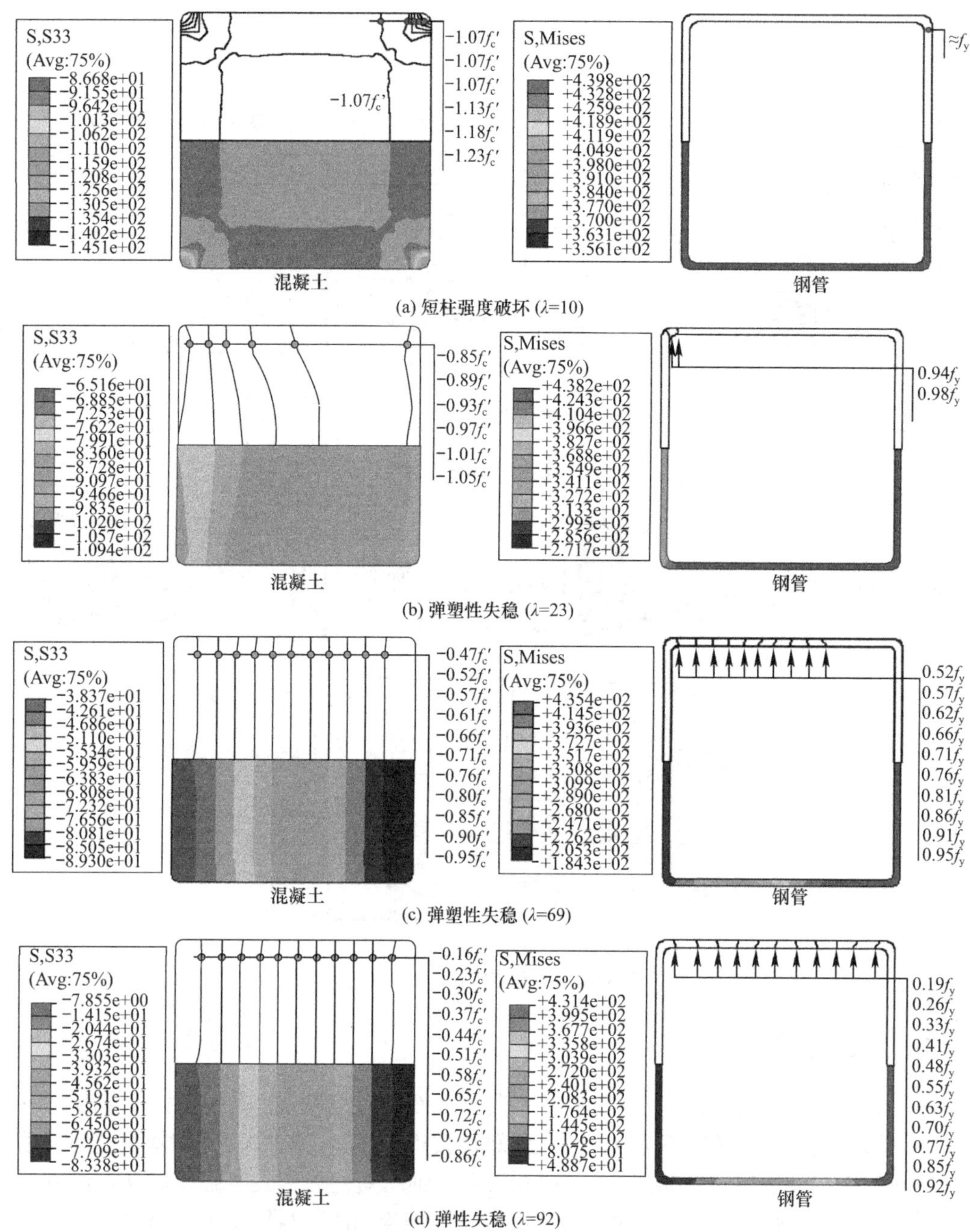

图 3-17　λ 对中截面应力的影响（对应于特征点 D）

3.6　参数分析

为探讨各关键参数对长柱轴压稳定性和工作机理的影响，在上述数值模拟方法的基础上进行参数分析。建立超过 300 个数值模型，变化参数包括立方体混凝土强度（f_{cu}）、钢材屈服应力（f_y）、含钢率（α）、约束系数（ξ）和长细比（λ），详见表 3-4。参数化模型是在一个基准模型基础上变参数得到的，基准模型参数为 f_{cu}=110MPa、f_y=460MPa、α=0.116、ξ=0.73，且该基准模型参数与本章进行的试验研究中第1批试件参数相近。

轴压长柱参数分析模型参数 **表 3-4**

符号	数值
f_{cu}（MPa）	60，70，80，90，100，110
f_y（MPa）	460，550，690，770，890，960
α	0.116～0.182
ξ	0.69～1.52
λ	14，18，23，28，32，37，42，46，51，55，60，65，69，74，79，83，88，92，97，102，106，111，115，120

参数分析中轴压长柱的材料强度符合Liew教授等（2016）提出的材料强度匹配准则。同时，α与ξ值满足《钢管混凝土结构技术规范》GB 50936—2014规定。此外，如前所述，根据Eurocode 4，构件的正则长细比（$\bar{\lambda}$）应小于2.0，基于此，经计算，本书参数分析模型λ的最大值约为120。因此，本书建立的数值模型λ值能够符合Eurocode 4的规定（表3-4）。此外，本书α的改变通过改变钢管壁厚实现，λ的改变通过改变构件长度实现，且如前所述，λ根据公式$\lambda=2\sqrt{3}\times L/B$计算。

3.6.1 各参数对稳定系数的影响

图3-18给出了λ、f_{cu}、f_y和α对轴压长柱稳定系数（φ）的影响，其中系数φ通过式（3-1）计算得到。通过对比图3-18（a）～（c），结果表明，与f_{cu}、f_y、α相比，λ对φ的影响相对较大，表明λ是φ的最主要影响因素。图3-18计算结果表明，当λ从14增加至120时，φ降低幅度超过60%。

$$\varphi = P_u / P_{str} \tag{3-1}$$

式中 P_u——轴压长柱极限荷载；

P_{str}——相应同参数轴压短柱的强度承载力。

进一步分析图3-18（a）和（b），λ相对较大时f_{cu}和f_y对φ的影响类似，即φ随着f_{cu}和f_y增加而减小，然而当λ相对较小时f_{cu}和f_y对φ的影响较小。主要原因为λ较大时构件易发生失稳破坏，进而高强混凝土及高强钢材的材料强度并不能充分发挥。因此，λ较大时增加构件的材料强度，P_u的增加幅度小于P_{str}的增加幅度；而λ较小时P_u的增加幅度与P_{str}的增加幅度相近。

与材料强度对φ的影响相似，λ相对较小时α对φ的影响并不显著［图3-18（c）］；而不同之处为：λ较大时φ随着α的增大而增大，然而α对φ的影响相对较小。例如当α由0.116增加至0.182时，φ值平均增加2.8%，其中λ=120构件的φ值增加7.3%。

3.6.2 各参数对构件受力性能的影响

构件的受力性能包括多方面，本章节通过参数分析，研究各参数对轴压长柱承载力与变形变化规律、延性系数、混凝土贡献率的影响。主要变化以下参数：含钢率α_1=11.6%、α_2=13.2%、α_3=14.8%、α_4=16.5%和α_5=18.2%；钢材屈服强度f_{y1}=

550MPa、$f_{y2}=690$MPa、$f_{y3}=770$MPa、$f_{y4}=890$MPa 和 $f_{y5}=960$MPa；混凝土强度 $f_{cu1}=80$MPa、$f_{cu2}=90$MPa、$f_{cu3}=100$MPa、$f_{cu4}=110$MPa 和 $f_{cu5}=120$MPa；长细比 $\lambda_1=23.09$、$\lambda_2=34.64$、$\lambda_3=46.19$、$\lambda_4=57.74$ 和 $\lambda_5=69.28$。

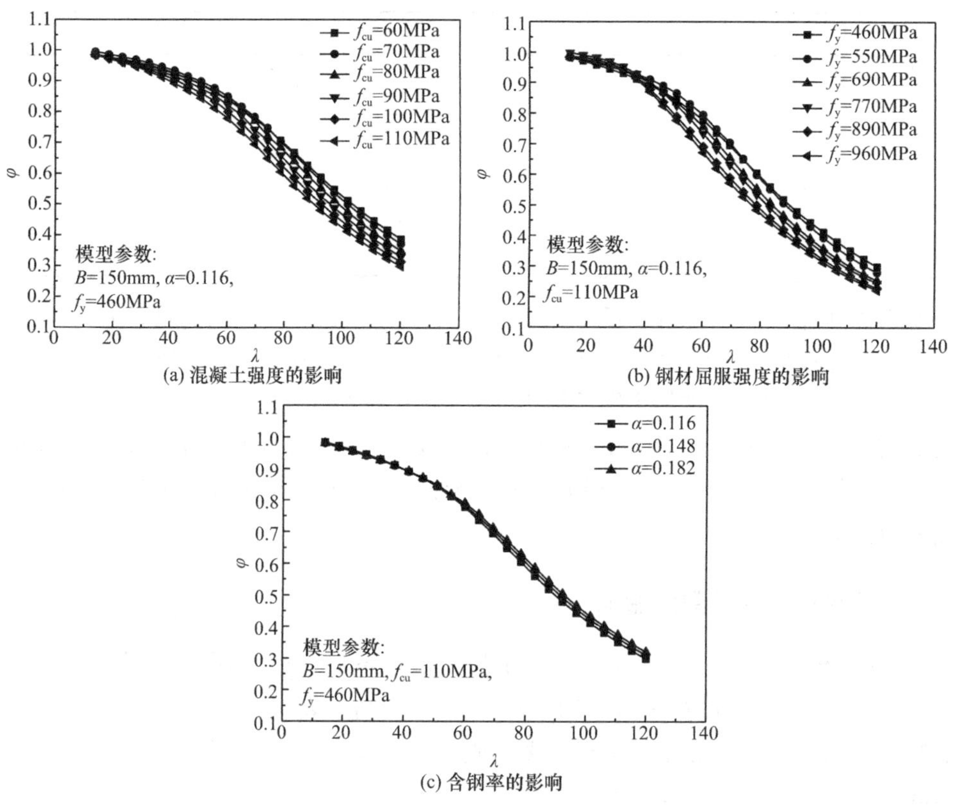

图 3-18　各参数对 φ-λ 曲线的影响

按式（3-2）来定义延性系数。

$$DI = d(0.85P_{max})/d(P_{max}) \tag{3-2}$$

式中　d（$0.85P_{max}$）——组合构件在下降段达到 0.85 倍极限承载力时所对应的挠度值；

d（P_{max}）——组合构件达到极限承载力时所对应的挠度值。

由于本书试验构件核心混凝土采用高强混凝土，因此对于高强混凝土材料在组合构件中所分担荷载的变化也具有重要的研究意义。本书通过引入混凝土贡献率 CCR 来探究核心混凝土对于整个构件承担荷载的贡献，其定义为：

$$CCR = P_{max}/P_{max,hollow} \tag{3-3}$$

式中　P_{max}——组合构件的极限承载力；

$P_{max,hollow}$——相同截面尺寸空心钢管单独受力工况下的极限承载力。

（1）含钢率 α 的影响

控制其他参数不变，通过改变钢管壁厚来改变构件的含钢率，从而研究其对轴压长柱受力性能的影响，模型参数及计算结果见表 3-5 与图 3-19，其中，图 3-19（a）为含钢率对构件荷载-侧向挠度的影响、图 3-19（c）为含钢率对构件延性 DI 的影响、图 3-19（d）

为含钢率对构件混凝土贡献率 CCR 的影响。

不同含钢率模型参数与计算结果 **表 3-5**

编号	$B\times t\times L$ (mm)	f_y (MPa)	f_{cu} (MPa)	λ	α	P_u (kN)
ASSC-α_1	150×4×1000	770	100	23.09	11.6%	3578
ASSC-α_2	150×4.5×1000	770	100	23.09	13.2%	3630
ASSC-α_3	150×5×1000	770	100	23.09	14.8%	3997
ASSC-α_4	150×5.5×1000	770	100	23.09	16.5%	4150
ASSC-α_5	150×6×1000	770	100	23.09	18.2%	4364

注：B、L 分别为构件的截面宽度与长度；t 为构件的钢管壁厚；f_y 为钢材的屈服强度；f_{cu} 为混凝土抗压强度；λ 为构件的长细比；α 为构件的含钢率；P_u 为构件的极限承载力。

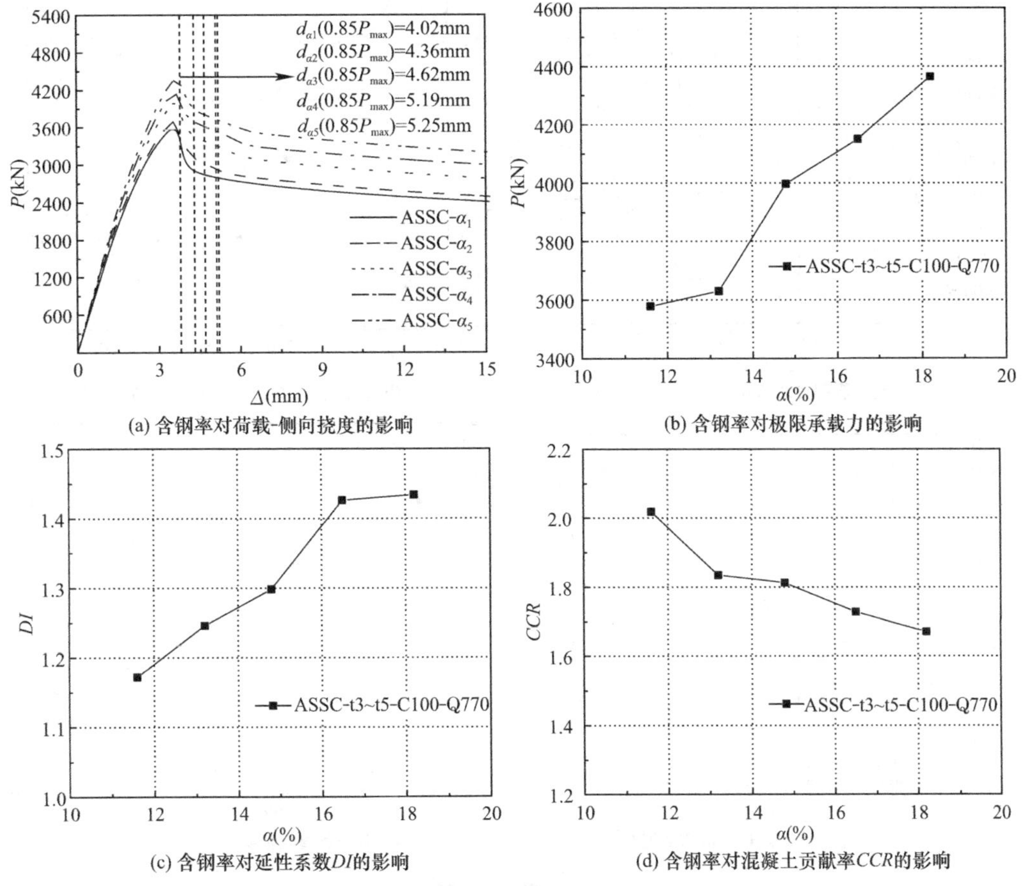

图 3-19 含钢率对构件受力性能的影响

由图 3-19（a）可以看出各构件荷载-侧向挠度曲线在加载初期均呈线性增长趋势，含钢率的增加对构件荷载-侧向挠度曲线的初始刚度有一定的提高，且如图 3-19（b）、（c）所示，含钢率的增大对构件的极限承载力与延性均有所提升。但构件壁厚增加至 5.5mm 后延性系数增长速率明显减缓。随着含钢率的增加钢管内力分配也逐渐增加，导致混凝土贡献率（CCR）呈下降趋势，见图 3-19（d）。

（2）钢材屈服强度的影响

为研究钢材屈服强度（f_y）对轴压长柱受力性能的影响，建立表 3-6 所示的数值模型，模型极限荷载及计算结果分别见表 3-6 和图 3-20。

不同钢材屈服强度模型参数　　表 3-6

编号	$B\times t\times L$（mm）	f_y（MPa）	f_{cu}（MPa）	λ	α	P_u（kN）
ASSC-550	150×5×1000	550	100	23.09	14.8%	3359
ASSC-690	150×5×1000	690	100	23.09	14.8%	3794
ASSC-770	150×5×1000	770	100	23.09	14.8%	3997
ASSC-890	150×5×1000	890	100	23.09	14.8%	4164
ASSC-960	150×5×1000	960	100	23.09	14.8%	4276

注：B、L 分别为构件的截面宽度与长度；t 为构件的钢管壁厚；f_y 为钢材的屈服强度；f_{cu} 为混凝土抗压强度；λ 为构件的长细比；α 为构件的含钢率；P_u 为构件的极限承载力。

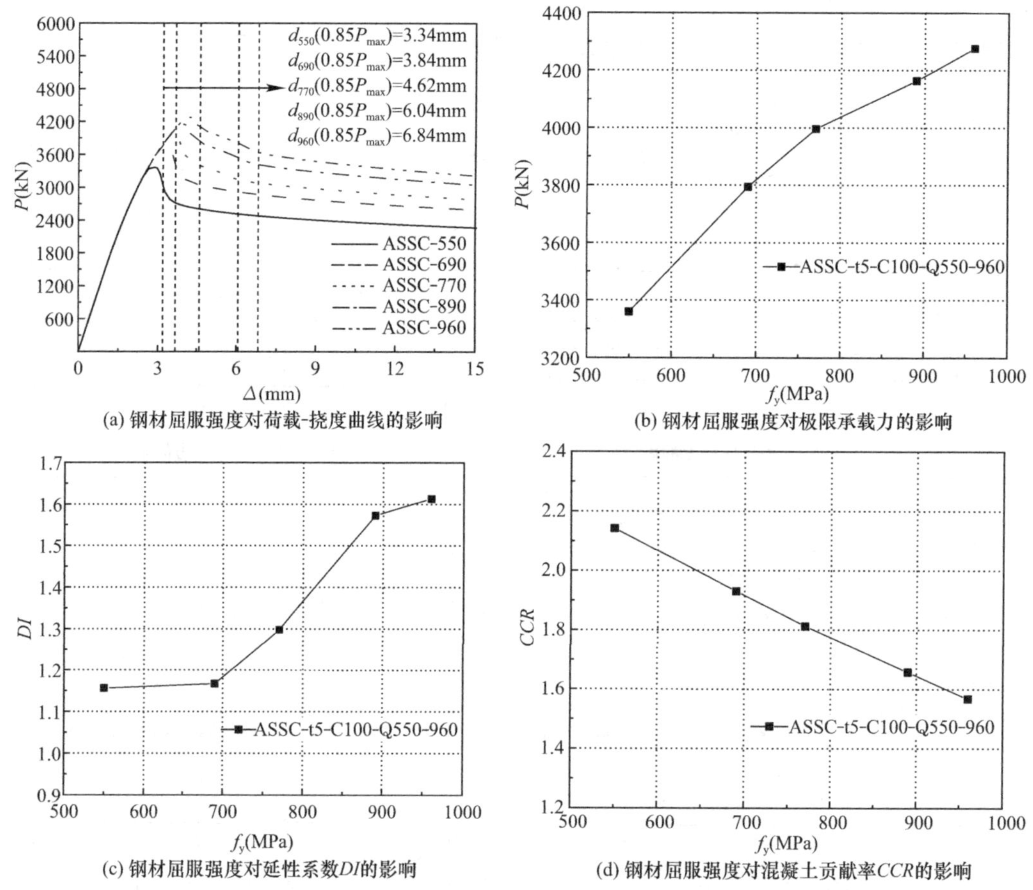

图 3-20　钢材屈服强度对模型受力性能的影响

如图 3-20（a）所示，改变 f_y 对构件的荷载-侧向挠度曲线初始刚度几乎无影响；如图 3-20（b）所示，f_y 的变化对构件极限承载力存在影响，将 f_y 从 550MPa 提高至 690MPa、770MPa、890MPa、960MPa，构件的极限承载力分别提高了 13.0%、5.4%、4.2%和 2.7%；随着 f_y 的增加，构件在下降段 $0.85P_u$ 点处所对应的位移变化较大，并且位移的数值增加速率明显逐渐加快，因此对于组合构件的外钢管，应用高强钢材可以使得构件整体展现出良好的延性，所以随着钢材屈服强度的提升构件延性系数 DI 也随之升高，见图 3-20（c），说明尽管随着 f_y 的增加，钢材屈强比增大，但 f_y 的提升对延性的增加有促进作用。由于 f_y 的提升，使外钢管在整个构件受力过程中内力分配增加，因此导致混凝土所分担荷载的比例降低，故 *CCR* 呈线性下降趋势，并且与其他参数相比，其下降速率变化显著。

（3）混凝土抗压强度的影响

为研究混凝土抗压强度（f_{cu}）的影响，建立表 3-7 所示的模型参数，模型极限承载力与模型计算结果见表 3-7 和图 3-21。

不同混凝土抗压强度模型参数与计算结果 **表 3-7**

编号	$B\times t\times L$（mm）	f_y（MPa）	f_{cu}（MPa）	λ	α	P_u（kN）
ASSC-C80	150×5×1000	770	80	23.09	14.8%	3573
ASSC-C90	150×5×1000	770	90	23.09	14.8%	3747
ASSC-C100	150×5×1000	770	100	23.09	14.8%	3997
ASSC-C110	150×5×1000	770	110	23.09	14.8%	4184
ASSC-C120	150×5×1000	770	120	23.09	14.8%	4391

注：B、L 分别为构件的截面宽度与长度；t 为构件的钢管壁厚；f_y 为钢材的屈服强度；f_{cu}为混凝土抗压强度；λ 为构件的长细比；α 为构件的含钢率；P_u 为构件的极限承载力。

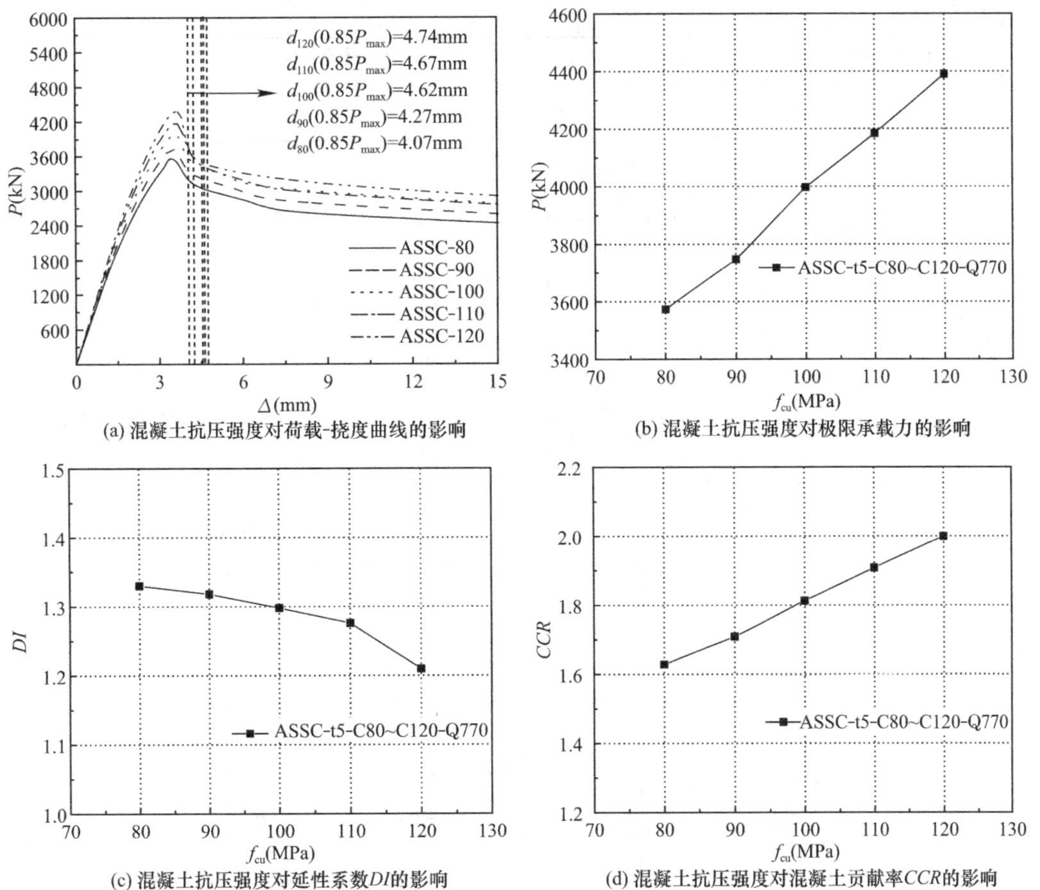

图 3-21　混凝土抗压强度对模型受力性能的影响

由图 3-21（a）可以看出，随着构件混凝土抗压强度（f_{cu}）的增加，构件的极限承载力和荷载-侧向挠度曲线初始刚度均有所提升。当 f_{cu} 由 80MPa 每增加 10MPa 时，构件的极限承载力分别提升 4.9%、6.7%、4.7%和 4.9%。由图 3-21（a）可见，当承载力下降至 0.85P_u 时，构件所对应的位移均在 4.5mm 左右；尤其当混凝土强度等级从 C100 提升至 C120，位移几乎无明显增长，由此可以得出随着混凝土抗压强度的提升会降低构件的延性系数 DI，见图 3-21（c）。如图 3-21（d）所示，混凝土在组合构件中荷载分担比例随着 f_{cu}增加而上升，混凝土每升高 10MPa，CCR 也呈每级 0.1 的线性增长，并且增长趋势平稳。

（4）长细比的影响

为研究长细比（λ）对轴压长柱受力性能的影响，建立表 3-8 所示的数值模型，模型承载力及计算结果见表 3-8 和图 3-22。由图 3-22（a）可以看出，长细比对构件的荷载-侧

不同长细比模型参数与计算结果 **表 3-8**

编号	$B\times t\times L$（mm）	f_y（MPa）	f_{cu}（MPa）	λ	α	P_u（kN）
ASSC-1000	150×5×1000	770	100	23.09	14.8%	3997
ASSC-1500	150×5×1500	770	100	34.64	14.8%	3904
ASSC-2000	150×5×2000	770	100	46.19	14.8%	3591
ASSC-2500	150×5×2500	770	100	57.74	14.8%	3106
ASSC-3000	150×5×3000	770	100	69.28	14.8%	2570

注：B、L 分别为构件的截面宽度与长度；t 为构件的钢管壁厚；f_y 为钢材的屈服强度；f_{cu}混凝土抗压强度；λ 为构件的长细比；α 为构件的含钢率；P_u 为构件的极限承载力。

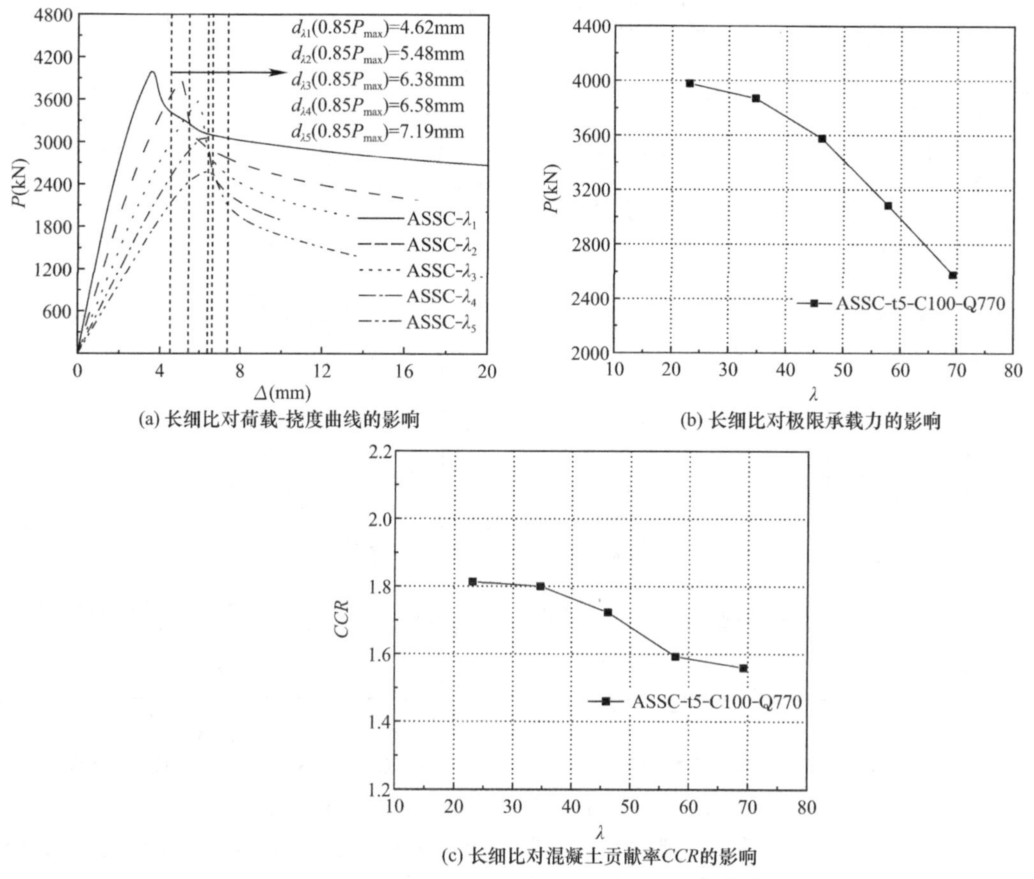

(a) 长细比对荷载-挠度曲线的影响

(b) 长细比对极限承载力的影响

(c) 长细比对混凝土贡献率CCR的影响

图 3-22 长细比对模型受力性能的影响

向挠度曲线初始刚度影响较大，并且每个构件达到极限承载力时所对应的挠度也相差较多，说明长细比显著影响构件的变形性能。随着长细比的提升，构件极限承载力呈下降趋势，并且构件承载力下降段的下降速率随着长细比的增加明显加快。模型长度自 1000mm 每增加 500mm，构件极限承载力下降幅度增大，分别下降 2.7%、7.8%、13.7%和 16.4%。

由图 3-22（c）可以看出 *CCR* 随着长细比的增加而减少，此现象产生的原因主要是构件的侧向变形随着长细比的增加而变大，使得核心混凝土开裂加快，同时，混凝土纵向应力随着长细比增大而减小，进而材料抗压性能不能完全发挥，导致所承担荷载比例减小。

3.7　本章小结

本章基于高强方钢管高强混凝土轴压长柱试验研究与数值模拟结果，分析了高强方钢管高强混凝土长柱的轴压性能及工作机理，研究了 λ、f_{cu}、f_y、α 等对稳定折减系数与内力分配比例等的影响，主要结论如下：

（1）试验结果表明，长细比较小的（$\lambda=23.09\sim34.64$）轴压柱破坏形态主要是构件端部凹侧区域的钢管向外鼓曲，且钢管鼓曲位置处的混凝土被压碎。而长细比较大的（$\lambda=46.19\sim85.45$）构件发生破坏时，构件存在局部钢管鼓曲变形与整体弯曲变形；同时，柱高中部混凝土被压碎，但压碎截面面积随着长细比的增加而减小。

（2）轴压长柱在受力过程中，混凝土对竖向荷载的分担起着重要的作用。在极限荷载时，方钢管的约束作用并不显著且随着 λ 的增大而减小甚至消失；而在极限荷载后的加载阶段，角部区域的约束作用比较显著。

（3）λ 较小时，各参数对稳定系数（φ）的影响较小；λ 较大时，φ 随着 f_{cu}或 f_y 的增加而减小，而 α 对 φ 的影响则呈现相反趋势。λ 显著影响材料强度的发挥效率，因此，φ 随着 λ 的增加而减小，同时，f_{cu}或 f_y 越大，φ 的减小幅度越大。

（4）轴压长柱的延性随着 f_y 与 α 的增大而增大，随着 f_{cu}的增大而减小。

4 高强方钢管高强混凝土构件抗弯性能研究

4.1 引言

本章的研究目的如下：

（1）进行高强方钢管高强混凝土纯弯构件的试验研究，明确构件的破坏过程；

（2）建立合理有效的数值模型，明晰纯弯构件的受力全过程，揭示构件工作机理与各组成材料协同工作机制；

（3）验证构件的平截面假定，为纯弯构件与偏压构件的力学性能研究奠定理论基础。

4.2 纯弯试验

4.2.1 试验概况

共进行2批纯弯构件的试验研究，第1批试验设计了6个高强方钢管高强混凝土试件，试件的截面宽B均为150mm，长度L为1400mm，其中净跨度L_0为1200mm，钢管壁厚t分别为4mm，5mm，6mm，每种试件各制备2个。方钢管采用的是Q460钢材轧制而成。钢管两端盖板尺寸为200mm×200mm×10mm，内填C100高强混凝土，试验参数见表4-1。

试件设计参数 **表4-1**

批次	试件编号	B（mm）	t（mm）	L_0（mm）	L（mm）	f_y（MPa）	α	ξ
1	SCW1-1	150	4	1200	1400	434.6	0.116	0.699
	SCW1-2	150	4	1200	1400	430	0.116	0.692
	SCW2-1	150	5	1200	1400	420	0.148	0.863
	SCW2-2	150	5	1200	1400	416.3	0.148	0.855
	SCW3-1	150	6	1200	1400	430	0.182	1.084
	SCW3-2	150	6	1200	1400	436.9	0.182	1.101
2	SCPB-1	150	5	1500	1700	537	0.148	1.204
	SCPB-2	150	5	1500	1700	748.5	0.148	1.678
	SCPB-3	150	5	1500	1700	820	0.148	1.839
	SCPB-4	150	5	1500	1700	886.5	0.148	1.988

注：B为试件截面宽度；t为钢管壁厚；L_0为试件有效长度；L为试件总长；α为含钢率，$\alpha=A_S/A_C$，其中A_S为钢管截面面积；A_C为混凝土截面面积；ξ为套箍系数，$\xi=\alpha f_y/f_{ck}$。

第2批试验共设计了4个高强方钢管高强混凝土试件，主要改变钢材的屈服强度，其编号为SCPB-1～SCPB-4。试件的截面宽度B均为150mm，长度L为1700mm，净跨L_0为1500mm，钢材的屈服强度分别为Q550、Q690、Q770、Q890，壁厚均为5mm，试件两端盖板尺寸为 200mm×200mm×10mm，内部填充 C100 高强混凝土，钢管与混凝土间未设置剪力键，试件设计详细参数如表 4-1 所示。

钢材的强度、弹性模量由拉伸试验确定。试验用拉拔件直接从不同壁厚的钢管上进行取材，加工成若干标准试件。根据现行国家标准《金属材料 拉伸试验》GB/T 228.1～228.4 中的有关规定，确定试件的标准尺寸和试验条件。拉伸试验在沈阳建筑大学结构实验室的万能机上进行，材料实测结果见表 4-2。

钢管内填混凝土采用由沈阳某混凝土有限公司生产的 C100 商品混凝土。混凝土制作若干个 150mm×150mm×150mm 标准方形试块进行测试立方体抗压强度。根据现行国家标准《混凝土物理力学性能试验方法标准》GB/T 50081 确定试验条件和加载方式，在测混凝土弹性模量时，加载至 60%极限承载力再卸载，共循环三次，再压坏试块。在测量立方体抗压强度时，则持续加载直到试块破坏，试验测出的混凝土立方体试块的性能见表 4-3。

试件中钢材的实测指标 **表 4-2**

试件	钢材壁厚 t（mm）	屈服强度 f_y（MPa）	极限强度 f_u（MPa）	弹性模量 E_s（GPa）
SCW1-1	4	434.6	546.2	206
SCW1-2	4	430.0	547.0	206
SCW2-1	5	420.0	516.0	206
SCW2-2	5	416.3	513.7	206
SCW3-1	6	430.0	545.0	206
SCW3-2	6	436.9	550.4	206
SCPB-1	4.68	537.0	607.5	206
SCPB-2	5.01	748.5	790.5	206
SCPB-3	4.75	820.0	880.0	206
SCPB-4	4.94	886.5	933.5	206

试件中混凝土实测力学指标 **表 4-3**

构件批次	平均立方体抗压强度 f_{cu}（MPa）	平均弹性模量（MPa）	泊松比
1	98	38000	0.2
2	92	37600	0.18

4.2.2 试验装置与试验方法

以第 2 批试件的加载装置为例，对试验装置进行阐述，试验装置由沈阳建筑大学 500t 压力试验机和 100t 传感器等组成，如图 4-1 所示。

试验前将纯弯段长度大小的刚性分配梁横置在试件上方的刀铰和球铰上，采取三分点加载方法将荷载间接传递至三分点加载处；在试件前后两侧跨中位置处分别沿纵向高度等距离粘贴 5 个电阻应变片，沿两侧跨中横截面方向 1/2 高度处上下分别粘贴电阻应变片 1 个，同时在受压区和受拉区跨中截面处分别沿纵向等距离粘贴 3 个电阻应变片，1/2 处横向粘贴应变片 1 个，来记录各截面处应变的变化；在左右三分点位置及跨中位置处各布置 1 个 100mm 量程的位移计来记录挠度的变化情况。加载制度为分级加载。

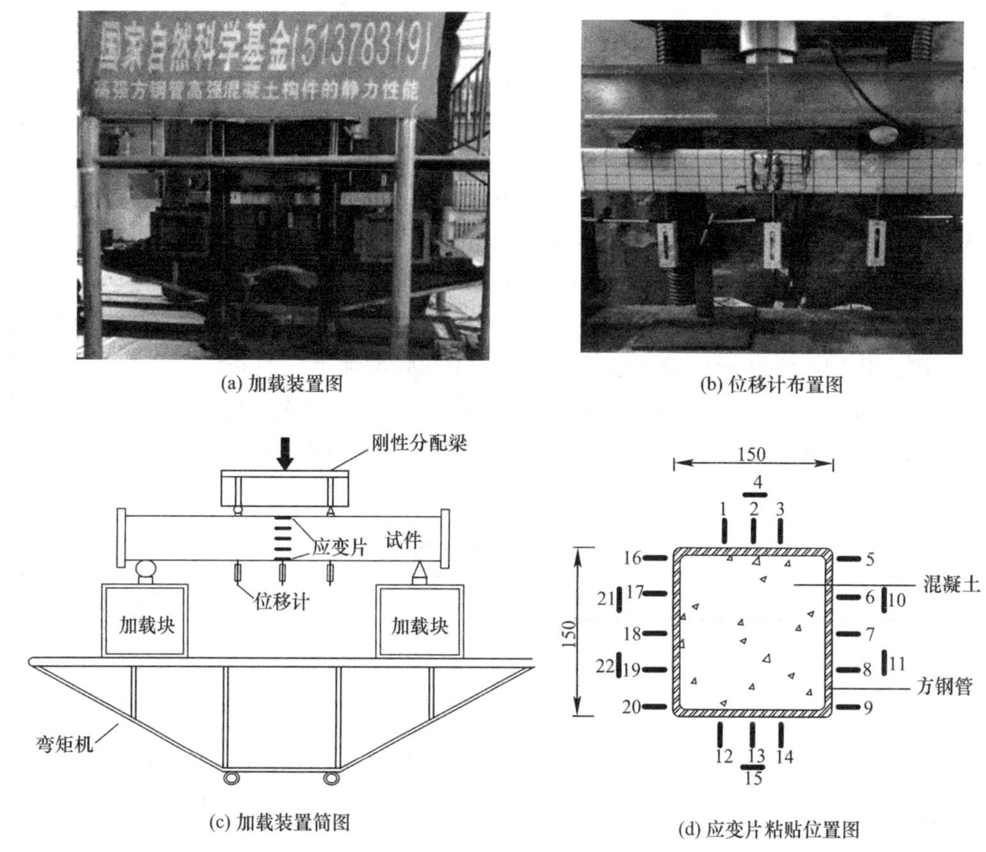

(a) 加载装置图　　(b) 位移计布置图

(c) 加载装置简图　　(d) 应变片粘贴位置图

图 4-1　试验装置

4.3　试验结果分析

4.3.1　试验现象

试验结束后，通过对试验过程录像的观察及试件的跨中变形和荷载-挠度曲线的分析，共得出以下规律：加载初始，构件整体处于弹性阶段而无显然的变化，此时的荷载较挠度快速增长。当加载至 0.7P 时，构件开始逐渐出现显而易见的弯曲变形，从采集的挠度数据上来看，三分点位置处和跨中的挠度增长明显；当加载至极限承载力 P 后，构件挠曲变形已经非常明显，受压面钢管出现局部屈曲，后停止试验加载。试验全过程如图 4-2 所示。

以试件 SCPB-1 为例对其加载过程进行阐述，加载初期构件处于弹性阶段，无明显变化，弯矩的增长速度快于曲率的增长速度。当加载到 85kN 时，核心混凝土发出轻微的开裂声响。当加载到 340kN 时，混凝土发出连续的开裂声响，受拉区钢管达到屈服强度，构件进入弹塑性阶段。随着荷载持续增大，混凝土的横向变形开始逐渐超过钢管，受压区钢管跨中截面开始产生局部屈曲，两者间组合所产生的紧箍效应愈加明显。当荷载达到极限承载力时，荷载-挠度曲线未见下降的趋势，试件跨中挠度超过 40mm 以后，为避免试件发生较大变形而断裂，停止加载，图 4-3 为 SCPB-1 的整体破坏形态和跨中处局部破坏形态。

(a) 加载前

(b) 加载至极限承载力阶段

(c) 卸载前

图 4-2 试验全过程

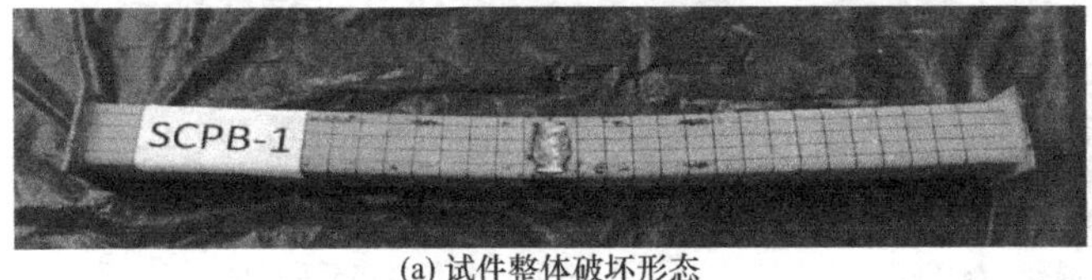

(a) 试件整体破坏形态

(b) 试件局部破坏形态

图 4-3 试件 SCPB-1 破坏形态

4.3.2 试件破坏形态

试验过程中，试件跨中挠度超过 40mm（为给定统一标准，此处以计算跨度 L_0 的 1/30 作为参考量）后，跨中挠度仍在增加，试件的承载力仍在上升，试件仍然具有很好的变形能力。当跨中挠度接近位移计量程时，试件已超出极限承载力，但荷载-挠度曲线仍未出现下降趋势。当加载至试件接近破坏时，部分钢管受压区出现局部鼓曲，高强方钢管高强混凝土纯弯构件的破坏表现出良好的延性。其中 SCW1-1 试件由于接近破坏时未能及时卸载，导致钢管受拉区出现撕裂现象，其余试件卸载后受弯段有较明显回弹，第 1 批试件整体破坏形态如图 4-4（a）所示。

图 4-4（b）为第 2 批试件的最终破坏形态对比图，从图中可以看出，所有试件纯弯段弯曲变形较为明显；试件 SCPB-2 和 SCPB-3 产生局部鼓曲但并不明显；钢管受拉区底部未出现撕裂，均为受弯破坏。

为了进一步考察试件核心混凝土的破坏形态及裂缝发展规律，以第 2 批试件为例，将试验后的钢管混凝土构件纯弯段剖开，观察构件内部核心混凝土的裂缝发展及拉压区破坏情况。图 4-5 为 4 个高强方钢管高强混凝土纯弯构件核心混凝土的破坏形态图，从图中可以看出，剥开后的核心混凝土外观表面较为密实，无麻面现象，表明混凝土浇筑时振捣充分；混凝土裂缝均匀地分布在构件纯弯段，由混凝土的受拉区向受压区延伸；SCPB-2 和 SCPB-3 受压区钢管发生局部屈曲处的混凝土向外鼓曲，且已被压碎；最大的裂缝位于混凝土受拉区跨中截面附近、受压区产生较大塑性变形及受压区混凝土产生鼓曲的部位。将钢管完全剥离开来以后，其中 SCPB-2 和 SCPB-4 中的最大裂缝均贯穿受压区，构件沿贯穿裂缝处断裂，说明混凝土受力较为充分。

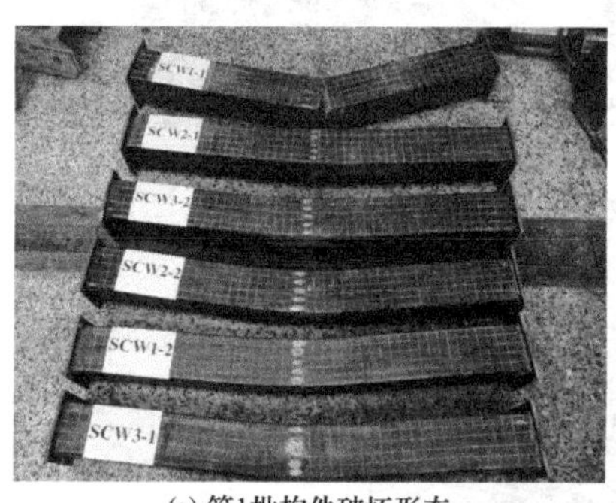

(a) 第1批构件破坏形态

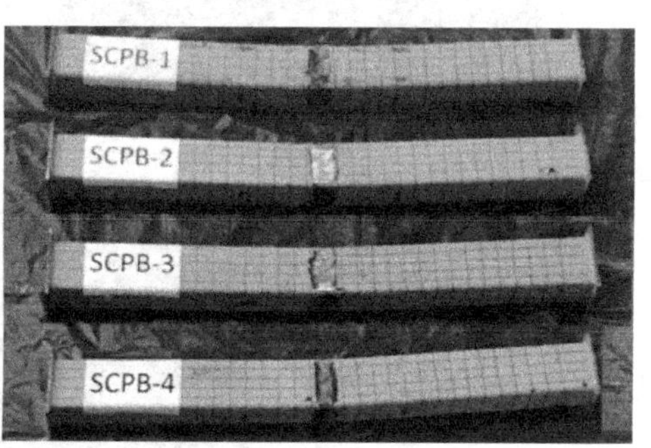

(b) 第2批构件破坏形态

图 4-4　全体构件破坏形态

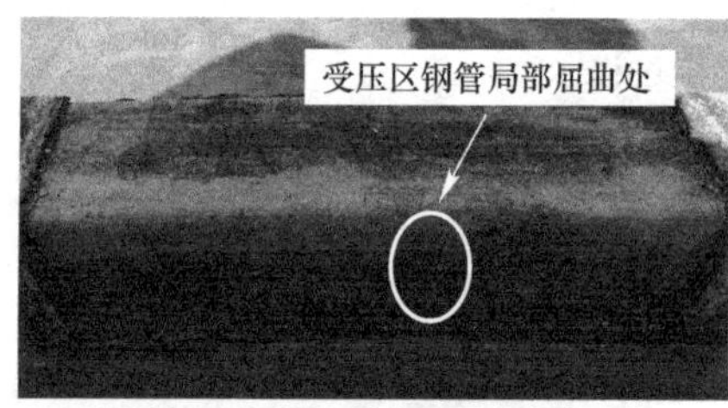

(a) SCPB-2受压区鼓曲处混凝土被压碎

(b) SCPB-4裂缝贯穿至受压区

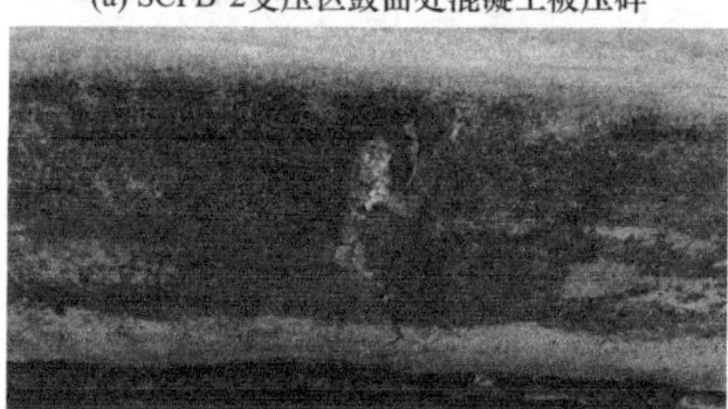

(c) SCPB-3受压区鼓曲处混凝土被压碎

(d) SCPB-1未断裂

(e) SCPB-2沿两加载点与跨中处断裂

(f) SCPB-4沿加载点附近处断裂

图 4-5　核心混凝土破坏形态

4.3.3　正弦半波曲线的验证

所有高强方钢管高强混凝土纯弯构件破坏形态呈弓形，表现出良好的延性。图 4-6 为各纯弯构件沿构件长度方向变化的挠曲线分布图，虚线为标准正弦半波曲线，实线为各级荷载作用下构件的挠度曲线；横坐标 L' 为距左端铰支座的距离，纵坐标代表挠度值的大小。从图中可以看出，以 100kN 荷载为一个等级，各测点的挠度随荷载等级的提高而增大，每级荷载作用下的构件挠曲线形状基本符合正弦半波曲线，且与标准正弦半波曲线吻合良好。

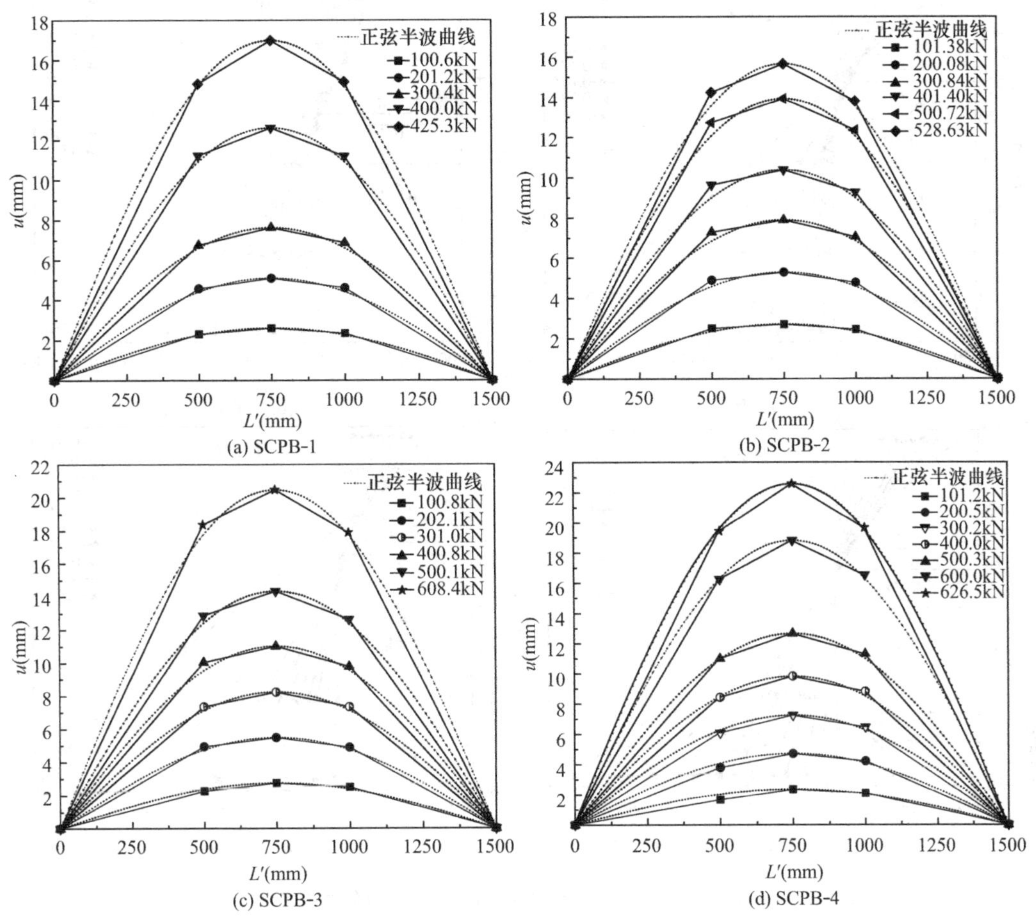

图 4-6　纯弯构件挠曲线分布图

4.3.4　平截面假定的验证

图 4-7 为第 2 批试件跨中截面钢管纵向应变沿高度 h 在各等级荷载作用下的分布曲线。图中的极限承载力 P：受拉区钢管下表面跨中截面处纵向应变为 0.01 时的承载力定义为极限承载力。从图 4-7 中可以看出，试件在加载转动的过程中，在每级荷载作用下 5 个粘贴应变片处的应变值点，连接后基本形成一条直线，说明纯弯构件的受力变形符合平截面假定。$X=0$ 的轴线与应变值点连接形成直接的交点对应的截面高度，即为中性轴位置的高度。中性轴位置在初始加载时，上升速度迅速，混凝土开裂后基本可以达到与截面形心轴位置相平齐。当荷载达到 $0.2P$ 时，中性轴上升 $0.59h \sim 0.66h$，此时，受压区纵向压应力由受压区钢管和混凝土共同承担，受拉区纵向拉应力由受拉区钢管单独承担；随着荷载

的继续增加，当荷载达到 $0.7P \sim 0.8P$ 时，中性轴位置上升 $0.6h \sim 0.68h$，此时中性轴向受压区移动的速度较为缓慢；当荷载达到 $0.8P \sim 0.9P$ 时，中性轴上升至 $0.61h \sim 0.71h$，中性轴向受压区移动明显。当荷载达到极限承载力 P 时，中性轴位置上升 $0.68h \sim 0.76h$。

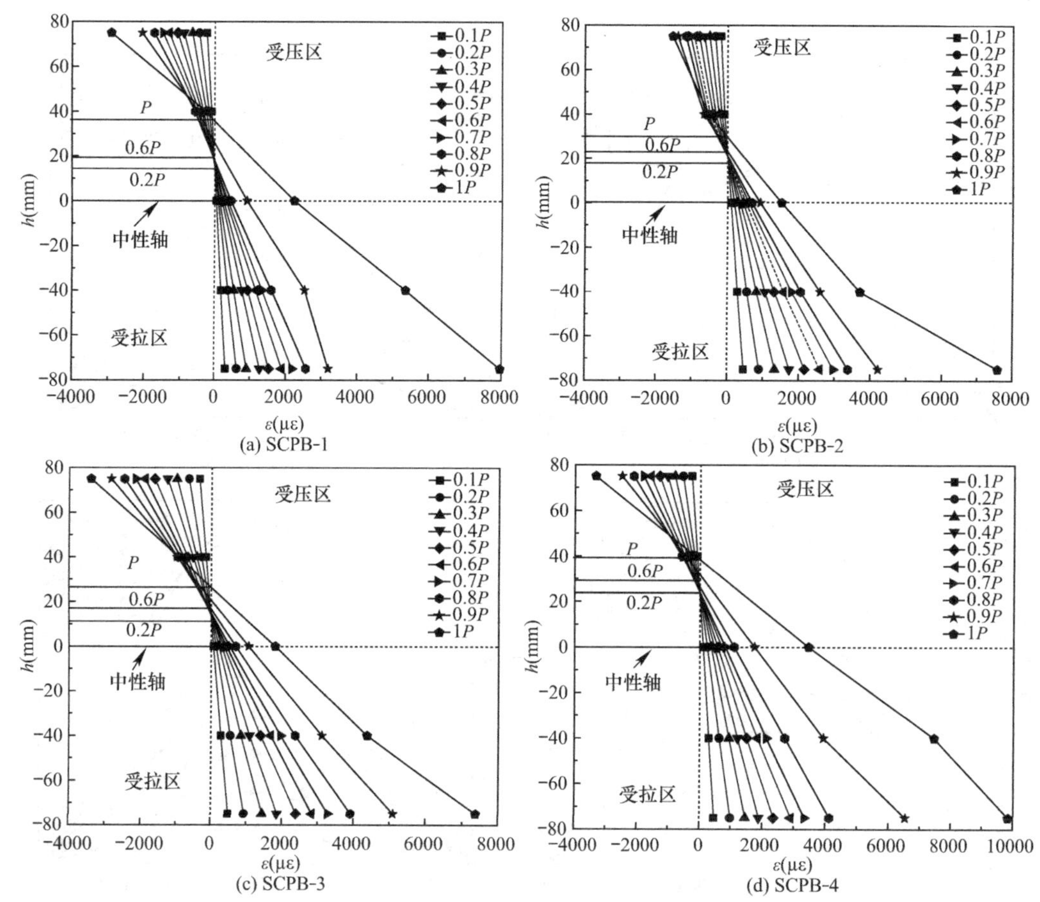

图 4-7 跨中截面的纵向应变沿高度方向分布曲线

4.3.5 应力-应变曲线的分析

图 4-8 为第 1 批构件钢管受拉区与受压区的应力-纵向应变曲线。由图 4-8 可知，不同钢管壁厚的每组 2 个试件的应力-纵向应变图近似吻合，说明试件制备较为精良，试验操作得当。试验过程中，试件跨中横截面分为上部受拉区和下部受压区，钢管上表面受拉应力，下表面受压应力。加载初期，受拉区与受压区的纵向应变近似相等，构件处于弹性工作阶段，当最大应力超过 300MPa 时，应变的增长速率变快，受拉区应变增长快于受压区应变。当最大应力超过约 400MPa 之后，应变仍然快速增长，受拉区纵向应变已超过受压区纵向应变 4737～7525$\mu\varepsilon$，由于在受压区，混凝土与钢管共同承担纵向压应力，而在受拉区，混凝土极限抗拉应变较小，加载初期便开裂，使得钢管单独承担纵向拉应力，因此，受拉区钢管的变形大于受压区，钢管纵向拉应变

大于纵向压应变。

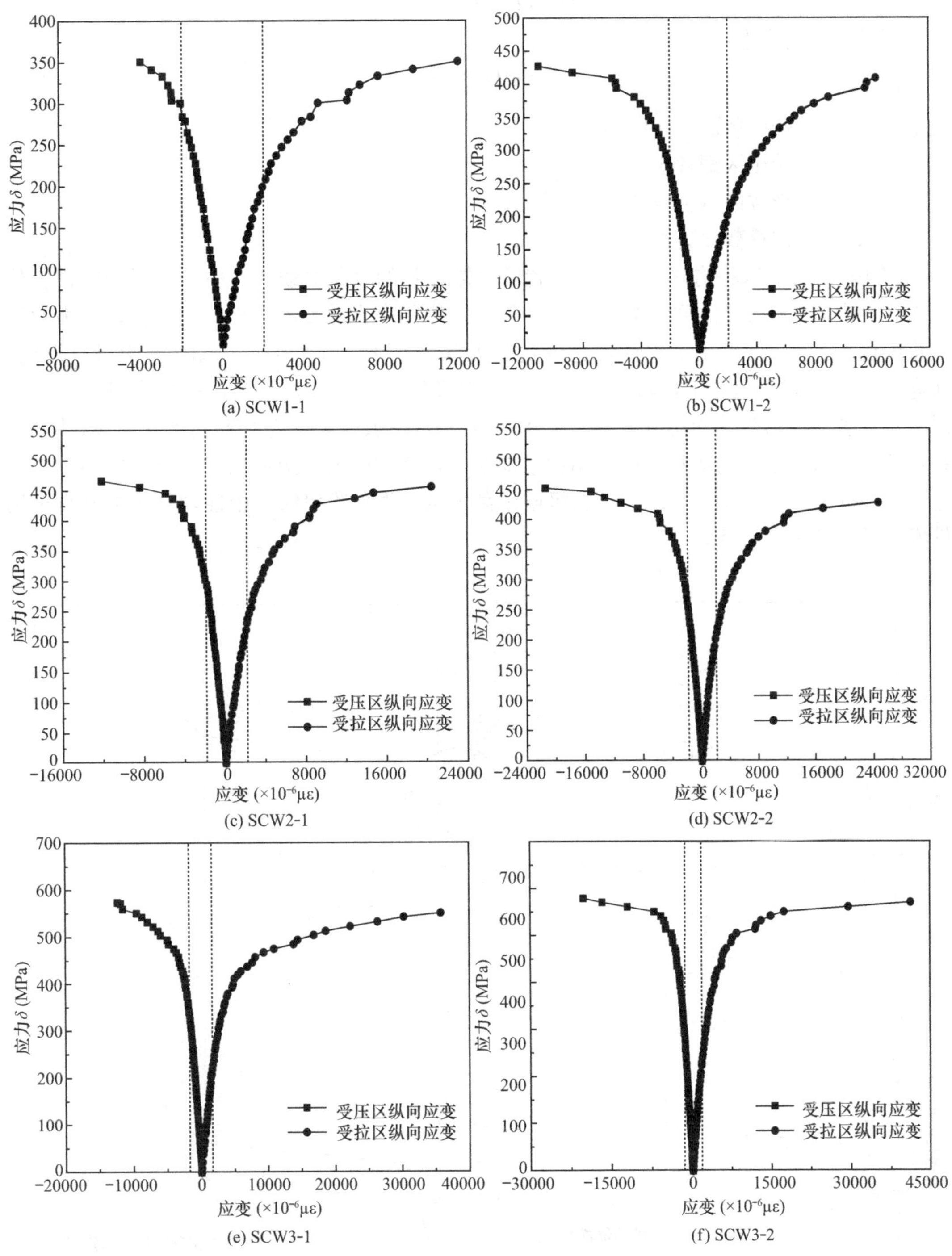

图 4-8　应力-钢管受压（受拉）纵向应变曲线

4.3.6　中性轴位置变化

构件的挠曲线符合正弦半波曲线，跨中截面纵向应力分布符合平截面假定。所以，构件的中性轴位置计算可以按式（4-1）进行：

$$y/(H-y)=\varepsilon'/\varepsilon \tag{4-1}$$

则受压区高度为：

$$y=\varepsilon' H/(\varepsilon+\varepsilon') \tag{4-2}$$

式中　y——跨中截面受压区高度；

ε'——受压区钢管应变；

ε——受拉区钢管应变；

H——钢管截面边长，即 150mm。

图 4-9 为 4 个试验构件的中性轴位置随弯矩增长的变化曲线。图中纵坐标为中性轴位置高度，横坐标表示加载的弯矩倍数，曲线中斜率的大小代表着中性轴位置在该受力阶段变化的速率。表 4-4 给出了中性轴位置随每级弯矩变化的计算值。从图 4-9 中可以看出，在弯矩达到 $0.1M_{ue}$时，中性轴在此阶段上升的高度较为明显，上升速率较为迅速，随着混凝土开裂且应力发生重分布，中性轴高度上升速率放缓；当弯矩超过 $0.7M_{ue}$ 构件进入弹塑性阶段时，钢管与混凝土间作用力愈加明显，受拉区钢管接近屈服，此时中性轴上升速率较弹性阶段快速增长，当加载至极限承载力进入强化阶段时，中性轴继续上升直至构件发生较大变形而破坏。

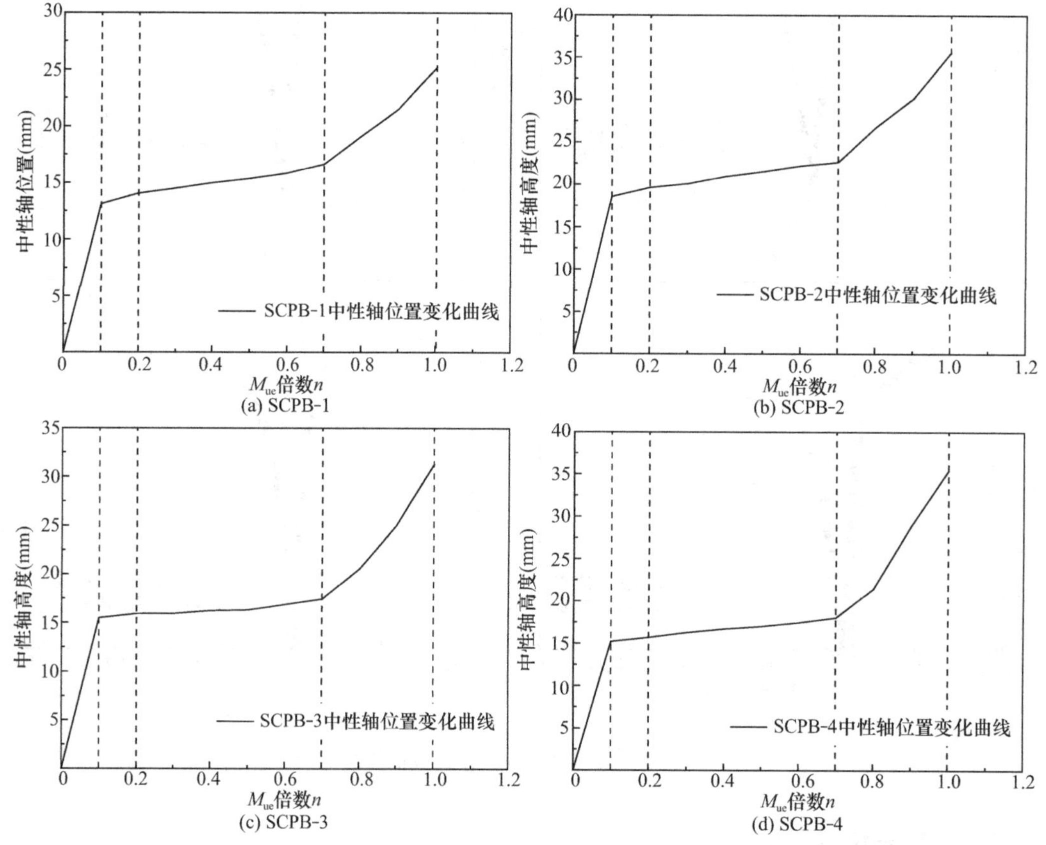

图 4-9　中性轴位置随弯矩增长的变化曲线

中性轴位置变化 表 4-4

弯矩比例	SCPB-1		SCPB-2		SCPB-3		SCPB-4	
	弯矩值（kN）	中性轴高度（mm）	弯矩值（kN）	中性轴高度（mm）	弯矩值（kN）	中性轴高度（mm）	弯矩值（kN）	中性轴高度（mm）
0.1	10.65	13.11	13.96	18.57	15.08	15.47	15.50	15.21
0.2	21.03	14.06	27.65	19.64	30.33	15.91	31.30	15.69
0.3	31.58	14.51	41.25	20.10	45.60	15.93	46.73	16.26
0.4	42.48	14.99	55.36	20.98	60.80	16.22	62.80	16.70
0.5	53.20	15.36	68.85	21.56	76.13	16.30	78.08	17.00
0.6	63.68	15.84	82.40	22.23	91.25	16.87	93.93	17.45
0.7	74.40	16.64	96.66	22.65	106.35	17.43	109.08	18.03
0.8	84.88	19.11	110.10	26.78	121.58	20.54	125.08	21.45
0.9	95.40	21.50	123.85	33.32	136.93	25.01	140.68	28.93
1	106.08	25.06	137.65	39.95	151.95	31.25	156.33	35.43

4.4 精细化数值计算

4.4.1 模型建立

材料本构关系与第 2 章取值相同，不再详述，图 4-10 给出了纯弯构件的边界条件与网格划分情况。采用位移加载的方式进行施荷，对全结构整体建模，建造与试验相一致的边界条件。为避免应力集中，在构件三分点处分别创建参考点 $RP1$、$RP2$，并与分割后的钢管上表面来建立耦合约束，将纵向位移施加在参考点上；在构件一端距端板 100mm 处约束 X、Y、Z 方向的位移（$U_1=U_2=U_3=0$，$UR_2=UR_3=0$）来模拟刀铰，同样在另一端距端板 100mm 处约束 Y、Z 方向的位移（$U_1=U_2=0$，$UR_2=UR_3=0$）来模拟球铰，设定的具体模型边界条件如图 4-10 所示。经过试算，本模型的网格划分尺寸为 20mm 时，具有较好的收敛性，整体网格划分后的各部件如图 4-10 所示。

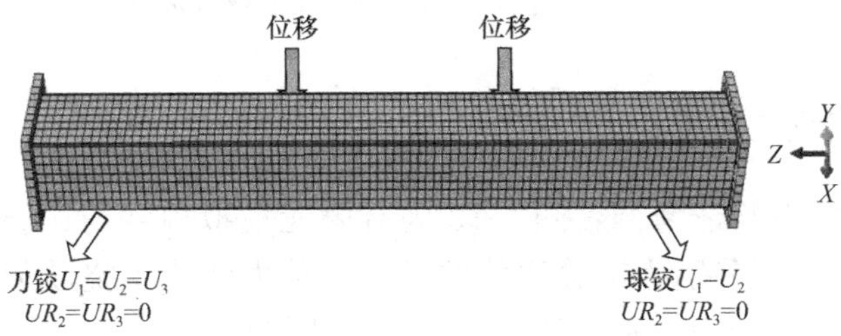

图 4-10 边界条件及网格划分

4.4.2 模型验证

选取 SCPB-1 为代表构件，将有限元模拟构件与试验构件的最终破坏形态进行了对比（图 4-11）。从图中可以看出，有限元模拟构件与试验构件的最终破坏形态外观上基本相似，跨中区域出现了同等程度的挠曲变形，整体未出现局部屈曲现象。同样，有限元模拟的纯弯构件受力变形演变过程与试验基本相似。因而，本书中的有限元模拟方法可以对高强方钢管高强混凝土纯弯构件进行模拟。

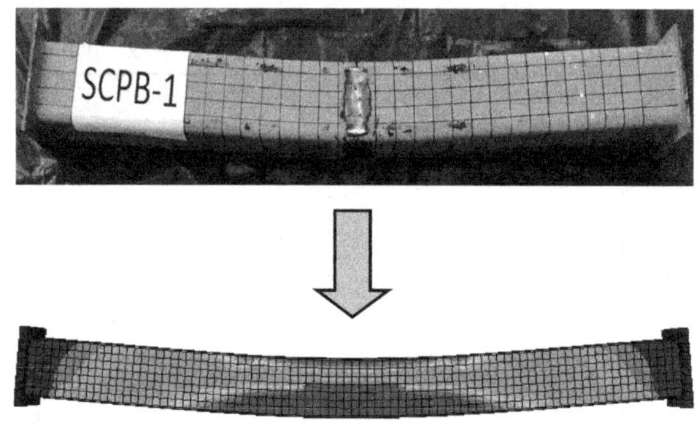

图 4-11　SCPB-1 试件形态对比

由于 ABAQUS 中的混凝土塑性损伤模型在材料的积分点位置处很难直接演变呈现出裂缝，但是后处理中混凝土的最大主塑性应变与裂缝面的法向量相平行，基于这一特点，可以间接地呈现出混凝土裂缝的分布及发展。图 4-12 给出了 SCPB-1 试件核心混凝土试验与有限元模拟的破坏形态对比图，从图中可以看出有限元模拟所得的核心混凝土裂缝分布与试验结果相一致。

(a) SCPB-1核心混凝土破坏形态

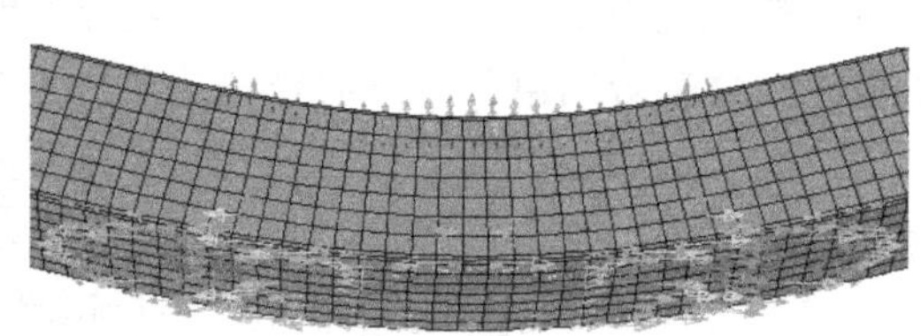

(b) 混凝土最大塑性应变

图 4-12　试件 SCPB-1 核心混凝土裂缝分布对比

4.4.3　承载力与挠度的对比

以第 2 批构件模型验证为例，图 4-13 为有限元模拟构件与试验构件的荷载-挠度对比曲线，图中 P_t，Δ_t 分别为试验构件的极限承载力和跨中挠度值，而 P_s，Δ_s 为有限元模拟构件的极限承载力和跨中挠度值，从图中可以看出，有限元模拟结果与试验的承载力和抗弯刚度吻合较好。从表 4-5 对比数据中可以看出，承载力最大相差 29.66kN，最小相差 1.13kN，承载力最大相差 4.88%，均小于 5%；试验的挠度值均小于有限元模拟值，最大相差 3.52mm，最小相差 0.13mm。通过对比，有限元模型与试验构件在变形和受力方面表现基本一致，验证了该有限元模拟方法的可行性和准确性。由此说明，本书所建立的有限元模型可以用来指导高强钢管高强混凝土纯弯构件受力性能研究。

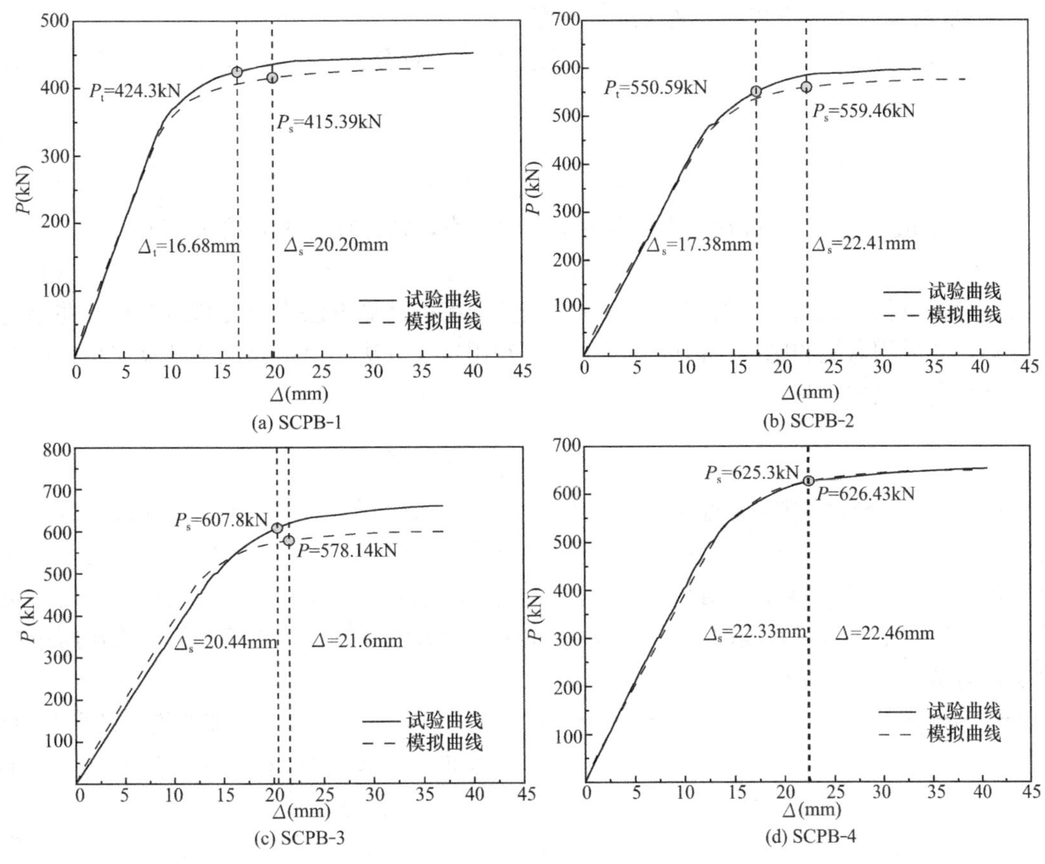

图 4-13 模拟与试验的荷载-挠度曲线

试验值与有限元模拟值对比 **表 4-5**

试件编号	有限元模拟值		试验值		P_t/P_s	Δ_t/Δ_s
	P_s（kN）	Δ_s（mm）	P_t（kN）	Δ_t（mm）		
SCPB-1	415.39	20.20	424.3	16.68	0.98	1.21
SCPB-2	559.46	22.41	550.59	17.38	1.02	1.29
SCPB-3	578.14	21.6	607.8	20.44	0.95	1.06
SCPB-4	626.43	22.46	625.3	22.33	1.00	1.01

4.5 纯弯构件工作机理分析

4.5.1 弯矩-曲率曲线分析

为便于钢管混凝土纯弯构件的受力分析与计算，采用如下基本假设：

1）钢管混凝土在纯弯荷载作用下，矩形截面划分为受压区和受拉区。

2）构件在变形过程中始终为平截面。

3）混凝土表面与钢管内壁之间无相对滑移。

4）不考虑剪力对构件变形所产生的影响。

5）挠曲线分布按正弦半波曲线进行计算。

依据以上五个假设，构件的曲率可以在挠度的计算公式（4-3）基础上进行运算，计算公式见式（4-4）。

$$y = u_{\mathrm{m}} \sin(\pi x / l) \tag{4-3}$$

$$\phi = (\pi^2 / l^2) u_{\mathrm{m}} \sin(\pi x / l) \tag{4-4}$$

将 x 取值为 $l/2$，可得到跨中位置处的曲率大小，则计算公式见式（4-5）：

$$\phi = (\pi^2 / l^2)\ u_{\mathrm{m}} \tag{4-5}$$

此外，以往文献给出了材料力学中对简支梁曲率的计算方法来对受弯组合构件曲率进行计算，即采用弯矩和刚度比值的方法计算，利用这种方法同时可以准确计算出构件的曲率，计算公式见式（4-6）：

$$\kappa = \frac{1}{\rho} = \frac{M}{EI} = \frac{\delta_{\max}}{E} \times \frac{2}{h} = \frac{2\varepsilon}{h} \tag{4-6}$$

图 4-14 为分别采用以上两种方法对典型纯弯构件计算得出的弯矩-曲率曲线。方法一对应跨中挠度计算法，方法二对应弯矩与刚度比值法。从图 4-14 中可以看出，两种方法计算出的弯矩-曲率曲线基本相吻合，方法二算得的曲线弹性阶段刚度稍微偏大。由于挠度在试验过程中更为容易读取，且本课题的结果用此方法计算更为准确，因而采用跨中挠度法来对试件的弯矩-曲率进行计算。

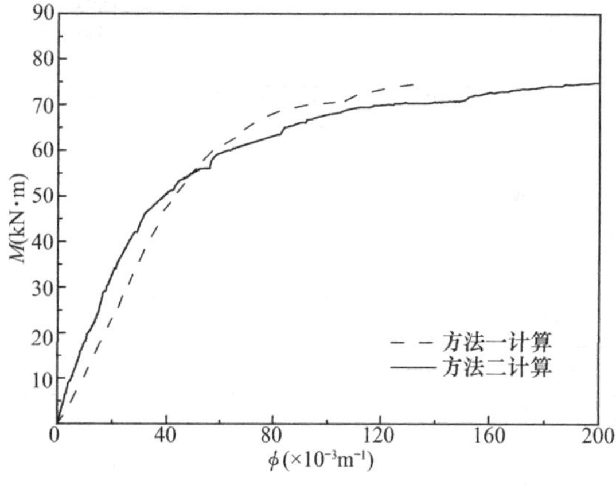

图 4-14　不同方法下计算的弯矩-曲率曲线

图 4-15 为第 1 批纯弯构件的弯矩-曲率曲线，图中定义了 A、B、C、D 和 E 这 5 个特征点。

图 4-16 为第 2 批 4 个试验试件的跨中弯矩-曲率（M-ϕ）曲线，其中分别定义了 A、B、C、D、E 五个特征点，A 点（$0.2M_{\mathrm{ue}}$）为混凝土受拉破坏，曲线斜率发生略微变化，刚度值开始减小，B 点（$0.7M_{\mathrm{ue}} \sim 0.8M_{\mathrm{ue}}$）为钢管受拉屈服，C 点（$0.8M_{\mathrm{ue}} \sim 0.9M_{\mathrm{ue}}$）为钢管受压屈服，D 点为极限弯矩，E 点为卸载。由图 4-16 可以看出，高强方钢管高强混凝土（$f_{\mathrm{y}} = 550 \sim 890\mathrm{MPa}$、$f_{\mathrm{cu}} = 100\mathrm{MPa}$）纯弯构件的弯矩-曲率曲线可以大致划分为弹性阶段、弹塑性阶段、强化阶段三个阶段。

构件在每个阶段的特性如下：

（1）弹性阶段（OB）

加载初始，构件整体变化不明显。混凝土与钢管两者间作用力较小且单独受力，同时混凝土约束钢管的横向变形。在 OA 段，中性轴位置上升较快，构件的挠曲变形较小。当弯矩达到 $M_{\mathrm{A}} = 0.2M_{\mathrm{ue}}$ 时，构件达到弹性比例极限，中性轴位置基本与构件截面形心轴位置相重合，此时受压区混凝土处于两向受压状态，混凝土受拉应力达到极限而产生开裂。所以，混凝土受拉区提供的作用力对整体试件受力性能影响可以忽略不计，仅考虑受拉区钢管的拉应力作用。在整个弹性阶段，弯矩都随曲率近似呈线性增长，且增长速率明显大于曲率的增长速率。

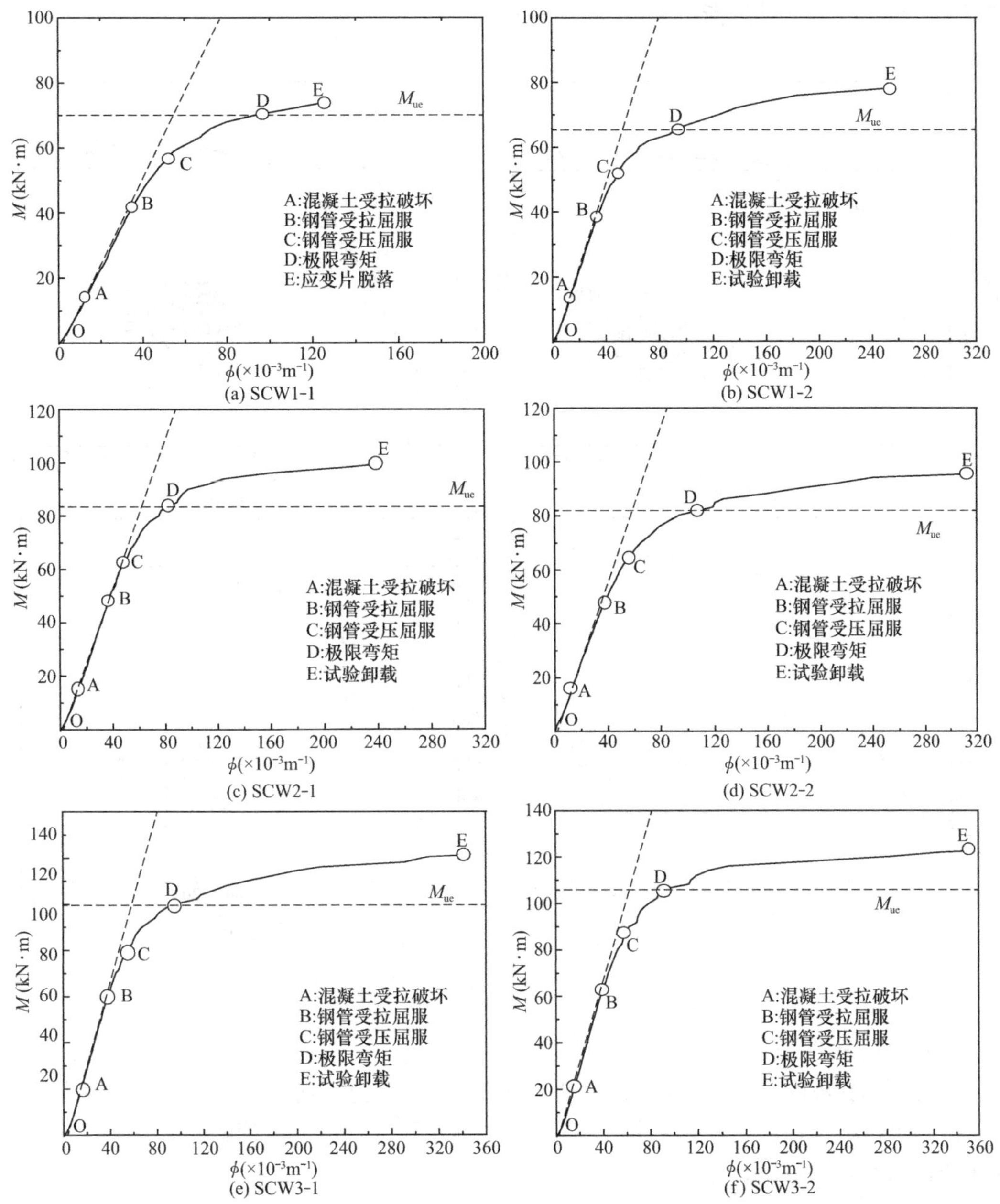

图 4-15　第 1 批纯弯构件弯矩-曲率曲线

（2）弹塑性阶段（BD）

随着荷载的持续增加，构件产生塑性变形而进入弹塑性阶段。当弯矩增长到 $M_B=0.7M_{ue}\sim0.8M_{ue}$时，钢管壁下侧部位应力达到比例极限，构件的弯矩-曲率曲线开始出现拐点，呈非线性增长，受拉区钢管先达到屈服强度而进入塑性状态。伴随着荷载的持续增加，混凝土和钢管间的横向压应力不断增大，混凝土的横向变形开始逐渐超过钢管，两者间组合效应所产生的紧箍力也随之增大。当弯矩达到 $M_C=0.8M_{ue}\sim0.9M_{ue}$时，受压区钢管应力也达到屈服强度。在这一阶段，截面中和轴逐渐向受压区移动，上升速度较弹性阶段缓慢，混凝土受拉区逐渐扩大。

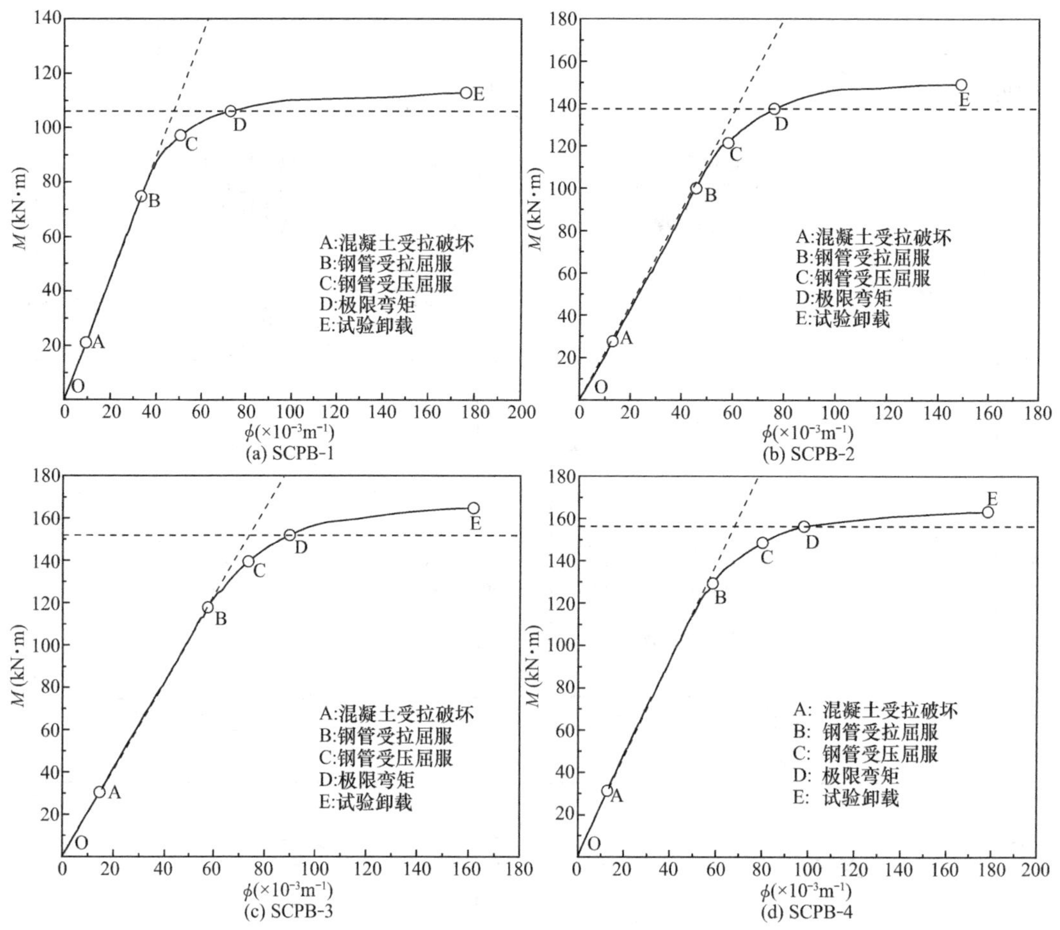

图 4-16　第 2 批纯弯构件弯矩-曲率曲线

（3）强化阶段（DE）

当弯矩达到极限弯矩 M_{ue}时，构件进入强化阶段。在这一阶段，构件发生了较大的变形，曲率迅速增长，而弯矩继续缓慢增加且增长幅度不大，由于钢管和混凝土间较好的协同工作，构件表现出良好的延性。

4.5.2　应力、应变分布云图分析

选取代表性试件 SCPB-1 的后处理计算结果来对各特征点（定义同图 4-16）下的钢管 Mises 应力云图、混凝土的应力，应变云图及两者的跨中截面处应力云图进行分析。

图 4-17 为各特征点下钢管的 Mises 应力云图。钢材的受力状态满足 VonMises 屈服准则，当加载到 A 点时，最大应力主要分布在纯弯段钢材的受拉区和受压区，弯剪段应力较小，受拉区钢管单独承受拉应力；当加载到 B 点时，受拉区钢管达到钢材屈服极限强度，构件发生轻微的挠度变形；当达到极限承载力 D 点时，受拉区钢管和受压区钢管达到钢材屈服极限强度，受拉区应力向受压区延伸，构件挠曲变形较大。

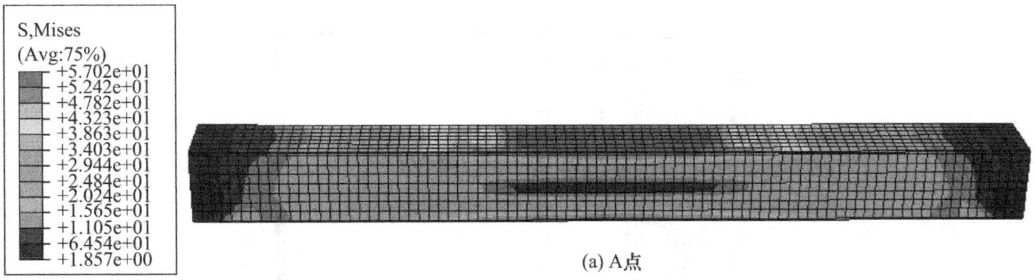

(a) A点

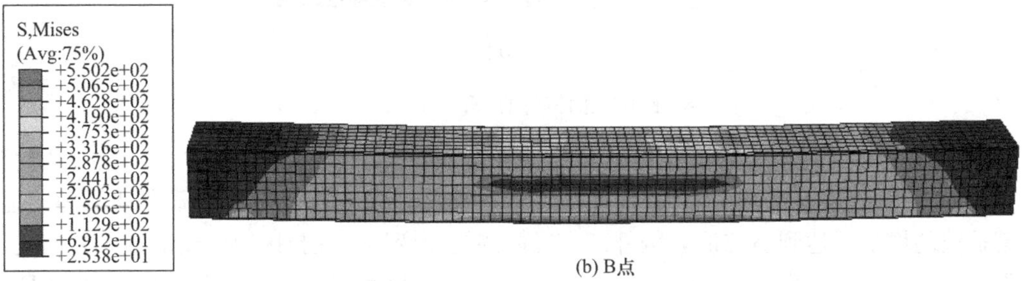

(b) B点

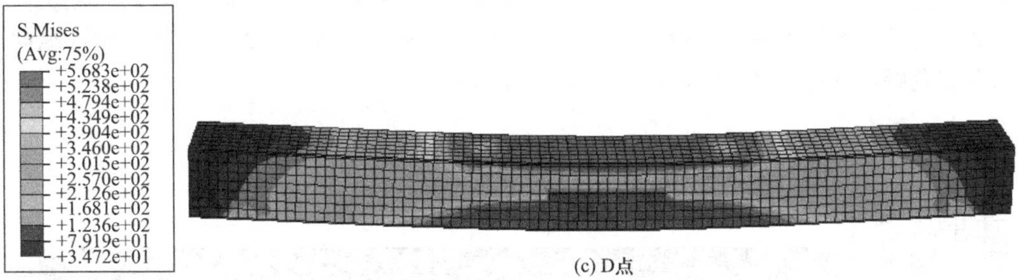

(c) D点

图 4-17 钢管 Mises 应力分布

图 4-18 为跨中截面处各特征点下的钢管 Mises 应力云图。当构件受力位于弹性阶段时，应力均匀分布，全截面处于弹性阶段，a_1、b_1、c_1、d_1、e_1 处的 Mises 应力分别为 54.84MPa，54.99MPa，54.91MPa，56.88MPa，1.34MPa，受压面钢管应力与受拉面钢管应力近似相等。当构件进入弹塑性阶段（B）时，a_2、b_2、c_2、d_2、e_2 处的应力增长到 412.534MPa，421.10MPa，550.01MPa，550.25MPa，68.82MPa，受拉区钢管屈服。当构件进入强化阶段时，a_3、b_3、c_3、d_3、e_3 处的应力达到 555.33MPa，555.43MPa，565.22MPa，566.38MPa，528.71MPa，说明构件已经屈服。

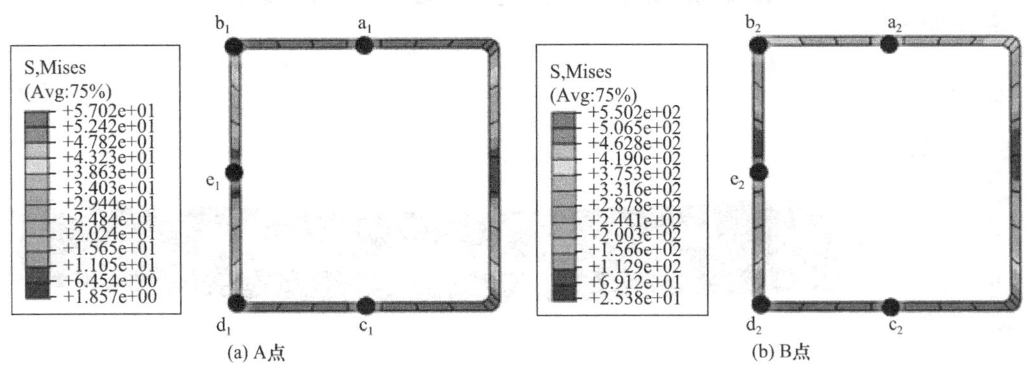

(a) A点　(b) B点

图 4-18 跨中截面钢管的 Mises 应力云图（一）

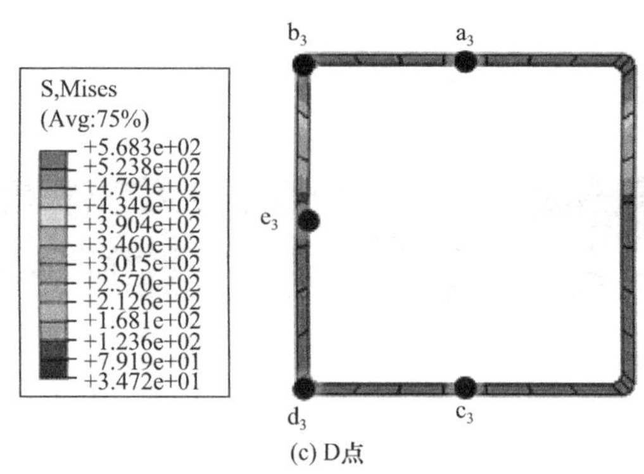

S,Mises
(Avg:75%)
+5.683e+02
+5.238e+02
+4.794e+02
+4.349e+02
+3.904e+02
+3.460e+02
+3.015e+02
+2.570e+02
+2.126e+02
+1.681e+02
+1.236e+02
+7.919e+01
+3.472e+01
b_3
a_3
e_3
d_3
c_3
(c) D点

图 4-18　跨中截面钢管的 Mises 应力云图（二）

图 4-19 为各特征点下混凝土纵向塑性应变分布云图。从图中可以看出，在荷载达到 A 点时，构件承受的拉应变主要在混凝土受拉区底部，以底部对应的加载点处最为明显；随着荷载的增加，达到 B 点时，构件产生轻微的挠曲变形，受拉区应变逐渐增大并向受压区发展，受压区压应变也开始逐渐增大，两端的应变仍然较小；当达到极限承载力 D 点时，此时构件发生较为明显的弯曲变形，纵向拉应变和纵向压应变继续增大，构件纵向应变向两端发展，且跨中区域纵向应变明显。

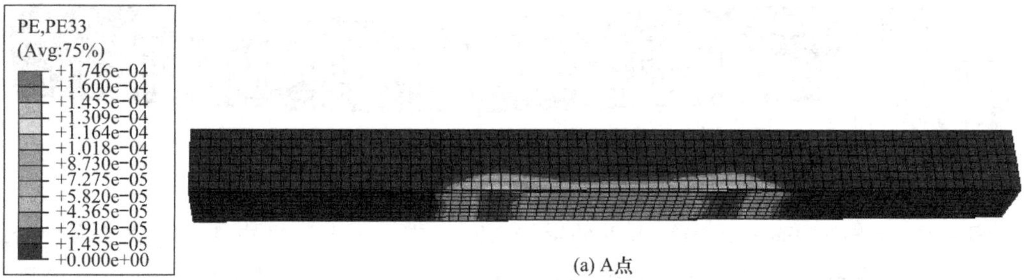

PE,PE33
(Avg:75%)
+1.746e-04
+1.600e-04
+1.455e-04
+1.309e-04
+1.164e-04
+1.018e-04
+8.730e-05
+7.275e-05
+5.820e-05
+4.365e-05
+2.910e-05
+1.455e-05
+0.000e+00
(a) A点

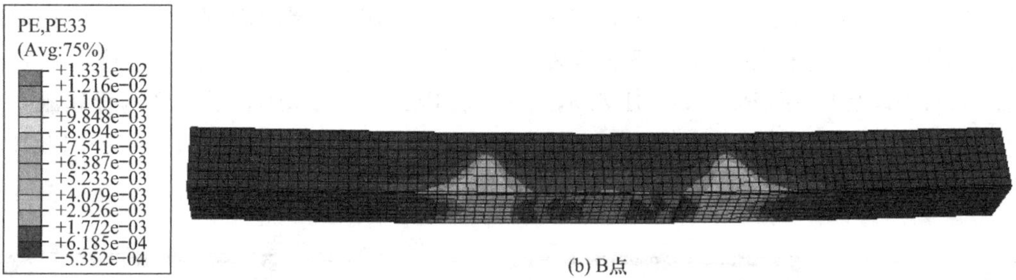

PE,PE33
(Avg:75%)
+1.331e-02
+1.216e-02
+1.100e-02
+9.848e-03
+8.694e-03
+7.541e-03
+6.387e-03
+5.233e-03
+4.079e-03
+2.926e-03
+1.772e-03
+6.185e-04
-5.352e-04
(b) B点

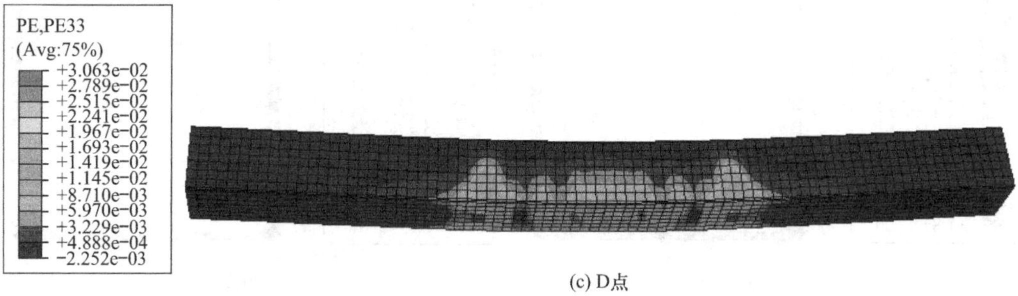

PE,PE33
(Avg:75%)
+3.063e-02
+2.789e-02
+2.515e-02
+2.241e-02
+1.967e-02
+1.693e-02
+1.419e-02
+1.145e-02
+8.710e-03
+5.970e-03
+3.229e-03
+4.888e-04
-2.252e-03
(c) D点

图 4-19　混凝土纵向塑性应变分布云图

图 4-20 为各特征点下的混凝土纵向应力分布云图。在 A 点时，纯弯段混凝土受力较为明显，受拉区混凝土应力达到极限拉应力而开裂。在 B 点时，受拉区混凝土纵向应力向受压区及两端发展，受压区上表面混凝土加载点处显现出应力集中现象。在 D 点时，混凝土受拉区和受压区应力进一步增大，纯弯段受压区上表面应力分布基本均匀。

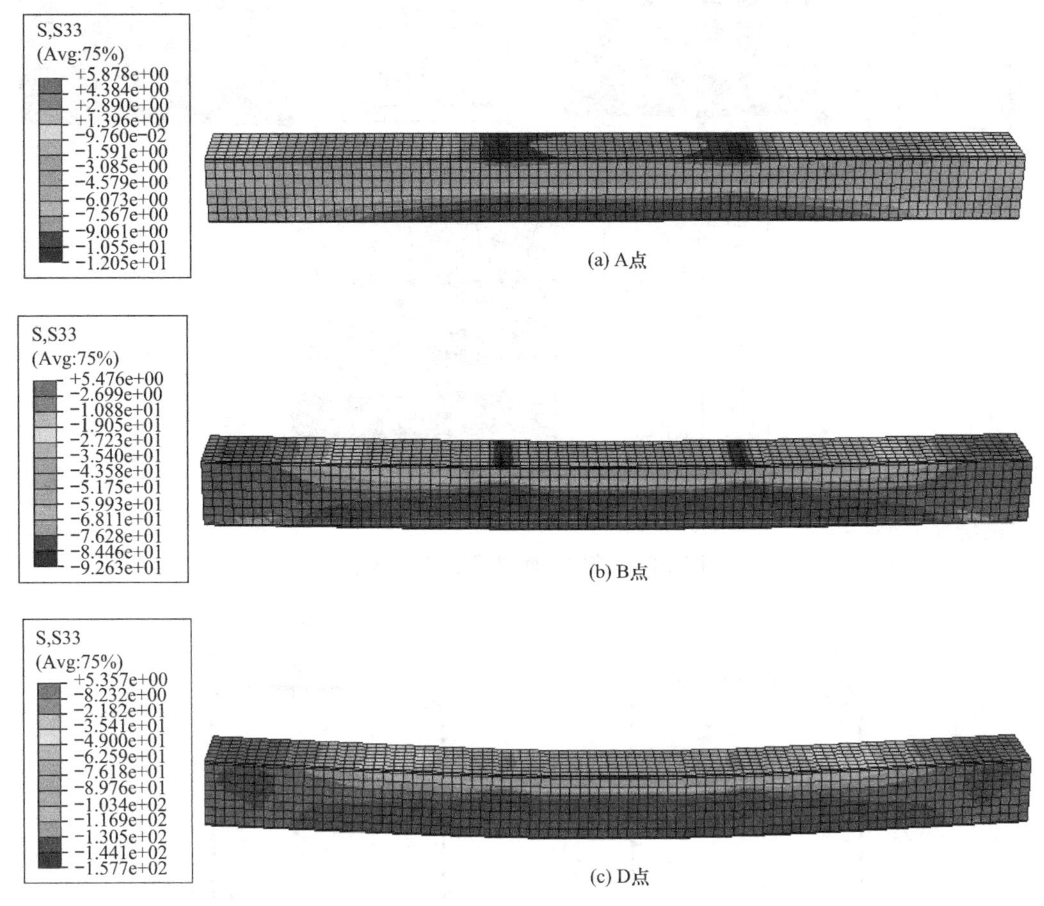

(a) A点

(b) B点

(c) D点

图 4-20 混凝土纵向应力分布云图

图 4-21 为跨中截面各特征点下的混凝土应力云图。当弯矩达到 A 点（$0.2M_{ue}$）时，应力分布较为均匀，中性轴上升至 $0.511h$～$0.512h$ 位置处，几乎与形心轴位置相重合，a_1、b_1、c_1、d_1、e_1 的纵向应力分别为－8.19MPa，－8.79MPa，5.71MPa，5.67MPa，0.32MPa，受拉区混凝土达到极限抗拉强度而退出工作。当弯矩达到 B 点时，构件进入弹塑性阶段，中性轴位置上移到 $0.6h$～$0.67h$，a_2、b_2、c_2、d_2、e_2 的纵向应力分别为－52.48MPa，－59.3MPa，4.08MPa，5.08MPa，5.46MPa，受拉区混凝土开裂，纵向应力下降。当弯矩达到 D 点（M_{ue}）时，构件进入强化阶段，a_3、b_3、c_3、d_3、e_3 处的纵向应力分别为－100.39MPa、－159.689MPa、1.15MPa、1.04MPa、0.87MPa，受压区混凝土被压碎，中性轴的位置上升到 $0.8h$～$0.87h$。

4.5.3 接触压力分析

图 4-22 为构件 SCPB-1 的有限元模型跨中截面，各特征点下钢管与混凝土的接触压力

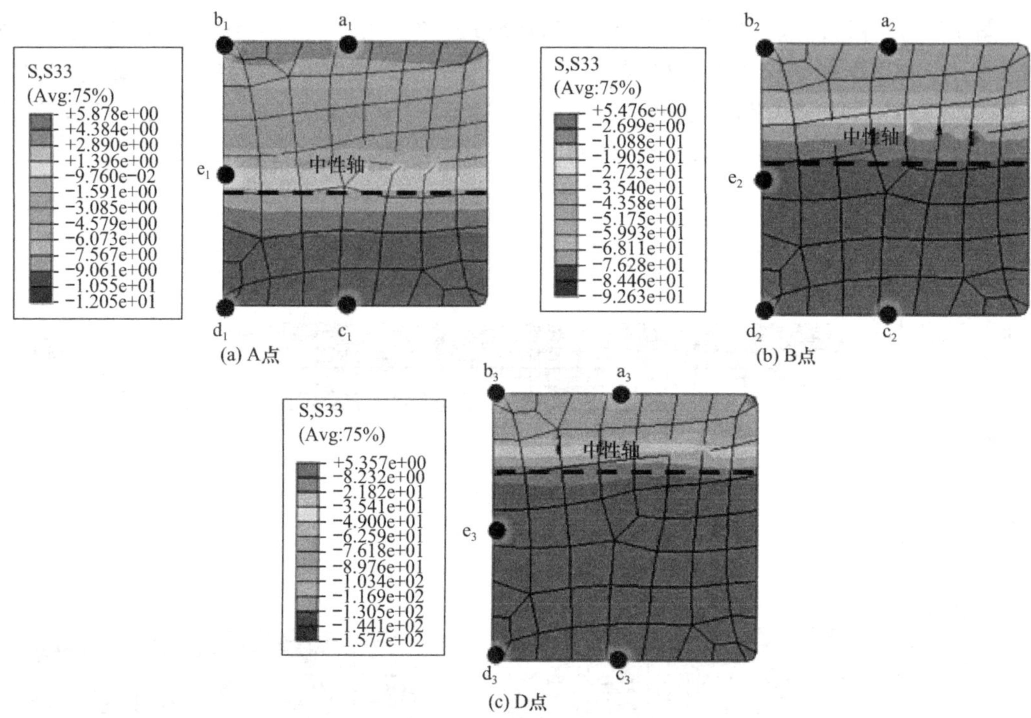

图 4-21　跨中截面混凝土应力云图

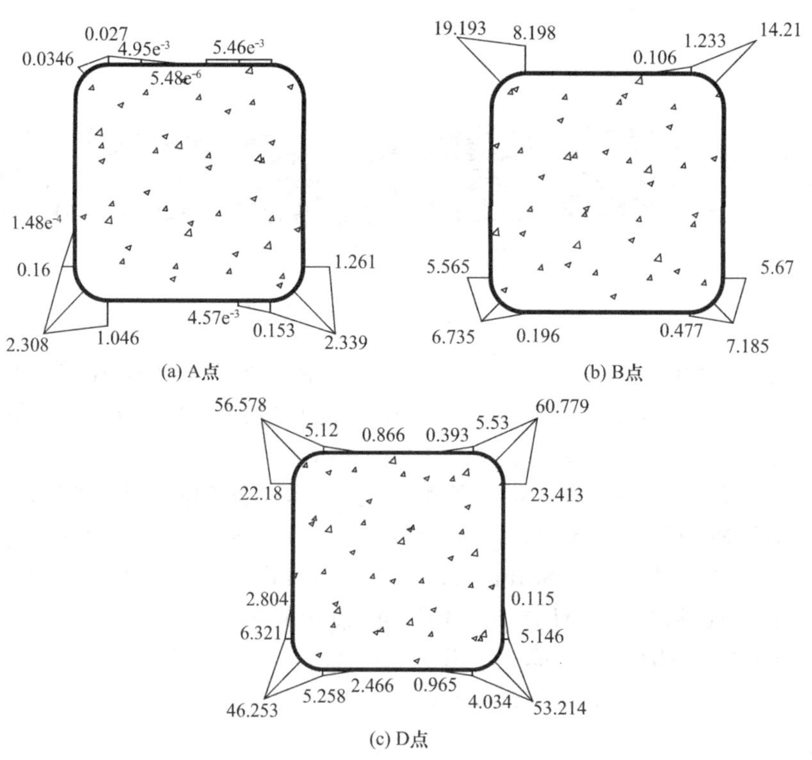

图 4-22　各特征点下钢管与混凝土间接触压力分布

分布图 。从图中可以看出，方钢管混凝土在受力过程中，角部钢管与混凝土间的相互作用显著，而平板区域两者间相互作用较小。加载初始，受压区角部接触压力较小，说明钢管和混凝土单独受力，两者间的相互作用力不明显，受拉区角部的接触压力大于受压区角部，受拉区角部的接触压力达到 2.339MPa。随着荷载的不断增大，由弹塑性阶段开始向强化阶段过渡（M_{ue}）时，此时受压区角部的最大接触压力与受拉区角部的最大接触压力几乎相等。

4.6 参数分析

为了进一步研究高强方钢管高强混凝土纯弯构件的受力性能，通过有限元软件 ABAQUS 共建立了 13 个有限元模型，分析考察了混凝土强度、含钢率、钢材屈服强度等参数对纯弯构件受力性能的影响，具体参数见表 4-6。

有限元分析参数与计算结果　　表 4-6

编号	B (mm)	t (mm)	L (mm)	L_0 (mm)	f_y (MPa)	f_{cu} (MPa)	α	P_u (kN)
SCB-1	150	4	1700	1500	550	100	0.116	344.65
SCB-2	150	4.5	1700	1500	550	100	0.132	377.23
SCB-3	150	5	1700	1500	550	100	0.148	415.39
SCB-4	150	5.5	1700	1500	550	100	0.165	449.94
SCB-5	150	6	1700	1500	550	100	0.181	483.02
SCB-6	150	5	1700	1500	550	80	0.148	404.14
SCB-7	150	5	1700	1500	550	90	0.148	408.67
SCB-8	150	5	1700	1500	550	110	0.148	415.96
SCB-9	150	5	1700	1500	550	120	0.148	418.03
SCB-10	150	6	1700	1500	690	100	0.181	660.32
SCB-11	150	6	1700	1500	770	100	0.181	672.01
SCB-12	150	6	1700	1500	890	100	0.181	727.1
SCB-13	150	6	1700	1500	960	100	0.181	776.02

注：B、t、L 分别为构件的截面边长、钢管壁厚与长度；L_0 为构件的有效长度；f_y 与 f_{cu} 分别为钢材屈服强度和混凝土立方体抗压强度；α 为构件的含钢率；P_u 为构件的极限承载力。

4.6.1 混凝土强度的影响

图 4-23 为混凝土强度对纯弯构件力学性能的影响。从图中可以看出，在构件的弹性阶段，各构件的荷载-跨中挠度关系曲线均呈线性增长，所有的曲线几乎重合为一条直线，达到弹塑性阶段以后，混凝土的强度逐渐发挥作用，对构件的极限承载力开始产生影响。混凝土的强度每提高 10MPa，相对于构件 SCB-6，构件 SCB-3、SCB-7～SCB-9 的承载力分别增长了 1.12%，2.78%，2.92%，3.44%，增长率均小于 5%；初始阶段抗弯刚度增长了 1.89%、3.61%、5.46%、7.15%，使用阶段抗弯刚度增长了 1.1%、1.98%、3.08%、4.05%。由此可见，在高强方钢管高强混凝土纯弯构件中改变混凝土的强度对构件极限承载力、初始刚度和使用阶段刚度的影响并不显著。

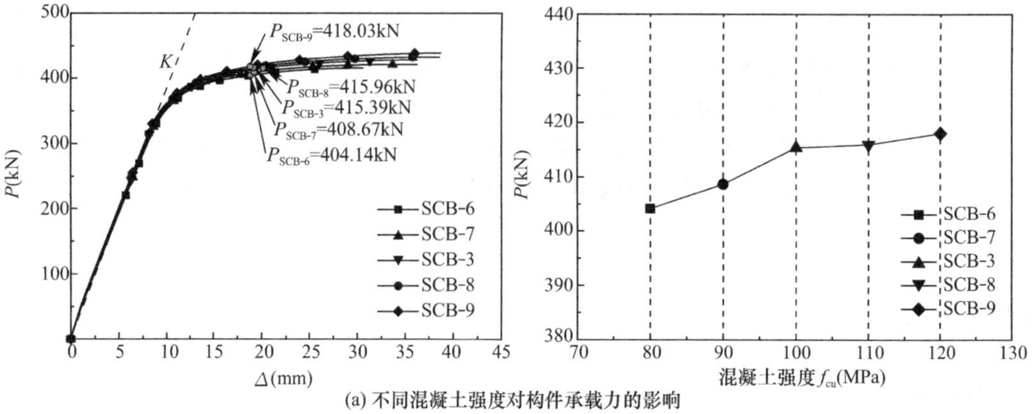

(a) 不同混凝土强度对构件承载力的影响

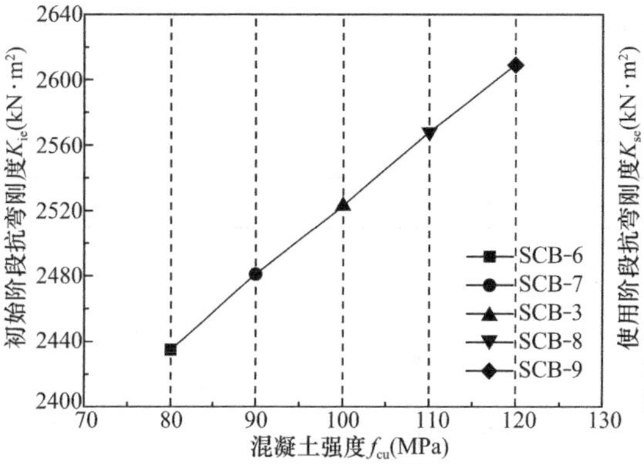

(b) 混凝土强度对初始阶段抗弯刚度的影响

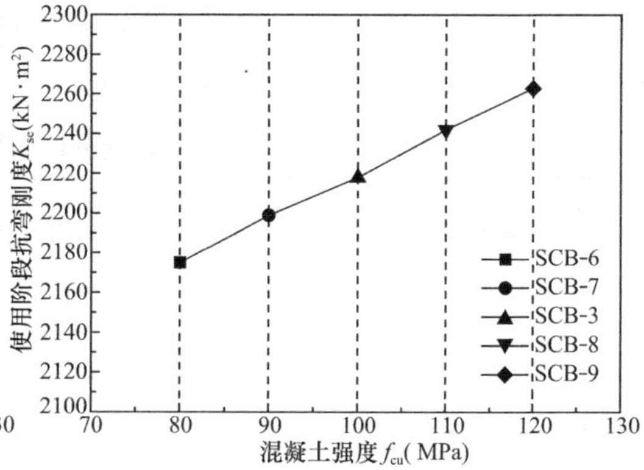

(c) 混凝土强度对使用阶段抗弯刚度的影响

图 4-23　不同混凝土强度对构件力学性能的影响

4.6.2　含钢率的影响

图 4-24 为含钢率对纯弯构件力学性能的影响。从图中可以看出，在弹性阶段，含钢率越高的构件，抗弯刚度则越大。同样，构件的极限承载力随着含钢率的增长而增长。相较于构件 SCB-1，SCB-2～SCB-5 含钢率分别提高 13.79%，27.59%，42.24%，56.03%，极限承载力分别提高 9.45%，20.53%，30.55 %和 40.15%，初始刚

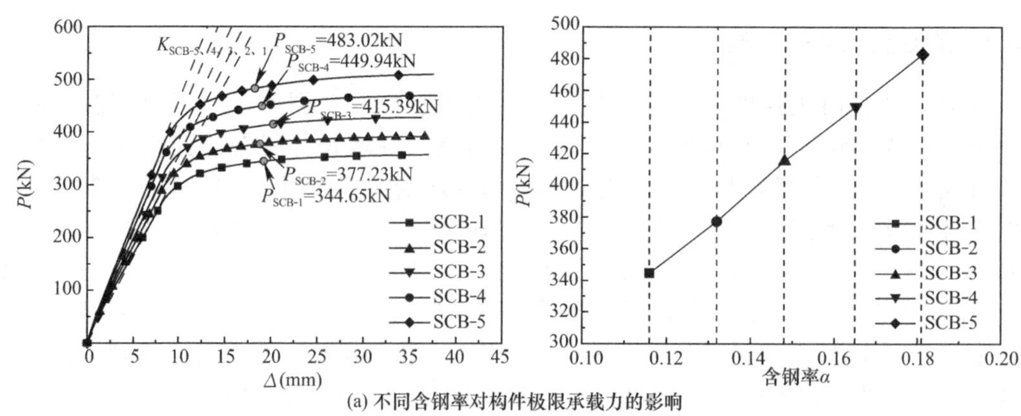

(a) 不同含钢率对构件极限承载力的影响

图 4-24　不同含钢率对构件力学性能的影响（一）

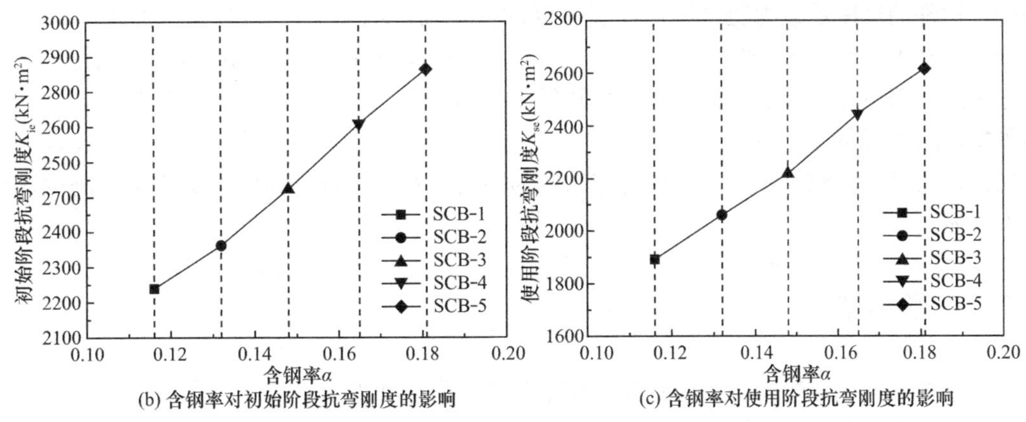

(b) 含钢率对初始阶段抗弯刚度的影响　(c) 含钢率对使用阶段抗弯刚度的影响

图 4-24　不同含钢率对构件力学性能的影响（二）

度分别提高 5.49%，12.68%，20.99%，27.91%，使用阶段抗弯刚度则提高了 8.88%，17.23%，29.23%，38.27%，增长率在 8%左右。由此说明，含钢率的改变对纯弯组合构件的极限承载力及刚度有较大影响。

4.6.3　钢材屈服强度的影响

图 4-25 为钢材屈服强度对纯弯构件力学性能的影响。从图中可以看出，以 SCB-5 为

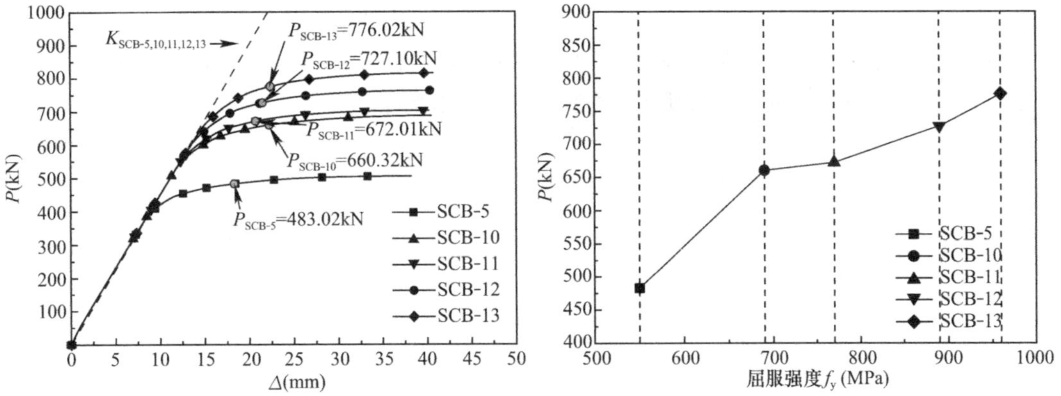

(a) 不同钢材屈服强度对构件极限承载力的影响

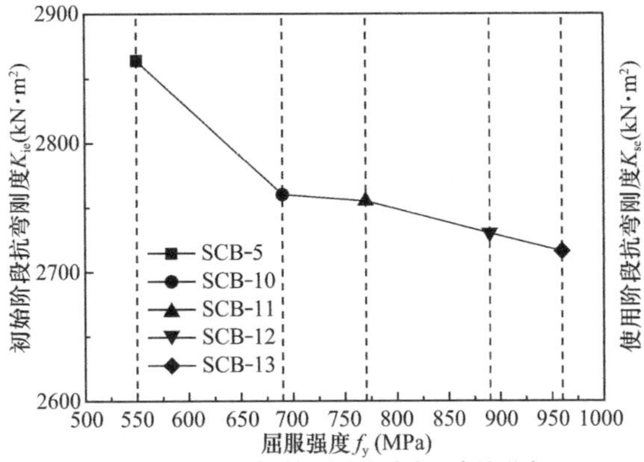

(b) 钢材强度对初始阶段抗弯刚度的影响 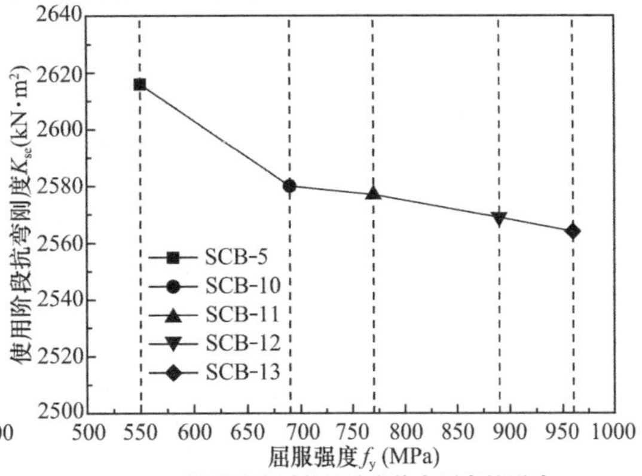　(c) 钢材强度对使用阶段抗弯刚度的影响

图 4-25　不同钢材屈服强度对构件力学性能的影响

基础，构件的极限承载力随着钢材屈服强度的提高而提高，构件 SCB10～SCB-13 的承载力分别提高了 36.71％，39.13％，50.53％，60.66％，承载力提高幅度较大；构件的初始抗弯刚度随钢材屈服强度的提高而分别降低了 3.63％、3.81％、4.68％、5.17％，而使用阶段抗弯刚度降低了 1.38％、1.49％、1.8％、1.99％，降低的幅度均在 5％左右。由而可见，改变钢材屈服对承载力的提高作用较为显著，对初始阶段和使用阶段抗弯刚度变化不太明显。

4.7 本章小结

通过本章进行纯弯构件试验研究与理论分析，得到如下结论：

(1) 试验结果表明，钢管与混凝土在全过程中很好地相互协同工作，且破坏时表现出良好的延性；构件破坏时最大位移出现在跨中，且钢管受压面出现了局部屈曲现象；构件挠曲线呈现正弦半波形。

(2) 混凝土裂缝均匀地分布在构件纯弯段，由混凝土的受拉区向受压区延伸；最大的裂缝位于混凝土受拉区跨中截面附近、受压区产生较大塑性变形及受压区混凝土产生鼓曲的部位。

(3) 构件的受力全过程大致可以分为三个阶段：弹性阶段、弹塑性阶段、强化阶段。在纯弯荷载作用下，角部钢管与混凝土间的相互作用显著，而平板区域两者间相互作用较小。

(4) 改变构件的钢材屈服强度、含钢率对构件的承载力影响较大，而混凝土强度对其影响并不显著，构件的抗弯刚度随着含钢率的增大而增大。

5 高强方钢管高强混凝土柱单向偏压性能研究

5.1 引言

本章主要研究目的如下：

（1）通过试验研究，得到单向偏压柱破坏形态与破坏过程、应变与应力变化规律，明确二阶效应对构件荷载、侧向变形、受力状态等影响；

（2）建立精细化数值模型，进行数值模型收敛性分析，提出高强方钢管高强混凝土柱数值模型计算效率提升建议；

（3）基于合理有效的数值模型，研究不同破坏模式（构件破坏始于受压侧、受拉侧钢管屈服，本书分别简称受压、受拉破坏控制）的单向偏压柱工作机理，深入分析受压破坏控制工况下偏压柱受力过程与截面应力分布规律，明晰高强钢管高强混凝土柱与普通钢管混凝土柱受力性能的异同；

（4）通过参数化分析，研究混凝土抗压强度、钢材屈服强度、含钢率、长细比、偏心率等对单向偏压柱受压性能的影响。

因偏压短柱力学性能与偏压长柱力学性能存在诸多相似之处，且与短柱相比，二阶效应对长柱力学性能的影响更加明显，因此，限于篇幅，本章研究工作主要报道了长柱的力学性能。

5.2 短柱试验

5.2.1 试验概况

本章进行两批次共 18 个高强方钢管高强混凝土单向偏压短柱试验研究，第 1 批次试件中，每组试验进行了两个相同构件的受压试验，第 2 批次试件中，未设置对比试件。试件参数见表 5-1，截面尺寸为 150mm×150mm，试件长度 L 为 450mm，主要变化参数为钢管壁厚（$t=4\sim6$mm），偏心距（$e=20\sim65$mm）、钢材屈服强度（$f_y=434.56\sim895.74$MPa）。为有效传递荷载，试件两端焊接 245mm×200mm 的 Q345B 盖板和 10mm 厚 Q345B 的肋板，其中，第 1 批次与第 2 批次试件的盖板厚度分别为 20mm 和 30mm。关于钢管与混凝土的材性试验相关介绍见前述章节，不再详述，结果见表 5-1。

首先对试件进行约为 15kN 的预加载，在位移计及各应变片读值正常的情况下，进行正式加载，加载制度为分级加载。

单向偏压短柱试件参数 表 5-1

批次	试件编号	B (mm)	t (mm)	L (mm)	e (mm)	e/B	α	f_y (MPa)	f_u (MPa)	f_{cu} (MPa)
1	EC1-1、EC1-2	150	4	450	20	0.133	0.116	434.56	546.2	110.5
	EC2-1、EC2-2		4		35	0.233	0.116	434.56	546.2	
	EC3-1、EC3-2		4		50	0.333	0.116	434.56	546.2	
	EC4-1、EC4-2		4		65	0.433	0.116	434.56	546.2	
	EC5-1、EC5-2		5		50	0.333	0.148	433.10	547.6	
	EC6-1、EC6-2		6		50	0.333	0.182	436.90	550.4	
2	HSE-1	150	5	450	40	0.267	0.148	553.00	638.0	100
	HSE-2				40	0.267		780.75	830.2	
	HSE-3				40	0.267		811.10	866.0	
	HSE-4				40	0.267		895.74	945.2	
	HSE-5				20	0.133		811.10	866.0	
	HSE-6				60	0.400		811.10	866.0	

注：第1批次试件命名方法：例如EC1-2，EC代表偏压，数字1代表第一组，2代表同组的对比试件。其他参数中，B为试件方截面边长，L为试件长度，t为钢管名义厚度，e为荷载加载偏心距，e/B为荷载加载偏心率，α为含钢率，f_{cu}为试验时实测混凝土立方体抗压强度平均值，f_y为钢材屈服强度平均值，f_u为钢材极限抗拉强度平均值。

5.2.2 破坏形态

试件的破坏形态如图5-1所示，所有试件均为平面内弯曲，且表现出较好的塑性。试件在卸载时，在试件$L/3$或$L/3\sim L/2$或$L/2$位置处呈现第1面（S1）、第2面（S2）、第3面（S3）钢管向外鼓曲破坏形态，第4面（S4）钢管无鼓曲现象，其中，钢管第1面、第2面分别为正面与侧面，如图5-1（a）、（b）所示；第3面为第1面的对面，与第2面、第4面相邻；第4面为第2面的对面，与第1面、第3面相邻。第2面钢管在试件加载过程中受到压应力最大，其鼓曲程度最严重且较均匀，呈腰鼓状鼓曲；与其相邻的第1面和第3面钢管在靠近第2面位置处鼓曲程度较大，在靠近第4面位置处鼓曲程度较小。EC1-1试件在荷载-中截面侧向挠度曲线下降段，钢管第3面靠近柱底位置处发生钢管焊缝开裂现象，但此时荷载已降至约为极限荷载的80%，对试件整体受力性能影响不大。当改变试件偏心距、含钢率或钢材屈服强度时，试件钢管壁鼓曲位置呈无规律变化，主要与试件内部混凝土密实情况存在差异有关。

5.2.3 荷载-中截面侧向挠度曲线分析

以第2批次试件试验结果为例对构件的荷载-中截面侧向挠度曲线进行分析。如图5-2所示，钢材屈服强度对构件的荷载-侧向挠度曲线初始刚度影响比偏心率对初始刚度的影响小。随着钢材屈服强度的增大，极限承载力和极限荷载后的延性有所提升。随着偏心率的增大，构件的极限承载力和曲线初始刚度均明显下降，且第2批次试件偏心距由20mm每增加20mm，极限承载力分别减少约为24.22%和15.32%，即随着偏心距的增加，极限荷载的降低幅度减小。此外，荷载-侧向挠度曲线的下降段随着偏心率的增大趋于平缓，表明构件在极限荷载后的延性性能随着偏心率的增大有所提高。

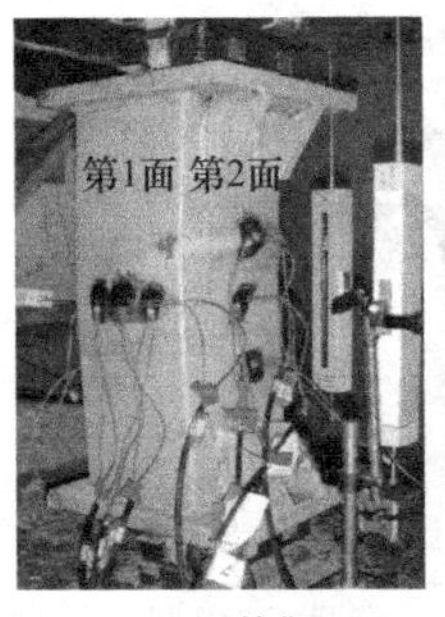

(a) $L/3$鼓曲

(b) $L/2$鼓曲

(c) 第1批次试件整体破坏形态

(d) 第2批次试件整体破坏形态

图 5-1 试件破坏形态

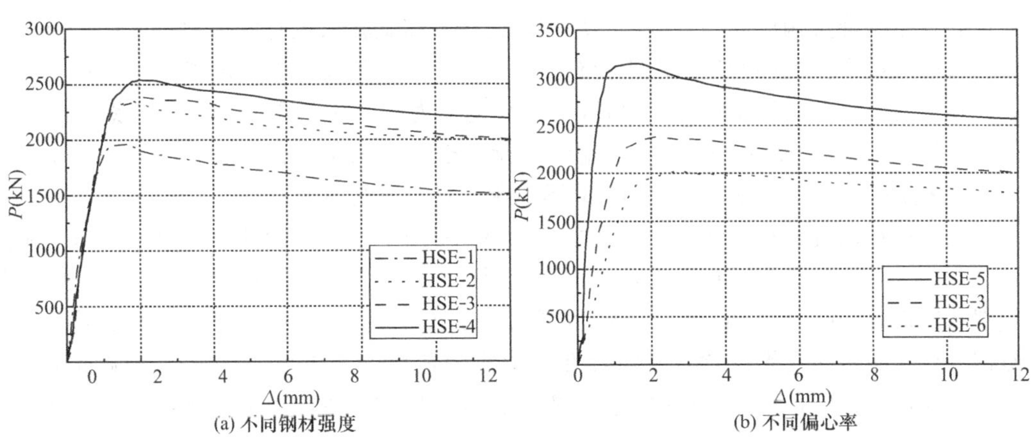

(a) 不同钢材强度 (b) 不同偏心率

图 5-2 短柱荷载-中截面挠度曲线

5.2.4 荷载-纵向应变曲线分析

图 5-3 为高强方钢管高强混凝土单向偏压短柱试件在不同钢材屈服强度下的荷载-纵向应变曲线。由图可知，各试件的荷载-纵向应变曲线在加载初始阶段的增长趋势呈线性，试件 HSE-5 的 S4 面在加载初期应变负向增长，说明此时构件全截面受压，荷载增长至 $88\%P_{\mathrm{u}}$ 时，纵向应变达到负向最大值$-639\mu\varepsilon$，此后应变向正值发展，在荷载即将达到极限承载力时，纵向应变开始正向增长，S4 面钢管开始受拉。除 HSE-5 之外的其余试件在整个受力过程中 S4 面均处于受拉状态。S4 面在达到极限承载力之前应变随着荷载的增长速度明显低于 S2 面。试件应变增长速度随着偏心率的增大而加快。

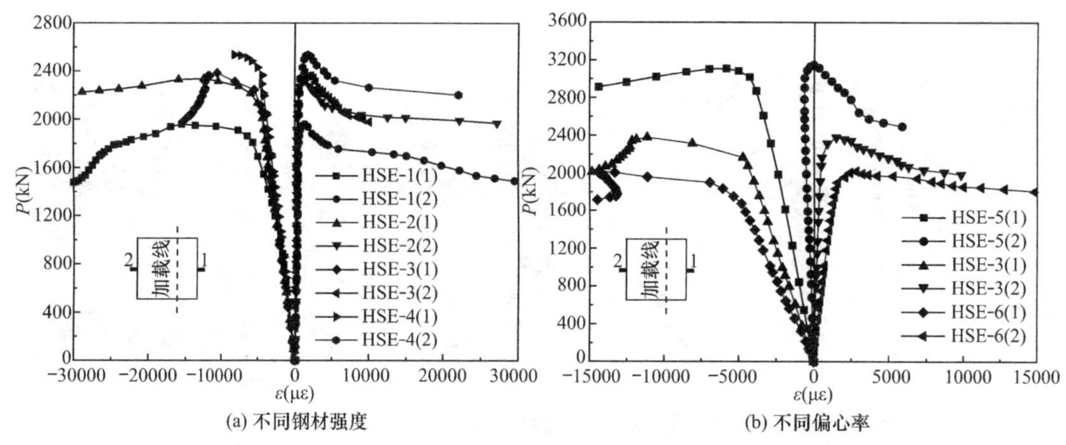

(a) 不同钢材强度　(b) 不同偏心率

图 5-3　短柱荷载-纵向应变曲线对比

5.3　长柱试验

5.3.1　试件设计

由第 3 章试验结果可知，当构件 $\lambda \geqslant 46.19$ 时，在构件达到极限荷载后的荷载下降阶段，荷载发生突降且构件侧向变形突然增加，此现象在试验前也有所预判。尽管在长柱端部施加偏心荷载后，构件的变形性能会有所提升，但考虑到长柱试验加载阶段的安全性等问题，在进行本章单向偏压长柱试验时，λ 变化范围为 23.09～46.19，满足《钢管混凝土结构技术规范》GB 50936—2014 对于钢管混凝土框架柱长细比的限值规定，而 $46.19 < \lambda \leqslant 80.83$ 构件的力学性能将通过 ABAQUS 有限元计算进行研究。

本章节设计两批长柱试件，第 1 批共 24 个具有不同长度（L＝1000～2000mm）和偏心距（e＝20～65mm）的试验试件，详细参数见表 5-2。为保证偏心荷载的有效施加，在钢管端部焊接 245mm×200mm×20mm 的端板。此外，考虑到偏心受压荷载作用下，受压侧钢管在与肋板的交界位置处通常存在应力集中现象，为防止偏压构件在端部发生破坏，与第 3 章的轴压长柱试件相比（图 3-2），设计偏压构件时加大了肋板高度（150mm），如图 5-4 所示。

第 2 批设计 9 根高强方钢管高强混凝土单向偏压长柱试件，包括 3 根 L＝1000mm 试件和 6 根 L＝1500mm 试件。试件截面宽度 B 为 150mm，钢管壁厚 t 为 5mm，试件截面形式与短柱相同。所有试件均选用 C100 商品混凝土进行填充，上下端盖板尺寸为 200mm×300mm×30mm，设置肋板加强端部。试验的设计变化参数包括钢材强度 f_y（553MPa、780.75MPa、811.1MPa、895.74MPa）、偏心距 e（20mm、40mm、60mm）和长细比 λ（23.09、34.64）。试件详细参数信息见表 5-3。

5.3.2　测点布置

单向偏压长柱试验在 5000kN 压力试验机上进行，相关尺寸及试验装置示意图如图 5-4所示。

第 1 批单向偏压长柱试件参数 **表 5-2**

组号	试件	B (mm)	t (mm)	L (mm)	λ	e (mm)	e/B	f_y (MPa)	f_u (MPa)	f_{cu} (MPa)
1	LEC1-1、LEC1-2	150	4	1000	23.09	20	0.13	434.56	546.20	110.50
2	LEC2-1、LEC2-2			1000	23.09	35	0.23			
3	LEC3-1、LEC3-2			1000	23.09	50	0.33			
4	LEC4-1、LEC4-2			1000	23.09	65	0.43			
5	LEC5-1、LEC5-2			1500	34.64	20	0.13			
6	LEC6-1、LEC6-2			1500	34.64	35	0.23			
7	LEC7-1、LEC7-2			1500	34.64	50	0.33			
8	LEC8-1、LEC8-2			1500	34.64	65	0.43			
9	LEC9-1、LEC9-2			2000	46.19	20	0.13			
10	LEC10-1、LEC10-2			2000	46.19	35	0.23			
11	LEC11-1、LEC11-2			2000	46.19	50	0.33			
12	LEC12-1、LEC12-2			2000	46.19	65	0.43			

注：表中各参数定义与轴压短柱、长柱试件参数定义一致（见表 2-1、表 3-1，此外，e 为偏心距，e/B 为偏心率）。

第 2 批单向偏压长柱试件参数 **表 5-3**

试件编号	$B\times t\times L$ (mm)	f_y (MPa)	f_{cu} (MPa)	e (mm)	λ	P_u (kN)
HSEL-1	150×5×1000	811.1	110.5	20	23.09	2981.0
HSEL-2	150×5×1000	811.1	110.5	40	23.09	2322.0
HSEL-3	150×5×1000	811.1	110.5	60	23.09	1900.7
HSEL-4	150×5×1500	811.1	110.5	20	34.64	2862.2
HSEL-5	150×5×1500	811.1	110.5	40	34.64	2240.0
HSEL-6	150×5×1500	811.1	110.5	60	34.64	1760.0
HSEL-7	150×5×1500	553.00	110.5	40	34.64	1791.3
HSEL-8	150×5×1500	780.75	110.5	40	34.64	2064.7
HSEL-9	150×5×1500	895.74	110.5	40	34.64	2241.6

注：B 为截面宽度；t 为钢管壁厚；L 为试件长度；f_y 为钢管屈服强度；f_{cu}为混凝土立方体轴心抗压强度标准值；e 为试件偏心距；λ 为长细比；P_u 为试件极限承载力。

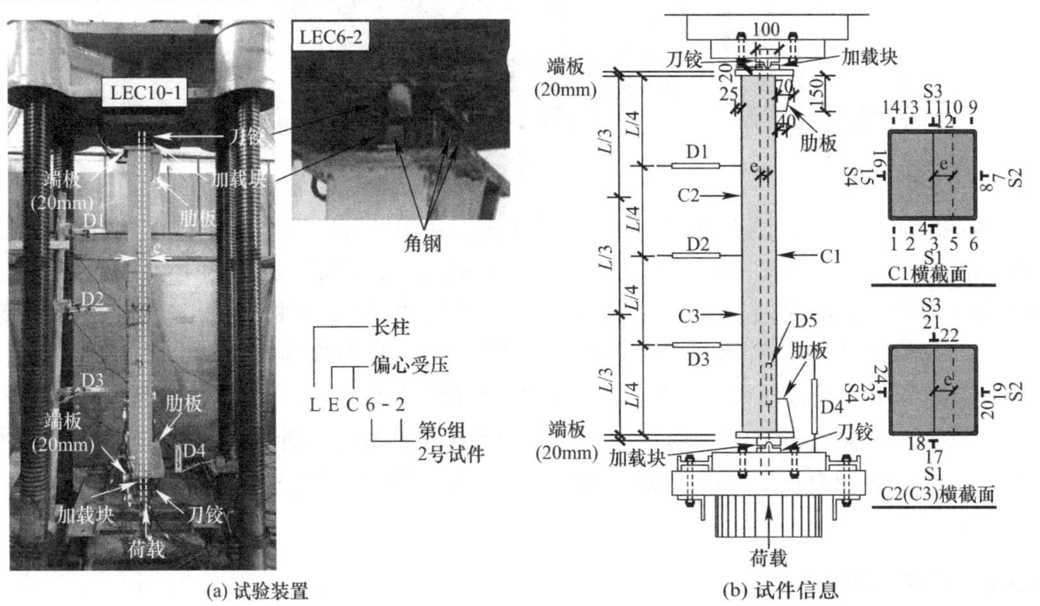

(a) 试验装置　　(b) 试件信息

图 5-4　试验装置与试件信息

5.3.3 试件破坏形态

第 1 批单向偏压长柱破坏形态如图 5-5 所示，可见各试件均发生整体弯曲变形。同时，钢管在 $L/3$～$L/2$ 区域发生向外鼓曲变形，与单向偏压短柱破坏形态相同。如图 5-5 所示，与 S1（S3）面相比，S2 面的钢管鼓曲变形更为显著，S1 面和 S3 面在靠近 S2 面位置处鼓曲程度次之，S1 面和 S3 面在靠近 S4 面位置处鼓曲程度最小。其中，LEC1-1 和 LEC4-1 试件中存在两处钢管鼓曲现象，可能与混凝土的离散性与密实性有关。

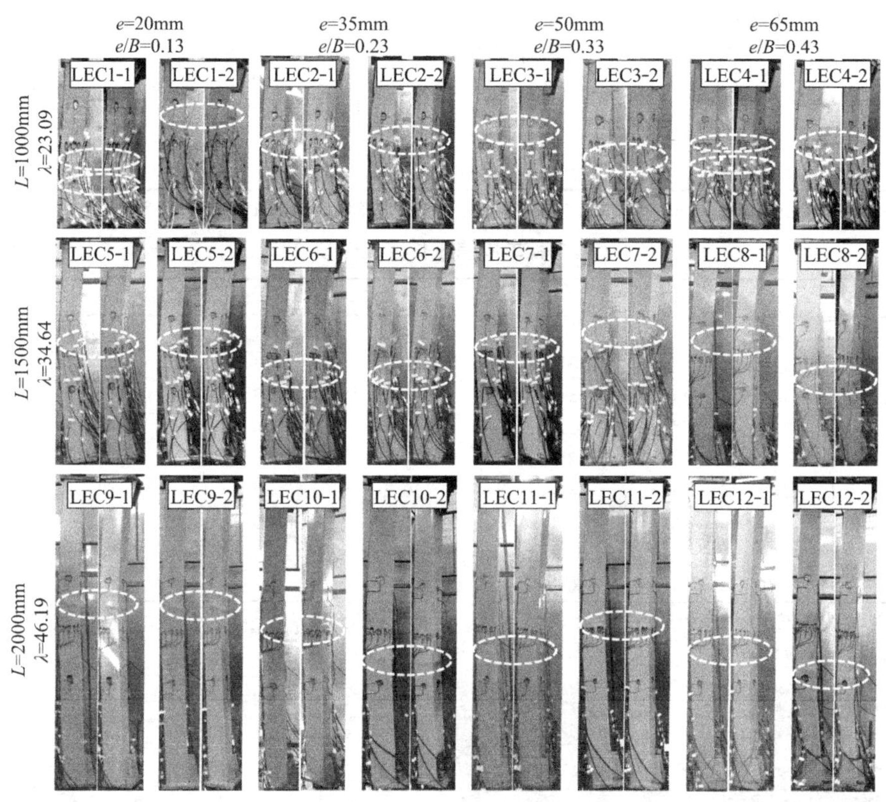

图 5-5 第 1 批试件破坏形态

图 5-6 为第 2 批单向偏压长柱试件的破坏形态。从图中可以看出，试件钢管鼓曲约在试件全高度 1/3～2/3 之间。3 根 1000mm 长试件（HSEL-1、HSEL-2、HSEL-3）钢管鼓曲位置基本出现在中截面附近，由于长细比较小，钢管鼓曲明显。6 根 1500mm 长试件中，除 HSEL-6 试件钢管鼓曲位置出现在中截面偏下以外，均不同程度地出现在中截面偏上附近。受压侧（S2 面）钢管鼓曲最为明显且逐渐向两侧（S1 面与 S3 面）延伸，鼓曲在受压区贯通，受拉侧（S4 面）钢管未出现鼓曲。试件均出现了不同程度的塑性侧向弯曲变形，挠曲最大位置基本集中在试件 1/2 高度附近，卸载结束后仍有部分残余变形，试验过程中试件表现出良好的延性。

5.3.4 破坏过程

以 LEC5-1 试件为例，阐述单向偏压长柱试件的破坏过程，其余试件破坏过程类似。

当 LEC5-1 试件所受荷载达到 72.8%P_u 时，受压侧（凹侧）区域钢管发生屈服；当荷载接近极限荷载时［P=1983.4kN（98.6%P_u）］，钢管内混凝土发生不连续压碎；当荷载达到极限荷载时（P_u=2012.3kN），混凝土发生连续压碎，进而中截面侧向挠度（Δ_m）快速增加。此后，试件不适宜继续承担荷载作用，荷载开始下降。

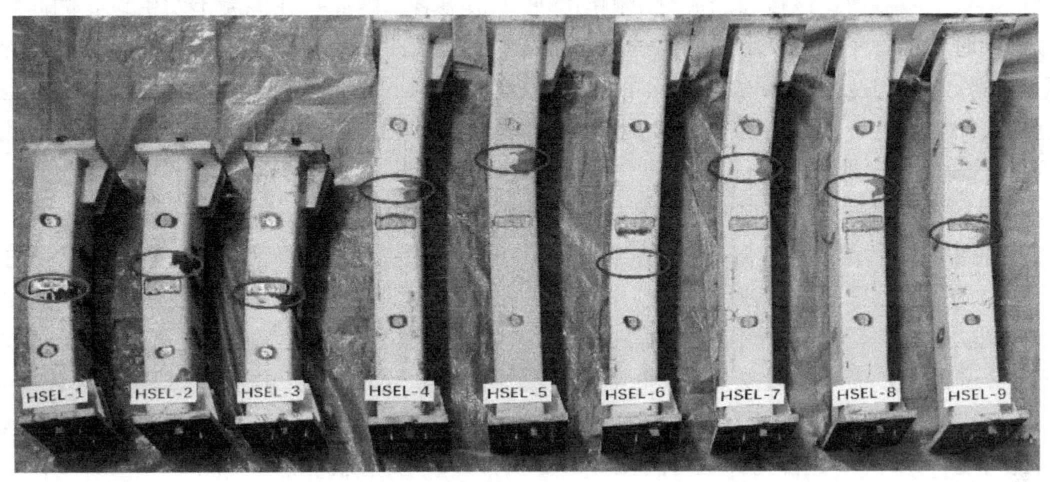

图 5-6　第 2 批试件破坏形态

单向偏压长柱的钢管鼓曲现象主要出现在试件达到极限荷载后的受力阶段。图 5-7 所示为 LEC5-1 试件的破坏过程，同时，关键数据点也标注在图 5-10（b）曲线下降段上。如图 5-7（a）所示，当荷载下降至 1814.7kN（−90.2%P_u，“−”表示荷载下降阶段）时，S2 面钢管向外鼓曲程度较小；如图 5-7（b）所示，当荷载下降至 1414.9kN（−70.3%P_u）时，S2 面钢管向外鼓曲程度增加，而与之相邻的 S1 面鼓曲程度则不明显；如图 5-7（c）所示，当荷载下降至 907.4kN（−45.1%P_u）时，在中截面位置处，S1 面和 S2 面钢管向外鼓曲程度较大。

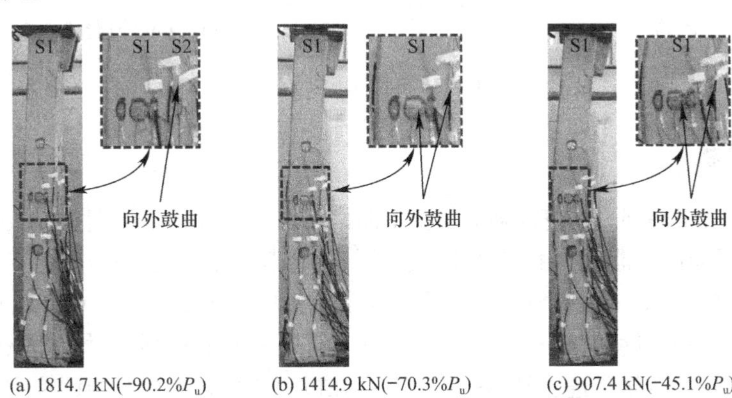

(a) 1814.7 kN(−90.2%P_u)　(b) 1414.9 kN(−70.3%P_u)　(c) 907.4 kN(−45.1%P_u)

图 5-7　LEC5-1 试件破坏过程

5.3.5　混凝土破坏形态

（1）单向偏压长柱混凝土破坏形态

为进一步探究钢管向外鼓曲位置处的试件混凝土截面破坏情况，采用火焰切割剖下试件的外钢管，如图 5-5 与图 5-8 所示，可以看出混凝土被压碎的位置与钢管发生鼓曲位置相同，引起该现象的主要原因为：受压侧钢管屈服发生在混凝土被压碎前，当受压侧钢管屈服后，混凝土承担更多比例的荷载；随着荷载的增加，混凝土发生显著的侧向膨胀；最终，受压侧混凝土达到极限压应变而被压碎，而受压侧混凝土被压碎的试件横截面为整个试件的最危险截面，该截面的混凝土侧向膨胀也最显著。因此，在混凝土发生显著侧向膨胀的同时，钢管受到混凝土的侧向挤压力而发生向外鼓曲。此外，在受压侧混凝土被压碎后，试件的侧向挠度也显著增加，而在二阶效应的影响下，受压侧钢管所承受的压应力也逐渐增加，因此，受压侧钢管（S2 面）的纵向压缩变形也随之增加，进而加剧了受压侧钢管（S2 面）向外鼓曲的程度。

（2）单向偏压长柱与单向偏压短柱混凝土破坏形态对比

如图 5-8 所示，单向偏压长柱（LEC5-1 试件）混凝土破坏形态与单向偏压短柱（EC4-2 试件）混凝土破坏形态类似，LEC5-1 和 EC4-2 试件受拉侧均发生受拉破坏，且呈半椭圆状。图 5-8（b）所示为 LEC4-2 试件和其同参数（构件长度除外）单向偏压短柱 EC4-2 试件（$L/B=3$ 且 $\lambda=10.39$）的混凝土破坏形态对比。并且，试验数据表明，LEC4-2 和 EC4-2 试件分别在荷载下降至各自极限荷载的 65%和 75%时进行的试验卸载，由此可见，LEC4-2 试件的卸载时间比 EC4-2 试件卸载时间晚。然而，如图 5-8（b）所示，LEC4-2 试件的混凝土压碎区域相对较小，说明混凝土压碎面积与构件长细比成反比。

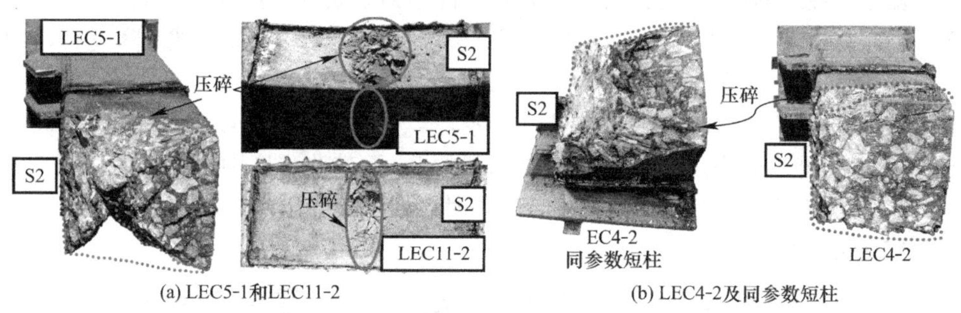

(a) LEC5-1和LEC11-2　　(b) LEC4-2及同参数短柱

图 5-8　混凝土破坏形态

5.3.6 应变分析

图 5-9 为第 2 批高强方钢管高强混凝土单向偏压长柱试件在不同钢材屈服强度和不同偏心率下的荷载-纵向应变曲线。由图可知，各试件的荷载-纵向应变曲线在加载初始阶段的增长趋势呈线性，除 HSEL-1、HSEL-4 之外的其余试件在整个受力过程中 2 点均处于受拉状态。试件应变增长速度随着偏心率的增大而加快。不同钢材屈服强度对试件纵向应变的影响并不显著，应变随荷载增长速度基本一致。结合在极限荷载时构件凸侧钢管的纵向应变，单向偏压长柱受力状态可分为四类：全截面受压、弹性受拉、弹塑性受拉与塑性受拉。

5.3.7 荷载（*P*）-侧向挠度（*Δ*）曲线

（1）偏心率与长细比的影响

图 5-10 所示为第 1 批单向偏压长柱荷载（P）-中截面侧向挠度（Δ_m）曲线，可以看

出，将构件的偏心率从 0.13 增大至 0.43，试件 $P\text{-}\Delta_m$ 曲线初始刚度依次降低，这主要是因为增大试件的偏心率，在试件的初始加载阶段，试件两端所承受的弯矩值（$M=Pe$）也随之增大，进而使得试件中截面侧向挠度（Δ 值）显著增大。在二阶效应的影响下，增大

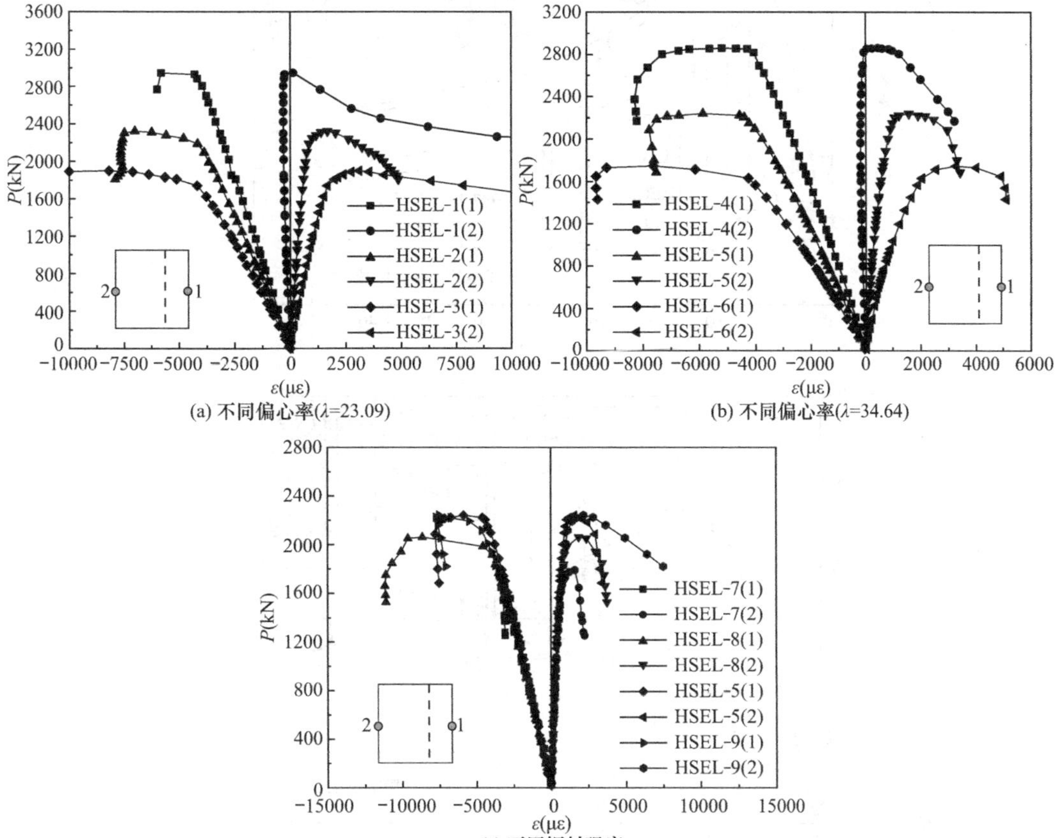

(a) 不同偏心率(λ=23.09)

(b) 不同偏心率(λ=34.64)

(c) 不同钢材强度

图 5-9 荷载-纵向应变曲线对比

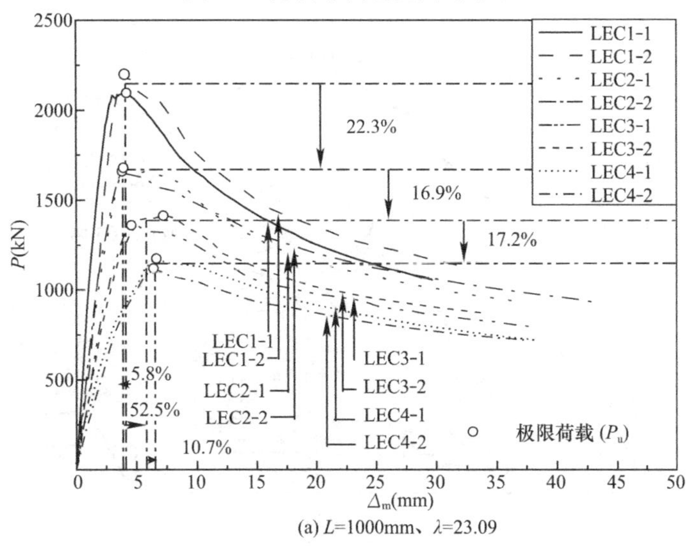

(a) L=1000mm、λ=23.09

图 5-10 荷载（P）-中截面侧向挠度（Δ_m）曲线（一）

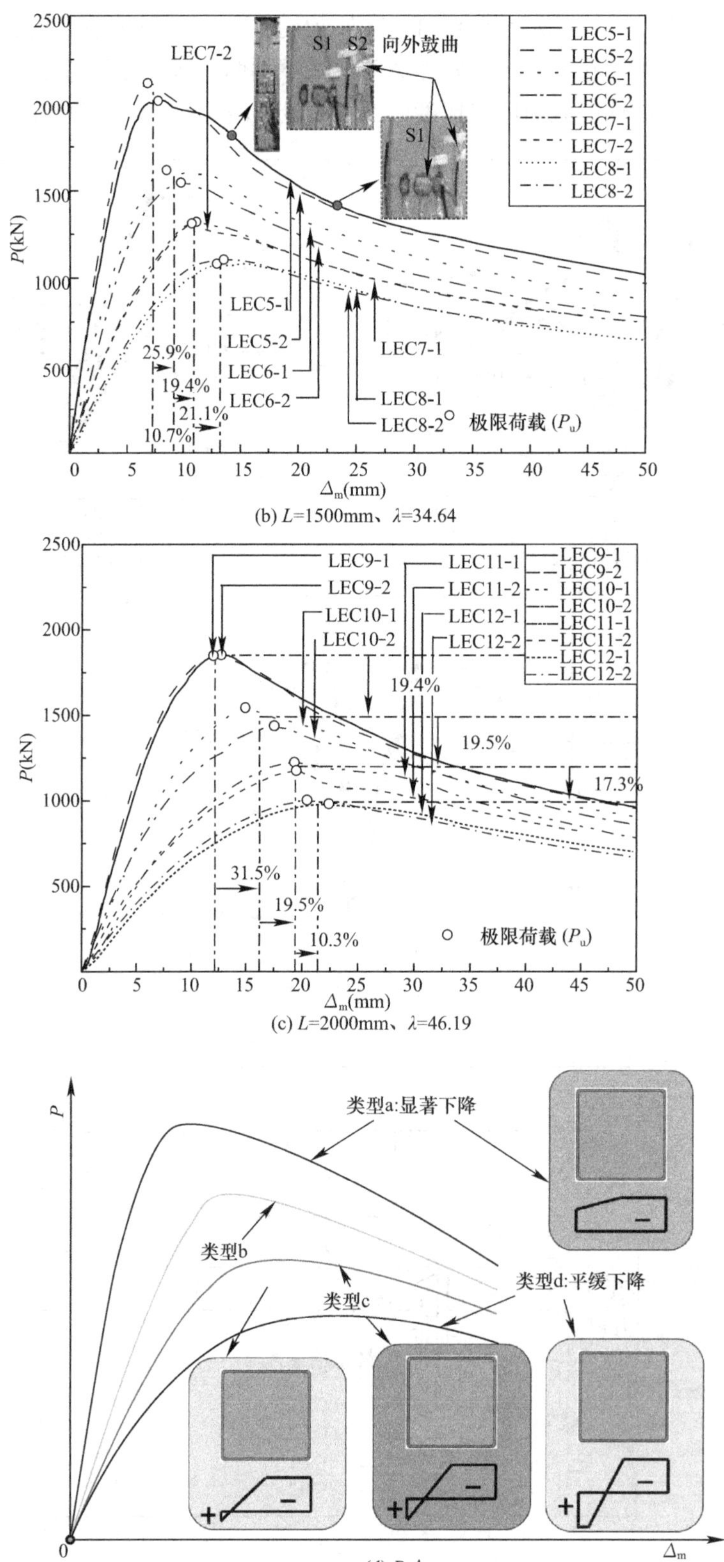

(b) L=1500mm、λ=34.64

(c) L=2000mm、λ=46.19

(d) P-Δ_m

图 5-10 荷载（P）-中截面侧向挠度（Δ_m）曲线（二）

λ 时同样存在该现象。此外，如图 5-10 所示，对比各组试件峰后加载阶段可以看出，偏心率较大的（$e/B=0.43$）试件荷载下降阶段趋于平缓，尤其是在荷载初始下降阶段十分明显，而偏心率较小试件（$e/B=0.13$）的 P-Δ_m 曲线下降段趋于陡峭。

（2）钢材屈服强度的影响

图 5-11 为第 2 批试件的荷载-中截面侧向挠度曲线对比。由图可知，钢材屈服强度对构件的初始刚度影响比偏心率对初始刚度的影响较小。构件的初始刚度、极限承载力、延性随着钢材屈服强度的增大均有所提升。

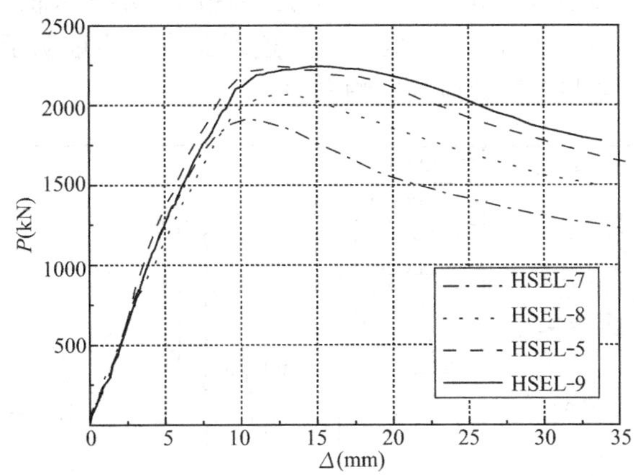

图 5-11　第 2 批试件中屈服强度对荷载-中截面侧向挠度曲线的影响

5.3.8　弯矩-曲率分析

构件的实测变形分布与半正弦曲线近似一致。在此基础上，进行以下弯矩（M）-曲率（κ）分析。以第 1 批试件的试验结果为例，图 5-12 给出了第 1 批长柱试件 M-κ 曲线，其中 $\kappa=(\pi/L)^2\cdot\Delta_m$。考虑（$M_C$）和不考虑（$M_I$）二阶效应的弯矩值分别通过 $M_C=P\cdot(e+\Delta_m)$ 和 $M_I=P\cdot e$ 来计算。在图 5-12 的图例中，$M_{C\text{-}max}$ 代表 M_C 的第一个峰值，$P_{C\text{-}max}$ 和 $\Delta_{C\text{-}max}$ 分别表示构件达到 $M_{C\text{-}max}$ 时的荷载与中截面侧向挠度，$M_{C\text{-}max}=P_{C\text{-}max}\cdot(e+\Delta_{C\text{-}max})$，记为圆圈；$M_{I\text{-}max}$ 代表 M_I 的最大值，$M_{I\text{-}max}=P_u\cdot e$，记为方块，结果见表 5-4。此外，例如在图 5-12 的图例中，LEC1-1-C 和 LEC1-1-I 分别代表 LEC1-1 试件的 M_C-κ 和 M_I-κ 曲线。

试件弯矩和曲率　　　　**表 5-4**

试件	$M_{I\text{-}max}$（kN·m）	$\Delta_{C\text{-}max}$（mm）	$P_{C\text{-}max}$（kN）	$M_{C\text{-}max}$（kN·m）
LEC1-1	41.93	5.71	2001.7	51.46
LEC2-1	58.77	7.9	1621.1	69.55
LEC3-1	68.02	8.19	1300.8	75.69
LEC4-1	76.41	10.3	1130.5	85.13
LEC5-1	40.25	13.7	1848.5	62.29
LEC6-1	56.60	13.31	1562.5	75.48
LEC7-1	65.97	13.52	1290.5	81.97
LEC8-1	70.25	19.6	1035.8	87.63
LEC9-1	37.06	24.42	1453.1	64.55

续表

试件	$M_{\text{I-max}}$（kN·m）	$\Delta_{\text{C-max}}$（mm）	$P_{\text{C-max}}$（kN）	$M_{\text{C-max}}$（kN·m）
LEC10-1	54.06	22.06	1405	80.17
LEC11-1	61.26	28.19	1148.2	89.78
LEC12-1	63.80	28.81	939.8	88.16

如图 5-12 所示，M-κ 曲线包含一个初始受力线性段，并在随后经历一个非线性受力阶段且曲线斜率逐渐减小而曲率显著增加。基本上，构件在 $M_{\text{I-max}}$之后达到 $M_{\text{C-max}}$。此外，$M_{\text{C-max}}$值大于 $M_{\text{I-max}}$值，见表 5-4 和图 5-12。试验构件的弯矩最大值常被定义为极限弯矩（弯矩承载力），即为本书中的 $M_{\text{C-max}}$。因此，上述现象进一步证明了在 P_u 之后构件可以继续承担弯矩作用，主要与二阶效应的影响有关。

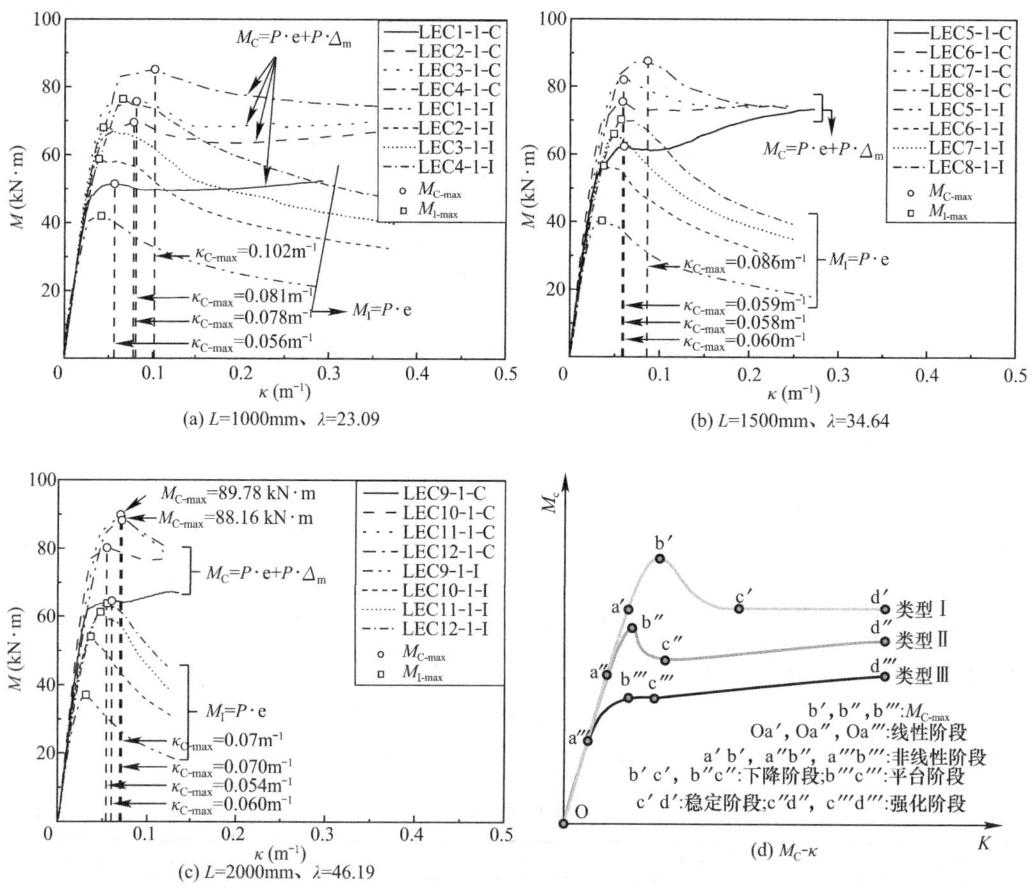

图 5-12　弯矩（M）-曲率（κ）曲线

基于 $M_{\text{C-max}}$后的力学响应，将试件 M_C-κ 曲线分为三种类型，如图 5-12（d）所示，具体如下：

（1）类型Ⅰ（下降 & 稳定型）

如图 5-12 所示，对于 e/B 相对较大（$e/B=0.43$）的试件（LEC4-1、LEC8-1、LEC12-1），在 $M_{\text{C-max}}$后，其 M_C-κ 曲线未呈现上升趋势。表明在构件在达到 $M_{\text{C-max}}$后，尽管 Δ_m 显著增加，但竖向荷载（P）的下降速率大于 Δ_m 的增加速率，并且，M_C-κ 曲线在达到某一曲率后［图 5-12（d）中的 c′点］将进入稳定阶段。

(2) 类型Ⅱ (下降 & 强化型)

如图 5-12 (a) 所示，对于 e/B 较小 (0.13～0.33) 且 λ 较小 (λ=23.09) 的构件 (LEC1～LEC3)，在构件达到 $M_{C\text{-}max}$ 后，M_C 先下降后在试件达到某一曲率 [图 5-12 (d) 中的 c″点] 后上升，原因为 Δ_m 的增加速率大于 P 的降低速率。

(3) 类型Ⅲ (平台 & 强化型)

对于 e/B 较小的构件，如 LEC1-1、LEC5-1、LEC9-1 (e/B=0.13)，构件达到 $M_{C\text{-}max}$ 后，M_C 值降低幅度的最大值随着 λ 的增加而减小，分别为 3.84%、1.99%、0.68%。这表明在 LEC9-1 试件的 M_C-κ 曲线中存在一个平台阶段，见图 5-12。在本书中，当 M_C 降低幅度较小时 (小于 1%) 可被视为进入平台阶段，如图 5-12 (d) 的 b‴c‴阶段。在此阶段后，M_C 随着 κ 的增加而增加。上述研究结果表明，对于 λ 相对较大且 e/B 较小的试件，在 $M_{C\text{-}max}$ 后的受力阶段，Δ_m 的增加幅度基本大于 P 的减小幅度。

上述研究表明，二阶效应对 P 和 Δ_m 均有重要影响；在构件达到 $M_{C\text{-}max}$ 后的受力阶段，二阶效应对 P 的影响随着 e/B 的增加而增加；当 e/B 较小时，二阶效应对 Δ_m 的影响随着 λ 的增加而增加。

5.3.9　应力分析

为研究试件加载过程中的应力变化，图 5-13 给出了钢管不同位置处的应力，这些应力是根据相应部位的纵向和横向应变计算的。详细的假设和计算方法见文献 [126, 127]。

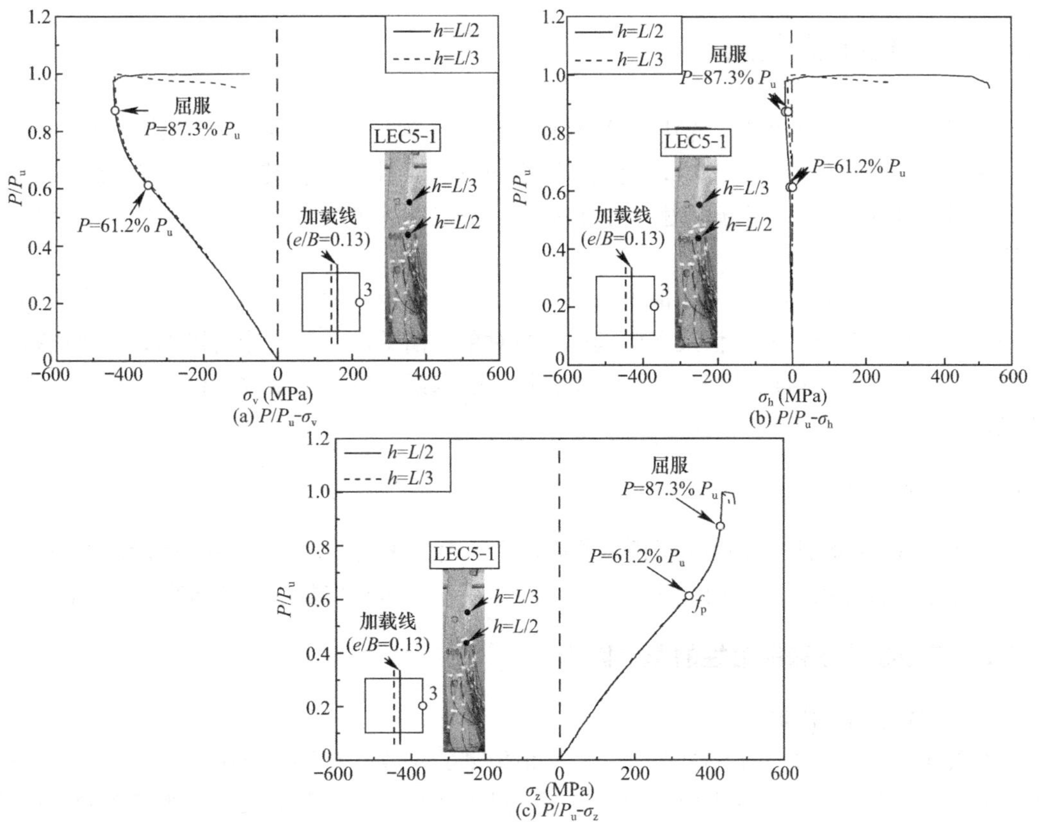

图 5-13　LEC5-1 试件位置 3 处的应力

图 5-13 给出了 LEC5-1 试件受压侧（位置 3）的应力。当荷载达到 61.2% P_u 和 87.3%P_u 时，各高度处的等效应力（位置 3）分别同时达到 f_p 和 f_y。如图 5-13 所示，在荷载达到 61.2%P_u 之前，构件处于弹性状态，其纵向应力和等效应力基本上随荷载呈线性增加，而由于混凝土和钢管的泊松比不同，横向应力几乎为零。在荷载达到 61.2%P_u 之后，位置 3 的纵向应力和等效应力明显呈现非线性发展趋势。

同时，由于钢管与混凝土存在粘结和摩擦作用，在峰值荷载前，横向应力呈负值发展，但数值较小。因此，在加载上升阶段，位置 3 处的钢管处于双轴压缩状态，表明受压区钢管在峰值荷载前的加载阶段趋于向外鼓曲（向内鼓曲的趋势被内填混凝土所抑制）。此外，在 P=61.2%P_u 后，横向的压缩状态相对显著，即钢管受压侧开始发展塑性后，粘结和摩擦效应更为显著。然而，试验结果表明，在峰值荷载之前，钢管向外鼓曲变形较小，主要是由于横向压应力的数值较小。

虽然钢材存在应变强化阶段，但从图 5-13 中可以发现，位置 3 处的纵向应力和等效应力在屈服后增加幅度较小。在构件约达到峰值荷载时，纵向和横向的压应力（位置 3 处）达到最大值。此后，纵向应力开始减小。同时，由于混凝土的侧向膨胀，横向应力逐渐向正值发展且主要在荷载下降阶段增加。

由上述分析可知，$h=L/2$ 和 $h=L/3$ 处的应力差异主要体现在荷载下降阶段。此外，在峰值荷载前，塑性发展始于受压侧，然后从受压区发展至受拉区。这种发展趋势与所施加荷载的偏心距有关，本章研究内容中所有试验试件均遵循这一趋势。

5.4 精细化有限元分析

通过第 2 章的研究发现，轴压短柱数值模型的收敛性相对较好，而在建立轴压长柱、单向偏压长柱数值模型的过程中，发现了许多模型收敛性问题。其中，部分问题是在第 3 章研究过程中所发现，部分问题是在本章节参数化分析时所发现，一并在本章节进行阐述。

为给科研人员在模拟高强方钢管高强混凝土柱力学性能过程中提供参考，本章节内容首先对比分析混凝土本构方程及本构模型参数对单向偏压柱力学性能的影响；其次进行数值模型收敛性分析并讨论模型计算结果敏感性影响因素；最后给出数值模型计算效率提升建议。

5.4.1 模型建立

采用 ABAQUS 建立单向偏压长柱数值模型，模型建立过程如图 5-14 所示。材料本构关系和参数设置与第 2 章、第 3 章进行的轴压短柱、轴压长柱数值模拟研究设置相同。

5.4.2 模型收敛性和敏感性的影响因素

（1）网格类型的影响

有限元建模过程中网格的划分方法对数值模型的收敛性有重要作用。为选择最佳网格划分方法进行单向偏压长柱数值模拟，基于超过 100 个模型计算结果，分析了四种类型的网格对模型计算结果的影响。四种类型的网格划分示意图如图 5-15 所示（网格 #1～网格

#4)，对于上述四种网格，均使用 ABAQUS 中的*Seed Part Instance 功能将钢管和混凝土的网格尺寸设置为相同数值（20mm）。因此，钢管和混凝土在平板区域的网格划分线是连续的，通过计算发现，上述网格划分方法可使模型具有更好的收敛性。然而，在更改柱的某些参数时，采用网格#1～网格#3 的数值模型计算时可能会遇到一些较小的收敛性错误，具体如下：

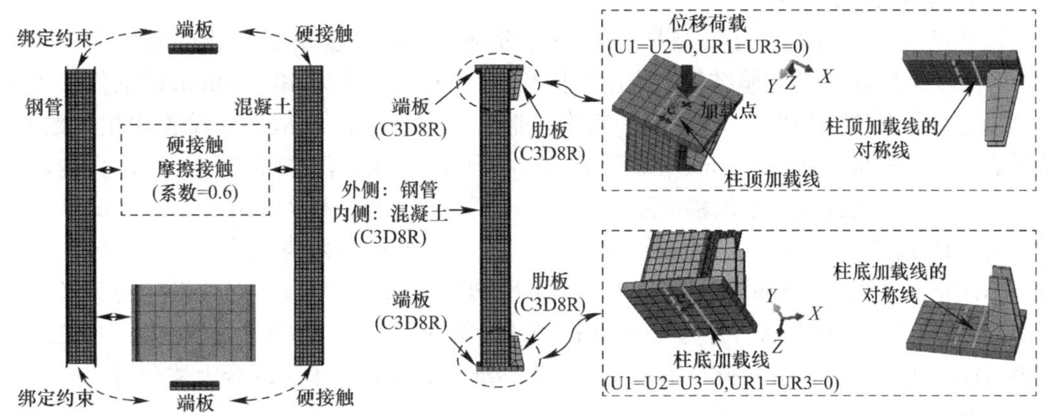

图 5-14　模型建立

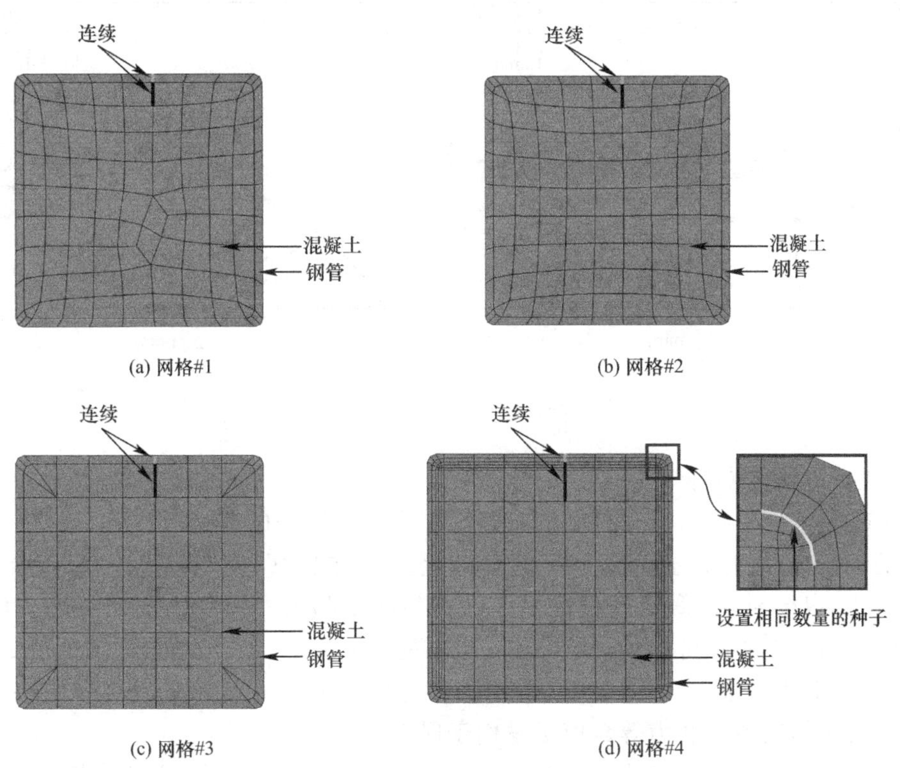

图 5-15　网格划分

对于网格#1～网格#3，沿钢管厚度方向仅划分一层网格。数值模型计算结果表明，采用网格#1 和网格#2 的模型收敛性相似，当长细比或材料强度较高时，偶尔会出现收敛性报错。由于网格＃1的划分相对粗糙，使得网格＃1模型的应力和应变分布并不完全对称。与网格＃1和网格＃2相比，网格＃3在平板区域的网格是用直线划分的，因此计算表明使用网格＃3的模型具有更好的收敛性。尽管如此，部分 $e=0$ 的模型仍会出现收敛性报错。网格＃4沿钢管厚度方向划分两层网格，且钢-混凝土界面弯角区域的种子数量设置为相同。研究发现，使用网格＃4的模型收敛性较好，建议采用。

（2）网格尺寸的影响

网格尺寸对数值模型计算结果存在一定影响，为进一步确定最佳网格尺寸，基于LEC4和LEC12试件的试验结果，采用网格＃4，对网格尺寸为10～30mm的数值模型计算结果进行了对比，如图5-16所示，其中，钢管和混凝土的网格尺寸设置为相同数值。结果表明，将网格尺寸由10mm增加到30mm，构件的极限荷载降低幅度在1.3％内，极限荷载对应的侧向挠度的增加幅度随着 λ 的增加而增加。当网格大小在10～20mm区间内变化时，P-Δ_m 曲线受网格尺寸的影响较小，且有限元模拟结果与试验结果吻合较好。然而，当网格尺寸大于20mm时，P-Δ_m 曲线的下降阶段出现了明显不同的发展趋势（趋于平滑）。研究表明，网格尺寸小于20mm模型的计算时间会大幅增加，而网格尺寸较大的模型可能会由于应力和应变分布不精确而产生不准确的计算结果。综合上述分析结果，本书钢管和混凝土网格尺寸均设置为20mm。

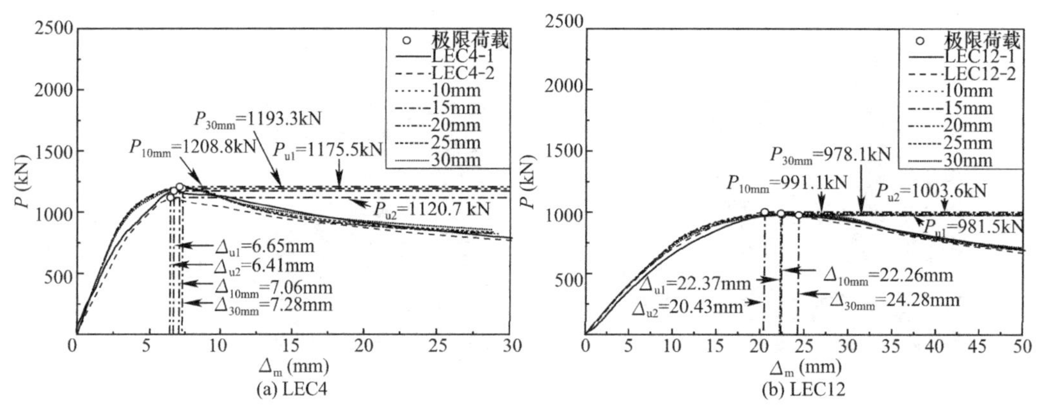

图5-16　网格尺寸的影响

（3）初始缺陷的影响

长柱通常存在初始偏心，考虑单向偏压长柱初始缺陷的方法有多种。其中一种常用方法是，在构件初始偏心距（e）的基础上增加柱长（L）的千分之几，如 $e+L/1000$，其中，$L/1000$是假定的构件平面内的初始缺陷值。实际上，在考虑初始缺陷后，构件的初始偏心距可能为 $e+L/1000$也可能为 $e-L/1000$（此处缺陷值以 $L/1000$ 为例），而在上式中采用 $e+L/1000$ 的原因为考虑构件具有相对较大的初始缺陷，从而使计算出来的极限承载力等数值尽量偏于保守。

另一种考虑单向偏压柱初始缺陷的方法是进行特征值屈曲分析，并通常将由特征值屈曲分析得到的一阶屈曲模态引入数值模型计算中，该方法可以近似将构件发生破坏时沿构件长度各部分局部或整体变形的比例考虑在模型计算中，被Du等（2017）所采用。对于长柱，缺陷值通常可以设定为柱长的千分之几；在本书进行的单向偏压柱试验中，实测构件在弯曲平面内整体初始几何缺陷最大值约为 $L/1000$。因此本书采用此方法并考虑 $L/1000$的缺陷值，结果表明，初始缺陷对构件 P-Δ_m 曲线影响十分有限。

5.4.3 提升数值模型计算效率的实用建议

为克服偏压构件数值模型收敛性错误并提高模型计算效率，建议如下：

(1) 采用图 5-14 所示的边界条件简化设置方法来代替实际加载边界条件，其操作简单，且收敛性好。同时，可以在每个端板的加载线的相反侧设置一条对称线，以确保加载线周围网格的规则性。

(2) 使用本书进行轴压短柱与轴压长柱数值模拟时采用的本构模型（参见第 2.5、2.6 节）进行偏压柱数值模拟时具有良好的收敛性，值得推荐。此外，可以选择一个或几个基准模型并在该模型中输入所有材料属性，且使用 ABAQUS 中的 * Copy Model 选项创建新模型。此后，可以基于此新模型进行进一步的修改，例如改变材料强度。或者，可以使用 ABAQUS 中的 * Material Library 选项来建立材料数据库，便于计算。

(3) 规则的网格划分使模型易于收敛。因此，在每个单元中，两条相交网格线之间的夹角宜尽可能接近 90°。建议在钢-混凝土界面的平板和弯角区域布置相同数量的种子，以使网格分布均匀。

5.4.4 数值模型验证

(1) 破坏形态对比

图 5-17 对比了单向偏压长柱的破坏形态，可见数值模拟与试验结果吻合较好。

(2) P-Δ_m 曲线对比

以第 2 批单向偏压长柱试验试件与数值计算结果对比为例来阐述模型验证过程，如图 5-18 所示，图中 P_u，P'_u分别为试件的极限承载力的试验值和模拟值；Δ，Δ'分别为试验试件和模拟试件达到极限承载力时的中截面侧向挠度。由图可知，各试件模拟与试验的荷载-中截面侧向挠度曲线均吻合良好。

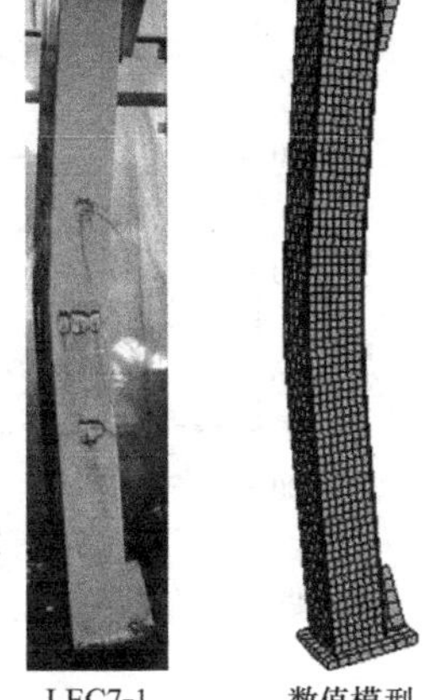

图 5-17 破坏形态对比

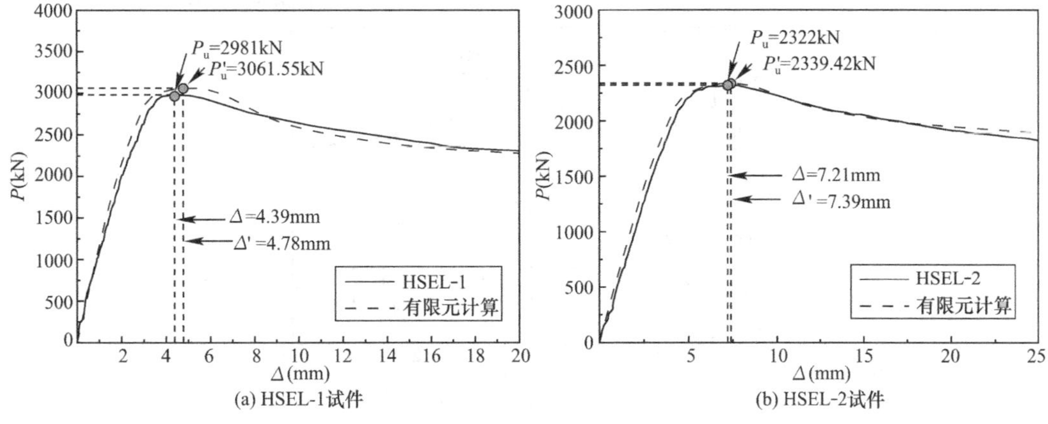

图 5-18 模拟与试验的荷载-中截面挠度曲线对比（一）

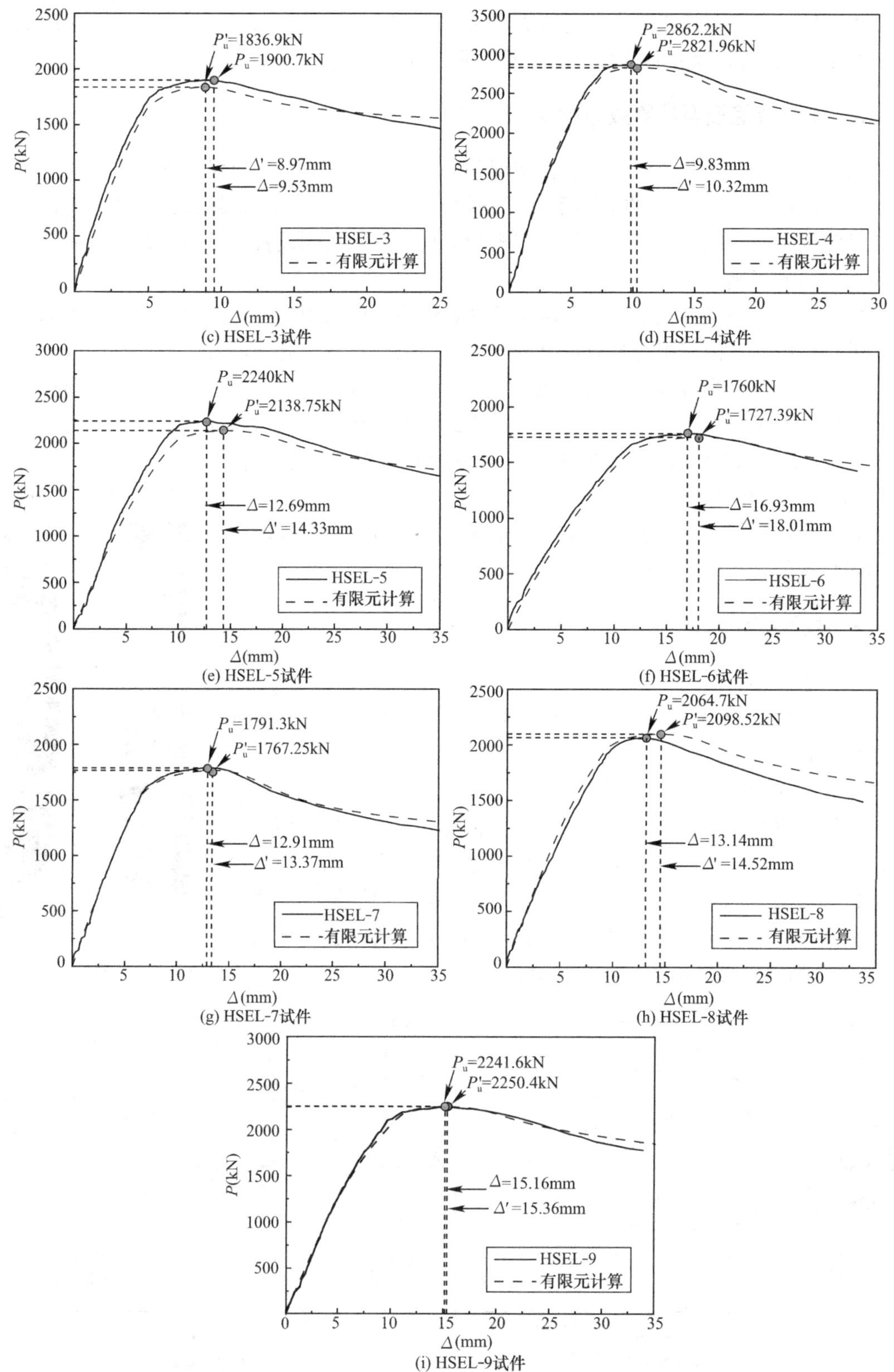

图 5-18 模拟与试验的荷载-中截面挠度曲线对比（二）

表 5-5 列出了试验试件极限承载力和中截面挠度与数值模拟结果的对比。从表中可以看出，试件 HSEL-9 试验与模拟的极限承载力最小仅相差 8.8kN，约为试件极限承载力的 0.39%，试件 HSEL-5 试验与模拟的极限承载力最大相差 101.25kN，约为试件极限承载力的 4.52%。极限承载力的试验值和模拟值之比 P_u/P'_u 介于 0.974～1.035 之间，平均值为 1.008，标准差为 0.024。在试件达到极限承载力时相应的中截面侧向挠度有限元模拟数值与试验数值中最小相差 0.18mm，约为试件到达极限承载力时中截面侧向挠度的 1.32%；最大相差 0.64mm，约为试件到达极限承载力时中截面侧向挠度的 12.90%。试件达到极限承载力时的中截面侧向挠度的试验值和模拟值之比 Δ/Δ' 介于 0.886～1.063 之间，平均值为 0.955，标准差为 0.052。通过对比分析可以得出有限元模型能够较为准确的模拟出高强方钢管高强混凝土单向偏压长柱的受力过程，验证了有限元分析模型的准确性，可以将其应用于高强方钢管高强混凝土单向偏压长柱构件的分析中。

长柱极限承载力和中截面挠度的对比　　**表 5-5**

试件	试验值		有限元模拟值		P_u/P'_u	Δ/Δ'
	P_u (kN)	Δ (mm)	P'_u(kN)	Δ' (mm)		
HSEL-1	2981.0	4.39	3061.55	4.78	0.974	0.919
HSEL-2	2322.0	7.21	2339.42	7.39	0.993	0.976
HSEL-3	1900.7	9.53	1836.90	8.97	1.035	1.063
HSEL-4	2862.2	9.83	2821.96	10.32	1.014	0.952
HSEL-5	2240.0	12.69	2138.75	14.33	1.047	0.886
HSEL-6	1760.0	16.93	1727.39	18.01	1.019	0.940
HSEL-7	1791.3	12.91	1767.25	13.37	1.014	0.966
HSEL-8	2064.7	13.14	2098.52	14.52	0.984	0.905
HSEL-9	2241.6	15.16	2250.40	15.36	0.996	0.987

(3) P-ε 曲线对比

图 5-19 对比了第 1 批 24 个单向偏压长柱试件与数值计算的中截面受压侧（SG7）、受拉侧（SG15）纵向应变值。结果表明，数值计算可充分模拟试验应变发展趋势，与试验结果较为吻合。然而，由于在部分构件中，应变片在试验时发生过度变形且与钢管发生剥离，因此在荷载下降阶段，部分构件模拟结果与试验结果存在一定差异。此外，如图 5-20 所示，以

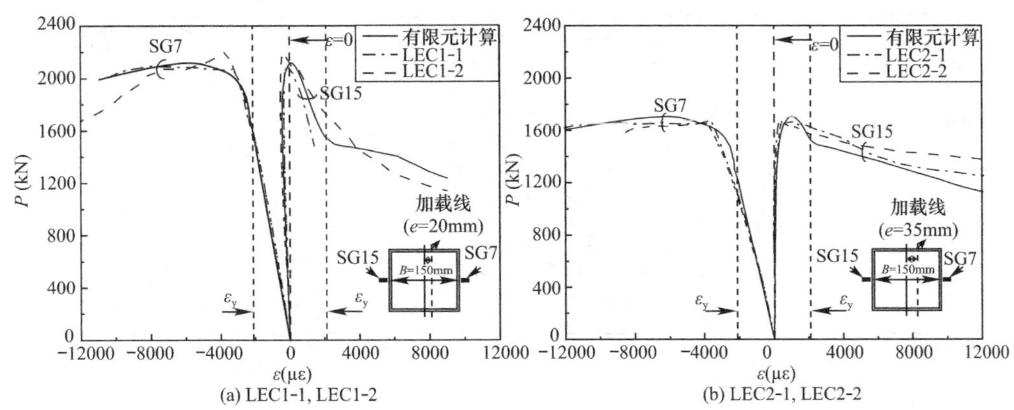

图 5-19　P-ε 曲线对比（一）

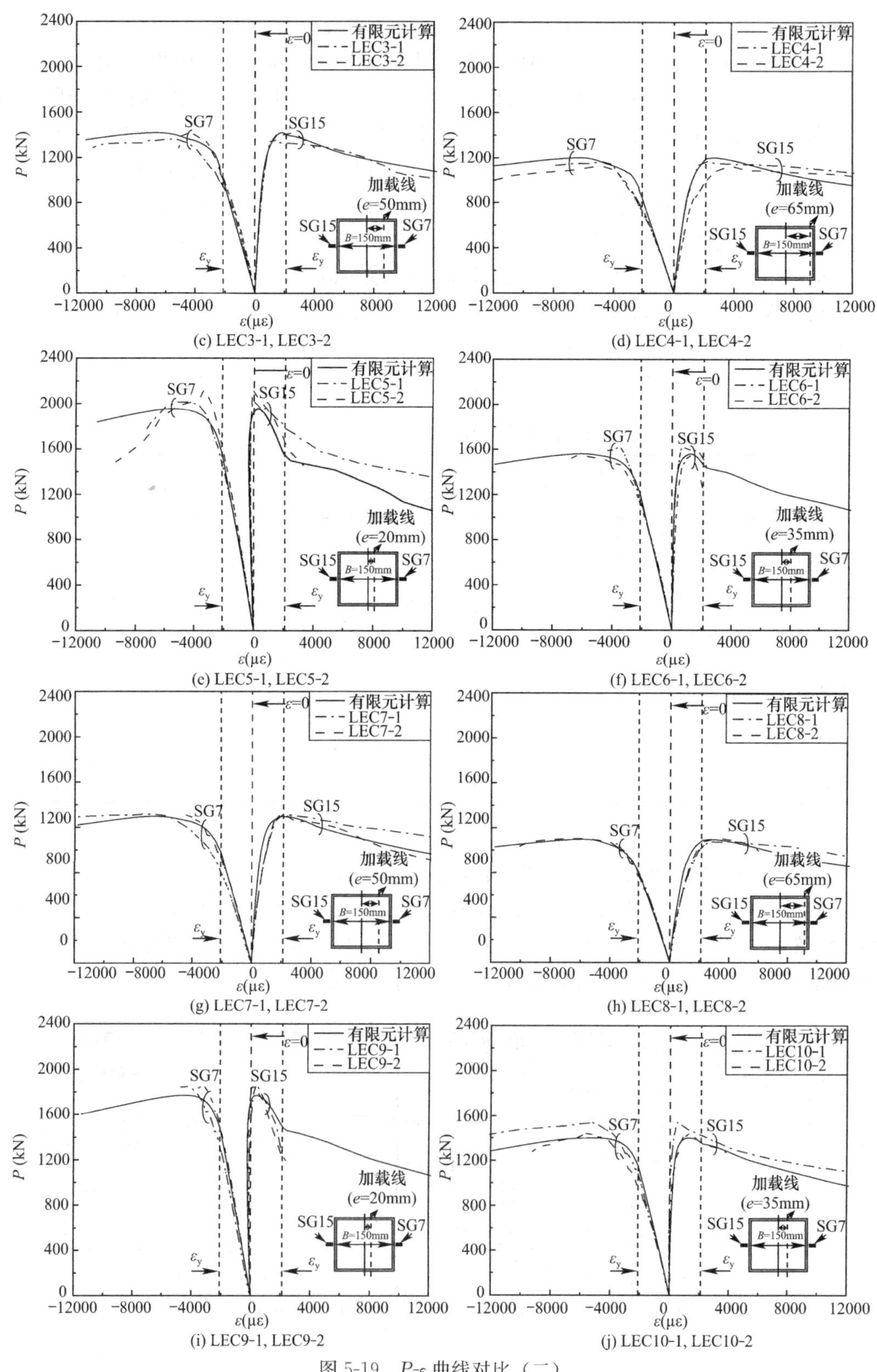

(c) LEC3-1, LEC3-2

(d) LEC4-1, LEC4-2

(e) LEC5-1, LEC5-2

(f) LEC6-1, LEC6-2

(g) LEC7-1, LEC7-2

(h) LEC8-1, LEC8-2

(i) LEC9-1, LEC9-2

(j) LEC10-1, LEC10-2

图 5-19 P-ε 曲线对比（二）

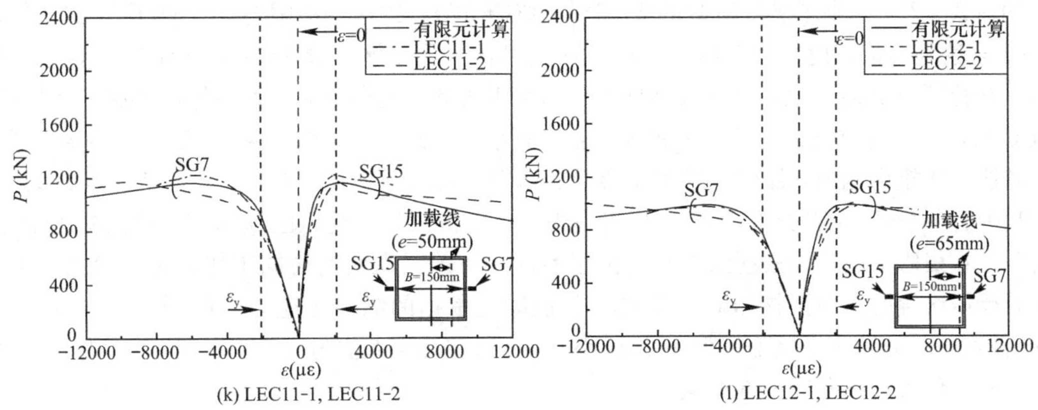

图 5-19 P-ε 曲线对比（三）

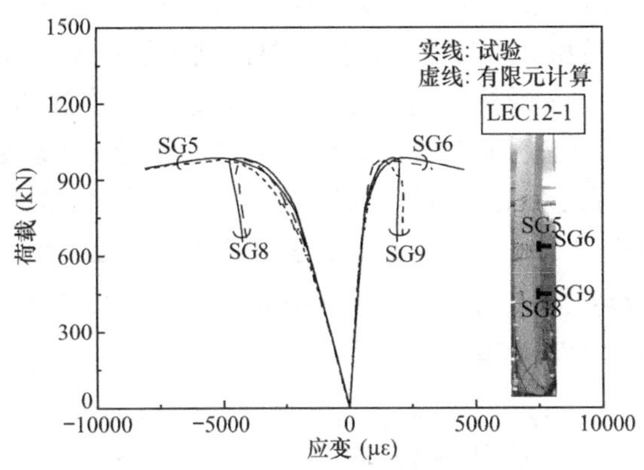

图 5-20 LEC12-1 试件应变对比

LEC12-1 试件为例，进一步对比了试验试件和数值模型在 $L/3$ 和 $L/2$ 的纵向与横向应变，且结果表明，两者吻合较好。综上所述，本书的数值模拟方法是可行的，可被用来进行后续参数分析等研究。

5.5 数值模拟结果与讨论

5.5.1 工作机理

基于上述数值模拟方法，选择两个单向偏压长柱典型模型进行分析。典型模型 1 参数为：$B=150$mm、$t=5$mm、$L=1500$mm、$\lambda=34.64$、$e=75$mm、$e/B=0.5$、含钢率$\alpha=0.148$、$f_{cu}=110$MPa、$f_y=460$MPa。典型模型 2 偏心率 $e/B=2$，其余参数与模型 1 参数相同。选取模型 1、2 作为典型模型，原因为：1）模型 1、2 破坏模式分别为受压破坏控制与受拉破坏控制；2）后续参数分析模型是在该模型基础上变换参数设计的；3）该模型具有代表性，其工作机理与其他构件工作机理类似。

图 5-21 分析了典型模型 1、2 的混凝土纵向应力分布情况，其中 σ_{l1}、σ_{l2}、σ_{l3} 分别代表位置 1、2、3 处的混凝土纵向应力，且各特征点的定义在图例中给出。

如图 5-21（a）所示，对于模型 1，在特征点 A 时，混凝土受拉侧发生开裂，此时构件的荷载（P）达到了极限荷载的29.6%，弯矩（M）约达到极限弯矩（M_u）的24.8%，同时σ_{l1}达到峰值，此后逐渐减少。在特征点B前，受压侧σ_{l3}随着挠度增加逐渐呈线性增加，在特征点B后，逐渐呈非线性增加，这是因为混凝土存在非线性与侧向膨胀。在特征点C后，由于受拉侧钢管发生了屈服，σ_{l1}略有增大，此外，σ_{l2}增加速率变缓。当混凝土侧向膨胀大于钢管侧向膨胀时，混凝土会受到钢管约束而提高其压应力，σ_{l3}在特征点D时为$-1.04f'_c$（“—”代表受压状态），但可发现，单向偏压长柱受压区纵向应力提高幅度十分有限。在极限荷载后，σ_{l3}逐渐减小，由于各混凝土单元之间的协同工作，σ_{l2}也随之减小。随着受压区混凝土逐渐被压碎，位置2的混凝土承担的纵向压应力有所增加，所以，在DE阶段，σ_{l2}先减小后增加；但σ_{l2}始终小于f'_c，σ_{l2}/f'_c最大值为−0.712。此后，内力发生重分布，位置2纵向应力逐渐减小。

由图5-21（b）可见，与模型1类似，模型2在加载初期（$M=9.4\%M_u$）受拉侧混凝土发生开裂，而后σ_{l1}下降，同时，σ_{l3}逐渐增加，且增加速率大于模型1该位置混凝土纵向应力增加速率。模型1、模型2构件受力性能主要区别为受压侧与受拉侧钢管屈服顺序不同；随着荷载的增加，模型2受拉侧钢管先于受压侧钢管发生屈服，受压侧钢管屈服后，应力重分布，位置2处混凝土逐渐受拉，即超过50%的混凝土区域处于受拉状态。在极限荷载后，位置1、2处的混凝土对应力值贡献较小，且σ_{l3}开始下降。值得注意的是，当构件达到极限荷载时，与模型1相比，模型2的σ_{l3}提高幅度（$\Delta f'_c$）较大，因为此时大部分混凝土区域处于受拉状态，竖向受压荷载仅由小部分区域的混凝土及钢管承担，同时，受压侧混凝土与钢管之间存在显著相互挤压作用。

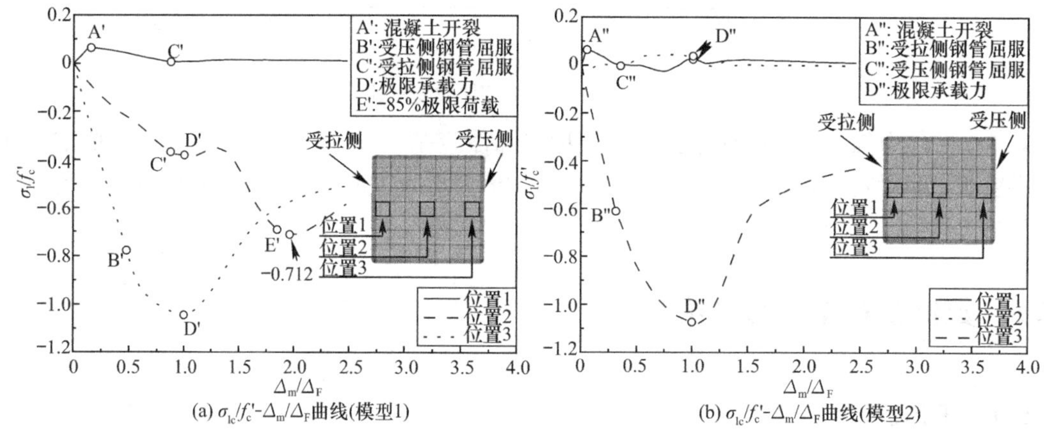

图5-21　混凝土纵向应力

5.5.2　受力全过程

当构件破坏模式由受拉破坏控制时，构件的极限荷载则较小，此时在实际工程中采用高强钢管高强混凝土柱则不经济；设计高强钢管高强混凝土柱的初衷是让其破坏模式由受压破坏控制。基于此，为进一步分析单向偏压柱受力全过程、应力分布情况、钢管约束作用、各组成部件的内力分配机制等，基于上述典型模型1，进行如下分析：

图5-22所示为典型模型1的P/P_F-Δ_m/Δ_F曲线；同时，在图中定义了A～F六个特

征点；此外，P_F 为数值模拟计算得到的极限荷载，Δ_F 是构件达到 P_F 时 $L/2$ 处的侧向变形。将单向偏压长柱受力过程分为如下阶段：

(1) 弹性段（OB 段）

在受力初期（OA 段），P/P_F-Δ_m/Δ_F 曲线初始加载阶段呈线性，在加载阶段 AB 段，曲线虽仍呈线性，但斜率有所降低，说明在受拉侧混凝土发生开裂后，构件的中截面侧向挠度增加速率变快。在 OB 加载阶段，单向偏压长柱始终处于弹性阶段，当荷载达到特征点 B 时，受压侧钢管所受应力达到钢材比例极限。在本书中，钢材比例极限（f_p）根据文献［126］确定，即 $f_p=0.8f_y$。

(2) 弹塑性段（BC 段）

在特征点 B 后，随着荷载的增加，与图 5-22 中 AB 段的斜率相比，BC 段的斜率有所降低，但降低幅度不大，说明，在此受力阶段，由于受压侧钢管逐渐发展塑性，单向偏压长柱的中截面侧向挠度增加速率也有所加快。当荷载达到 79.8%P_F（特征点 C）时，受压侧钢管发生屈服。

(3) 塑性强化段（CE 段）

在受压侧钢管屈服后，图 5-22 曲线呈明显非线性，中截面侧向挠度显著增加。当荷载达到 98.6%P_F（特征点 D）时，受拉侧钢管所受应力达到钢材屈服应力，此时构件所受荷载已接近于极限荷载。

(4) 下降段（EF 段）

当构件达到极限荷载（1139.16kN）时，构件截面所受抗力不能继续抵抗外荷载作用。因此，荷载下降，侧向挠度逐渐增加，单向偏压长柱表现出良好的残余变形性能。

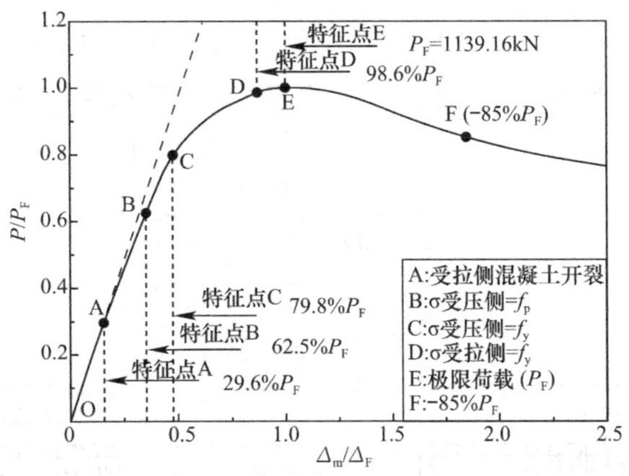

图 5-22 典型模型 1 的 P/P_F-Δ_m/Δ_F 曲线

单向偏压长柱在整个加载过程中的力学性能已在本书中结合试验研究进行了讨论，为进一步明晰构件的基本受力性能，本书给出了典型模型 1 的各横截面（$L/2$、$L/4$ 和 $L/8$）应力分布。

基于图 5-22～图 5-24 得到以下数值结果：在特征点 A 时，中截面受拉侧混凝土发生开裂，混凝土拉应力达到最大值，与图 5-21（a）的结论一致；此后，随着 Δ_m 的增加，P/P_F-Δ_m/Δ_F 曲线的斜率逐渐减小；在 A 点前，整个柱子处于弹性状态。到 C 点时，受拉区钢管仍处于弹性状态。从 C 点到 D 点，受压区混凝土由于混凝土的侧向膨胀而逐渐受到约束，因此中截面部分区域混凝土的纵向应力（σ_{lc}）在 D 点时大于 f_c'；同时，在此期间，受拉区钢管的塑性显著发展。从 D 点到 E 点，混凝土受压区角部出现应力集中现象且纵向应力有所提高。在 C 点或 D 点后，屈服区域钢管的 Mises 应力最大值变化较小，与本书的试验结果相符。在整个加载阶段，中性轴逐渐向受压区移动，并且

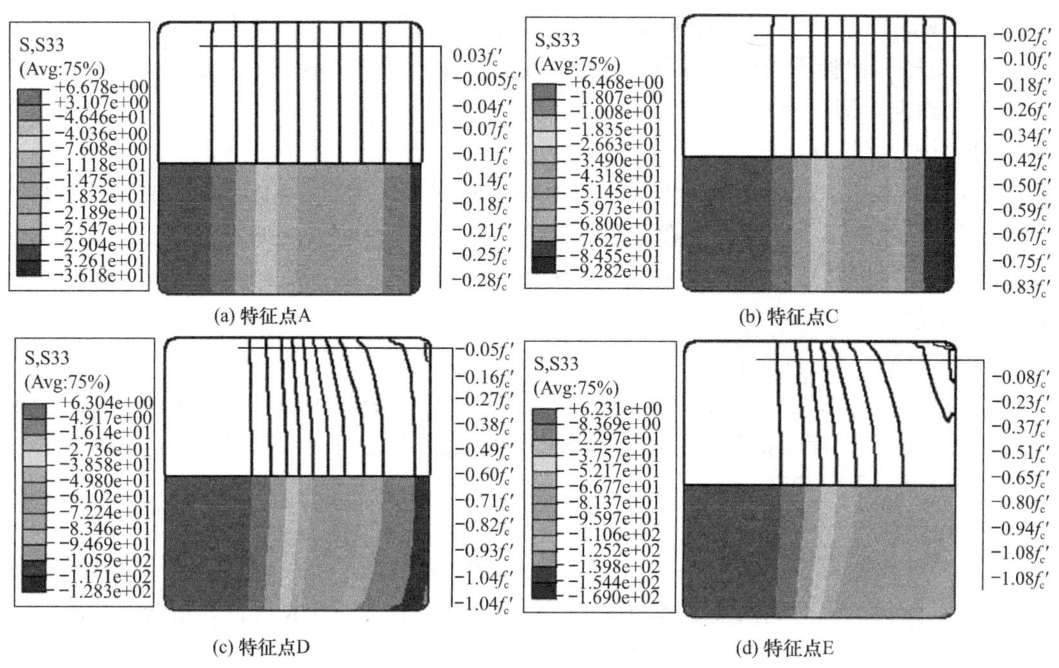

图 5-23　典型模型 1 的中截面混凝土纵向应力分布

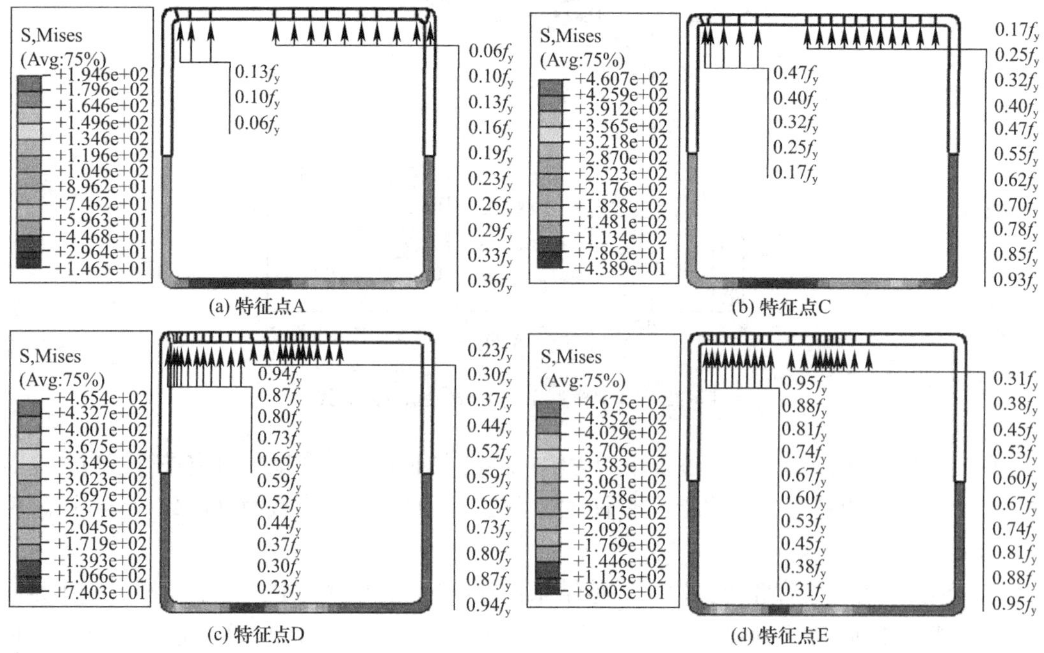

图 5-24　典型模型 1 的中截面钢管 Mises 应力分布

与 S2、S4 侧相比，钢管 S1（S3）侧的 Mises 应力相对较小，尤其是在中性轴附近。

此外，如图 5-23～图 5-25 所示，从 $L/2$ 到 $L/8$ 截面，钢管与混凝土的应力值逐渐减小。当构件达到峰值荷载（E 点）时，混凝土在 $L/8$ 处的应力集中变得不明显，并且 $L/8$ 处的受拉区钢管处于弹塑性受力状态。

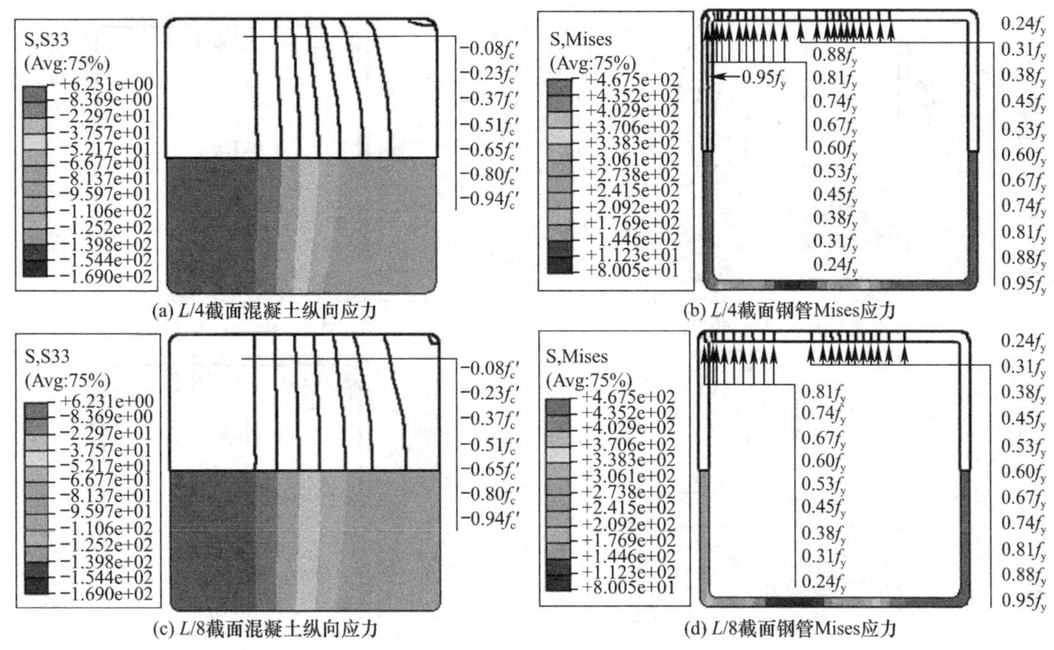

图 5-25　极限荷载时典型模型 1 的各横截面应力分布

5.5.3　偏心率与长细比对应力分布的影响

图 5-26 为 $e/B=0.1$ 时构件（除 e/B 外的其余参数与典型模型 1 参数一致）的中截面应力分布。e/B 对钢管屈服状态的影响已在本书试验研究中进行了探讨，由图 5-24（d）和图 5-26（b）中可以观察到类似的数值计算趋势。文献［118］进行的单向偏压短柱力学性能研究已采用数值计算证明，当构件破坏模式由受压破坏控制时，受压区混凝土纵向应力随着 e/B 的增大而减小。这一结论在本书关于单向偏压长柱的研究中再次得到验证，如图 5-23（d）和图 5-26（a）所示。

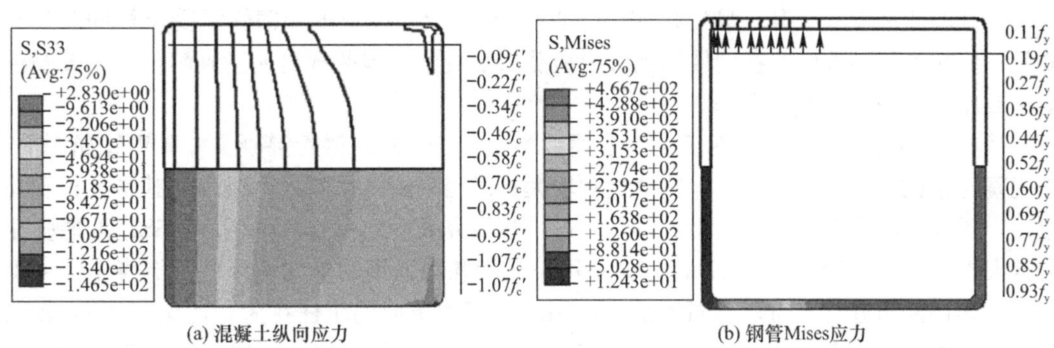

图 5-26　极限荷载时 $e/B=0.1$ 构件的中截面应力分布

基于典型模型 1 的参数条件，将 λ 值增加到 46.19 和 69.28，并且图 5-27 给出了极限荷载时构件的中截面应力分布，可以看出，随着 λ 的增大，受拉区混凝土范围增大，受压区混凝土纵向应力减小。并且，各长细比模型的受拉区钢管屈服区域类似，而受压区的屈服范围随着 λ 的增大而减小。

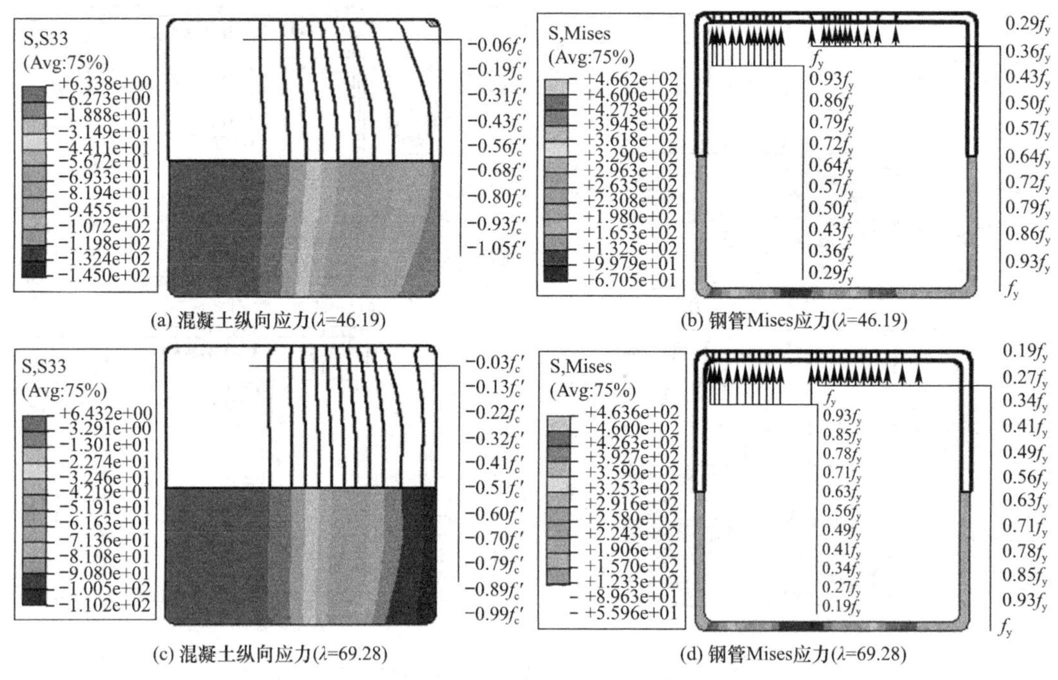

图 5-27　极限荷载时 λ 对构件中截面应力的影响

5.5.4　采用高强材料的钢管混凝土柱与普通钢管混凝土柱的力学性能对比

为研究采用高强材料的钢管混凝土单向偏压柱与采用普通材料单向偏压柱的力学性能差异，基于 Liew 等（2016）提出的材料强度匹配准则，选取一些数值模型参数并进行数值计算，将结果绘制于图 5-28。

图 5-28 表明，钢管分担荷载的比例随 e/B 的增大而减小。在受压区钢管屈服后，钢管分担荷载比例有所下降［图 5-28（h）］或略有增加后下降，而在钢管的约束下，混凝土分担荷载的比例继续上升。最后，如图 5-28（f）所示，混凝土和钢管混凝土柱同时达到峰值；而在其他构件中，在构件达到极限荷载后混凝土分担荷载迅速达到峰值，主要与混凝土被压碎有关。

从图 5-28 中可观察到，对于采用普通混凝土（CSC）的钢管混凝土柱，钢管屈服前，与混凝土相比，钢管的内力分配比例相对较大；而当采用高强混凝土时，尤其是在钢管屈服后，混凝土的内力分配比例相对较大。进一步研究表明，尽管高强钢（HSS）的屈强比通常大于普通钢（CSS）的屈强比，但采用普通钢和高强钢的单向偏压柱（混凝土强度恒定）力学特性相近。然而，不同的是，采用高强钢的单向偏压柱在荷载比例（P_{YC}）较高时，受压侧钢管才会发生屈服。在 f_y 恒定的情况下，与采用普通混凝土的构件相比，采用高强混凝土的钢管混凝土柱在峰值荷载后的加载阶段出现强度退化现象。同时，对于采用高强混凝土的单向偏压柱，在荷载比例（P_{YC}）相对较低时钢管发生屈服。

需要注意的是，上述研究主要聚焦于紧凑型截面柱，符合本章研究主题。在今后研究工作中，仍有必要分析不同 e/B 的非紧凑型、细长型截面高强钢管高强混凝土柱的性能特征。同时，上述研究是在有限参数组合的基础上进行的。各参数组合可能产生不同的构件内力分配结果，而本研究可作为一种初探，今后仍需进一步分析以获得最优设计方案。

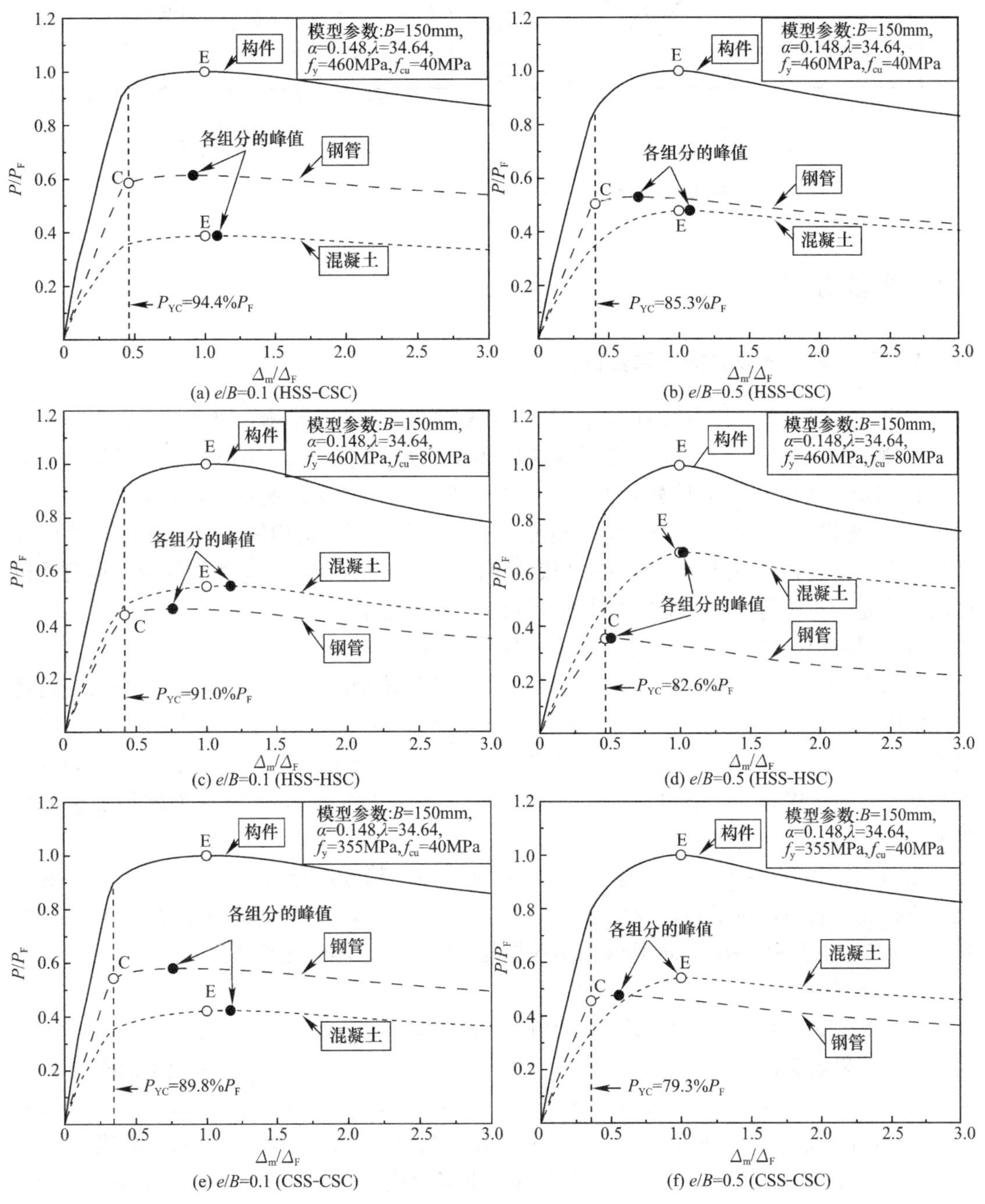

图 5-28 材料强度对单向偏压长柱力学性能的影响（一）

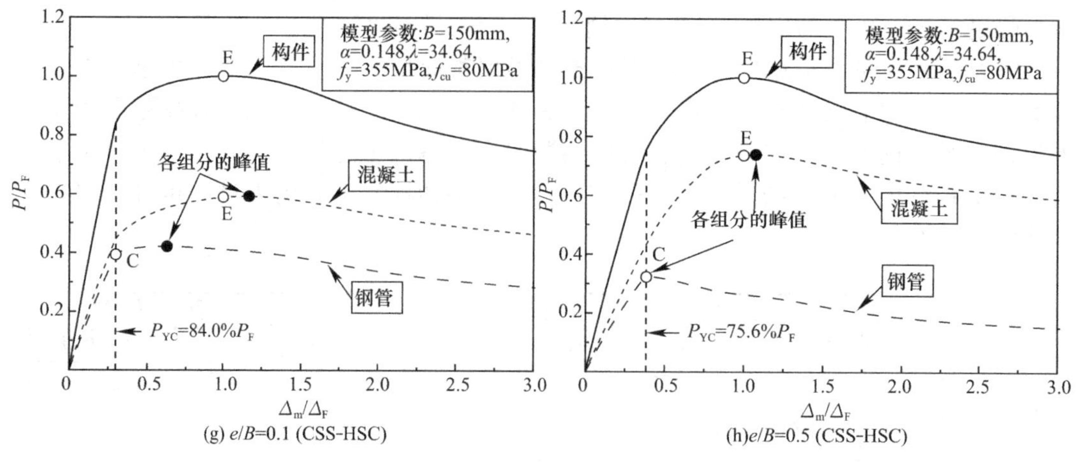

图 5-28　材料强度对单向偏压长柱力学性能的影响（二）

5.6　参数分析

5.6.1　各参数对承载力提升系数的影响

为进一步研究各关键参数对单向偏压长柱极限承载力值的影响，引入承载力提升系数（LEF）概念，研究了除 λ 参数外的其他参数（f_{cu}、f_y、α、e/B）对 LEF 变化的影响，如图 5-29 所示，并且 LEF 的计算方法标注在图 5-29 中。如图 5-29 所示，增加偏心率（e/B）时 LEF 的变化幅度逐渐在 $e/B>0.75$ 时变得有限，主要原因是构件约达到荷载-弯矩曲线的平衡点。在达到平衡点后，构件破坏模式将由受拉破坏控制，在这些构件中，尽管受拉区的塑性充分发挥但主要是增加构件的延性而不是极限荷载。

（1）混凝土强度（f_{cu}）和偏心率（e/B）的影响

从图 5-29（a）可以看出，随着 f_{cu}的增大，LEF 值增大，但 LEF 值增大的幅度随着单向偏压长柱偏心率的增加而减小，说明，虽然单向偏压长柱的极限承载力随着 f_{cu}增大呈增大趋势，但随着 e/B 的增加，极限承载力增大的幅度越来越有限。结合图 5-29（a）所示结果，对于偏心率较小的单向偏压长柱，建议采用增大 f_{cu}的方式来有效增加构件极限荷载。

如图 5-29（a）所示，LEF 随着 e/B 的增加呈减小趋势，与图 5-29（b）和（c）的变化趋势相反，表明，对于 e/B 较大的构件（如 $e/B=2.0$），f_{cu}对 LEF 的提升效果小于 f_y 和 α 对 LEF 的提高作用，此时构件力学性能与纯弯构件力学性能相似。

（2）钢材屈服强度（f_y）和 e/B 的影响

图 5-29（b）所示为 f_y 对 LEF 的影响，可以看出，随着 f_y 的增大，LEF 值逐渐增大。计算结果表明，当 $e/B=0.1$ 时，$f_y=550$、690、770、890、960MPa 模型的 LEF 值分别为 1.090、1.222、1.291、1.388、1.440；当 $e/B=0.3$ 时，$f_y=550$、690、770、890、960MPa 模型的 LEF 值分别为 1.086、1.214、1.282、1.379、1.433。则当 e/B 由 0.1 增加至 0.3 时，LEF 值出现小幅度下降，下降幅度在 0.36%～0.75%范围内。此外，$f_y=460$～960MPa的有限元模型计算结果表明，当$e/B=0.1$时，在单向偏压长柱达到极

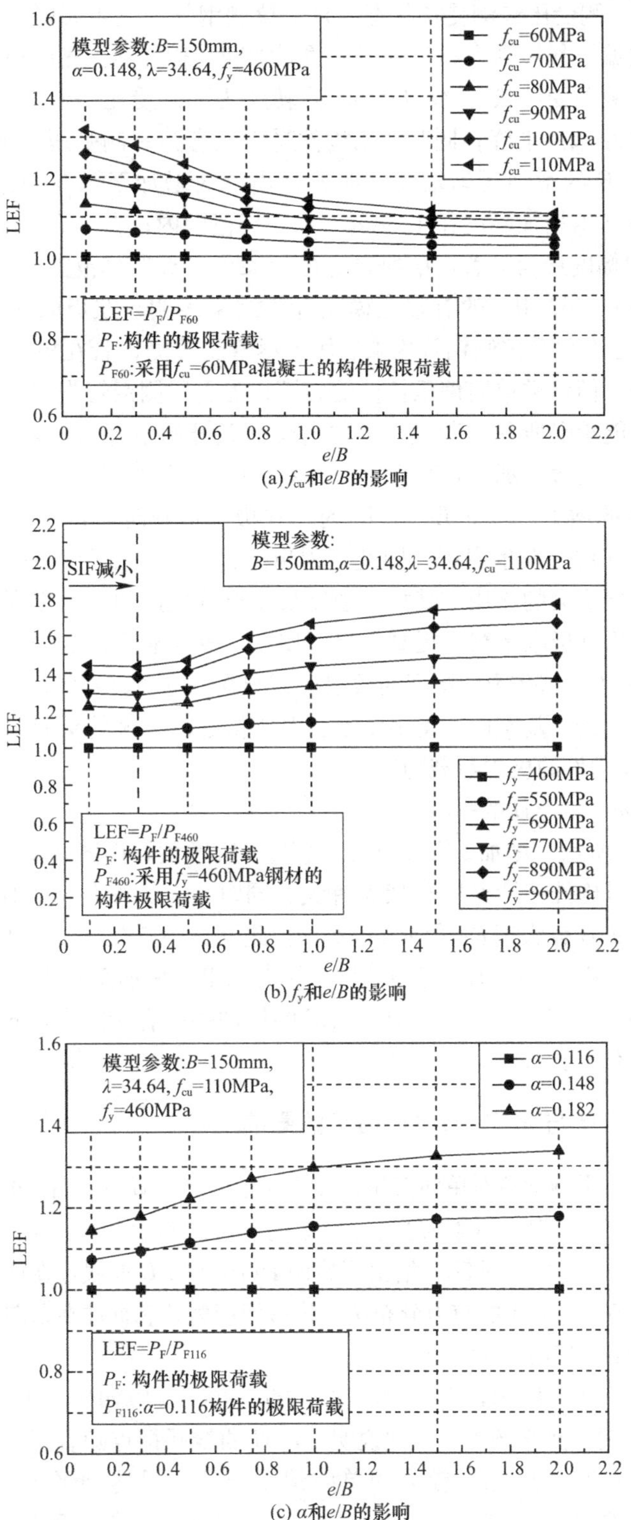

(a) f_{cu}和e/B的影响

(b) f_y和e/B的影响

(c) α和e/B的影响

图 5-29　f_{cu}、f_y、α、e/B 对 LEF 的影响

限荷载时，受拉侧（凸侧）钢管处于受压状态，整个构件处于全截面受压状态；当 $e/B=$

0.3 时，构件处于一侧受压一侧受拉状态，且受拉侧钢管未发生屈服。由此说明，LEF 值的变化情况与单向偏压长柱受力状态有很大关联，即在构件达到极限荷载时，随着 e/B 的增加，当构件由全截面受压状态（$e/B=0.1$）转变为一侧受压一侧受拉状态（$e/B=0.3$）时，LEF 值会出现小幅度下降；同时，当构件受力状态为一侧受压一侧受拉（$e/B>0.3$）时，LEF 值随着 e/B 的增加逐渐增大。在 e/B 由 0.3 增加至 0.5 的过程中，$f_y=550\sim960$MPa 模型的 LEF 值增加幅度在 1.56%～2.13%范围内；在 e/B 由 0.5 增加至 0.75 的过程中，LEF 增加幅度最为显著，增加幅度在 2.12%～8.67%范围内。

同时，$f_y=460\sim960$MPa 的有限元模型计算结果表明，在极限荷载时，$e/B=0.1\sim0.3$ 的单向偏压长柱模型受拉侧钢管均未屈服。尽管受拉侧钢管在极限荷载后的 P-Δ 曲线下降段会发生屈服，但该类单向偏压长柱受力模式为受压侧钢管先屈服而构件变形持续增大，在构件抗力不能承受所受的荷载，构件所受荷载开始下降后，最终受拉侧变形过大，使得受拉侧钢管发生屈服，那么，高强钢管的高屈服强度在构件达到极限荷载时发挥效率则不高。随着 e/B 的增加，当 $e/B\geqslant0.75$ 时，在极限荷载时，$f_y=460\sim960$MPa 的单向偏压长柱受拉侧钢管均已发生屈服。因此，得出结论：在极限荷载时，随着 e/B 的增大，受拉侧钢管逐渐发挥更大的作用，其材料强度得以充分发挥的效率更高，塑性发展地也更加充分，进而使得构件极限承载力提高效果（LEF）较为显著。数据表明，当偏心率较大时，如 $e/B=2$ 时，$f_y=960$MPa 模型的极限荷载显著大于 $f_y=460$MPa 模型的极限荷载，前者是后者的 1.763 倍。基于此，得出结论：对于偏心率较大的单向偏压长柱，建议采取增大 f_y 的方式增加构件的极限承载力。

（3）含钢率（α）和 e/B 的影响

如图 5-29（b）所示，增加 e/B 时 LEF 先减小后增大，而图 5-29（c）并未呈现该现象，主要与含钢率对构件塑性发展贡献大有关。同时，e/B 较大时 α 对 LEF 的影响与 f_y 的影响类似，因此 e/B 较大时同样建议提高 α。此外，图 5-29（c）数据表明，e/B 较大时，如 $e/B=2.0$，α 由 0.116 增加至 0.148，并由 0.148 增加至 0.182 的过程中，LEF 分别提高 18%、14%，说明随着 α 的增加，LEF 的增加幅度有所减小，同时结合第 2.8 节的研究结果，建议 α 不大于 0.2。

5.6.2 各参数对 P-M 与 P/P_0-M/M_0 曲线的影响

图 5-30 所示为各影响参数对单向偏压长柱 P-M、P/P_0-M/M_0 曲线的影响，各参数对短柱 P-M、P/P_0-M/M_0 曲线的影响与之具有类似的趋势。其中，P_0、M_0 分别为构件的轴压承载力和抗弯承载力。同时，图 5-31 给出了典型 P/P_0-M/M_0 曲线，在该曲线中定义点 A 为平衡点，并且结合 Eurocode 4 的应力分布法，将截面应力状态标注在了图 5-31 中。

（1）混凝土强度和偏心率的影响

如图 5-30（a）、（b）所示，$f_{cu}=60\sim80$、$90\sim100$、110MPa 的单向偏压长柱分别在 $e/B=1.5$、1、0.75 时达到平衡点。由此说明，P-M 曲线平衡点随着 f_{cu}的增加而向上移动，即在增大偏心率 e/B 时，f_{cu}相对较大的单向偏压长柱越早达到平衡点。此外，当 f_{cu}由 60MPa 增加至 110MPa 时，平衡点处弯矩值 M 由 91.6kN·m 增加至 105.7kN·m，增加了 15.4%；而构件纯弯强度 M_0 值由 84.4kN·m 增加至 89.5kN·m，增加了 6.0%。因此，P/P_0-M/M_0 曲线平衡点横坐标由 1.09（91.6/84.4）增加至 1.18（105.7/89.5），即向右移动。

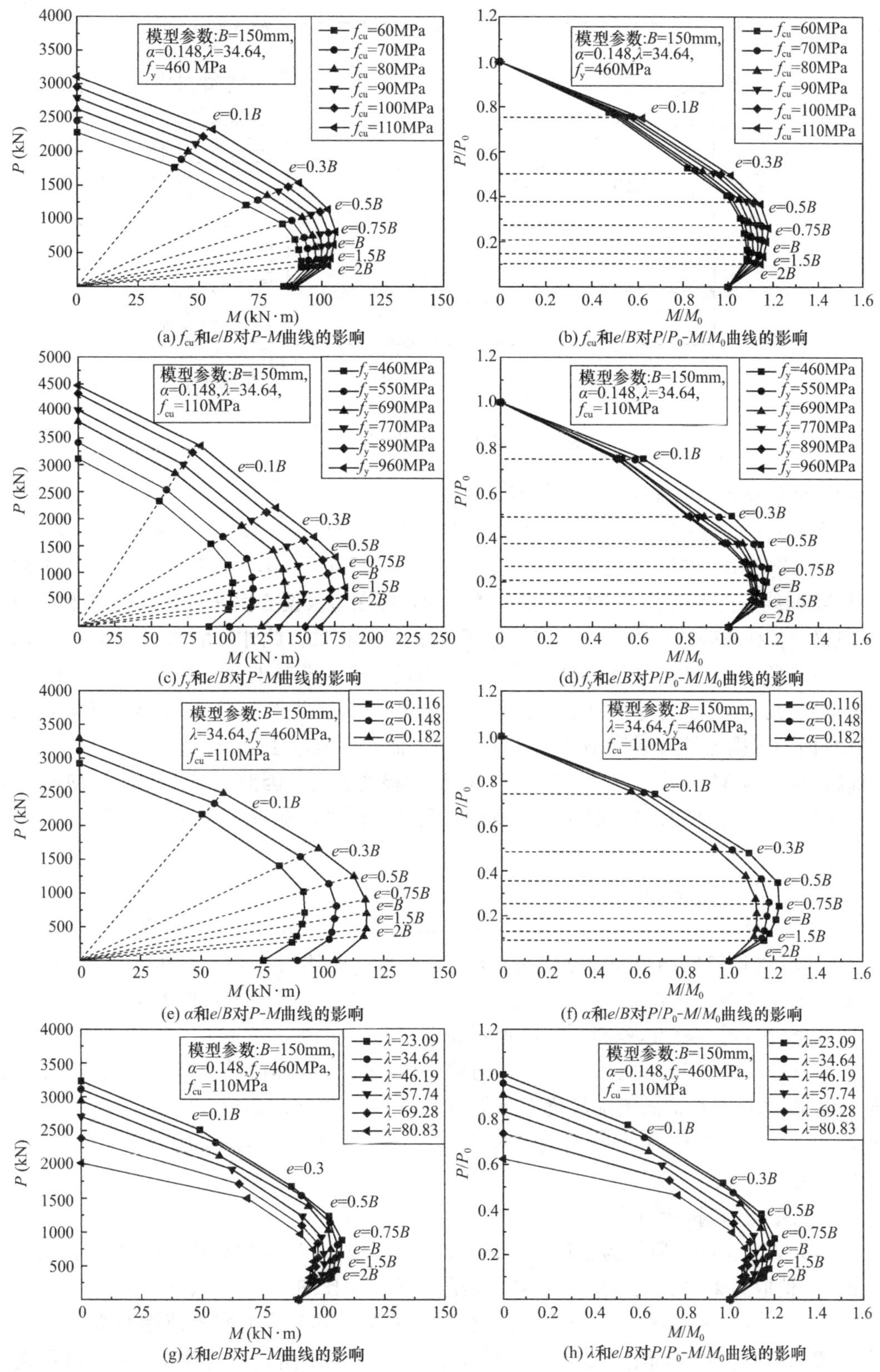

(a) f_{cu}和e/B对P-M曲线的影响

(b) f_{cu}和e/B对P/P_0-M/M_0曲线的影响

(c) f_y和e/B对P-M曲线的影响

(d) f_y和e/B对P/P_0-M/M_0曲线的影响

(e) α和e/B对P-M曲线的影响

(f) α和e/B对P/P_0-M/M_0曲线的影响

(g) λ和e/B对P-M曲线的影响

(h) λ和e/B对P/P_0-M/M_0曲线的影响

图 5-30 P-M 和 P/P_0-M/M_0 曲线

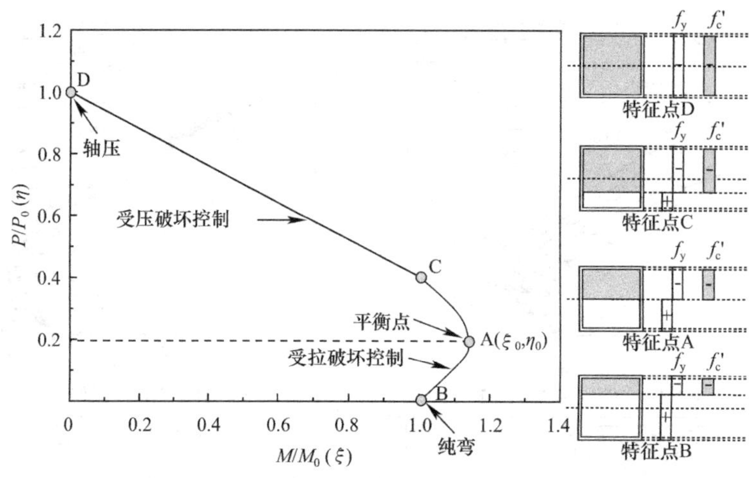

图 5-31　典型 P/P_0-M/M_0 曲线

(2) 钢材屈服强度和偏心率的影响

图 5-30 (c) 和 (d) 所示为 f_y 和 e/B 对 P-M、P/P_0-M/M_0 曲线的影响。f_y=460、550、690～960MPa 的单向偏压长柱分别在 e/B=0.75、1、1.5 时达到平衡点。由此说明，P-M 曲线平衡点随着 f_y 的增加而向下移动，即在增大偏心率 e/B 时，f_y 值相对较大的单向偏压长柱越晚达到平衡点，与增加 f_{cu}时的结果相反。此外，增加 f_y 值，P-M 曲线显著向外扩张。基于此，再次印证了第 5.6.1 节的结论，即对于偏心率较大的单向偏压长柱，采用增大 f_y 的方式可有效增加构件的极限承载力。此外，当 f_y 由 460MPa 增加至 960MPa 时，平衡点处弯矩值 M 增加了 72.6%，而构件纯弯强度 M_0 值增加了 84.7%。由此可以看出，与 M 值增加幅度相比，M_0 值增加幅度更大。因此，当 f_y 由 460MPa 增加至 960MPa 时，P/P_0-M/M_0 曲线平衡点向左移动。同理，随着 f_y 的增大，P/P_0-M/M_0 曲线向内移动，如图 5-30 (d) 所示。

(3) 含钢率和偏心率的影响

图 5-30 (e)、(f) 所示为 α 和 e/B 对 P-M、P/P_0-M/M_0 曲线的影响。α=0.116～0.148 和 0.182 的单向偏压长柱分别在 e/B=0.75 和 1 时达到平衡点。由此说明，P-M 曲线平衡点随着含钢率的增加而向下移动，即在增大偏心率 e/B 时，含钢率相对较大的单向偏压长柱越晚达到平衡点，与增加 f_y 时的结果一致。此外，当 α 由 0.116 增加至 0.182 时，平衡点处弯矩值 M 增加了 27.6%，而构件纯弯强度 M_0 值增加了 39.1%。与增加 f_y 类似，增加 α 时，M_0 值的增加幅度大于平衡点处 M 值的增加幅度。因此，当 α 由 0.116 增加至 0.182 时，P/P_0-M/M_0 曲线平衡点向左移动。同理，随着 α 的增大，P/P_0-M/M_0 曲线向内移动，见图 5-30 (f)。

(4) 长细比和偏心率的影响

图 5-30 (g)、(h) 所示为 λ 和 e/B 对 P-M、P/P_0-M/M_0 曲线的影响，其中，图 5-30 (h) 的 P_0 值取为 λ=23.09 的轴压长柱的极限荷载。对比图 5-30 (a)、(c)、(e)、(g) 可知，随着 f_{cu}、f_y、α 的增加，单向偏压长柱极限荷载及其对应的弯矩值逐渐增大，即 P-M 曲线逐渐向外扩张；而增加长细比，单向偏压长柱 P-M 曲线呈现相反趋势，逐渐向内移动。进一步分析数据表明，如图 5-30 (g) 所示，当 e/B 相对较小时（如 e/B=0.1），

增大构件 λ 值，由于二阶效应的作用，单向偏压长柱极限荷载对应的弯矩值逐渐增加；而当 $e/B \geqslant 0.3$ 时上述现象则不明显。

5.7 本章小结

本章内容研究了长柱在单向偏心受压下的力学性能。变化钢材屈服强度、偏心率和长细比，进行了 33 个高强方钢管高强混凝土单向偏压长柱试验研究。基于数值计算，研究了钢管和混凝土的应力分布和内力分配比例，以及构件不同高度的截面应力状态。通过参数分析，探讨了 f_{cu}、f_y、α、λ、e/B 对构件承载性能的影响。主要结论如下：

（1）高强方钢管高强混凝土柱在单向偏压荷载作用下具有良好的承载能力，钢管在 $L/3 \sim L/2$ 位置处发生鼓曲。加载过程中，受压区钢管首先发生屈服，此后混凝土被压碎，导致钢管向外发生鼓曲。偏心率（e/B）恒定时，随着 λ 的增加，混凝土被压碎的区域减小。

（2）基于构件达到极限弯矩后的力学性能，将考虑二阶效应的弯矩-曲率曲线分为三种类型，包括下降 & 稳定型、下降 & 强化型、平台 & 强化型。对于 e/B 较大的构件（$e/B=0.43$），在构件达到极限弯矩后的加载阶段，竖向荷载的下降速率大于侧向挠度的增加速率，而 λ 较大且 e/B 较小（$e/B=0.13$）的构件则呈现相反趋势。

（3）二阶效应对偏压柱的力学性能有显著影响。因此，在构件达到峰值荷载后，钢管在 $L/2$ 处的应力与在 $L/3$ 处的应力出现明显的差别。并且，在构件达到峰值荷载前，钢-混凝土界面粘结和摩擦作用对钢管的横向应力有一定的影响；且钢管横向应力主要在构件达到极限荷载后的加载阶段显著增加。

（4）对于采用普通混凝土的钢管混凝土长柱，钢材发生屈服前，偏心荷载主要由钢管承担，而采用高强混凝土的构件则呈现相反的趋势。f_y 对 P/P_F-Δ_m/Δ_F 曲线影响较小，然而，在钢管混凝土长柱中采用高强钢有助于提高构件的屈服荷载比例。

（5）为提高构件的极限承载力，建议在 e/B 较小时增加 f_{cu}，在 e/B 较大时增加 f_y 或 α，但建议 α 不大于 0.2。f_{cu}、f_y、α、λ 对 P/P_0-M/M_0 曲线影响较大，P/P_0-M/M_0 曲线平衡点坐标随着 f_{cu} 的增大而增大，而随 f_y、α、λ 的增大而减小。

6 高强方钢管高强混凝土柱双向偏压性能研究

6.1 引言

建筑工程中的角柱、地震作用下的边柱、截面形状较为复杂的柱往往处于双向偏心受压受力状态。与单向偏压柱相比，双向偏压柱在受力过程中同样存在荷载与弯矩的作用，但其荷载施加方向具有一定的特殊性。因此，其工作机理与钢管有效约束区域等与单向偏压柱既有相似点也有不同之处。在单向偏压柱的研究基础上，有必要对构件双向偏压性能进行进一步研究，为对比分析短柱与长柱的双向偏压性能，开展本章研究工作。

本章主要研究目的如下：

（1）通过试验研究，得到高强方钢管高强混凝土双向偏压短柱与长柱的破坏形态与破坏过程，总结归纳极限荷载、侧向挠度、应变等变化规律；

（2）建立数值模型，研究双向偏压柱工作机理、钢管约束作用、传力机制；

（3）通过参数化分析，研究混凝土抗压强度、钢材屈服强度、含钢率、长细比、偏心率等对单向与双向偏压柱承载性能等的影响。

6.2 试验方案设计

6.2.1 试件设计

本章进行的试验研究是第 5 章进行的单向偏压短柱试验研究及单向偏压长柱试验研究的延续性工作。

（1）双偏压短柱

1）第 1 批试件

表 6-1 设计 5 组共 10 个高强方钢管高强混凝土双向偏压短柱试件，方钢管外边长（B）为 150mm，试件长度（L）为 450mm，$L/B=3$。试验主要变化参数为偏心率与含钢率（$\alpha=0.116\sim0.182$），偏心率与含钢率分别通过改变偏心距（$e_x=e_y=15\sim45$mm）与钢管壁厚（$t=4\sim6$mm）实现，加载角为 45°，表中 $P_{u\text{-}mean}$ 为第 1 批试件中每组 2 个对比试件极限荷载的平均值。其中，双向偏压柱的偏心率定义为 e/B'，B' 为方形截面对角线长度，$B'=\sqrt{2}\cdot B$；$e=\sqrt{e_x^2+e_y^2}$，e_x 与 e_y 分别为构件在两个主轴（x 轴和 y 轴）的偏心距，且试件在 x 轴与 y 轴的偏心距相等，如图 6-1（d）所示。

2）第 2 批试件

第 2 批试件构件参数与试验结果见表 6-2。

第 1 批双向偏压短柱试件参数与试验结果　　表 6-1

试件编号	B (mm)	t (mm)	L (mm)	α	$e_x=e_y$ (mm)	e/B'	f_y (MPa)	f_u (MPa)	f_{cu} (MPa)	P_u (kN)	$P_{u\text{-mean}}$ (kN)
BA1-1	150	4	450	0.116	15	0.1	434.56	546.2	106	2247.9	2238.3
BA1-2		4		0.116	15	0.1	434.56	546.2		2228.7	
BA2-1		4		0.116	30	0.2	434.56	546.2		1636.4	1631.6
BA2-2		4		0.116	30	0.2	434.56	546.2		1626.7	
BA3-1		4		0.116	45	0.3	434.56	546.2		1212.5	1227.7
BA3-2		4		0.116	45	0.3	434.56	546.2		1242.8	
BA4-1		5		0.148	30	0.2	433.10	547.6		1809.6	1795.4
BA4-2		5		0.148	30	0.2	433.10	547.6		1781.1	
BA5-1		6		0.182	30	0.2	436.90	550.4		2016.8	2025.9
BA5-2		6		0.182	30	0.2	436.90	550.4		2035.0	

第 2 批双向偏压短柱试件参数与试验结果　　表 6-2

试件编号	B (mm)	t (mm)	L (mm)	f_y (MPa)	f_{cu} (MPa)	e (mm)	P_u (kN)
BC-1	150	5	450	811.10	108	20	3241.0
BC-2				811.10		40	2414.7
BC-3				811.10		60	1992.2
BC-4				553.73		40	2021.1
BC-5				780.75		40	2404.7
BC-6				895.74		40	2512.8

注：B 为方钢管边长；L 为钢管混凝土柱高度；t 为外钢管壁厚；f_y 为钢材屈服强度；f_{cu} 为实际测得混凝土抗压强度；e 为沿横截面对角线方向的偏心距；P_u 为构件极限承载力。

（2）双偏压长柱

1）第 1 批试件

表 6-3 设计 9 组共 18 个高强方钢管高强混凝土双向偏压长柱试件，截面尺寸与钢管壁厚同 BA1-1～BA3-2 试件参数一致，试验主要变化参数为偏心率与长细比（λ=23.09～41.57），加载角为 45°。其中，偏心率的定义与短柱偏心率的定义相同，长细比的计算与表 5-2 单向偏压长柱长细比的计算方法相同，长细比的变化通过改变构件长度（L=1000～1800mm）来实现。

2）第 2 批试件

共设计了 11 根试件，其中 3 根试件高度为 1000mm，8 根试件高度为 1500mm，高强方钢管高强混凝土双向偏压长柱截面尺寸均与第 2 批高强方钢管高强混凝土双向偏压短柱相同，且核心混凝土也采用 C100 的商品混凝土进行浇筑。高强方钢管高强混凝土双向偏压长柱试验构件详细参数见表 6-4。

6.2.2 材料性能

以第 1 批双向偏压试件材料性能为例，钢材拉伸试验实测的短柱与长柱钢材屈服强度（f_y）与极限抗拉强度（f_u）分别见表 6-1 和表 6-3。混凝土采用 C100 等级的商品混凝土，混凝土浇筑的同时制作 6 个边长为 150mm 的立方体混凝土试块，如表 6-1 和表 6-3 所示，短柱试验前实测混凝土抗压强度（f_{cu}）平均值为 106MPa，长柱试验前实测 f_{cu} 的平均值为 113MPa（比短柱的 f_{cu} 值有所增长）。构件的截面尺寸、钢材材料性能（t=5mm 与 6mm 的钢管除外）与表 3-1（轴压长柱）、表 5-1（单向偏压短柱）、表 5-2（单向偏压长柱）参数相同，混凝土配合比见表 2-2。

第 1 批双向偏压长柱试件参数与试验结果 **表 6-3**

试件编号	B (mm)	t (mm)	L (mm)	λ	$e_x=e_y$ (mm)	e/B'	f_y (MPa)	f_u (MPa)	f_{cu} (MPa)	P_u (kN)	$P_{u\text{-mean}}$ (kN)
LBA1-1	150	4	1000	23.09	15	0.1	434.56	546.2	113	2207.2	2163.9
LBA1-2			1000	23.09	15	0.1				2120.6	
LBA2-1			1000	23.09	30	0.2				1539.2	1561.7
LBA2-2			1000	23.09	30	0.2				1584.1	
LBA3-1			1000	23.09	45	0.3				1178.5	1156.1
LBA3-2			1000	23.09	45	0.3				1133.7	
LBA4-1			1400	32.33	15	0.1				2008.7	2012.1
LBA4-2			1400	32.33	15	0.1				2015.4	
LBA5-1			1400	32.33	30	0.2				1475.3	1458.7
LBA5-2			1400	32.33	30	0.2				1442.0	
LBA6-1			1400	32.33	45	0.3				1115.7	1120.7
LBA6-2			1400	32.33	45	0.3				1125.6	
LBA7-1			1800	41.57	15	0.1				1925.2	1915.8
LBA7-2			1800	41.57	15	0.1				1906.3	
LBA8-1			1800	41.57	30	0.2				1379.4	1366.8
LBA8-2			1800	41.57	30	0.2				1354.1	
LBA9-1			1800	41.57	45	0.3				1024.0	1016.3
LBA9-2			1800	41.57	45	0.3				1008.6	

第 2 批双向偏压长柱试件参数与试验结果 **表 6-4**

试件编号	B (mm)	t (mm)	L (mm)	f_y (MPa)	f_{cu} (MPa)	λ	e (mm)	P_u (kN)
BC-7	150	5	1000	811.10	108	23.09	20	3028.5
BC-8			1000	811.10		23.09	40	2277.4
BC-9			1000	811.10		23.09	60	1898.5
BC-10			1500	553.73		34.64	40	1748.1
BC-11			1500	780.75		34.64	40	2064.1
BC-12			1500	811.10		34.64	40	2110.7
BC-13			1500	895.74		34.64	40	2265.3
BC-14			1500	811.10		34.64	20	2775.9
BC-15			1500	811.10		34.64	60	1667.3
BC-16			1500	895.74		34.64	20	2903.5
BC-17			1500	895.74		34.64	60	1729.5

注：B 为方钢管外边长；t 为外钢管壁厚；L 为钢管混凝土柱高度；f_y 为钢材屈服强度；f_{cu}为实际测得混凝土抗压强度；λ 为构件长细比（取 $2\sqrt{3}L/B$）；e 为沿横截面对角线方向的偏心距；P_u 为构件极限承载力。

6.2.3 测点布置

图 6-1、图 6-2 分别为双偏压短柱和长柱的加载装置，试件采用 5000kN 试验机进行加载，双偏压试件的安装方式与单向偏压长柱试件安装方式原理相同，详见第 5.3 节。双向偏压柱试验加载制度与轴压长柱、单向偏压长柱试验加载制度相同。

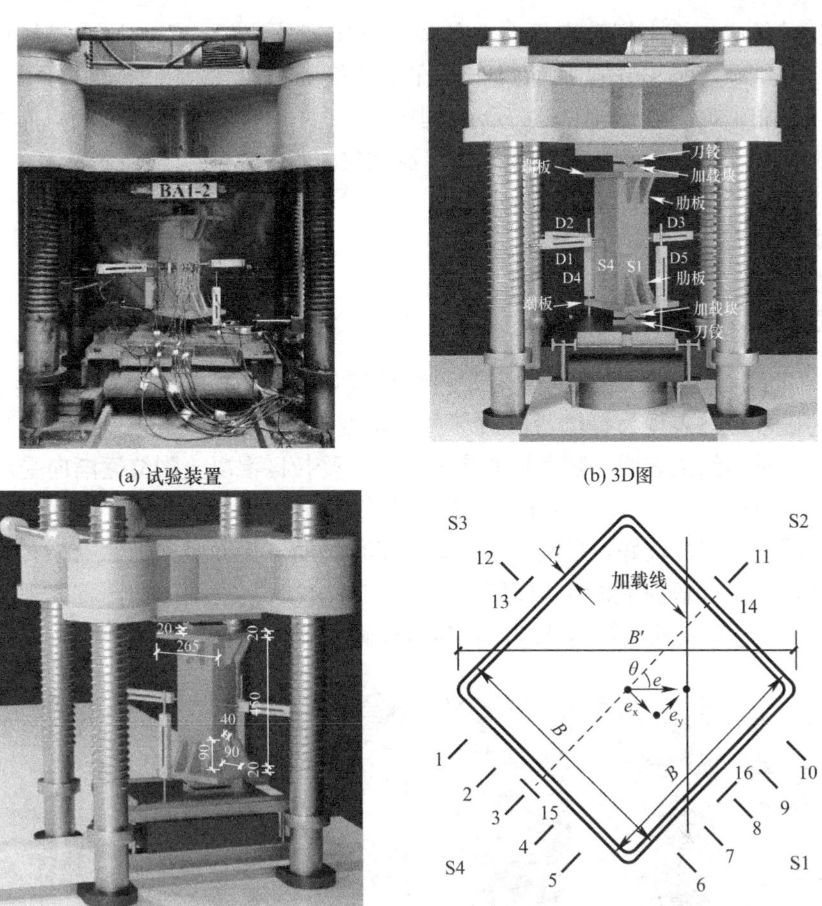

(a) 试验装置 (b) 3D图

(c) 3D图 (d) 中截面

图 6-1 短柱加载装置与试件信息

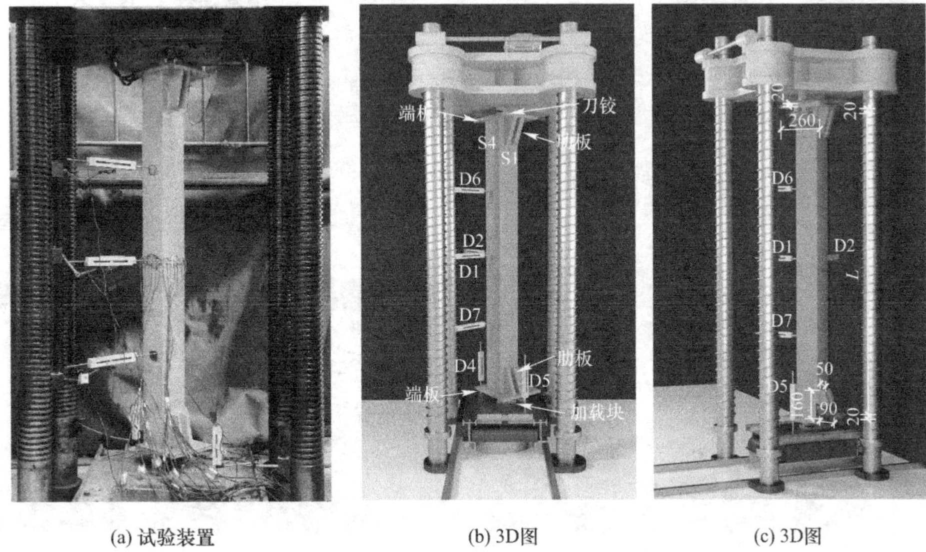

(a) 试验装置 (b) 3D图 (c) 3D图

图 6-2 长柱加载装置与试件信息

双偏压试件应变值由钢管表面布置的横、纵应变片测量，侧向挠度通过位移计量测（量程为200mm），总体压缩变形通过布置在试验机底部加载板上的位移计量测，应变片及位移计测点布置如图6-1与图6-2所示。其中，短柱与长柱的中截面测点布置相同，如图6-1（d）所示。裂缝宽度数据由裂缝综合测试仪测得。

6.3 试验结果

6.3.1 短柱破坏形态

图6-3～图6-10给出了短柱与长柱试件整体破坏形态与核心混凝土破坏形态，可见双向偏压柱的破坏形态表现为整体弯曲破坏并伴随受压区（S1、S2侧）钢管向外鼓曲且混凝土被压碎。试验结果表明，随着偏心率的增大，受拉区混凝土裂缝逐渐向受压区贯通。

如图6-3、图6-4所示，双偏压短柱破坏时钢管鼓曲位置约在构件中截面位置附近，说明构件混凝土密实性较好，且构件端部焊接了加劲肋，进而竖向荷载有效传递至柱中截面；经测量，第1批短柱混凝土裂缝宽度在0.2～0.8mm范围。如图6-7、图6-8所示，长柱在$L/3$～$L/2$高度处钢管向外鼓曲，与短柱破坏形态有异同之处。

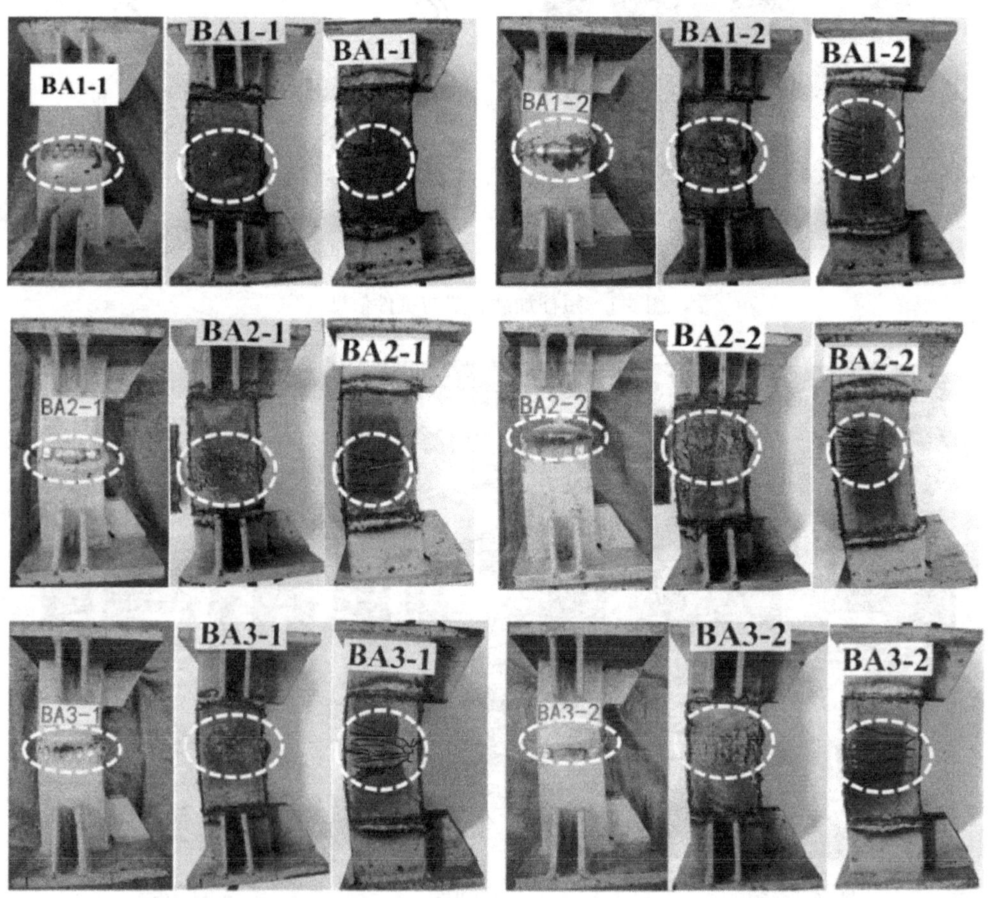

图6-3 第1批短柱破坏形态（一）

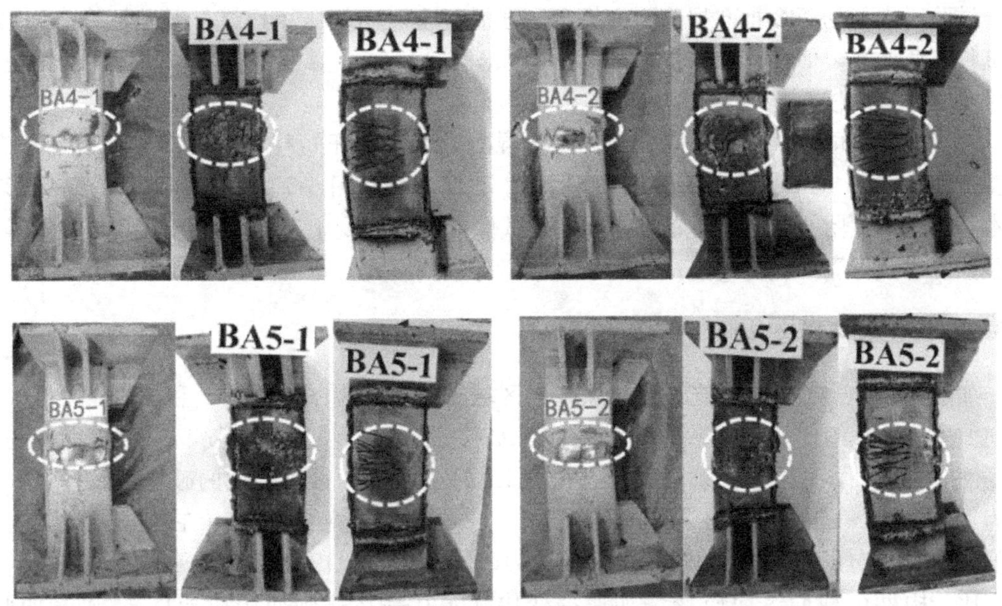

图 6-3 第 1 批短柱破坏形态（二）

图 6-4 第 2 批短柱试件破坏形态

图 6-5 第 1 批短柱试件混凝土破坏形态

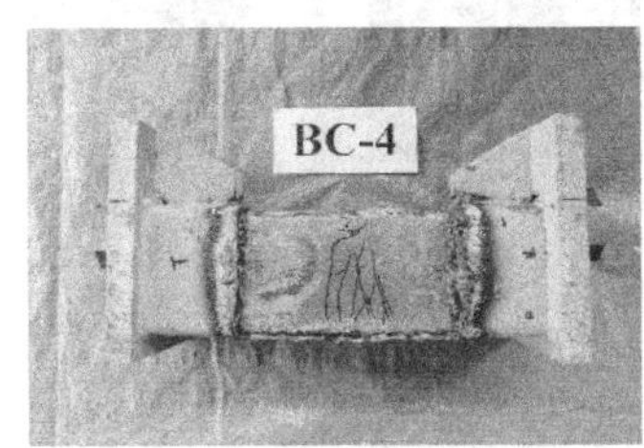

(a) BC-4受拉侧

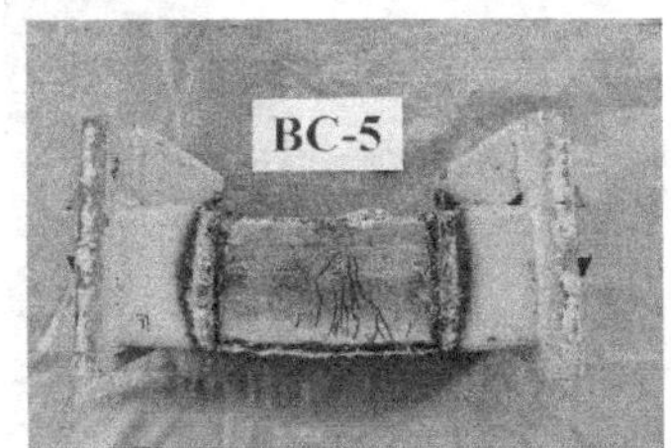

(b) BC-5受拉侧

(c) BC-6受拉侧

图 6-6 不同屈服强度试件核心混凝土破坏形态

试验所进行的第 2 批 6 根高强方钢管高强混凝土双向偏压短柱试件，破坏形态与第 1 批试件破坏形态类似，所有试件的破坏形态如图 6-4 所示。对外钢管进行电焊切割，观察受压及受拉侧的核心混凝土破坏形态。

图 6-6 为不同屈服强度高强方钢管高强混凝土双向偏压短柱核心混凝土的破坏形态。由图可知，BC-4、BC-5 及 BC-6 受压侧混凝土破坏情况与图 6-5 中受压侧混凝土破坏形态基本相同。对比图 6-6 中不同屈服强度下的试件受拉侧混凝土破坏情况可以发现，外钢管屈服强度对试件受拉侧混凝土产生的裂缝数量等影响不大。

6.3.2 长柱破坏形态

如图 6-5 所示，短柱中被压碎的混凝土区域呈三角形。对比图 6-5 和图 6-9 可见，当双向偏压柱的长细比与偏心率均较大时（LBA9-2 试件），混凝土被压碎区域横截面较为平滑［图 6-9（c）］，即混凝土被压碎状态没有 LBA2-1 和 LBA4-1 构件的破坏形态严重，原因为：与 LBA2-1 和 LBA4-1 构件相比，LBA9-2 试件卸载相对较早（在荷载下降至约为极限荷载的 80%时进行了卸载，详见图 6-15）。同时，图 6-18 将证明，偏心率恒定时增大长细比，构件中截面纵向应变增加速率变快（尤其是在达到屈服应变后），尽管如此，

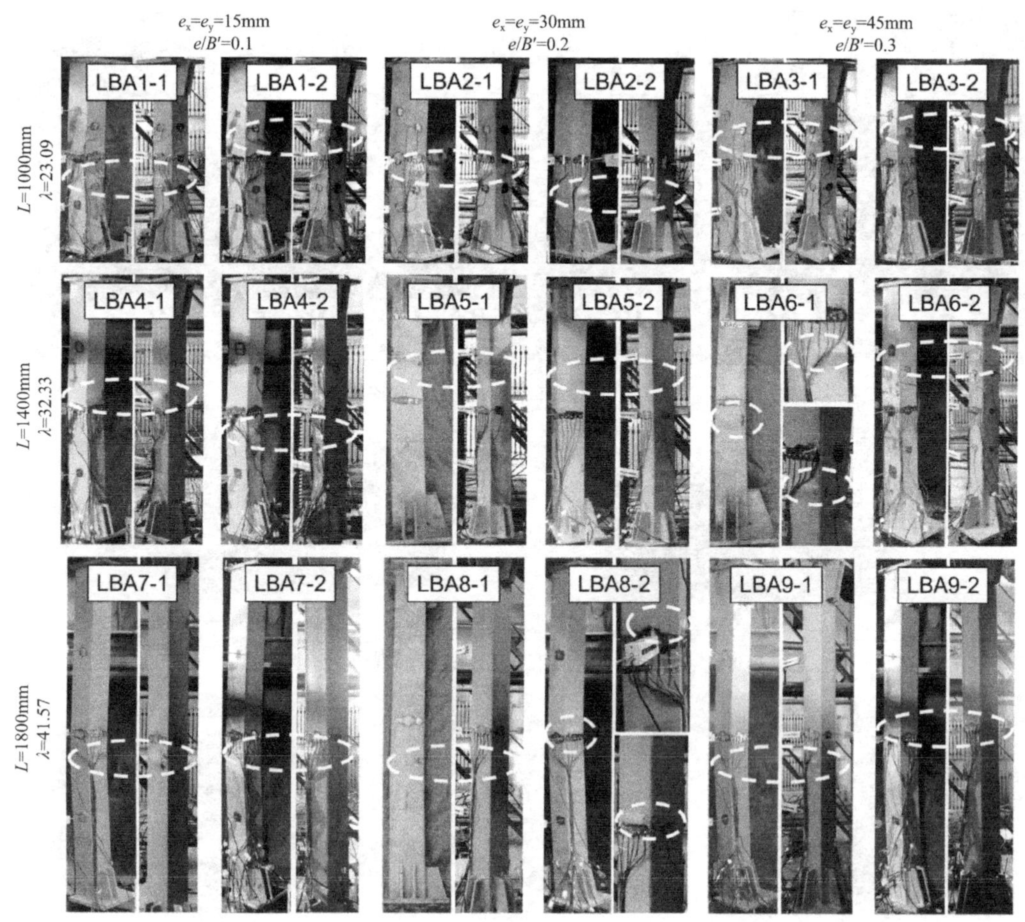

图 6-7 第 1 批长柱破坏形态

LBA9-2 试件混凝土破坏区域相对不严重也可归因为，混凝土压应力随着构件长细比的增加而减小。此外，钢管应力计算结果表明，随着构件偏心率的增大，尽管双偏压柱中截面钢管纵向应力增大，但横向应力整体呈减小趋势，说明混凝土侧向膨胀趋势越小，进而验证了上述现象。综上所述，增大构件的长细比与偏心率后，混凝土受力发生了明显变化。

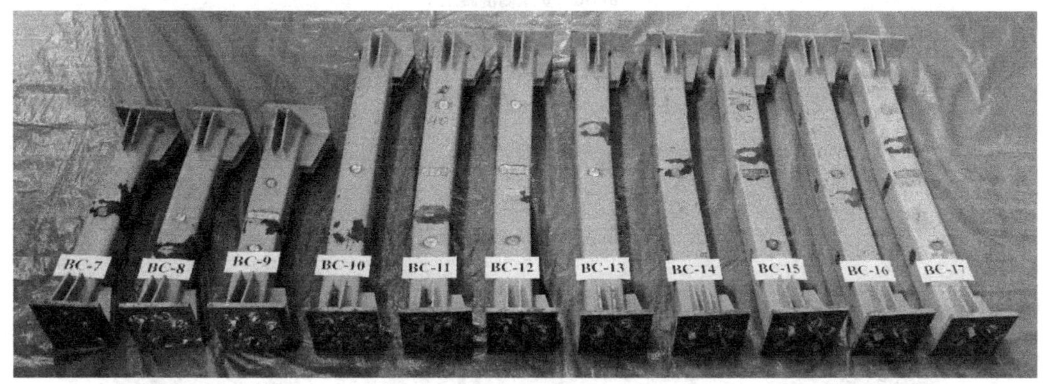

图 6-8　第 2 批长柱试件破坏形态

(a) LBA2-1　　(b) LBA4-1　　(c) LBA9-2

图 6-9　第 1 批长柱试件混凝土破坏形态

以第 2 批试件试验结果为例，进一步分析混凝土破坏形态。试验所进行的 11 根高强方钢管高强混凝土双向偏压长柱试件，除个别试件（BC-8、BC-10）外，均在柱受压侧的 1/3～1/2 高度处发生鼓曲，所有试件的破坏形态如图 6-8 所示。将外钢管进行切割，观察核心混凝土的破坏形态，比较图 6-10 所示的试件在不同长细比情况下混凝土受压侧的破坏形态，BC-12 受压侧混凝土被压碎，当长细比较小（$\lambda=23.09$）时，受压侧混凝土被压碎面积较大，且较为严重。由图 6-10（b）、（d）可知，试件在受拉侧混凝土均出现明显裂缝，且试件长细比对裂缝的形状及分布情况有明显影响，随着长细比增大，受拉侧裂缝发展更加密集，长度增大，且裂缝区域面积变大。

(a) BC-7受压侧混凝土

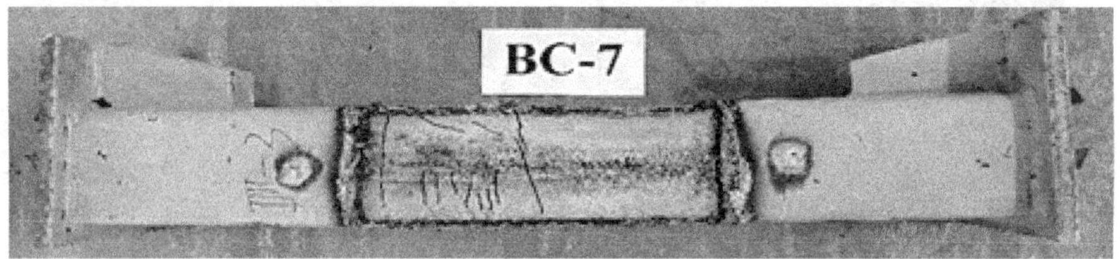

(b) BC-7受拉侧混凝土

(c) BC-14受压侧混凝土

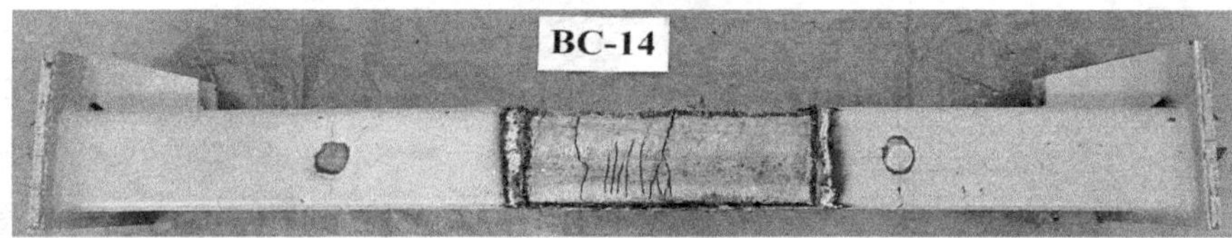

(d) BC-14受拉侧混凝土

(e) BC-12受压侧混凝土

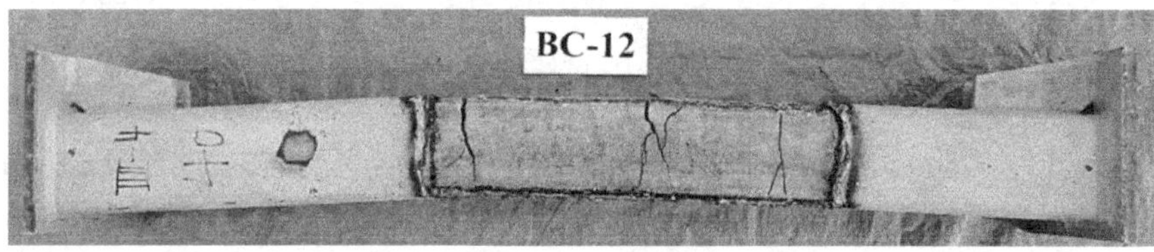

(f) BC-12受拉侧混凝土

(g) BC-15受压侧混凝土

图 6-10　第 2 批长柱核心混凝土破坏形态（一）

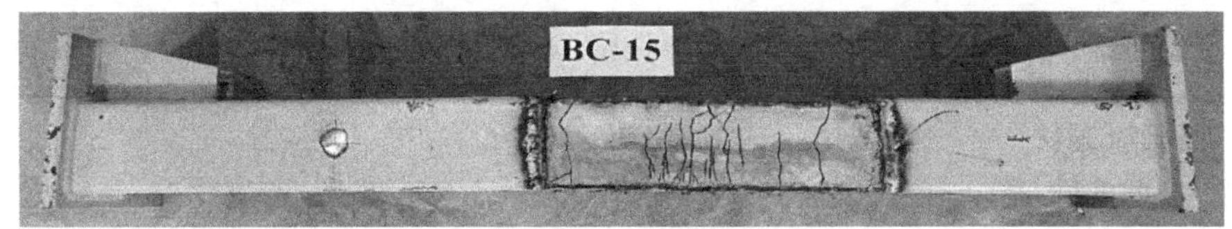

(h) BC-15受拉侧混凝土

图 6-10 第 2 批长柱核心混凝土破坏形态（二）

图 6-10（c）、（e）、（g）为试件长细比较大（λ＝34.64）时，在不同偏心率情况下受压侧混凝土的破坏情况，BC-14、BC-12、BC-15 偏心率依次增大，受压侧混凝土均被压碎，比较图 6-10（d）、（f）、（h）可知，试件受拉侧混凝土的裂缝形态及分布情况与偏心率存在较大关联。当偏心率较小时，受拉侧混凝土裂缝较稀疏，且未贯穿整个试件截面。随着偏心距的增加，受拉侧混凝土裂缝数量变多，间距逐渐变小，且当横截面对角线偏心距 e＝40mm 时，出现裂缝贯通整个截面的现象。当偏心率较大时，裂缝间隙变小，且出现多裂缝贯通混凝土截面。

6.3.3 破坏过程

以 BA1-2 试件为例，进一步阐述双偏压短柱受力过程，试件在约达到极限荷载时，受压区 S1 面钢管向外鼓曲但不明显［图 6-11（a）］；同时，试件伴随着连续混凝土压碎声；此后，随着荷载的下降，混凝土向外膨胀时对钢管产生较大的挤压力，进而受压区钢管逐渐向外鼓曲。如图 6-11（b）所示，荷载下降至－78.7%P_u 时（“－”代表荷载达到极限荷载后的下降阶段），在钢管 S1、S2 侧中截面区域存在明显钢管向外鼓曲现象。如图 6-12 所示，与双偏压短柱类似，双偏压长柱钢管向外鼓曲变形也主要在荷载下降阶段形成。

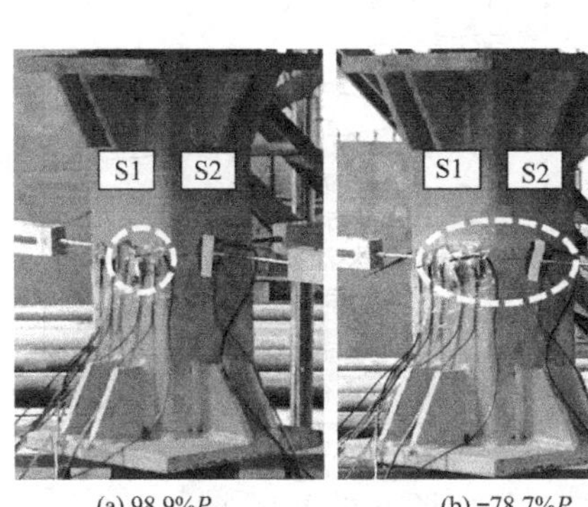

(a) 98.9%P_u (b) −78.7%P_u

图 6-11 BA1-2 加载过程

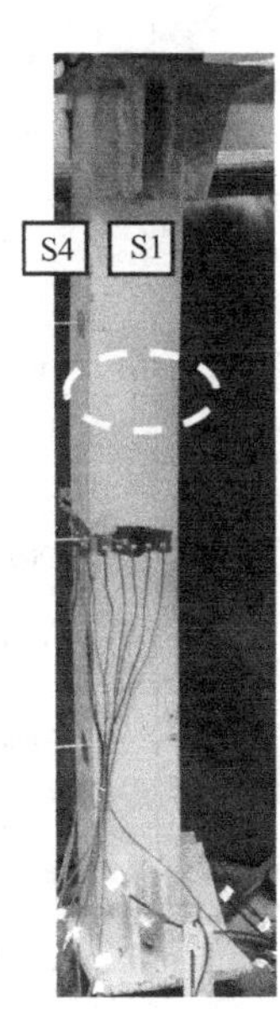

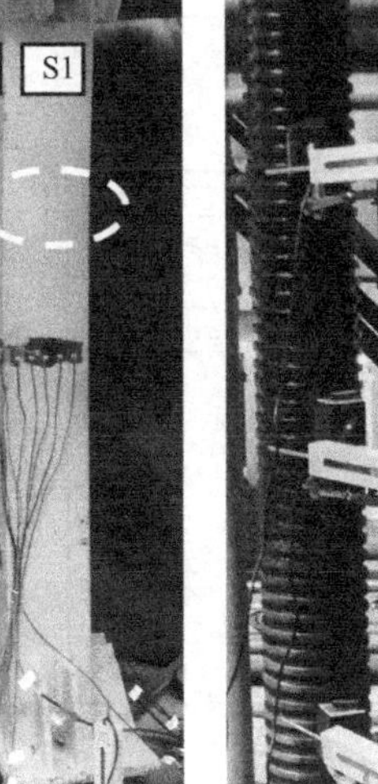

(a) −91.9%P_u (b) 卸载时

图 6-12 LBA5-2 加载过程

6.3.4 荷载-侧向挠度曲线及极限承载力分析

（1）双偏压短柱

1）第1批试件

图6-13所示为双偏压短柱试件荷载（P）-中截面侧向挠度（Δ_m）曲线，在本章研究中，Δ_m 值的定义与第5章单向偏压长柱的 Δ_m 值定义有所不同；对于双向偏压短柱和长柱，由于构件在两个主轴方向（x 轴和 y 轴）均存在偏心距［图6-1（d）］，因此，$\Delta_m=\sqrt{\Delta_x^2+\Delta_y^2}$，其中 Δ_x 和 Δ_y 分别为 x 轴和 y 轴方向构件中截面侧向挠度；试验研究时 Δ_x 和 Δ_y 数值分别由D1和D2位移计进行量测，如图6-1（b）所示。

由图6-13可见偏心率与含钢率的改变对曲线影响显著，随着偏心率的增大，曲线初始刚度与极限荷载呈减小趋势，下降段荷载随着挠度的增加缓慢减小，即曲线趋于平缓。当含钢率恒定时（$\alpha=0.116$），e/B' 每增加0.1，每组试件极限荷载平均值（$P_{u\text{-}mean}$）分别下降27.1%和24.8%，说明极限荷载降低幅度随着偏心率增大而减小。随着含钢率的增加，极限荷载越大，但曲线初始刚度变化幅度并不明显。钢管壁厚每增加1mm，$P_{u\text{-}mean}$ 提高10.0%～12.8%。

2）第2批试件

图6-14为6根高强方钢管高强混凝土双向偏压短柱试验测得的荷载-中截面挠度曲线，图中 P_u 为各试件的峰值承载力，Δ_u 为峰值承载力对应的中截面挠度。

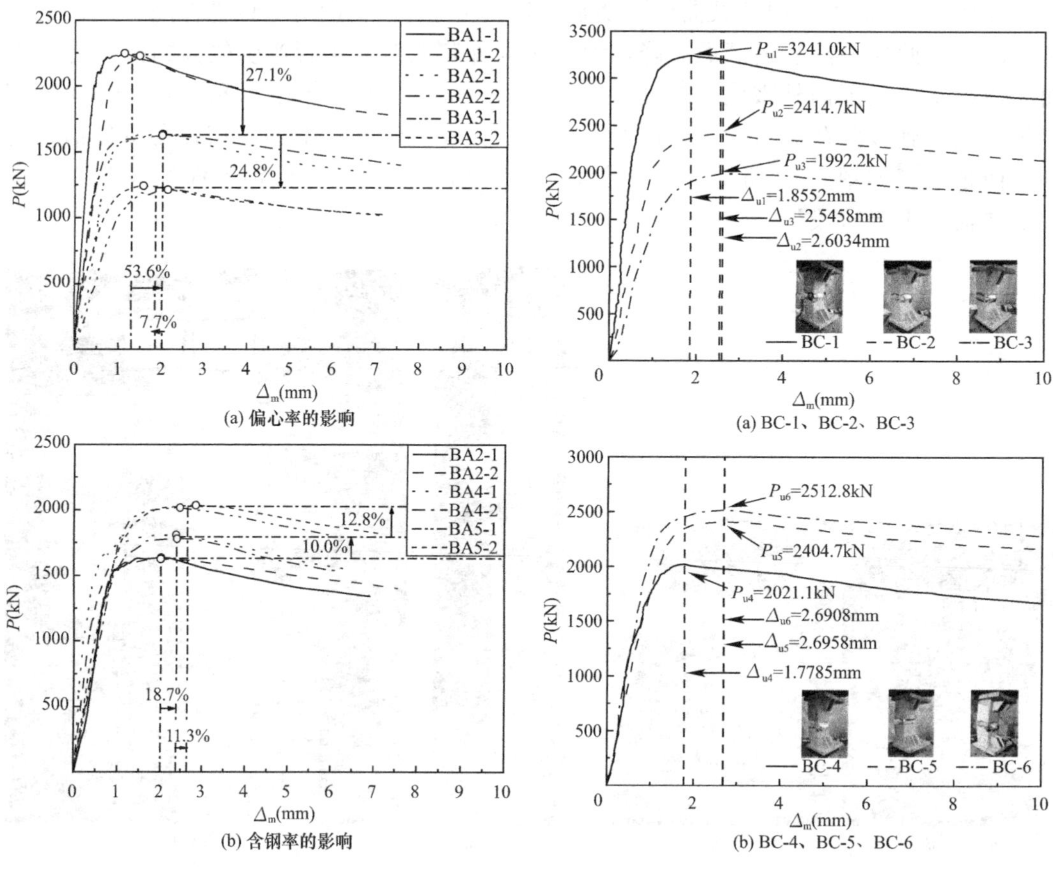

图6-13　第1批短柱 P-Δ_m 曲线

图6-14　第2批短柱 P-Δ_m 曲线

在加载初期，所有试件的 P-Δ_m 曲线均呈线性上升趋势，且试验件处于线弹性的工作状态。当接近试件的峰值承载力时，中截面挠度增加速度变快，试件出现明显刚度减小的现象。峰值荷载后，构件承载力下降速率较小，但中截面挠度迅速增大，在受力的整个过程中构件表现出较好的延性。当承载力下降至极限承载力的80%左右时，由于试件产生较大的侧向挠度，继续加载可能会有安全隐患，故停止加载。由图 6-14（a）可以看出，施加荷载的偏心率越大构件的极限承载力下降较多，初始刚度也逐渐降低。偏心率越大的构件在达到峰值荷载后，下降段速率越小，构件耗能能力越优异。从图 6-14（b）中可以看出试件的峰值荷载随 f_y 的增加而增大，构件的初始刚度随着 f_y 的增大而逐渐提高。

（2）双偏压长柱

1）第 1 批试件

图 6-15 所示为双偏压长柱荷载（P）-中截面侧向挠度（Δ_m）曲线，其中，Δ_m 计算方法与上述双偏压短柱 Δ_m 值计算方法相同。同时，将各组试件极限荷载及其对应的侧向挠度平均值（$P_{u\text{-mean}}$和 $\Delta_{u\text{-mean}}$）的变化标注在了图中。与增加单向偏压长柱的偏心率试验结果(图 5-10)类似，在二阶效应的影响下，随着构件长细比的增大，P-Δ_m 曲线下降段趋于平缓。当构件长度（L）由 1000mm（λ=23.09）增加至 1400mm（λ=32.33），并由 1400mm 增加至 1800mm（λ=41.57）时，$P_{u\text{-mean}}$下降 3.1%～9.0%，$\Delta_{u\text{-mean}}$增加 50.4%～131.6%。

进一步分析数据表明，当 λ 由 23.09 增加至 32.33，$P_{u\text{-mean}}$下降幅度随着 e/B'增加而减小；然而，当 λ 由 32.33 增加至 41.57，$P_{u\text{-mean}}$下降幅度呈现相反变化趋势，说明当 λ 较大时，增大构件偏心率会加速极限荷载的下降，主要与二阶效应的影响有关。同时，与e/B'=0.2～0.3 的构件相比，当偏心率相对较小时（e/B'=0.1），随着 λ 的增加，$\Delta_{u\text{-mean}}$增加幅度相对显著（73.4%～131.6%）；且 λ 相对较小时（由 23.09 增加至 32.33），$\Delta_{u\text{-mean}}$增加幅度最大(131.6%)。上述现象主要与构件的受力状态有关，如图 6-15 所示，在 e/B'相对较小时（e/B'=0.1），凸侧钢管在初始受力阶段为受压状态，随着荷载增加逐渐由受压转变为受拉状态，因此 e/B'=0.1 的构件在整个受力过程中，钢管的材料强度及延性性能未能充分发挥；而 e/B'和 λ 相对较大时（e/B'=0.3、λ=41.57），尽管钢管材料性能得到充分发挥（LBA9-1 试件极限荷载时受拉侧钢管纵向应变 SG1 实测数值达到 1.55 倍的钢材屈服应变），但二阶效应对构件极限荷载的影响十分显著。此外，根据试验结果计算得到，e/B'每增加 0.1，$P_{u\text{-mean}}$下降 23.3%～28.6%且下降幅度随着 e/B'的增加而减小。

2）第 2 批试件

图 6-16 为 11 根高强方钢管高强混凝土双向偏压长柱试验测得的荷载-中截面挠度曲线，图中 P_u 为各试件的极限承载力，Δ_u 为极限承载力对应的中截面侧向挠度。

在双向偏压荷载的加载初期，所有偏压长柱试件的 P-Δ_m 均呈线性上升趋势，试件整体呈线弹性受力状态。当荷载达到峰值荷载的 80%左右时，P-Δ_m 关系曲线出现拐点且有明显减小，说明试件刚度逐渐降低，开始进入第二特征受力阶段。当即将达到峰值荷载时，构件侧向挠度迅速增大，承载力增大较为缓慢，在达到最大承载能力之后，P-Δ_m 曲线开始进入第三特征阶段，由试验现象可知，构件承载能力下降的原因是受压侧核心混凝土被压碎，受拉侧混凝土裂缝开展等原因，当荷载进一步增大，由于构件发生弹塑性破坏，承载力迅速减小。由图 6-16 可知，试件的峰值荷载随着偏心率的增大而显著降低，随着 λ 的增大而迅速减小，随着 f_y 的增大而逐渐提高。试件弹性阶段刚度随着偏心率及 λ

的增大而迅速变小，随着 f_y 的增大基本无影响。

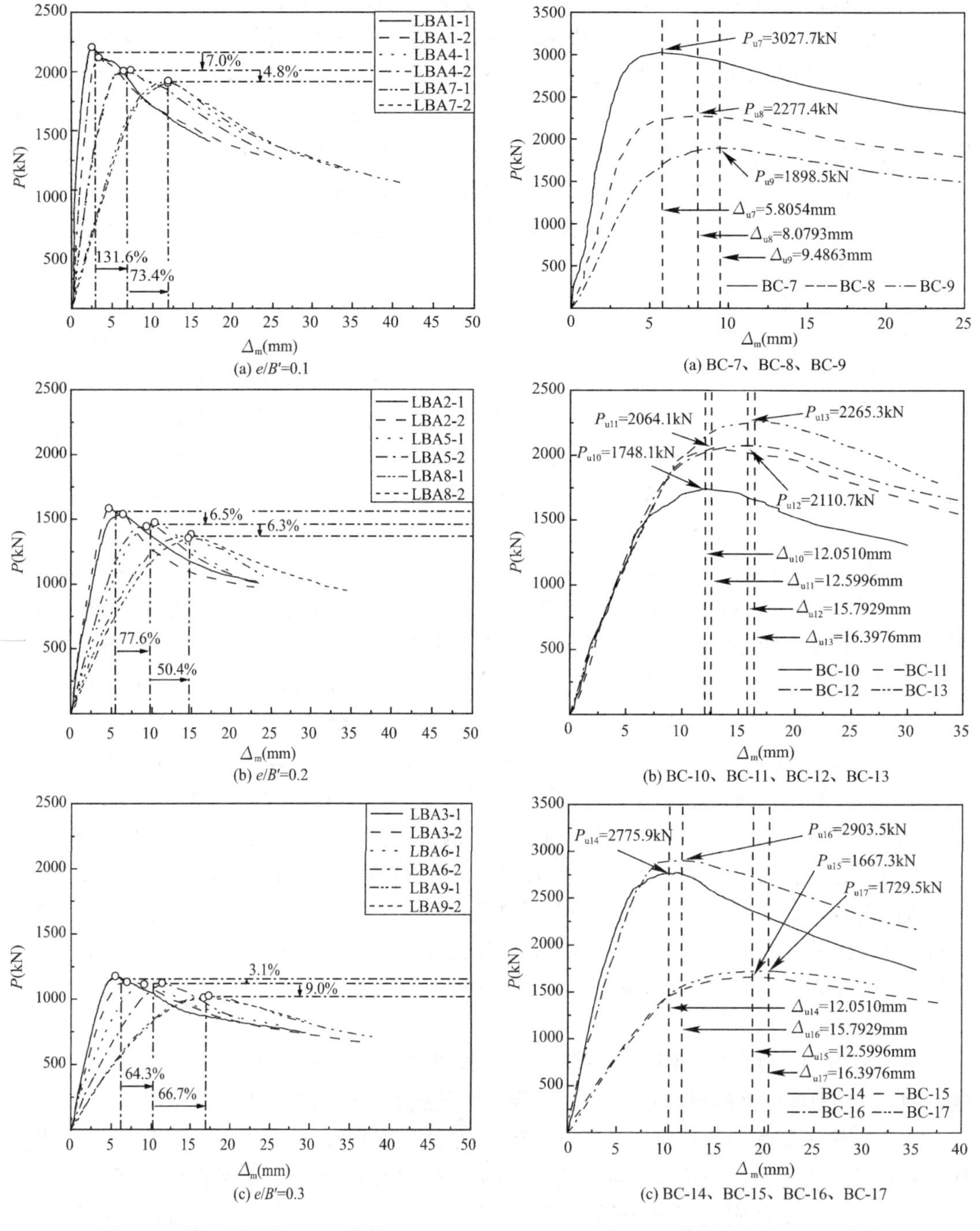

图 6-15　第 1 批长柱 P-Δ_m 曲线

图 6-16　第 2 批长柱 P-Δ_m 曲线

6.3.5　应变发展

（1）双偏压短柱

如图 6-17 所示，增大双偏压短柱的含钢率，构件荷载-纵向应变曲线（P-ε）初始刚度小幅度增加。而与含钢率的影响相比，偏心率对荷载-应变曲线初始刚度影响更为显著，因为偏心率显著影响应变的增长速率。在构件整个受力过程中，受压侧纵向应变增长速率大于受拉侧纵向应变增长速率，但当构件偏心率相对较大时（如 BA3-1 试件），该现象变得不明显。

试件达到极限荷载时，所有试件受压侧钢管已发生屈服，根据受拉侧钢管最大纵向应变（SG1）数值，可将双向偏压短柱受力状态分为受压、弹性、弹塑性、塑性四个受力状态。在各试件达到极限荷载时，偏心率相对较小的 BA1-1 试件处于弹性状态；而偏心率相对较大的 BA2-1 及 BA3-1 试件均处于塑性状态。可见随着构件偏心率的增大，钢管纵向应变增长变快，则各试件钢管受拉侧塑性逐渐得到发挥且越早发生屈服。BA2-1 及 BA3-1 试件受拉侧在整个受力过程中为受拉状态，而 BA1-1 试件受拉侧（凸侧）在加载初期为受压状态，且在构件达到极限荷载前，受拉侧（凸侧）逐渐由受压转变为受拉状态。

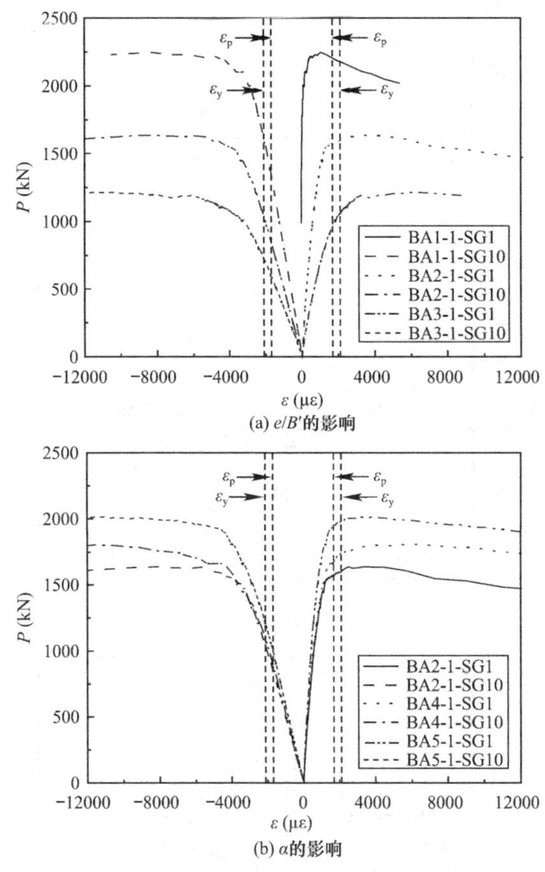

图 6-17　e/B' 和 α 对 P-ε 曲线的影响

（2）双偏压长柱

汇总各双偏压长柱试件 SG1 和 SG10 应变值来进一步分析偏心率与长细比对荷载-纵向应变（P-ε）曲线的影响，由图 6-18 可见，与受拉侧纵向应变相比，受压侧纵向应变增长更显著，而随着偏心率的增加，该现象逐渐不明显，此现象与上述双偏压短柱试验结果类似。LBA1-1、LBA4-1、LBA7-1（$e/B'=0.1$）试件在达到极限荷载时测点 1（图 6-1）

处于弹性受拉状态。而随着偏心率的增加，$e/B'=0.2$ 的试件在达到极限荷载时测点 1 应变值（SG1）接近或大于钢材屈服应变；当 $e/B'=0.3$ 时，各试件 SG1 均大于钢材屈服应变。本书第 5 章研究已证明，对于单向偏压柱，在构件达到极限荷载前，随着偏心率和长细比的增加，构件荷载-中截面纵向应变曲线斜率有所下降，该结论同样适用于双向偏压长柱，如图 6-18 所示。由于在试验研究中，各试件在沿柱高不同位置处发生钢管鼓曲，因此在构件达到极限荷载后纵向应变变化规律并不明显。

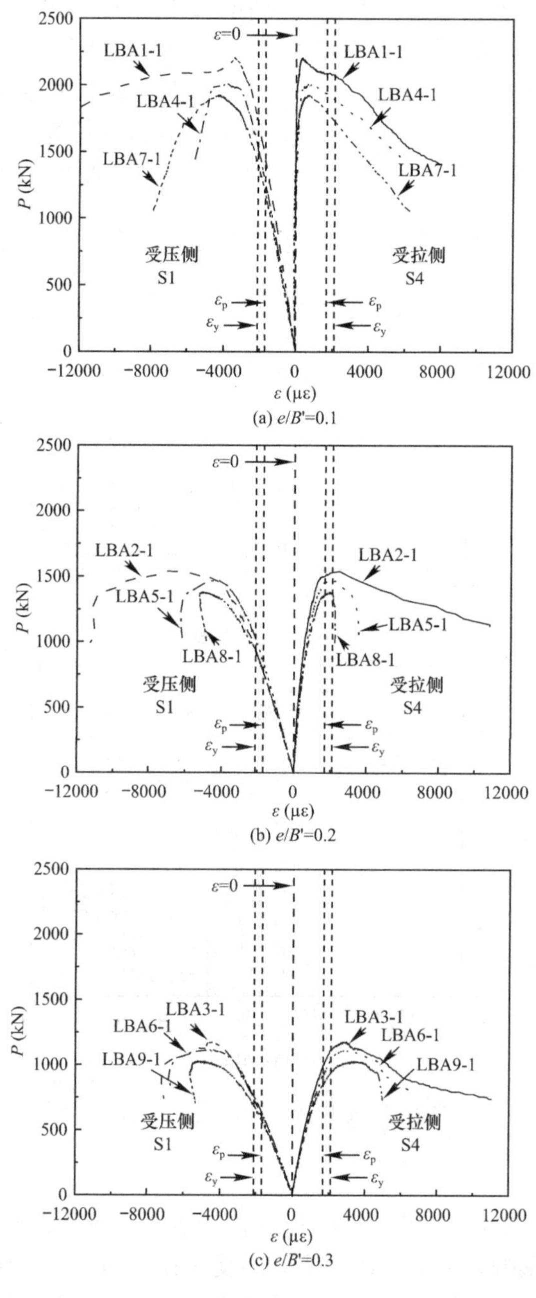

(a) $e/B'=0.1$

(b) $e/B'=0.2$

(c) $e/B'=0.3$

图 6-18　λ 及 e/B' 对 P-ε 曲线影响

6.4 数值模型建立与验证

6.4.1 模型建立

双向偏压短柱与长柱采用相同的建模方法，以短柱为例，图 6-19 给出了双向偏压短柱有限元建模过程。应用 ABAQUS 进行建模，钢管、混凝土、盖板、肋板均采用实体单元（C3D8R）；钢管与混凝土之间接触关系采用摩擦系数为 0.6 的“Friction”接触与“Hard”接触来分别模拟两者之间的摩擦力与挤压力；盖板与混凝土之间接触关系设置为“Hard”接触，与钢管和肋板采用“Tie”连接。与单向偏压长柱数值模型相同，对加载方式进行了简化，将盖板弹性模量及泊松比分别设置为 1×10^{12} MPa 和 0.001。将柱顶加载点耦合在加载线上并释放柱顶加载线的 U3、UR1、UR2 自由度，同时释放柱底 UR1 与 UR2 自由度，通过向柱顶加载点施加竖向位移荷载进行加载。

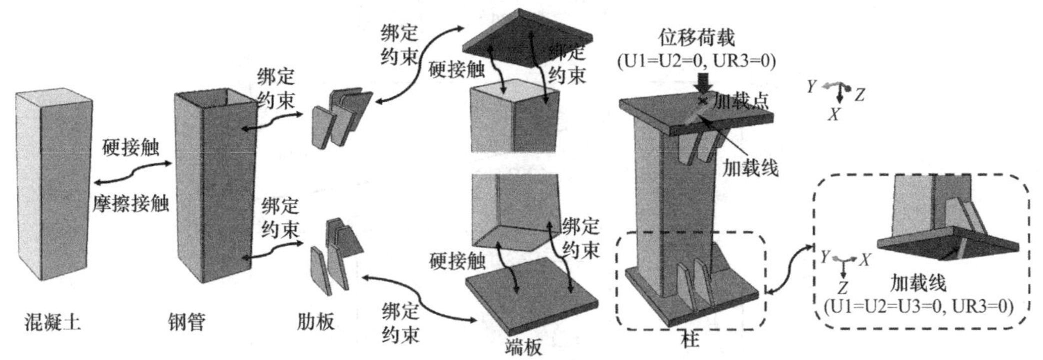

图 6-19　双偏压柱模型建立

6.4.2 本构关系

钢材本构关系采用二折线本构关系，强化阶段斜率为弹性阶段斜率的 0.01 倍，本构方程表达式及 f_y 与 f_u 之间的比例关系等详见第 2.5 节。混凝土受压本构方程采用韩林海教授提出的本构方程，混凝土受压与受拉本构方程表达式、塑性损伤参数、强度转化关系等详见第 2.6 节。

6.4.3 模型验证

以第 2 批双向偏压长柱数值计算结果与试验结果对比情况为例来阐述模型验证过程。图 6-20 为试验与数值模拟结果的对比，其中 P_{FEA} 为模拟峰值荷载，P_u 为试验实际测得试件的峰值荷载，Δ_{FEA} 为模拟提取的当试件达到最大承载能力时的中截面挠度，Δ_u 为试验实际测得的试件达到最大承载力时的挠度。通过对比图中两曲线可知，试件的加载初期刚度、极限承载力以及达到极限承载力时中截面挠度均吻合较好，极限承载力过后，试件整体下降段曲线同样吻合较好。

表 6-5 为试验测得峰值荷载与理论模拟峰值荷载结果对比情况，从表中可以看出，11 根高强方钢管高强混凝土双向偏压长柱试件试验实测与有限元分析得出极限承载力差值最大

为 3.81%，最小为 0.03%，由此可见两者吻合较好。综上所述，试验得到的结果可以较好地验证 ABAQUS 有限元分析模型的正确性及准确性，因此为高强方钢管高强混凝土双向偏压长柱有限元模型中各部件的应力分布情况分析，以及试件的变参数分析提供了试验依据。

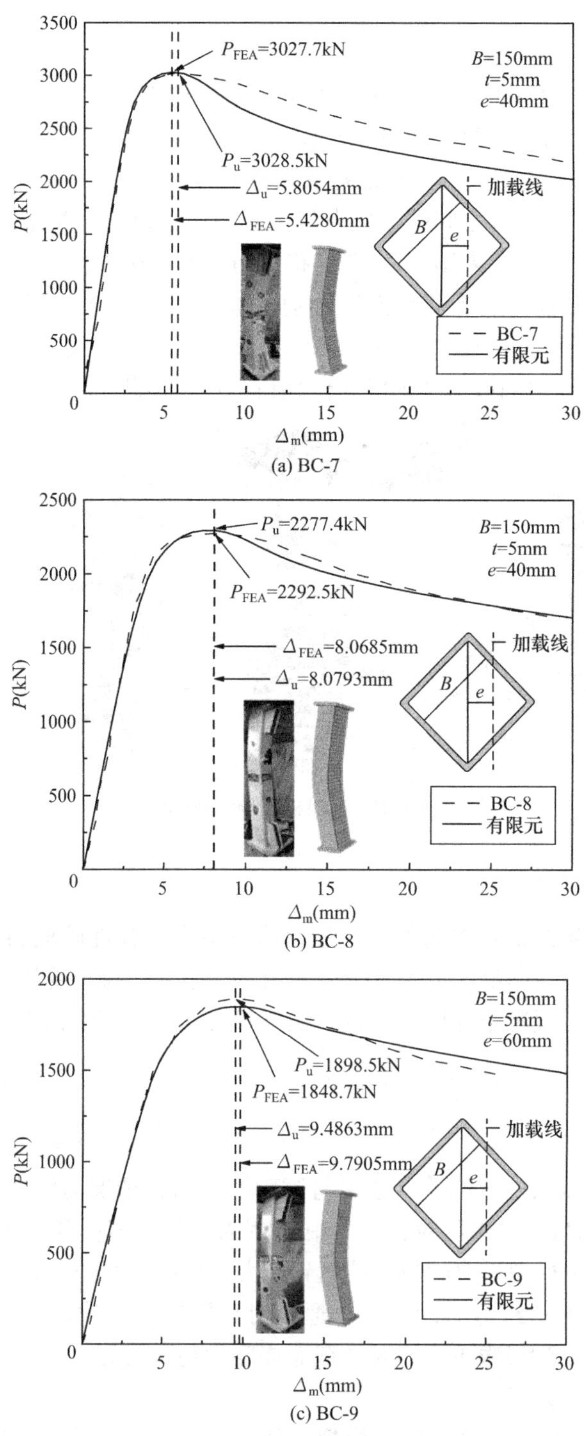

图 6-20 试验和有限元计算结果对比（一）

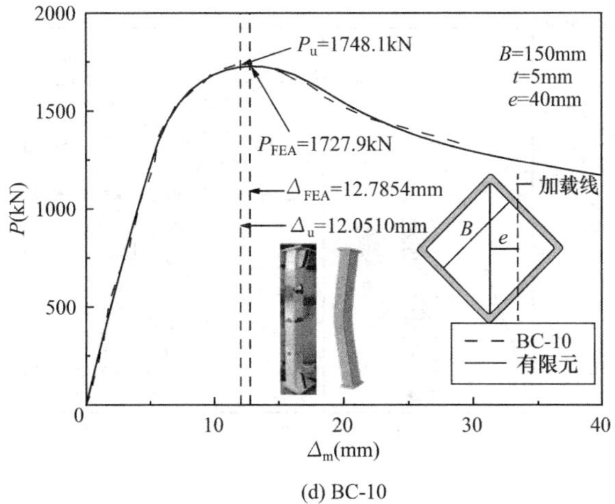

(d) BC-10

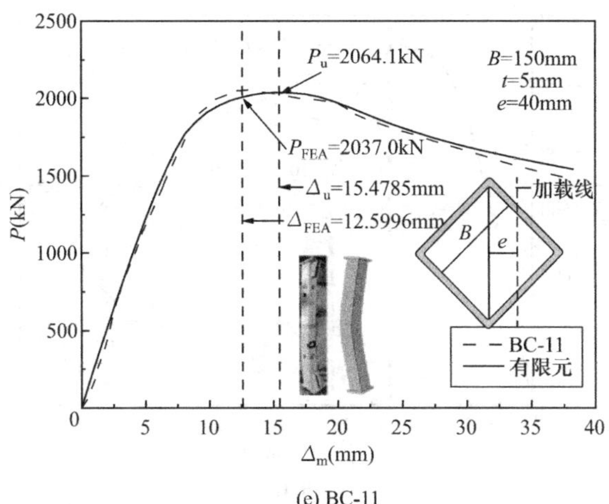

(e) BC-11

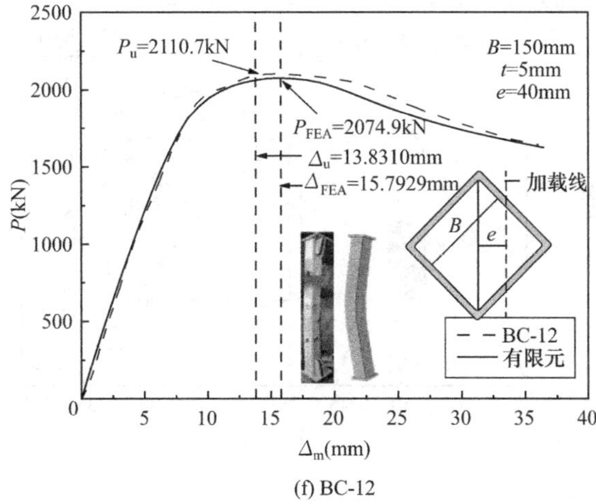

(f) BC-12

图 6-20 试验和有限元计算结果对比（二）

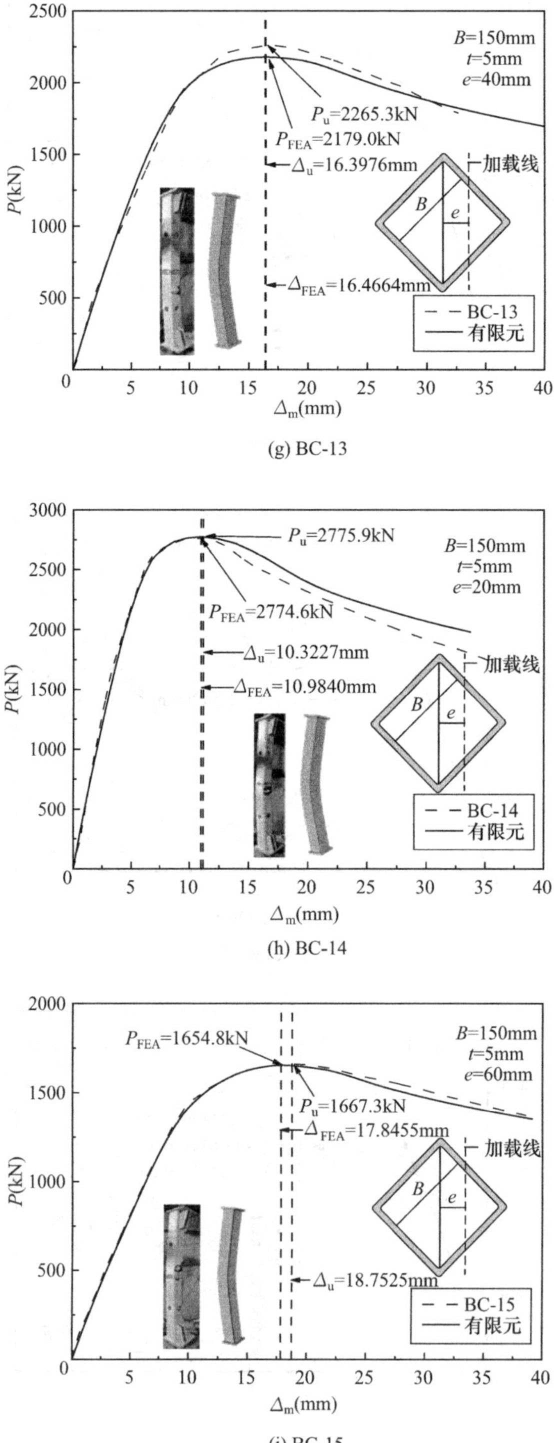

(g) BC-13

(h) BC-14

(i) BC-15

图 6-20　试验和有限元计算结果对比（三）

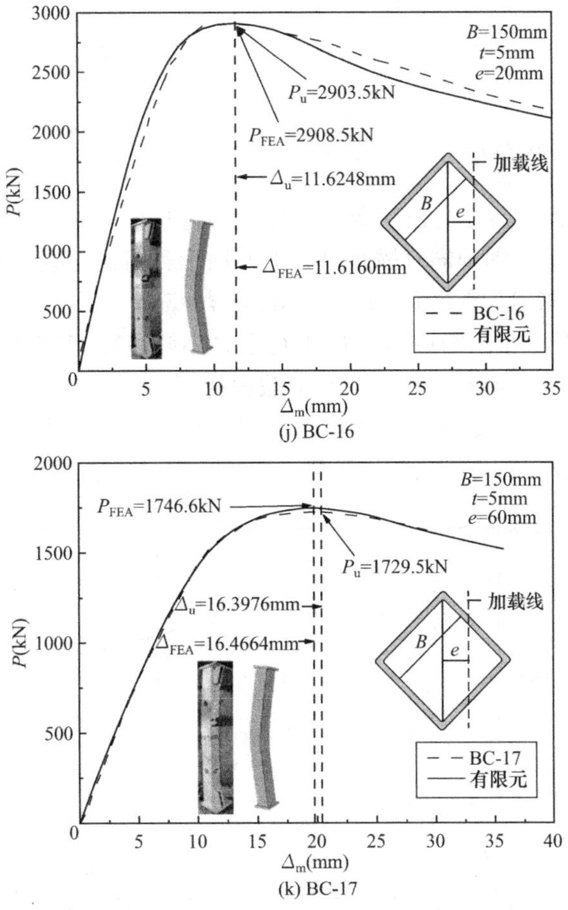

(j) BC-16

(k) BC-17

图 6-20　试验和有限元计算结果对比（四）

试验与模拟承载力结果对比　　**表 6-5**

试件编号	B（mm）	t（mm）	L（mm）	λ	P_{FEA}（kN）	P_u（kN）	差值（kN）	差值/试验
BC-7	150	5	1000	23.09	3027.7	3028.5	0.8	0.03%
BC-8	150	5	1000	23.09	2292.5	2277.4	15.1	0.66%
BC-9	150	5	1000	23.09	1848.7	1898.5	49.8	2.62%
BC-10	150	5	1500	34.64	1727.9	1748.1	20.2	1.16%
BC-11	150	5	1500	34.64	2037.0	2064.1	27.1	1.31%
BC-12	150	5	1500	34.64	2074.9	2110.7	35.8	1.70%
BC-13	150	5	1500	34.64	2179.0	2265.3	86.3	3.81%
BC-14	150	5	1500	34.64	2774.6	2775.9	1.3	0.05%
BC-15	150	5	1500	34.64	1654.8	1667.3	12.5	0.75%
BC-16	150	5	1500	34.64	2908.5	2903.5	5.0	0.17%
BC-17	150	5	1500	34.64	1746.6	1729.5	17.1	0.99%

注：B 为方钢管外边长；t 为外钢管壁厚；L 为钢管混凝土柱高度；λ 为构件长细比（取 $2\sqrt{3}L/B$）；P_{FEA}为有限元模拟构件极限承载力；P_u 为试验测得构件极限承载力。

6.5 工作机理

6.5.1 受力阶段全过程分析

选定 BC-12 为高强方钢管高强混凝土长柱的典型构件。如图 6-21 为典型构件 BC-12 的荷载-中截面挠度曲线，图中同时描述出高强方钢管和高强混凝土所承担的荷载-中截面挠度曲线。典型构件 BC-12 参数为：B=150mm、t=5mm、L=1500mm、f_{cu}=110MPa、f_y=811.10MPa（为便于推广与应用，f_{cu}进行了微小调整）。表 6-6 为各特征点下典型构件分别承担荷载比例，结合典型构件荷载-中截面挠度曲线以及部件承担荷载的比例，将高强方钢管高强混凝土长柱受力全过程中定义了四个特征点，并将受力全过程分为以下四个特征阶段进行详细研究，分别为弹性阶段、弹塑性阶段、塑性强化阶段、下降阶段。

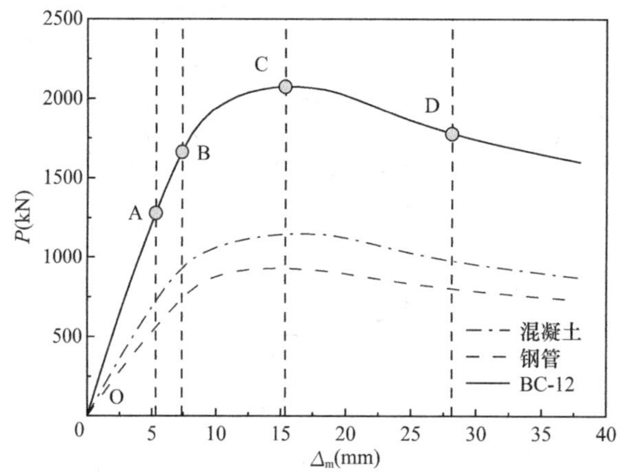

图 6-21 典型构件荷载-中截面挠度曲线

各个特征点下典型构件分担荷载比例 **表 6-6**

	特征点 A	特征点 B	特征点 C	特征点 D
高强混凝土	56.38%	55.76%	55.25%	54.95%
高强方钢管	43.62%	44.24%	44.75%	45.05%

（1）弹性阶段（OA）：此阶段高强方钢管及高强混凝土分别独立承担荷载，构件整体处于弹性状态，构件的荷载-中截面挠度曲线以及各部件分别承担的荷载-中截面挠度曲线均呈线性增长，当达到特征点 A 时，方钢管受压侧弯角区外侧纤维应力达到钢材的比例极限，此时高强混凝土分担总荷载的 56.38%，高强方钢管承担 43.62%。

（2）弹塑性阶段（AB）：此阶段方钢管与核心混凝土之间产生相互作用，钢材进入非线性，但未达到屈服状态。核心混凝土出现软化现象，其分担的荷载-中截面挠度曲线斜率有明显减小。当达到特征点 B 时，方钢管受压弯角区压应力大小达到屈服临界点，试件开始进入屈服状态，此时高强混凝土分担总荷载的 55.76%，高强方钢管承担 44.24%。在弹塑性受力阶段随着竖向位移的逐渐增大，高强方钢管与高强混凝土分别承担的荷载比例基本保持不变。

（3）塑性强化阶段（BC）：此阶段方钢管进入塑性受力特征的面积不断增大，高强钢材承担荷载-中截面挠度曲线出现减小趋势，高强混凝土的软化现象更加明显，混凝土所承担的荷载-中截面挠度曲线逐渐趋于水平，当达到特征点 C 时，高强混凝土达到极限强度，此时混凝土承担总荷载的 55.25%，方钢管承担总荷载的 44.75%，此时构件达到极限承载力 P_u=2075.08kN。

（4）下降阶段（CD）：此阶段试件随着中截面挠度增大承载力迅速降低，由于受压区混凝土被压碎，受拉区混凝土裂缝开展等原因，导致混凝土所承担的荷载-中截面挠度曲线呈下降趋势。由于试件中截面挠度过大导致整体失稳，使得方钢管所承担的和混凝土所承担的荷载随中截面挠度的增大而减小。试件在 D 点时下降至 0.85P_u，此时混凝土承担总荷载的 54.95%，方钢管承担总荷载的 45.05%。

高强方钢管高强混凝土双向偏压长柱在受力全过程中，高强混凝土所承担的荷载始终比高强方钢管所承受的荷载大，约为 0.1P_u，且两者在受力全过程中所承担的荷载比例变化较小，高强混凝土约承担 55%，高强方钢管约承担 45%。

6.5.2 不同构件混凝土中截面纵向应力分析

图 6-22 为高强方钢管高强混凝土双向偏压长柱各试件到达极限承载力即特征点 C 时，核心混凝土的 1/2 高度处竖向应力（S33）分布云图。比较图 6-22（a）、（b）、（c）可知，在不同加载偏心率下，当长柱构件的加载偏心率较小时（BC-7），当构件达到峰值荷载时，仅在核心混凝土受拉侧弯角区出现拉应力且面积较小，拉应力为 5.743MPa。随着偏心率的增大，当试件达到极限承载力时，核心混凝受拉侧面积逐渐增大，因受拉侧混凝土裂缝开展，最大拉应力呈下降趋势（BC-8 构件为 4.984 MPa、BC-9 构件为 4.786 MPa），混凝土受压侧最大应力随偏心率的增大而减小，BC-7、BC-8、BC-9 最大压应力依次为 185.9MPa、183.9MPa、154.2MPa，构件 1/2 高度处截面的中性轴向加载线方向偏移。比较图 6-22（d）、（e）、（f）、（g）可知，在钢材强度依次为 553.73MPa、780.75MPa、811.1MPa、895.74MPa 时，试件达到峰值荷载时处 1/2 高度处截面核心混凝土 S33 分布情况大致相同，试件 BC-10、BC-11、BC-12 和 BC-13 受拉侧最大拉应力分别为 5.254MPa、5.197MPa、5.181MPa 和 5.144MPa 基本相同，受压侧最大压应力分别为 109.1MPa、152.3MPa、160.6MPa、173.7MPa，核心受拉侧面积以及中性轴位置基本相同，可以看出钢材屈服强度对试件达到峰值荷载时 1/2 高度处截面核心混凝土 S33 大小及云图的发展情况影响较小，而对于核心混凝土最大压应力随钢材强度的提高逐渐增大。

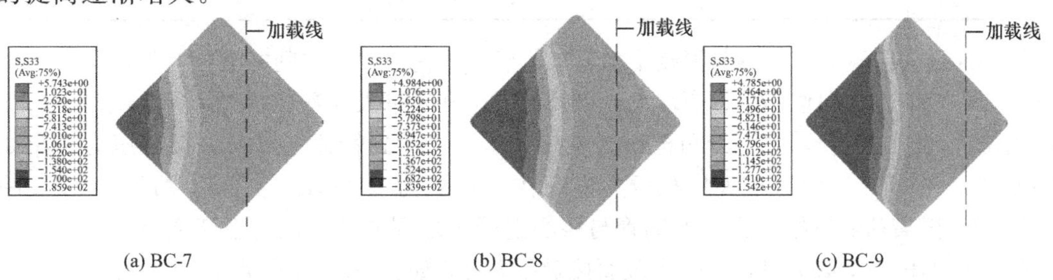

(a) BC-7　　(b) BC-8　　(c) BC-9

图 6-22 不同试件 1/2 高度截面混凝土 S33 分布（一）

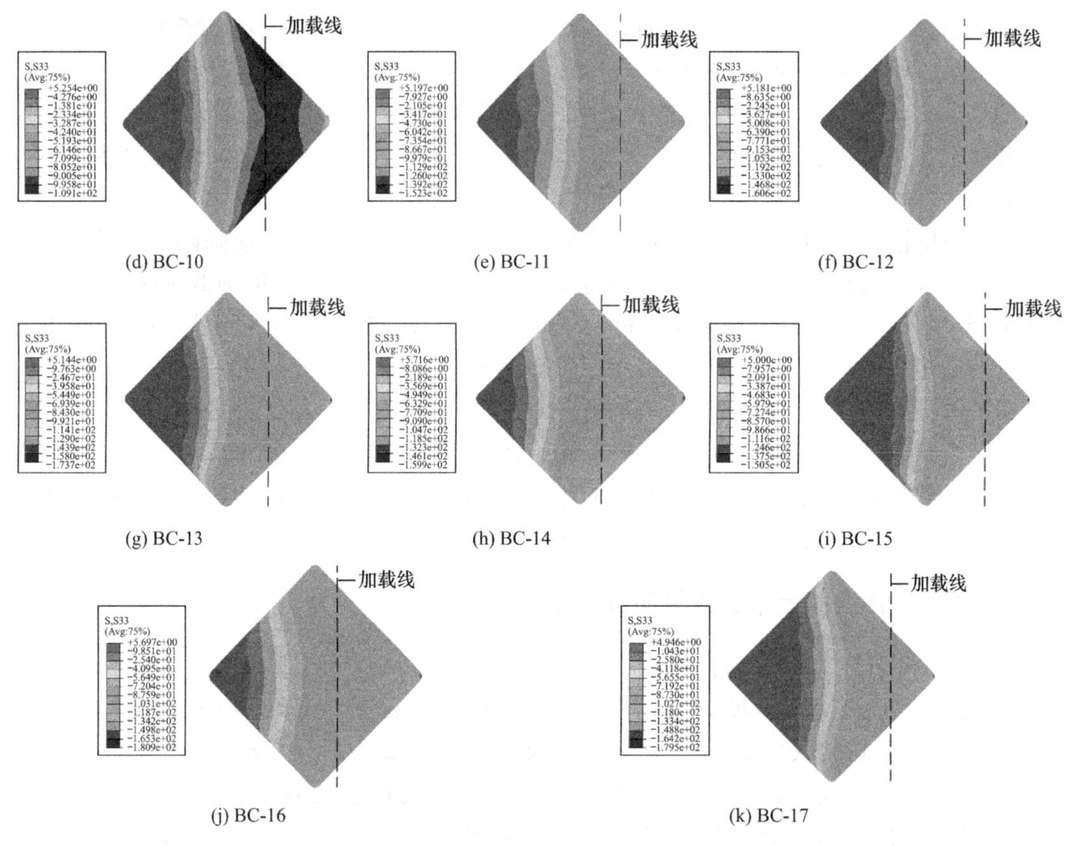

图 6-22 不同试件 1/2 高度截面混凝土 S33 分布（二）

6.5.3 接触压力分析

为方便分析试件中截面接触压力分布情况，以 BC-2 构件为例，选取五个位置进行描述，如图 6-23（a）所示。由图 6-23 和表 6-7 可知，方钢管对核心混凝土侧向变形的限制作用主要集中在弯角区域即 1、3、5 位置，平板区域即 2、4 位置集中应力较小。

钢管与混凝土的接触压力 **表 6-7**

试件编号	特征点	1 位置（MPa）	2 位置（MPa）	3 位置（MPa）	4 位置（MPa）	5 位置（MPa）
BC-2	B	0	0.05	0.4	0	2.38
	C	8.26	0.1	28.32	0	18.09
	D	33.33	2.38	67.24	0	85.88

弹性受力阶段时，钢管与混凝土独自承担竖向载荷，两者之间并无相互作用，故接触压力为零，随着竖向位移的逐渐增大，钢管混凝土开始进入弹塑性状态，核心混凝土的横向泊松比大于方钢管，方钢管角部最先发生接触，当达到特征点 B 时，接触压力分布如图 6-23（b）所示，此时最大接触压力出现在 5 位置为 2.38MPa，是 3 位置 0.4MPa 的 5.95 倍。随着荷载继续增大，方钢管与核心混凝土之间的接触压力也随之增大，当达到特征点 C 即极限承载力时，构件中截面接触压力分布如图 6-23（c）所示，此时最大接触压力出现在 3 位置为 28.32MPa，是 5 位置 18.09MPa 的 1.57 倍，是 1 位置 8.26MPa 的 3.43

倍。当构件承载力下降达到特征点D时，各位置接触压力均有所增大，此时最大接触压力出现在5位置为85.88MPa，为0.78倍的混凝土极限抗压强度，是3位置67.24MPa的1.28倍，是1位置33.33MPa的2.58倍。

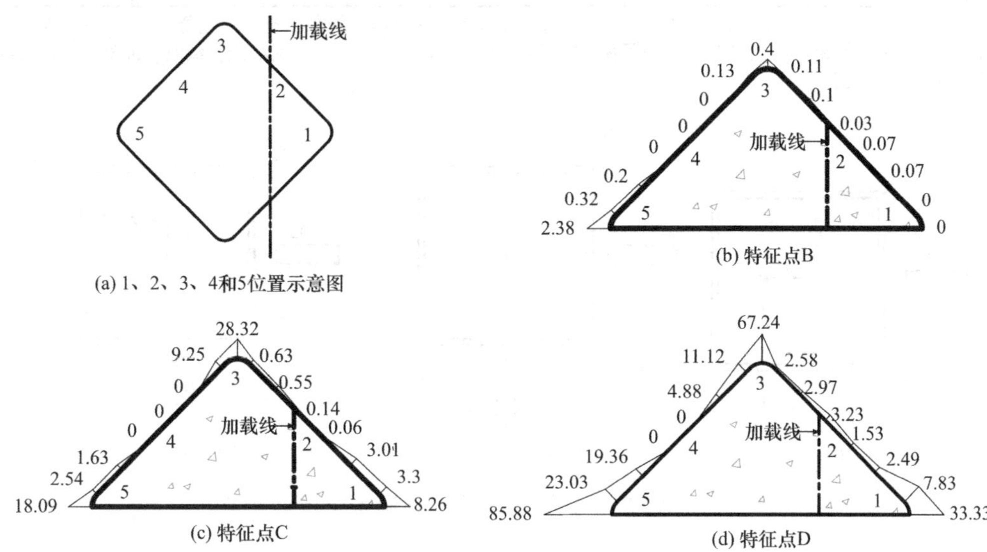

图6-23　各特征点下混凝土接触压力分布

6.6　单向与双向偏压长柱力学性能对比

6.6.1　荷载-侧向挠度曲线

基于数值模拟，建立9个数值模型（表6-8），各模型基本参数（几何尺寸与材料强度）相同，仅偏心距不同。模型参数为 $B=150\text{mm}$，$t=5\text{mm}$，$L=1500\text{mm}$，$f_y=460\text{MPa}$，$f_{cu}=110\text{MPa}$。将该模型分为Ⅰ、Ⅱ、Ⅲ三类，以15DP、15DI、15SP模型为例，将其三种类型示意图绘制于图6-24，图中尺寸单位为mm，为便于观察与对比，将图6-24中部分尺寸比例进行了放大，数值模型力学性能对比结果见图6-25。

单向偏压与双向偏压长柱参数　　**表6-8**

模型编号	e_x（mm）	e_y（mm）	e（mm）	P_c/P_F	P_F（kN）	M_p（kN·m）	类型
M15DP	15	0	$e=e_x=15$	60.88%	2327.71	55.64	Ⅰ
M15DI	$15/\sqrt{2}$	$15/\sqrt{2}$	15	60.83%	2362.64	56.63	Ⅱ
M15SP	15	15	$15\sqrt{2}$	62.06%	2126.16	68.25	Ⅲ
M75DP	75	0	$e=e_x=75$	74.84%	1139.16	102.56	Ⅰ
M75DI	$75/\sqrt{2}$	$75/\sqrt{2}$	75	73.69%	1059.79	95.74	Ⅱ
M75SP	75	75	$75\sqrt{2}$	82.67%	792.35	97.68	Ⅲ
M300DP	300	0	$e=e_x=300$	154.48%	313.47	102.66	Ⅰ
M300DI	$300/\sqrt{2}$	$300/\sqrt{2}$	300	153.32%	296.41	96.02	Ⅱ

续表

模型编号	e_x（mm）	e_y（mm）	e（mm）	P_c/P_F	P_F（kN）	M_p（kN·m）	类型
M300SP	300	300	$300\sqrt{2}$	203.09%	210.71	94.77	Ⅲ

注：M代表模型，e_x与e_y分别为构件在x轴和y轴的偏心距，x轴与y轴在图6-24中进行了标注，e为考虑两个主轴方向合成后的偏心距，P_c为构件达到极限荷载时混凝土所承担的荷载，P_c/P_F为极限荷载时，混凝土承担荷载占构件所受总荷载的比例。

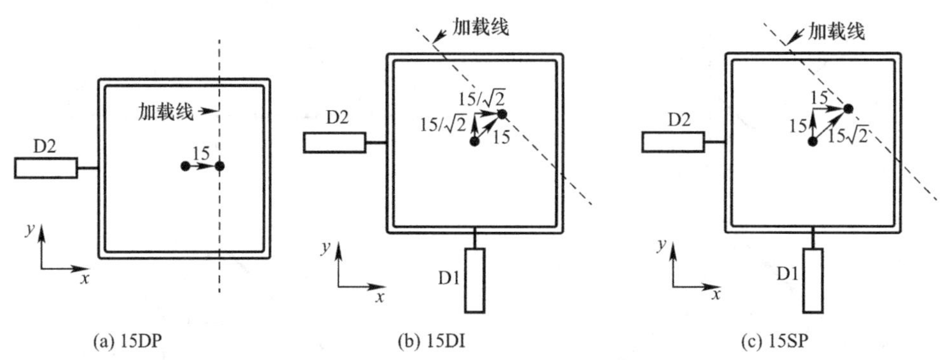

图6-24　单向与双向偏压柱横截面

在本节模型编号或曲线图例中，如15DP代表单向偏压柱［类型Ⅰ，图6-24（a)］，图6-25中15DP、75DP、300DP模型曲线Δ值取自构件受拉侧［位移计D2，图6-24（a)］；15DI代表双向偏压柱［类型Ⅱ，图6-24（b)］，15SP表示双偏压柱［类型Ⅲ，图6-24（c)］；图6-25图例中“—dx”代表曲线Δ值取自D1，“—hc”代表曲线Δ值取自$\sqrt{\mathrm{D1}^2+\mathrm{D2}^2}$，D1与D2如图6-24所示。同时，图6-25（b)、（c）图例中的“75”和“300”命名方法与图6-24（a）的“15”相同。

$$M_p=\begin{cases}P_F\cdot(\mathrm{D2}+e) & 类型\ \text{Ⅰ}\\ P_F\cdot(\sqrt{2}\cdot\mathrm{D1}+e) & 类型\ \text{Ⅱ}\\ P_F\cdot(\sqrt{2}\cdot\mathrm{D1}+e) & 类型\ \text{Ⅲ}\end{cases}\tag{6-1}$$

式中　P_F——模型极限荷载；

M_p——构件达到P_F时对应的弯矩并考虑二阶效应，计算方法见式（6-1)，其中，类型Ⅱ、Ⅲ构件M_p计算方法相同但e值不同。

各模型荷载-柱高中部侧向挠度曲线对比结果如图6-25所示，由图可见，在各初始偏心率工况下，对比类型Ⅰ、Ⅱ模型，当类型Ⅱ构件Δ值取自D1时，整个受力过程中构件Δ值小于类型Ⅰ构件Δ值。而值得注意的是，当类型Ⅱ构件Δ值取自$\sqrt{\mathrm{D1}^2+\mathrm{D2}^2}$时或当类型Ⅲ构件Δ值取自D1时，极限荷载前构件Δ值与类型Ⅰ构件Δ值相近，因此三者P-Δ曲线初始刚度重合。对比各模型P_F与M_p值，结果表明，类型Ⅰ、Ⅱ模型P_F与M_p差异均在7.0%内，而类型Ⅲ模型比类型Ⅰ模型P_F值低8.7%～32.8%。此外，由式（6-1）可见，M_p的变化与荷载和侧向挠度的变化均有关。对于M15组模型，类型Ⅲ构件比类型Ⅰ构件M_p值大22.7%；而随着偏心率的增加（M75和M300组模型)，类型Ⅲ构件比类型Ⅰ构件M_p值小4.8%～7.7%。

6.6.2　内力分配机制

如图 6-26 所示，在整个加载过程中，各偏心率工况下的类型Ⅰ、Ⅱ模型钢与混凝土内力分配比例及整个构件的 P/P_F-Δ_m/Δ_F 曲线均近似。结合上述分析结果，得出结论：尽管双向偏压荷载与单向偏压荷载作用形式不同，但在偏心距 e 恒定的条件下，荷载加载方向对构件力学性能影响较小，即双向偏压长柱与等偏心距条件下的单向偏压长柱力学性能类似。对于 M15DP 和 M15DI 模型，尽管在极限荷载时，M15DI 模型混凝土承担荷载的比例（P_c/P_F，见表 6-8）略低，但该模型钢管承担荷载的比例（P_s/P_F）略高，因此 M15DI 模型 P_F 与 M_p 值比 M15DP 模型的 P_F 与 M_p 值略大（分别高 1.5%和 1.8%）。虽然对于"M75"和"M300"组模型，同样存在极限荷载时类型Ⅱ模型比类型Ⅰ模型的 P_s/P_F 比值高的现象，但类型Ⅱ模型比类型Ⅰ模型的 P_F 与 M_p 值低，即与 M15 组模型计算结果相反。主要与 M15 组构件和 M75、M300 组构件受力状态不同有关。

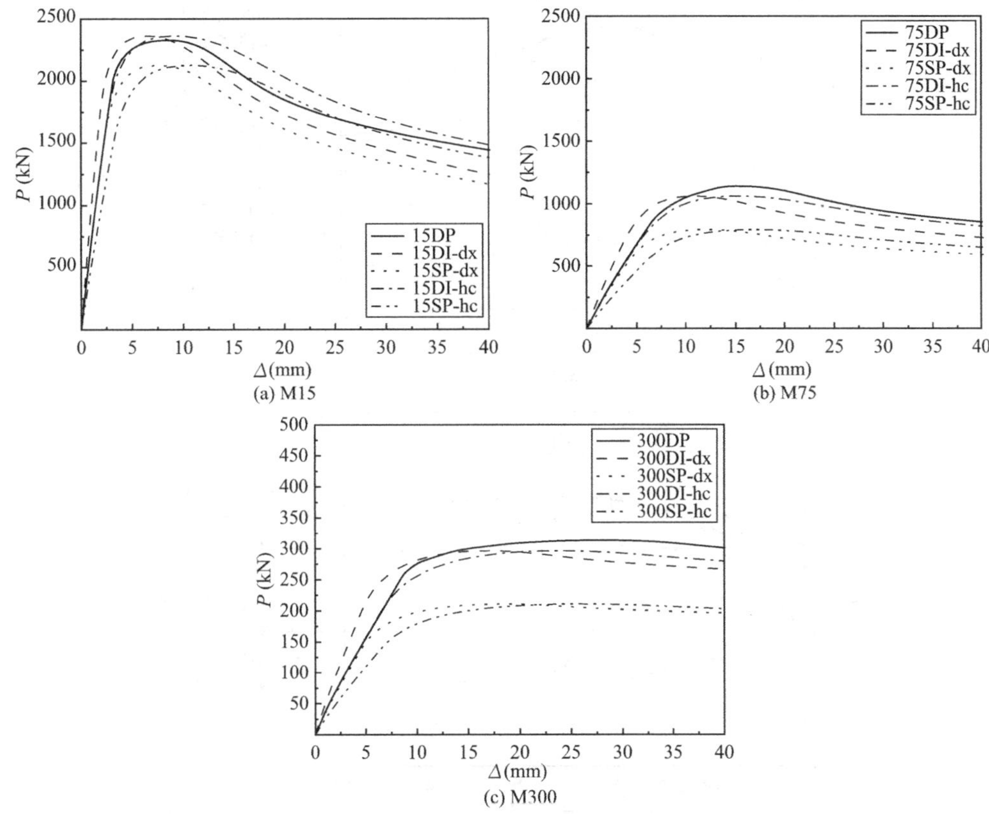

图 6-25　荷载-侧向挠度曲线

对于 M15 组模型，类型Ⅲ模型与类型Ⅰ、Ⅱ模型力学性能类似［图 6-26（a）］，但对于 M75 组模型和 M300 组模型则不同。图 5-28 关于单向偏压柱的研究结果表明，当偏压长柱破坏由受压破坏控制时，增加构件偏心率，P_c/P_F 随之增加。双偏压长柱同样存在相同现象，因此，与类型Ⅰ、Ⅱ模型相比，类型Ⅲ模型的 P_c/P_F 比例相对较大，如图 6-26（b）所示。同时，单向与双向偏压柱钢管发生屈服后，钢管内力分配比例（P_s/P_F）将逐渐下降。如图 6-26（b）所示，与类型Ⅰ、Ⅱ模型相比，类型Ⅲ模型受压侧钢管发生屈服相对较早，主要与类型Ⅲ模型偏心距相对较大有关。

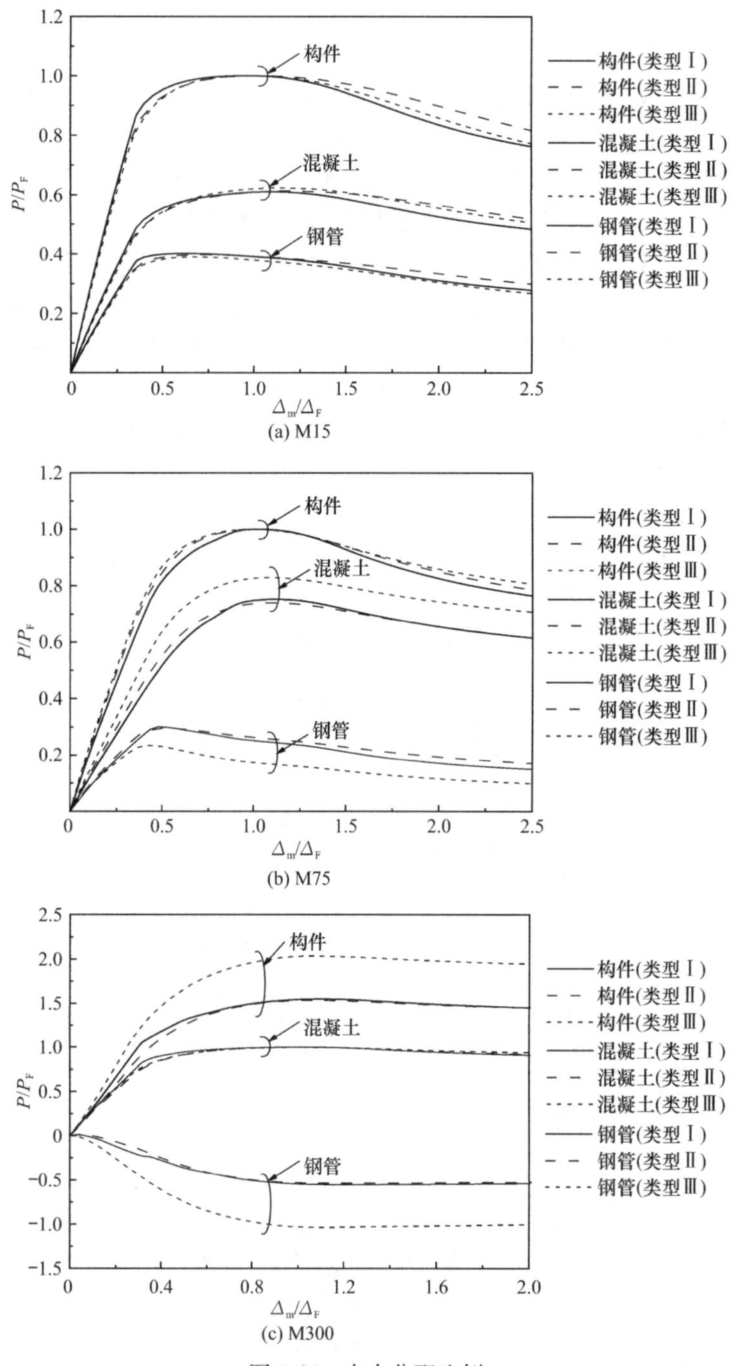

图 6-26 内力分配比例

与上述现象类似，继续增大偏心率，对于 M300 组模型，类型Ⅲ模型 P_c/P_F 比例相对较大，而与 M15、M75 组构件不同的是，M300 组模型钢管在荷载小于 0.01 P_F 时承受压力（P_s 值为正值）但在整个受力过程中主要承担拉力（P_s 值为负值）；且与类型Ⅰ、Ⅱ构件相比，类型Ⅲ模型 P_s/P_F 比例的绝对值同样相对较大；同时，M300 组各类型模型的整体构件 P/P_F-Δ_m/Δ_F 曲线几乎重合。说明，当构件由受拉破坏控制时增大构件偏心距，钢与混凝土承担荷载（分别为拉力和压力）几乎同比例增加。此外，对于 M300 组模型，由于钢管主要承受拉力作用，因此混凝土承担的荷载大于整个构件承担的竖向荷载。在 Phan 等（2020）进行的圆截面单向偏压长柱数值模拟研究中同样存在类似的现象。

6.7 参数分析

6.7.1 各参数对长柱 *P-M* 与 P/P_0-M/M_0 曲线的影响

各参数对双偏压长柱 *P-M* 和 P/P_0-M/M_0 曲线的影响如图 6-27 所示，对比图 5-30 和图 6-27 可见，各参数对双偏压长柱和单向偏压柱的 *P-M*、P/P_0-M/M_0 曲线影响规律相同，因此不再详述。

同时，如图 6-27（h）所示，$e=0.1\,B'$时，各构件达到极限荷载时所对应的弯矩值随着长细比的增加先增大后减小，而如图 5-30 所示，对于同参数（偏心距除外）的单向偏压长柱，该现象在偏心率（e/B'）相对较大时（0.3）才出现。主要与双偏压长柱的偏心距（两个主轴方向合成后的偏心距）相对较大有关。此外，对比图 5-30 和图 6-27 可见，与单向偏压长柱相比，双向偏压长柱的 *P-M* 及 P/P_0-M/M_0 曲线内缩，也主要与双偏压长柱的偏心距（合成后）相对较大有关。

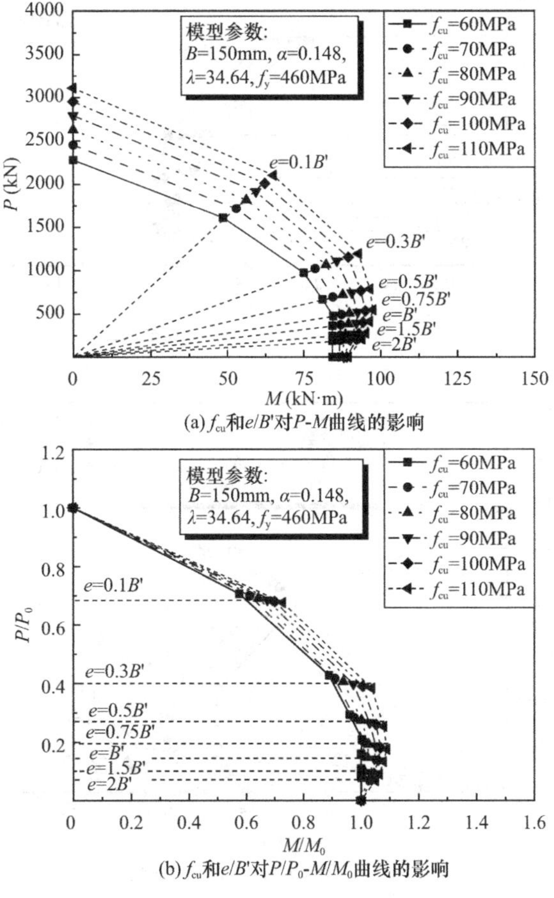

(a) f_{cu}和e/B'对*P-M*曲线的影响

(b) f_{cu}和e/B'对P/P_0-M/M_0曲线的影响

图 6-27　双偏压长柱 *P-M* 和 P/P_0-M/M_0 曲线（一）

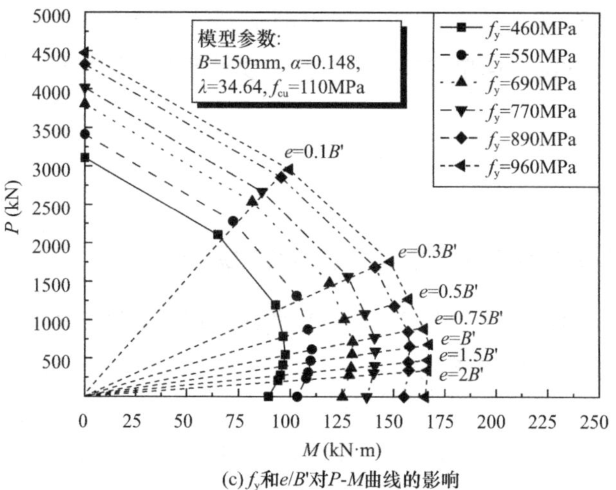

(c) f_y和e/B'对P-M曲线的影响

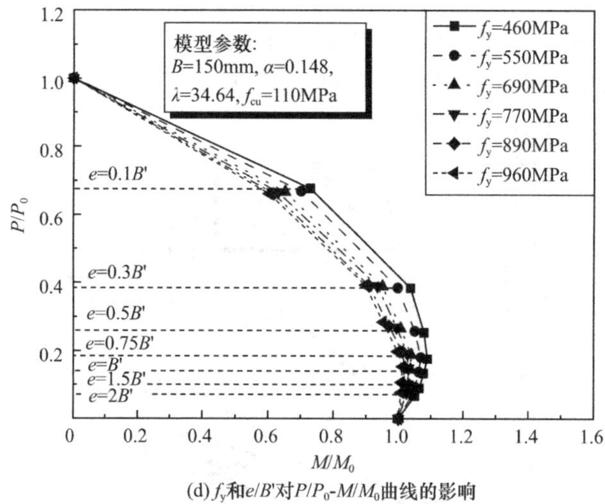

(d) f_y和e/B'对P/P_0-M/M_0曲线的影响

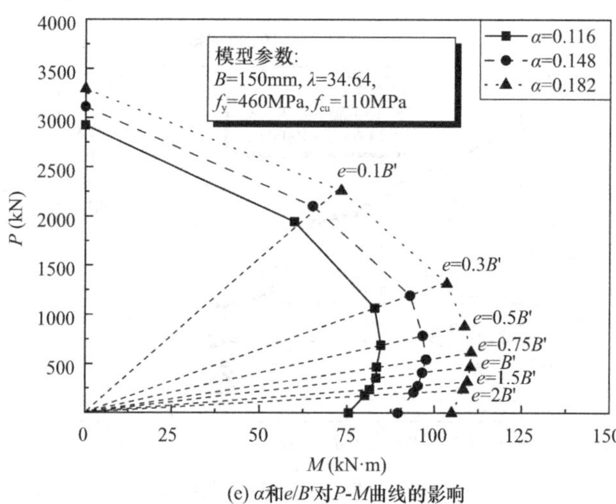

(e) α和e/B'对P-M曲线的影响

图 6-27　双偏压长柱 P-M 和 P/P_0-M/M_0 曲线（二）

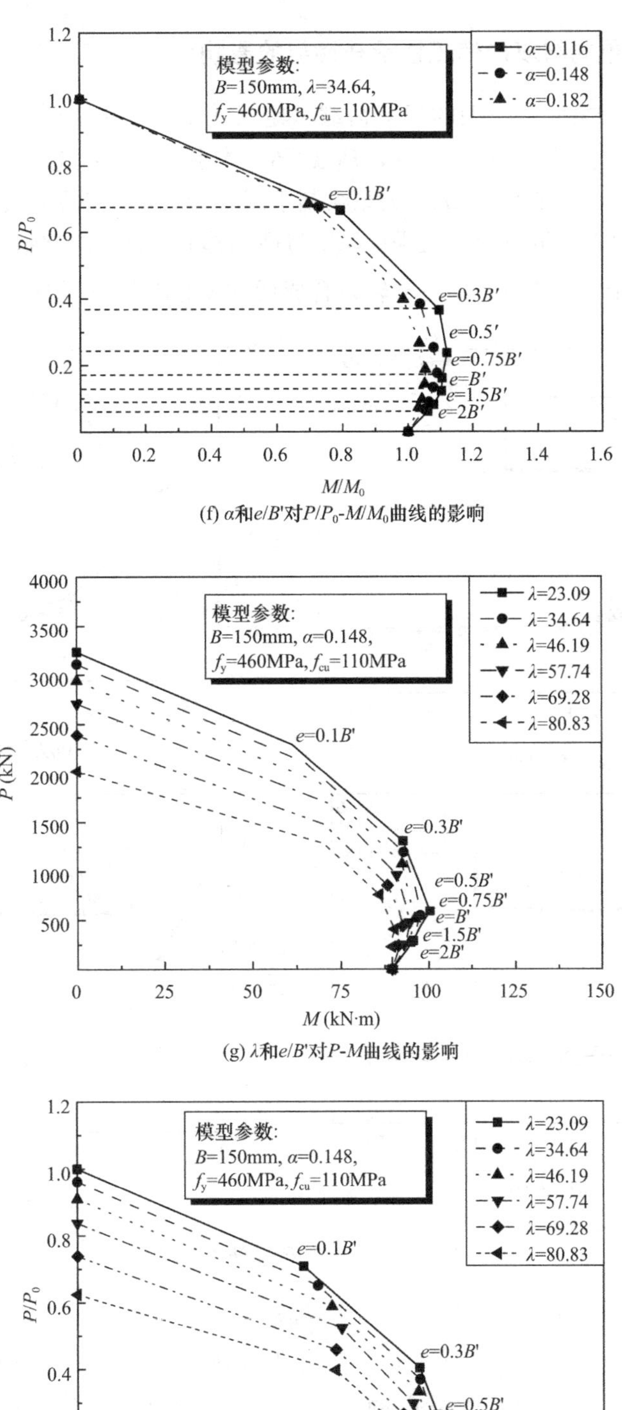

图 6-27 双偏压长柱 P-M 和 P/P_0-M/M_0 曲线（三）

6.7.2 各参数对单向与双向偏压柱承载性能的影响

如表 6-8 所示，类型Ⅲ模型的极限荷载（定义为 P_{LBA}）低于类型Ⅰ模型的极限荷载（定义为 P_{LEC}），因此，如图 6-28 所示，P_{LBA}/P_{LEC} 均小于 1。为进一步比较两者数值变化趋势，将 P_{LBA}/P_{LEC} 与偏心率（ER）关系绘制于图 6-28。需要说明的是，在下文内容表述中，对于单向偏压柱，ER 表示偏心距（e）与截面边长（B）的比值；对于双向偏压柱，ER 表示构件在两个主轴方向（x 与 y 轴）合成后的偏心距与 B' 的比值（$B'=\sqrt{2}\cdot B$）。

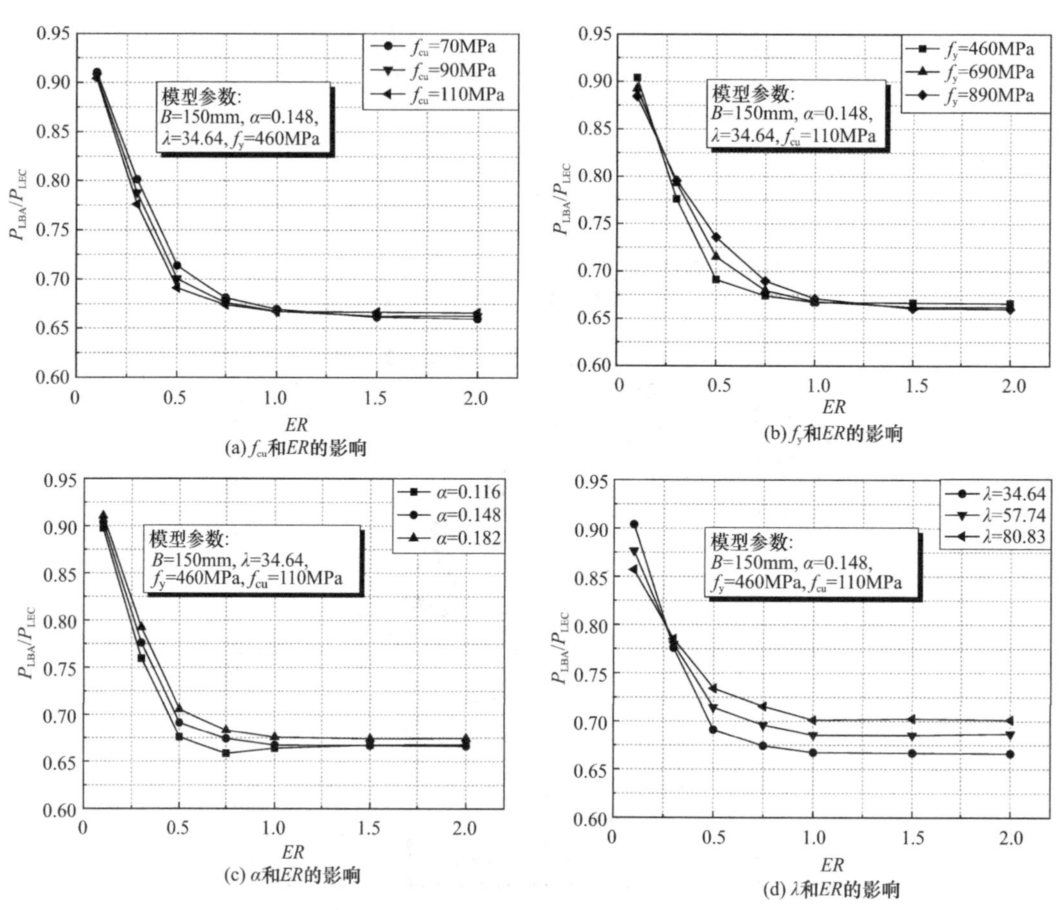

图 6-28 各参数对 P_{LBA}/P_{LEC} 的影响

（1）混凝土强度影响

如图 6-28（a）所示，$ER\leqslant0.5$ 时，P_{LBA}/P_{LEC} 随着 f_{cu} 增大而降低且该降低幅度在 $ER=0.1$ 时相对较小，说明，随着 f_{cu} 的增大，P_{LEC} 增加幅度大于 P_{LBA} 增加幅度且该变化趋势在 $ER=0.3\sim0.5$ 时更加明显。

数据计算表明，$ER=0.5$ 时，将 f_{cu} 从 60 MPa 增加至 110 MPa，P_{LEC} 增加 23.2%，而 P_{LBA} 增加幅度相对较小（17.7%），P_{LBA}/P_{LEC} 减小 4.5%。图 6-26（b）虽已证明，M75 组模型（$ER=0.5$）类型Ⅲ构件的 P_c/P_u 比例大于类型Ⅰ构件的 P_c/P_u 比例，但随着混凝土强度的增大，双向偏压构件的 P_{LBA} 增加幅度反而小于单向偏压构件 P_{LEC} 增加幅度。因为与类型Ⅰ构件相比，尽管类型Ⅲ构件的 P_c/P_u 比例相对较大，但其 P_s/P_u 比例相对较小，而钢管也对承载具有重要贡献。此外，上述现象主要归因于，LEF 随着混凝土强度提高而增大，但增大幅度随着构件初始偏心作用的增大而减小；而与类型Ⅰ构件相比，类型Ⅲ构件的初始偏心距 e 相对较大（为类型Ⅰ构件 e 值的$\sqrt{2}$倍）。当 ER 由 0.5 增加至 0.75 时，P_{LBA}/P_{LEC}随着 f_{cu}增大的变化幅度逐渐减小，主要与 $ER=0.75$ 时单向偏压柱与双向偏压柱均达到荷载-弯矩曲线的平衡点有关。

数据计算表明，$ER=2.0$ 时，将 f_{cu}从 60 MPa 增加至 110 MPa，P_{LEC}增加 10.5%，P_{LBA}增加幅度相对较大（11.6%），P_{LBA}/P_{LEC}变化趋势与 $ER=0.5$ 时的变化趋势相反（增加 1.0%）；而图 6-26（b）中 $ER=2.0$ 时 P_{LBA}/P_{LEC}比值随着 f_y 增大则呈现与图 6-26（a）增大 f_{cu}相反的趋势；上述研究已讨论，$ER=2$ 时钢管主要提供拉力而混凝土主要提供压力。因此，上述现象与类型Ⅲ构件的 P_c/P_u 比例大于类型Ⅰ构件的 P_c/P_u 比例有关，如图 6-26（c）所示，但尽管如此，增加 f_{cu}时 P_{LBA}增加幅度仅略大于 P_{LEC}增加幅度，主要因为钢管承受拉力的影响［图 6-26（c）］。此外，由上述数据可见，P_{LEC}与 P_{LBA}均随着 f_{cu}增大而增大，且增大幅度随着 ER 增大而减小。说明，无论对于单向偏压柱还是对于双向偏压柱，在 ER 较大时增大 f_{cu}，构件的极限荷载增加幅度均有限。

（2）钢材屈服强度影响

由图 6-28（b）可见，在偏心率相对较小时（$ER=0.1$），P_{LBA}/P_{LEC}随着 f_y 的增加而降低，与图 6-28（a）增加 f_{cu}时的变化趋势相同。而与之不同的是，随着偏心率的增加，构件初始受力状态发生改变，由全截面受压（$ER=0.1$）发展为拉压并存（$ER=0.3$）。$ER=0.3$ 时各构件破坏由受压破坏控制，与类型Ⅰ构件相比，类型Ⅲ构件初始偏心距相对较大则受拉侧钢管塑性发展相对充分。因此，$ER=0.3$ 时在类型Ⅲ构件中采用高强钢管更易发挥材料的高屈服强度与塑性，此时增加 f_y 更利于提高类型Ⅲ构件 P_{LBA}值，进而 P_{LBA}/P_{LEC}随着 f_y 的增加而增加。$ER=2.0$ 时 f_y 对 P_{LBA}/P_{LEC}的影响已在上文进行讨论，不再详述。

（3）含钢率的影响

图 6-28（c）给出了含钢率（α）对 P_{LBA}/P_{LEC}的影响。由于钢材为塑性材料，增加构件的 α 增加了构件的塑性，与增加 f_y 类似；但 α 对 P_{LBA}/P_{LEC}的影响与 f_y 对其影响不同。$ER\leqslant0.75$ 时，P_{LBA}/P_{LEC}随着 α 的增大而增大，说明随着 α 的增加，P_{LBA}的增加幅度大于 P_{LEC}的增加幅度。

（4）长细比的影响

图 6-28（d）给出了长细比（λ）对 P_{LBA}/P_{LEC}的影响，由图可见，当构件由受压破坏控制时，增加 λ，P_{LBA}/P_{LEC}的变化趋势与增加 f_y 时的变化趋势相同；但增大 λ 降低了 P_{LBA}与 P_{LEC}值。$ER=0.1$ 时，P_{LBA}/P_{LEC}随着 λ 增大而减小，说明 P_{LBA}随着 λ 增大的降低幅度大于 P_{LEC}的降低幅度，与构件此时的受力状态及类型Ⅲ构件偏心距大于类型Ⅰ构件偏心距有关。$ER=0.5$ 时，P_{LBA}/P_{LEC}随着 λ 的增大而增大，说明随着 λ 的增大，P_{LEC}下降幅度大于 P_{LBA}下降幅度。主要原因为此时增加构件长细比同样增加了构件拉压两侧的塑性发展。

6.8 本章小结

本章进行了双偏压短柱及双偏压长柱试验研究，研究了构件破坏形态与破坏过程、应力与应变的发展；结合数值模型计算，进行了双偏压柱工作机理研究，对比分析了单向偏压柱与双向偏压柱力学性能的异同，并进行了参数分析，主要结论如下：

（1）高强方钢管高强混凝土双偏压短柱与长柱试件的破坏均始于受压侧角部钢管发生屈服，随后塑性由受压侧向受拉侧传递，且受压侧钢管在钢-混凝土挤压作用下向外鼓曲，鼓曲位置处混凝土被压碎。混凝土压碎区域呈三角形，同时增大构件的长细比与偏心率，混凝土破碎程度减轻。

（2）双向偏压短柱接触压力率先出现在受拉侧角部，受压侧角部钢管屈服后受压侧钢管对混凝土逐渐产生约束作用，在构件达到极限荷载后，约束作用显著增加。在整个受力过程中，约束作用主要存在于方钢管角部区域，且在极限荷载前，受拉侧角部接触压力始终大于受压侧角部接触压力。双偏压长柱接触压力变化趋势与短柱接触压力变化趋势类似，但接触压力随着长细比的增加而减小。

（3）双偏压柱 P/P_0-M/M_0 曲线平衡点移动规律与单向偏压柱平衡点移动规律相同，对于双偏压柱，增加 f_{cu}更有利于极限荷载的提高，增加 f_y 更有利于抗弯承载力的提高。

7 高强方钢管高强混凝土柱承载力计算与设计方法研究

7.1 引言

第2章～第6章通过试验研究及有限元计算，分析了高强方钢管高强混凝土柱的静力性能，明确了各类构件的破坏过程与工作机理等。然而，如表7-1所示，各国现行规范对于高强材料的应用均存在限值规定。为使高强材料能够被安全地应用在钢管混凝土实际工程中，提出高强方钢管高强混凝土轴心受压柱、纯弯构件、单向偏心受压柱、双向偏心受压柱的设计方法十分必要。鉴于此，开展本章研究工作。

各国规范对材料强度的限值规定 **表7-1**

参数	Eurocode 4	AISC 360—16	《钢管混凝土结构技术规范》GB 50936—2014
	圆柱体/立方体	圆柱体	立方体
混凝土强度（MPa）	20/25～60/75	21～69	30～80
钢材屈服强度（MPa）	≤460	≤525	235～420

本章主要研究目的如下：

（1）推导静力荷载作用下，各类高强方钢管高强混凝土构件极限承载力计算公式，建立组合应力-应变全曲线计算方程；

（2）提出静力荷载作用下，可满足《建筑结构可靠性设计统一标准》GB 50068—2018中目标可靠指标要求的各类高强方钢管高强混凝土柱承载力简化设计公式，并给出设计建议；

（3）建立静力荷载作用下的高强方钢管高强混凝土柱极限承载力数据库。

7.2 各类构件简化极限承载力计算公式推导

基于统一理论，本书作者在以往研究中推导了各受力工况下构件的承载力计算方程，为进一步简化计算，基于试验与数值模拟数据，进行下面研究工作。

7.2.1 轴压短柱

收集56组高强方钢管高强混凝土轴压短柱试件试验数据，数据来源于文献［42，50-52，60，62，160］与本书表2-1。同时，汇总了本书56个数值模型（f_{cu}=60～110MPa、f_y=460～960MPa）的计算结果。基于上述试验与模拟数据，推导出轴压短柱极限承载力简化计算公式，见式（7-1）。

$$P_{str} = 3.155\xi^{0.48} f_{ck}^{0.9} A_{sc} \tag{7-1}$$

式中 P_{str}——轴压短柱极限荷载；

A_{sc}——构件截面面积；

ξ——构件约束系数；

f_{ck}——棱柱体混凝土强度。

ξ和f_{ck}计算方法见第 2.6 节。

将式（7-1）计算结果与试验与模拟结果进行对比，见图 7-1，图中 P_{us}为试验或数值模拟得到的构件极限荷载值。由图可见，对于高强方钢管高强混凝土轴压短柱极限承载力预测，式（7-1）预测精度较高（R^2=0.964），大部分数据的预测误差在±10%范围内，公式计算值与试验（模拟）值比值的平均值、标准差、变异系数分别是 0.980、0.045、0.046。

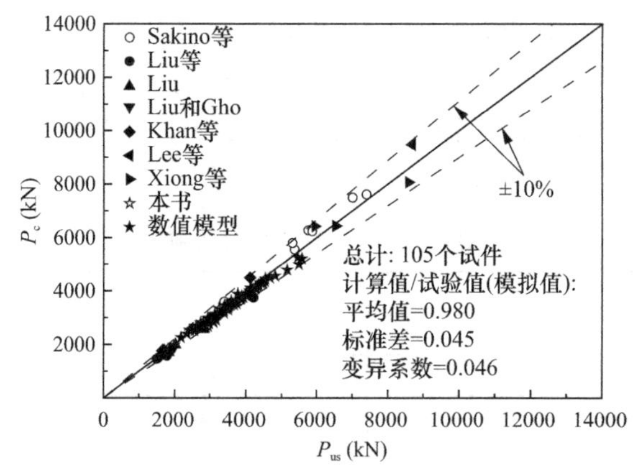

图 7-1　轴压短柱强度承载力对比

7.2.2　轴压长柱

如前所述，基于图 3-18 的研究结果，轴压长柱稳定系数（φ）应为构件材料（钢与混凝土）强度、几何性质（含钢率）、稳定特征（长细比）的函数。Han 等（2007）在计算 φ 值时考虑了式（7-2）。基于式（7-2），通过数据拟合得到新型计算公式（7-3），进而可通过式（7-1）～式（7-3）来计算轴压长柱极限荷载，见式（7-4）。适用范围：f_{cu}=60～110MPa、f_y=434.6～960MPa、α<0.2、λ<120。

采用式（7-3）预测的 φ 值与 300 余个试验和数值计算结果进行对比，见图 7-2（a）。将式（7-3）预测的 φ 值记为 φ_P，将试验（模拟）得到的 φ 值记为 $\varphi_{T(S)}$。数据表明，$\varphi_P/\varphi_{T(S)}$的平均值、标准差与变异系数分别为 0.954、0.021、0.022；同时，R^2=0.996，R^2 由文献［143］计算。由图 7-2（a）所示，大部分 $\varphi_P/\varphi_{T(S)}$数据偏于保守且位于 0.9～1.0 区间，其离散性也较小，研究表明，小于 Eurocode 4、《钢管混凝土结构技术规范》GB 50936—2014 预测结果的离散性。此外，式（7-3）形式较为简单，便于使用。

如图 7-2（b）所示，式（7-4）计算得到的轴压长柱极限承载力值平均低于试验与模拟值 7.9%，$P_P/P_{T(S)}$的 SD=0.029、COV=0.031，公式拟合的 R^2=0.991。研究表明，采用 Eurocode 4 预测轴压长柱极限荷载时准确性较好，而如图 7-2（b）所示，在式（7-4）预测结果中，更多保守的数据点分布在 1.0 附近。此外，式（7-4）预测值比《钢管混凝土结构技术规范》GB 50936—2014 计算值更接近试验和数值计算结果，限于篇幅，不展开详述。

研究表明，此现象与考虑了混凝土强度的影响有关。总体上，式（7-4）可被用来计算高强方钢管高强混凝土轴压长柱的极限荷载，且公式形式较为简单。

$$D = \left[13500 + 4810\ln\left(\frac{235}{f_y}\right)\right]\left(\frac{25}{f_{ck}+5}\right)^{0.3}\left(\frac{\alpha}{0.1}\right)^{0.05} \tag{7-2}$$

$$\varphi_l = \frac{-31.941 - 0.272D + 4.776\times10^{-5}D^2 + 18.192\lambda - 0.0143\lambda^2 - 0.0003\lambda^3}{1 - 0.313D + 5.35\times10^{-5}D^2 + 22.235\lambda - 0.2\lambda^2 + 0.00374\lambda^3} \tag{7-3}$$

$$P_0 = \varphi_l P_{str} \tag{7-4}$$

式中 D——系数；

φ_l——稳定系数；

λ——长细比；

P_0——轴压长柱的极限承载力；

P_{str}——轴压短柱的强度承载力。

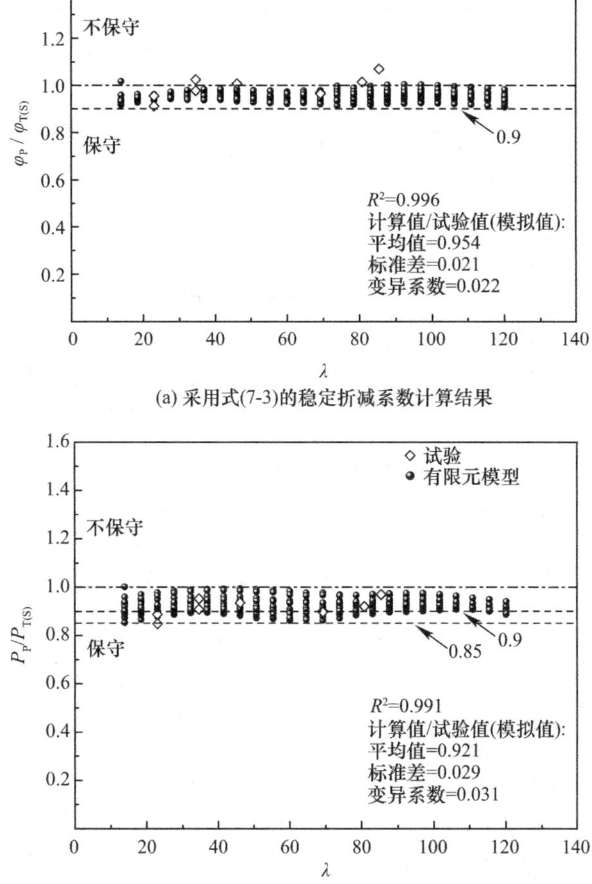

(a) 采用式(7-3)的稳定折减系数计算结果

(b) 采用式(7-4)的极限承载力计算结果

图 7-2 轴压长柱承载力简化计算公式与稳定系数计算式准确性验证

7.2.3 纯弯构件

对不同钢材和混凝土强度及含钢率情况下模拟构件的 M/W_{scm}-ε 进行了计算分析，

图 7-3 所示。图中 W_{scm}为钢管混凝土截面抗弯模量，对于方钢管 $W_{scm}=B^3/6$。

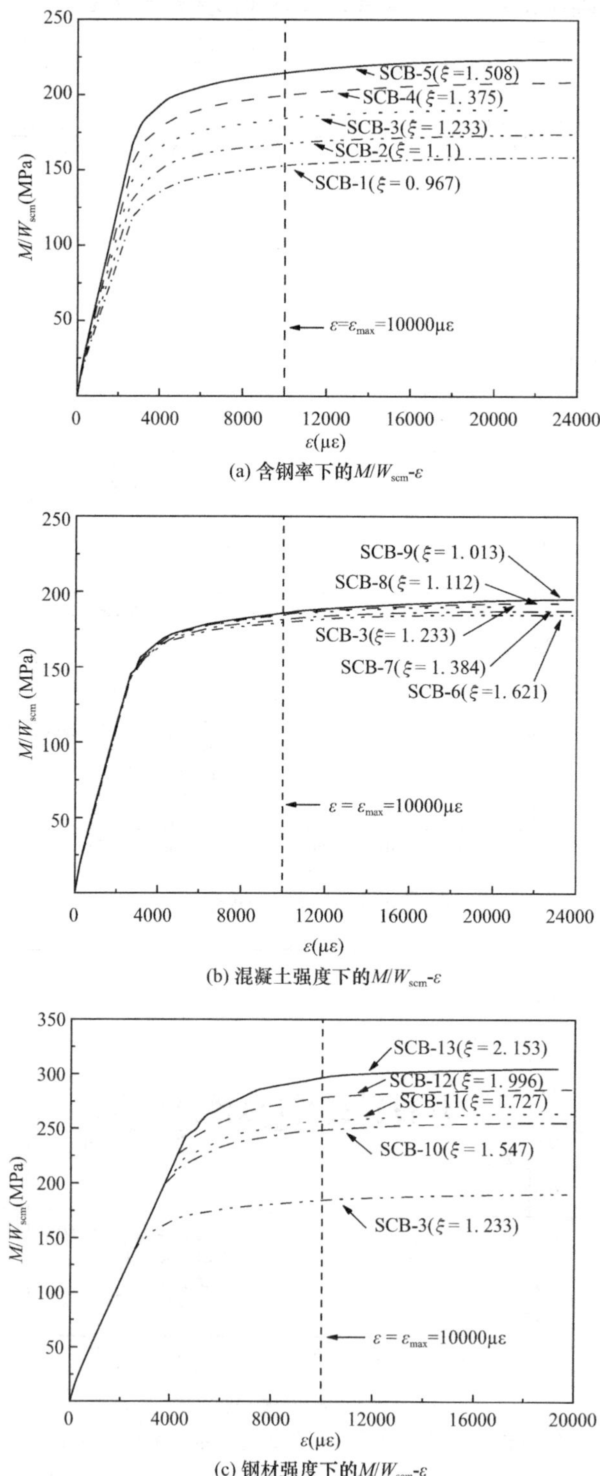

(a) 含钢率下的M/W_{scm}-ε

(b) 混凝土强度下的M/W_{scm}-ε

(c) 钢材强度下的M/W_{scm}-ε

图 7-3　纯弯钢管混凝土 M/W_{scm}-ε 关系曲线

从图 7-3 中可以看出，ε_{max} 大于 10000$\mu\varepsilon$ 时，弯矩仍有上升的趋势，钢管混凝土构件展现出优越的韧性塑性。为满足构件使用阶段正常受力要求和稳定状态，将受拉区下边缘钢管纤维应变达到 10000$\mu\varepsilon$ 时的弯矩定义为极限弯矩。

在式（7-6）中，令抗弯强度承载力计算系数 $\gamma_m = M_u / (W_{scm} f_{scy})$，结合试验与模拟数据，得出 γ_m 和 ξ 的计算值见表 7-2。运用绘图软件 Origin 拟合得到 γ_m 和 ξ 间的函数关系为对数函数（图 7-4），具体的函数关系见式（7-5）。

抗弯强度承载力计算系数 γ_m 和约束系数 ξ 的计算值　　表 7-2

试件	M_{ue}	B	C	γ_m	ξ
SCPB-1	106.08	1.1896647	−0.2700241	1.50022803	1.2049867
SCPB-2	137.65	1.3265547	−0.2700241	1.63789889	1.67957643
SCPB-3	151.95	1.3728319	−0.2700241	1.71488974	1.84001693
SCPB-4	156.33	1.415873	−0.2700241	1.68315064	1.98923781
SCB-1	86.16	1.1980787	−0.2700241	1.29670331	0.96629908
SCB-2	94.31	1.1980787	−0.2700241	1.36467131	1.09880158
SCB-3	103.85	1.1980787	−0.2700241	1.45201779	1.2341577
SCB-4	112.49	1.1980787	−0.2700241	1.52703137	1.3724500
SCB-5	120.76	1.1980787	−0.2700241	1.59899295	1.51376406
SCB-6	101.04	1.1980787	−0.2054378	1.5883514	1.57697928
SCB-7	102.17	1.1980787	−0.2377487	1.5126374	1.38466473
SCB-8	103.99	1.1980787	−0.3023702	1.37688135	1.11316184
SCB-9	104.51	1.1980787	−0.3346811	1.31368591	1.01377239
SCB-10	165.08	1.2886915	−0.2700241	1.95904552	1.89908582
SCB-11	168.00	1.3404702	−0.2700241	1.88519029	2.11926968
SCB-12	181.78	1.4181383	−0.2700241	1.88976183	2.4495547
SCB-13	194.01	1.4634447	−0.2700241	1.81399657	2.64220635

注：B 和 C 按文献［118］计算。

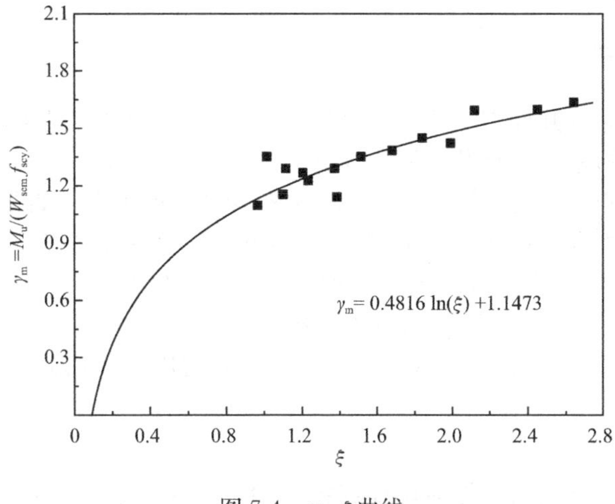

图 7-4　γ_m-ξ 曲线

通过将计算结果进行拟合后，得到的钢管混凝土构件抗弯强度承载力系数 γ_m 表达式如式（7-5）所示。

$$\gamma_m = 0.4816\ln(\xi) + 1.1473 \tag{7-5}$$

在确定了 γ_m 后，可得高强方钢管高强混凝土纯弯构件抗弯承载力 M_u 的计算公式为：

$$M_u = \gamma_m W_{scm} f_{scy} \tag{7-6}$$

依据试验和模拟构件的数据，结合规范下的承载力计算公式，利用软件 Origin 拟合得到适于本书计算的承载力公式（7-6）。由式（7-6）可知，该公式仅与 ξ 相关，因而取本书中的试验数据，将共计 10 个试验构件的实测值代入式（7-6），检验该公式对高强方钢管高强混凝土纯弯构件承载力的适用性，具体对比情况见表 7-3。其中，M_{ue}表示试验构件的抗弯承载力实测值，M_u 表示由拟合公式得到的计算值。

试验值与推导公式计算值比较 **表 7-3**

试件	ξ	f_y（MPa）	M_{ue}（kN·m）	M_u（kN·m）	M_{ue}/M_u
SCPB-1	1.2049867	537	106.08	103.51	1.025
SCPB-2	1.67957643	748.5	137.65	138.93	0.991
SCPB-3	1.84001693	820	151.95	151.09	1.006
SCPB-4	1.98923781	886.5	156.33	162.5	0.962
SCW1-1	0.76348168	434.56	70.1	72.23	0.971
SCW1-2	0.75547019	430	65.9	71.58	0.921
SCW2-1	0.94244770	420	90.3	83.99	1.075
SCW2-2	0.93414518	416.3	82.4	83.37	0.988
SCW3-1	1.18348826	430	99.7	98.51	1.012
SCW3-2	1.20247912	436.9	106.6	99.79	1.068
平均值					1.0018
均方差					0.047

由表 7-3 可知，推导的抗弯极限承载力公式的计算值比试验结果低 0.18%，两者相比的结果偏差不大且离散性较小（平均值=1.0018，均方差=0.047）。因此，式（7-6）适用于高强方钢管高强混凝土纯弯构件的抗弯承载力计算。

7.2.4 单向偏压短柱

基于本书试验结果（共计 18 个试件）和 224 个数值模型计算结果，推导出高强方钢管高强混凝土单向偏压短柱极限承载力简化计算公式，见式（7-7），其中，P_{str}按式（7-1）计算，基于此，得到偏心率影响系数（φ_e）与偏心率（e/B）的关系，如图 7-5 所示。根据数据点分布形式进行数据拟合，式（7-8）的拟合过程如图 7-5 所示，拟合 $R^2=0.993$。适用范围是：$f_{cu}=60\sim110.5$MPa、$f_y=433.1\sim960$MPa、$\alpha<0.2$、$\xi<2.2$、$e/B\leqslant1.5$、$L/B=3$。

$$P_u = \varphi_e P_{str} \tag{7-7}$$

$$\varphi_e = 1.193/[(e/B)^2 + 3.201(e/B) + 1.138] \tag{7-8}$$

7.2.5 单向偏压长柱

单向偏压长柱极限承载力可按简化计算式（7-9）计算，其中，稳定系数 φ_l 由式（7-3）

计算，强度承载力 P_{str} 由式（7-1）计算。基于此，得到偏心率影响系数（φ_e）与偏心率（e/B）的关系，如图 7-6 所示；图 7-6 中数据包含本书进行的 126 个数值模拟结果、33 个单向偏压长柱试验结果；试验参数 f_y 涵盖范围是 434.56～895.74MPa，f_{cu}为 110.5MPa。基于图 7-6 结果，φ_e 与 e/B 之间的关系服从指数函数分布，φ_e 按式（7-10）进行计算，拟合 $R^2=0.988$。适用范围是：$f_{cu}=60\sim110.5$MPa、$f_y=434.6\sim960$MPa、$\alpha<0.2$、$\xi<2.0$、$e/B\leqslant2.0$、$\lambda<80$。

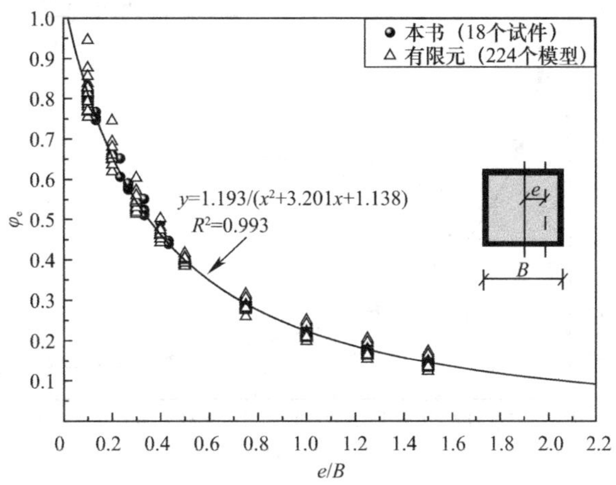

图 7-5 单向偏压短柱 φ_e 公式拟合

$$P_u=\varphi_l\varphi_e P_{str} \tag{7-9}$$

$$\varphi_e=1.709(e/B)^{-0.1259}-1.467 \tag{7-10}$$

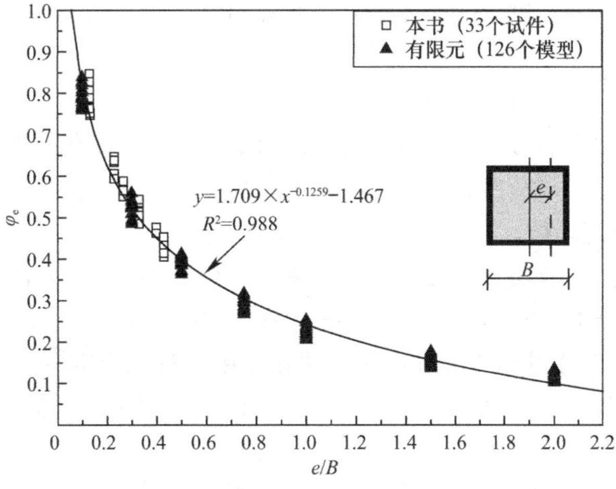

图 7-6 单向偏压长柱 φ_e 公式拟合

7.2.6 双向偏压短柱

基于第 6 章进行的第 1 批 10 个双偏压短柱试验结果与 91 个数值模拟结果，推导出双偏压短柱极限荷载简化计算公式，见式（7-11），其中，P_{str}由式（7-1）计算，基于此，得到双偏压短柱$\varphi_{e\text{-}biaxial}$与$x$（$y$）轴偏心率$e_{x(y)}/B$之间的关系，如图7-7所示。$\varphi_{e\text{-}biaxial}$为由双向偏心距引起的承载力折减系数，拟合过程如图7-7所示，拟合$R^2=0.997$，拟合公式见式（7-12）、式（7-13）。适用范围是：$f_{cu}=60\sim110\text{MPa}$、$f_y=433.1\sim960\text{MPa}$、$\alpha<0.2$、$\xi<2.0$、$e_{x(y)}/B\leqslant2.0$、$L/B=3$。

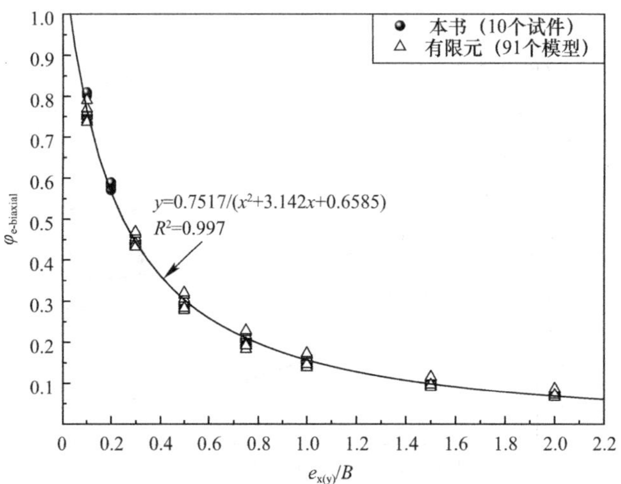

图7-7　双向偏压短柱$\varphi_{e\text{-}biaxial}$公式拟合

$$P_u=\varphi_{e\text{-}biaxial}\cdot P_{str}\tag{7-11}$$

$$\varphi_{e\text{-}biaxial}=\varphi_{ex}\cdot\varphi_{ey}\tag{7-12}$$

$$\varphi_{ex}=\sqrt{0.7517/[(e_x/B)^2+3.142(e_x/B)+0.6585]}$$

$$\varphi_{ey}=\sqrt{0.7517/[(e_y/B)^2+3.142(e_y/B)+0.6585]}\tag{7-13}$$

7.2.7　双向偏压长柱

与式（7-11）表达形式类似，双偏压长柱极限荷载可按简化计算式（7-14）来计算，其中P_u为双偏压长柱极限荷载；P_{str}为轴压短柱强度承载力，按式（7-1）计算；φ_l为考虑构件长度影响的稳定系数，按式（7-3）计算。

基于本书进行的29个双偏压长柱试验结果与126个数值模型计算结果，得到双偏压长柱$\varphi_{e\text{-}biaxial}$与$x$（$y$）轴偏心率$e_{x(y)}/B$之间的关系，如图7-8所示。同时，根据图中数据点分布形式，通过数据拟合得到拟合方程并标注在图中，且拟合$R^2=0.990$，说明公式准确性较好。在此基础上，得到式（7-15）、式（7-16）。适用范围是：$f_{cu}=60\sim112\text{MPa}$、$f_y=434.6\sim960\text{MPa}$、$\alpha<0.2$、$\xi<2.0$、$e_{x(y)}/B\leqslant2.0$、$\lambda<80$。

$$P_u=\varphi_l\varphi_{e\text{-}biaxial}P_{str}\tag{7-14}$$

$$\varphi_{e\text{-}biaxial}=\varphi_{ex}\varphi_{ey}\tag{7-15}$$

$$\varphi_{ex}=\sqrt{1.118/[(e_x/B)^2+5.317(e_x/B)+0.9843]}$$

$$\varphi_{ey}=\sqrt{1.118/[(e_y/B)^2+5.317(e_y/B)+0.9843]}\tag{7-16}$$

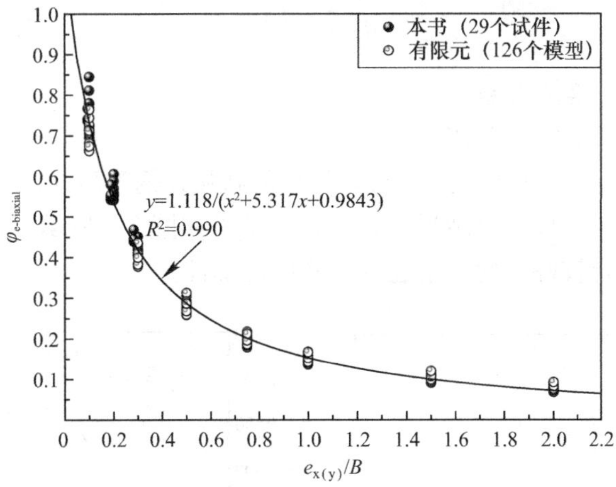

图 7-8　双向偏压长柱 $\varphi_{e\text{-biaxial}}$ 公式拟合

7.3　组合应力-应变全曲线方程推导

基于本书进行的轴压短柱试验研究与参数化分析，通过数据拟合，作者在以往研究中，提出了组合屈服强度 f_{scy}、组合纵向屈服应变 ε_{scy}、组合比例极限 f_{scp} 及所对应的纵向应变 ε_{scp}、组合轴压模量 E_{sc}。在此基础上，通过回归分析计算得到轴压短柱名义压应力-应变（σ_{sc}-ε）关系曲线表达式如下：

弹性阶段（$0<\varepsilon\leqslant\varepsilon_{scp}$）：

$$\sigma_{sc}=E_{sc}\varepsilon \tag{7-17}$$

弹塑性阶段（$\varepsilon_{scp}<\varepsilon\leqslant\varepsilon_{scy}$）：

$$\varepsilon^2+a\sigma_{sc}^2+b\varepsilon+c\sigma_{sc}+d=0 \tag{7-18}$$

$$a=\frac{0.0034(\varepsilon_{scy}-\varepsilon_{scp})^2+0.0068e(\varepsilon_{scy}-\varepsilon_{scp})}{(f_{scy}^2-f_{scp}^2)-2(\varepsilon_{scy}-\varepsilon_{scp})f_{scp}E_{sc}-2ef_{scp}E_{sc}}$$

$$b=-2.5420\varepsilon_{scp}-2.5420af_{scp}E_{sc}-1.2710cE_{sc}$$

$$c=\frac{-0.2373(\varepsilon_{scy}-\varepsilon_{scp}+f_{scp}E_{sc}a)}{E_{sc}}$$

$$d=-1.0313(\varepsilon_{scp}^2+af_{scp}^2+b\varepsilon_{scp}+cf_{scp})$$

$$e=\frac{(f_{scy}-f_{scp})-E_{sc}(\varepsilon_{scy}-\varepsilon_{scp})}{E_{sc}}$$

塑性强化段及下降段（$\varepsilon_{scy}<\varepsilon$）：

$$\sigma_{sc}=f_{scy}\left[1-\beta_{\xi}+\beta_{\xi}\exp\left(\frac{\varepsilon-\varepsilon_{scy}}{m}\right)\right] \tag{7-19}$$

$$\beta_{\xi}=-0.0386\ln\xi-0.0424$$

$$m=(n\xi+l)\times10^{-3}$$

$$n=0.1778\beta_c+0.0640$$

$$l=0.1432\beta_c+0.6695$$

$$\beta_c = \frac{f_{ck}}{f_{ck,C30}}$$

式中　ε、ε_{scp}、ε_{scy}——单位为 ε；

σ_{sc}、E_{sc}、f_{scp}、f_{scy}——单位为 MPa。

采用建议计算式（7-17）～式（7-19）得到的高强方钢管高强混凝土轴压短柱荷载-纵向应变曲线与 6 个轴压短柱试验结果进行对比，结果如图 7-9 所示，可以看出建议公式计算曲线与试验曲线吻合较好，验证了建议公式的准确性。

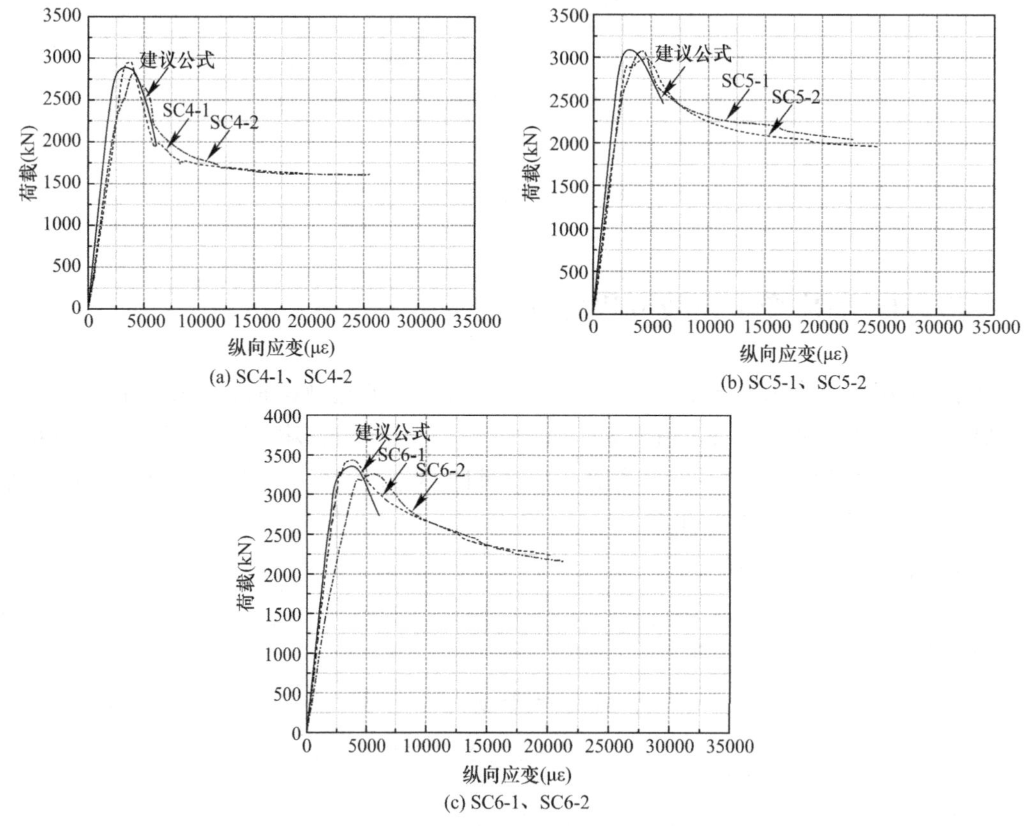

(a) SC4-1、SC4-2

(b) SC5-1、SC5-2

(c) SC6-1、SC6-2

图 7-9　荷载-纵向应变曲线对比

7.4　设计公式及可靠度指标计算

为考虑工程实践中诸多不确定因素并指导工程设计，产生了结构可靠度理论。目前，采用普通材料的钢管混凝土设计可靠度研究较为成熟，但对于采用高强材料构件的可靠度相关研究仍需深入。为研究高强方钢管高强混凝土柱设计公式的可靠度，进行本章节内容的研究。

虽然高强材料与普通材料的破坏形态或受压性能存在一定差异，但各学者进行承载力公式回归分析时，均将这些因素考虑到了构件极限承载力自身的变化中。例如，韩林海（1997）在对比分析采用高强混凝土与普通混凝土的构件受压性能后，主要基于钢管高强混凝土柱试验数据，采用约束系数 ξ，经过回归分析提出了钢管高强混凝土轴压强度承载力计算公式。本书采用同样的研究思路，主要基于高强方钢管高强混凝土柱试验数据与数值计算结果，基于上文研究内容中所报道的简化承载力计算方程，建立本章节的简化设计公式。

7.4.1 轴压短柱

(1) 极限状态方程建立

极限状态方程可表示为式 (7-20)。

$$G(x)=R-D-L \tag{7-20}$$

式中 R、D、L——分别为抗力、恒荷载、活荷载。

(2) 设计公式建立

第 7.2.1 节提出了轴压短柱极限荷载简化计算式［式 (7-1)］，为便于计算，本书得到的可靠度指标是基于圆柱体混凝土强度 ($f_c{}'$) 的统计参数来计算的，该统计参数是文献［184］基于 3756 个试验结果得到的，同时该统计参数并不区分混凝土强度大小的影响。基于此，将式 (7-1) 改写为式 (7-21)，式 (7-1) 和式 (7-21) 是相同的，仅是关于混凝土强度的表示方式不同，式 (7-21) 中 m 为 $f_c{}'$ 与 f_{ck} 之间的强度转化系数，强度转化关系详见第 2.6.3 节。此外，基于 Eurocode 4 等的设计思想，通过考虑材料抗力分项系数将材料强度标准值转化为设计值；基于文献［123］报道，Eurocode 4 关于钢管和混凝土的材料性能分项系数 (γ_R) 分别为 1.0 和 1.5 ($1/\gamma_R$ 分别为 1.0 和 0.67)，可见钢材强度标准值与设计值相同。查阅《钢结构设计标准》GB 50017—2017 的 4.4.1 条文说明后发现，对于厚度为 6～40mm 的 Q345～Q460 钢材，其规定的 γ_R 为 1.125 ($1/\gamma_R=0.89$)；《混凝土结构设计规范》GB 50010—2010 的 4.1.4 条文说明规定，混凝土 γ_R 为 1.4 ($1/\gamma_R=0.71$)。综合考虑材料的强度储备，同时，在下述分析中，需基于 $f_c{}'$ 的统计参数进行计算，而 GB 50010 是基于 f_{ck} 值进行的计算。综上所述，本书采用 AISC 360—16 建议的钢 (标准值为 f_y) 与混凝土 (标准值为 $f_c{}'$) 的 $1/\gamma_R$ 数值 (均为 0.75) 进行材料强度标准值与设计值之间的转化。因此，将式 (7-21) 转化为设计公式，见式 (7-22)，该方法参照了文献［123］的研究思路。

$$P_{str}=3.155\xi^{0.48}(mf'_c)^{0.9}A_{sc} \tag{7-21}$$

$$P_{strd}=R_d=3.155\left[\frac{(1/\gamma_R)f_yA_s}{(1/\gamma_R)mf'_cA_c}\right]^{0.48}\left[(1/\gamma_R)mf'_c\right]^{0.9}A_{sc}$$
$$1/\gamma_R=0.75 \tag{7-22}$$

式中 P_{strd}——轴压短柱设计公式；

R_d——抗力设计值。

(3) 恒荷载与活荷载标准值的确定

在结构设计时，认为承载力极限状态下的结构抗力设计值 R_d 与荷载效应值 S_d 相等，即 $R_d=S_d$，因此得到式 (7-23)、式 (7-24)。其中，式 (7-23) 是基于《建筑结构可靠性设计统一标准》GB 50068—2018 得到的，式 (7-24) 是基于《建筑结构荷载规范》GB 50009—2012 得到的，两者区别在于 D_k 和 L_k 的系数不同。在本书研究工作中，对两者的计算差别进行了对比，详见下述研究内容。

$$R_d = \gamma_0(1.3D_k + 1.5\psi_L L_k) \tag{7-23}$$

$$R_d = \max[\gamma_0(1.35D_k + 1.4\psi_L L_k), \gamma_0(1.2D_k + 1.4L_k)] \tag{7-24}$$

式中 γ_0——结构重要性系数，根据《建筑结构可靠性设计统一标准》GB 50068—2018 的表 8.2.8，安全等级为二级时，γ_0 取为 1.0；

ψ_L——活荷载标准值组合值系数，对于办公室、住宅等取为 0.7，对于风荷载取为 0.6；

D_k 和 L_k——分别为恒荷载和活荷载标准值。

因此，根据式（7-23）、式（7-24）可得到式（7-25）、式（7-26）。

$$R_d = 1.3D_k + 1.5\psi_L L_k \tag{7-25}$$

$$R_d = \max[1.35D_k + 1.4\psi_L L_k, 1.2D_k + 1.4L_k] \tag{7-26}$$

基于式（7-25）、式（7-26）得到 D_k，见式（7-27）、式（7-28）。

$$D_k = R_d / \left(1.3 + 1.5\psi_L \frac{L_k}{D_k}\right) \tag{7-27}$$

$$D_k = R_d / \max\left[1.35 + 1.4\psi_L \frac{L_k}{D_k}, 1.2 + 1.4\frac{L_k}{D_k}\right] \tag{7-28}$$

定义上式中的 L_k/D_k 为荷载效应比 ρ，则得到式（7-29）、式（7-30）。

$$D_k = R_d / (1.3 + 1.5\psi_L \rho) \tag{7-29}$$

$$D_k = R_d / \max[1.35 + 1.4\psi_L \rho, 1.2 + 1.4\rho] \tag{7-30}$$

（4）统计参数

基于文献［72，123］，将各统计参数汇总于表 7-4。由此可见，在可靠度指标计算过程中，考虑了荷载变异性、材料性能不定性、几何不定性、设计公式的形式差异与计算模式不定性。根据文献［72］，计算模式不定性 K_p 可基于试验（模拟）值与公式计算值的比值得到。

统计参数 **表 7-4**

类型	变量	均值系数	变异系数
荷载	恒荷载	1.060	0.070
	办公室活荷载	0.700	0.290
	住宅活荷载	0.859	0.233
	风荷载	0.999	0.193
材料	混凝土强度 f_c'	1.080	0.150
	钢材屈服强度 f_y	1.100	0.035
几何	截面几何尺寸	1.000	0.050
公式计算	轴压短柱承载力计算模式不定性 K_p	1.023	0.045

（5）可靠度指标计算步骤

常用的可靠度指标计算方法有中心点法、验算点法、蒙特卡洛法等。与其他计算方法对比，蒙特卡洛法具有较高的计算精度且计算速度较快。本书基于文献［75］，采用蒙特卡洛法计算可靠度指标。

可靠度指标计算步骤为：

1）将上述统计参数与计算公式输入 MATLAB。

2）确定数据分布形式。

以轴压短柱为例，得到其计算模式不定性直方图，且该直方图与对数正态分布曲线拟合较好，见图 7-10。

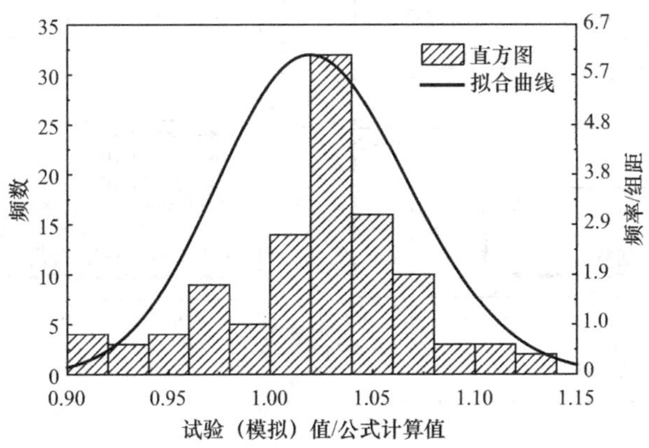

图 7-10 轴压短柱计算模式不定性直方图

3）产生 N 组随机变量样本向量（变量见表 7-4），抽样次数设定为 10^6。

4）计算结构失效次数 N_{fail} ［$G(x)<0$］。

5）计算结构失效概率 $P_f=N_{fail}/N$。

6）计算可靠度指标 $\beta=-\phi^{-1}(P_f)$，其中，$\phi^{-1}(x)$ 为标准累积分布函数的反函数。

（6）轴压短柱可靠度指标计算

《建筑结构可靠性设计统一标准》GB 50068—2018 规定，建筑结构设计过程中根据结构破坏后果的严重性（很严重、严重、不严重）将建筑结构安全等级分为一、二、三共三个等级；且各结构构件的安全等级宜与结构安全等级相同。安全等级为二级时，结构破坏后果被定义为严重，结构构件发生延性破坏时的可靠度指标（β）取为 3.2。

为研究各参数对构件可靠度指标的影响，设计图 7-11 各计算算例，同时考虑如下因素：

（1）满足《钢管混凝土结构技术规范》GB 50936—2014 关于构件截面边长、钢管壁厚、约束系数方面的规定，即边长宜大于等于 168mm，壁厚宜大于等于 3mm，约束系数宜为 0.5～2.0；满足文献［159］报道的构件合理含钢率范围（0.04～0.20）。

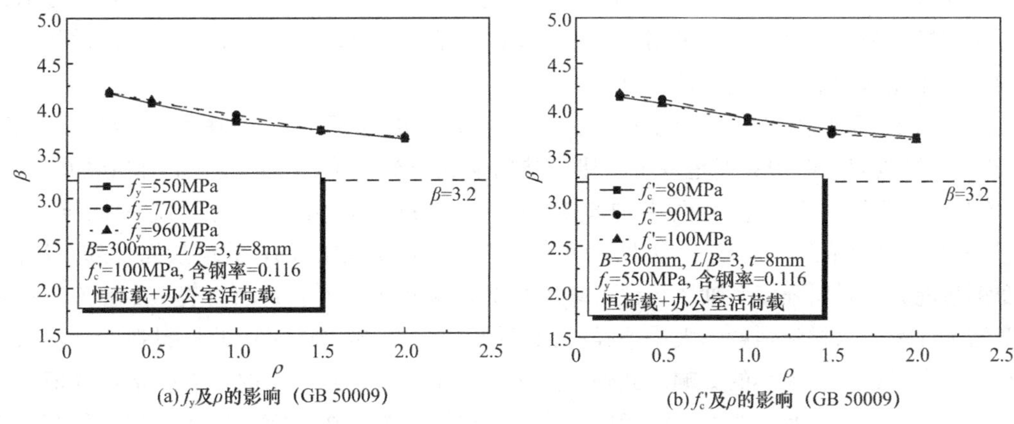

图 7-11 各参数对轴压短柱可靠度指标的影响（一）

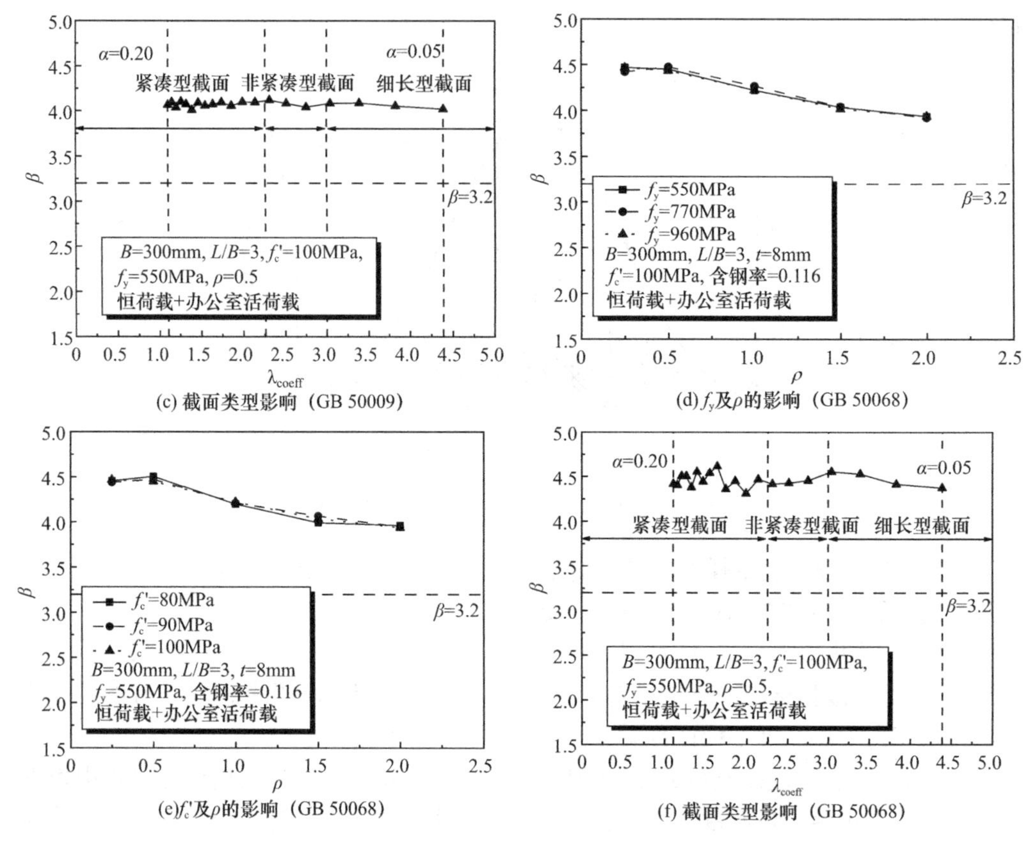

图 7-11 各参数对轴压短柱可靠度指标的影响（二）

（2）符合 AISC 360—16 关于构件截面宽厚比（b/t）限值的要求，即 $b/t \leqslant 5\sqrt{E_s/f_y}$。

（3）改变图 7-11（c）模型参数时，各算例截面类型可涵盖全部截面类型。

（4）为便于指导工程实践，考虑钢管截面尺寸的标准化，设计算例的 B 与 t 时参考了文献［187］；需要说明的是，$B=300$mm 时标准化的 t 最小值为 8mm。

（5）根据 Liew 等（2016）提出材料强度匹配准则，S550（S 代表钢材强度等级，与屈服强度 Q 意义相同）钢材与 $f_c' \geqslant 70$MPa 的混凝土相匹配。基于此，在研究各关键因素对可靠度指标的影响时，选取采用 $f_c'=100$MPa 混凝土、$f_y=550$MPa 钢材的构件作为基准构件，在此基础上进行变参数计算。

图 7-11 所示为各因素对轴压短柱可靠度指标（β）的影响，在图名中标注有“GB 50009”字样则表示图中数据是基于《建筑结构荷载规范》GB 50009—2012 得到的，标注有“GB 50068”字样则表示图中数据是基于《建筑结构可靠性设计统一标准》GB 50068—2018 得到的。由图 7-11 可见，可靠度指标随着荷载比（ρ）的增加而下降。然而，改变钢与混凝土材料强度对轴压短柱可靠度指标影响较小。可能是因为表 7-4 中关于材料强度的统计参数与材料强度的大小差异并无直接关联，且本书所采用的材料强度分项系数也并未考虑材料强度大小的影响。此外，图 7-11（d）～（f）所示的可靠度指标数值大于图 7-11（a）～（c）所示的可靠度指标数值，主要原因为，在一定情况下，与《建筑结构荷载规范》GB 50009—2012 相比，《建筑结构可靠性设计统一标准》GB 50068—2018 规

定的 D_k 和 L_k 的系数相对较大，进而 D_k 相对较小，见式（7-29）、式（7-30）。在下文分析中也可得到类似的结论，不再详述。

如图 7-11（c）、（f）可见，随着轴压短柱截面长细比（λ_{coeff}）的增加，可靠度指标变化幅度较小，并未出现可靠度指标明显下降的现象。因此，在下文分析中，主要考察长细比和偏心率等对可靠度指标的影响。同时，图 7-11 数据表明，可靠度指标均大于《建筑结构可靠性设计统一标准》GB 50068—2018 规定的结构构件延性破坏可靠指标（3.2）。

7.4.2 轴压长柱

采用上述的可靠度指标计算方法与各统计参数，对轴压长柱设计公式可靠度指标进行计算。在式（7-4）基础上考虑材料抗力分项系数即得到轴压长柱设计公式，具体方法见第 7.4.1 节。轴压长柱计算模式不定性 K_p 的均值系数与变异系数分别为 1.087 和 0.031，是基于图 7-2（b）中数据所得到的。此外，基于文献［123］研究结果，在计算轴压长柱可靠度指标时未考虑构件长度几何不定性的影响。

在轴压短柱可靠度指标计算的研究基础上，图 7-12 进一步分析了长细比（λ）、荷载比（ρ）、活荷载类型对轴压长柱可靠度指标的影响。如图所示，随着构件长细比的增加，可靠度指标略有下降。同时，当活荷载类型分别为办公室活荷载、住宅活荷载、风荷载时，可靠度指标略有下降；但图 7-12 中所有可靠度指标均符合《建筑结构可靠性设计统一标准》GB 50068—2018 对结构构件延性破坏可靠指标的要求。

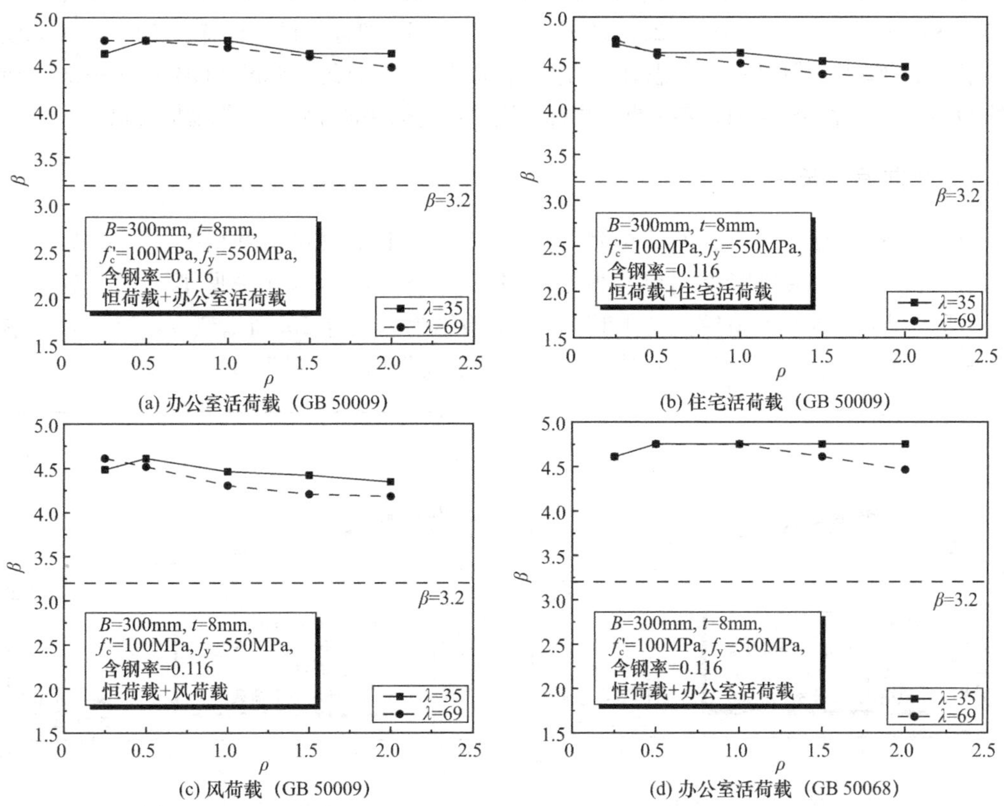

(a) 办公室活荷载（GB 50009） (b) 住宅活荷载（GB 50009）
(c) 风荷载（GB 50009） (d) 办公室活荷载（GB 50068）

图 7-12 各参数对轴压长柱可靠度指标的影响（一）

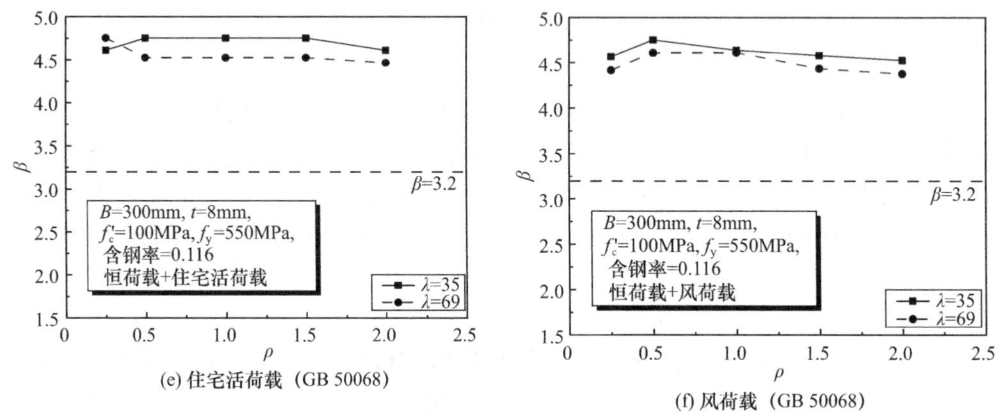

(e) 住宅活荷载（GB 50068）

(f) 风荷载（GB 50068）

图 7-12　各参数对轴压长柱可靠度指标的影响（二）

7.4.3　单向偏压短柱

基于式（7-7），考虑材料抗力分项系数即得到单向偏压短柱设计公式，具体方法见第 7.4.1节，以偏心率（e/B）为 0.5 的单向偏压短柱为例，来计算其可靠度指标；其中，e 为偏心距，B 为构件截面宽度。基于本书第 1 批次 12 个单向偏压短柱试验结果、第 2 批次 6 个试验结果、224 个数值模拟结果（共计 242 个结果），经计算，单向偏压短柱计算模式不定性 K_p 的均值系数与变异系数分别为 1.001 和 0.049。

图 7-13 所示为各参数对单向偏压短柱可靠度指标的影响，尽管如图 7-13（c）所示，根据《建筑结构荷载规范》GB 50009—2012 选定 D_k 和 L_k 的系数时，当荷载比较大时存在可靠度指标小于 3.2 的情况，但根据当前现行的《建筑结构可靠性设计统一标准》GB 50068—2018 所规定的 D_k 和 L_k 的系数计算时，各可靠度指标均满足结构构件延性破坏可靠指标要求。

7.4.4　单向偏压长柱

以偏心率（e/B）为 0.5 的单向偏压长柱为例，来计算其可靠度指标。基于式（7-9），考虑材料抗力分项系数即得到单向偏压长柱设计公式，具体方法见第 7.4.1 节。基于图 7-6所采用的 126 个数值模拟结果和 33 个试验结果（共计 159 个结果），经计算，单向偏压长柱计算模式不定性 K_p 的均值系数与变异系数分别为 1.007 和 0.089。

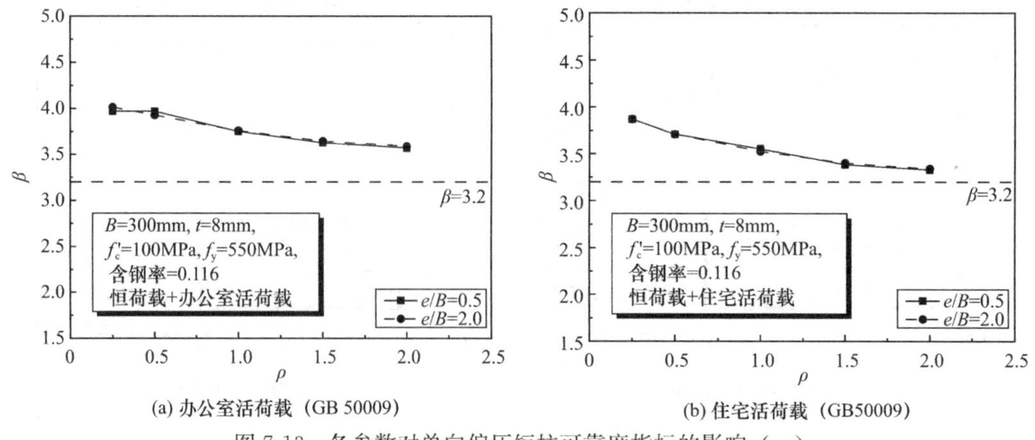

(a) 办公室活荷载（GB 50009）

(b) 住宅活荷载（GB50009）

图 7-13　各参数对单向偏压短柱可靠度指标的影响（一）

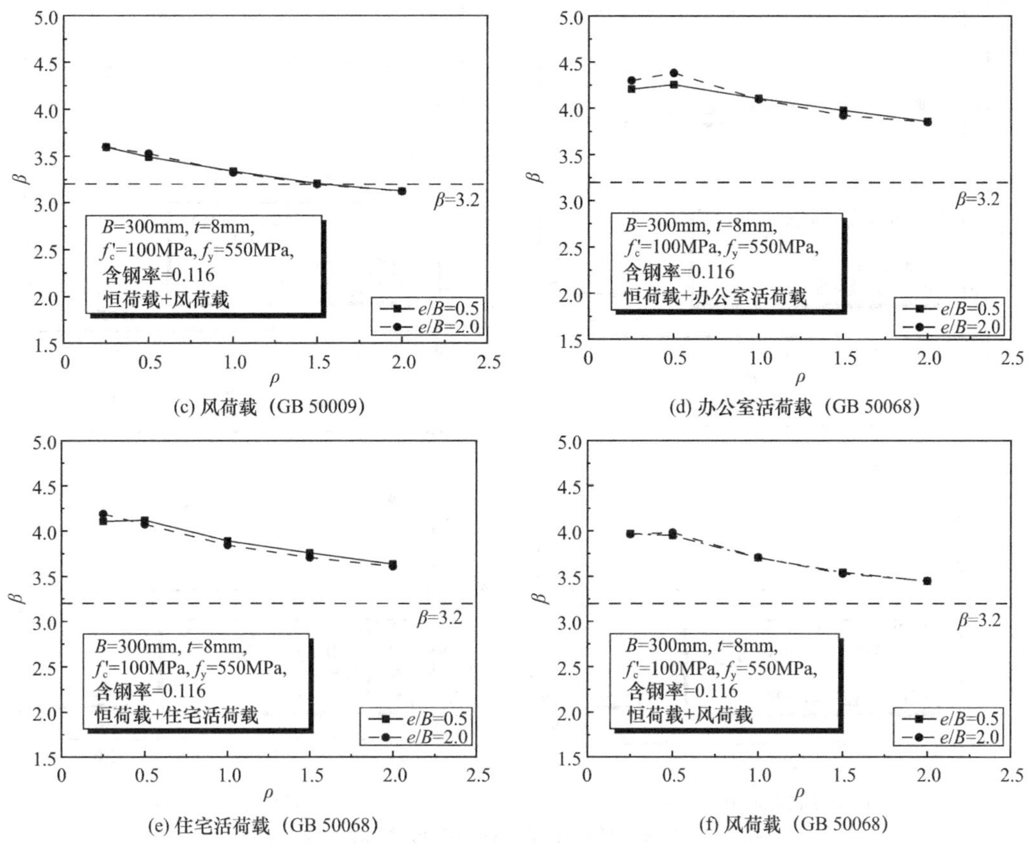

(c) 风荷载（GB 50009）　(d) 办公室活荷载（GB 50068）

(e) 住宅活荷载（GB 50068）　(f) 风荷载（GB 50068）

图 7-13　各参数对单向偏压短柱可靠度指标的影响（二）

图 7-14 所示为各影响参数对偏压长柱可靠度指标的影响，与轴压长柱类似，随着 λ 的增大及活荷载由办公室活荷载向住宅活荷载和风荷载转变，可靠度指标略有下降。对比图 7-12和图 7-14 可见，单向偏压长柱可靠度指标略小于轴压长柱可靠度指标，主要是因为轴压长柱 K_p 的均值系数相对较大且变异系数相对较小。图 7-14 中各可靠度指标均满足《建筑结构可靠性设计统一标准》GB 50068—2018 对结构构件延性破坏可靠指标的要求。

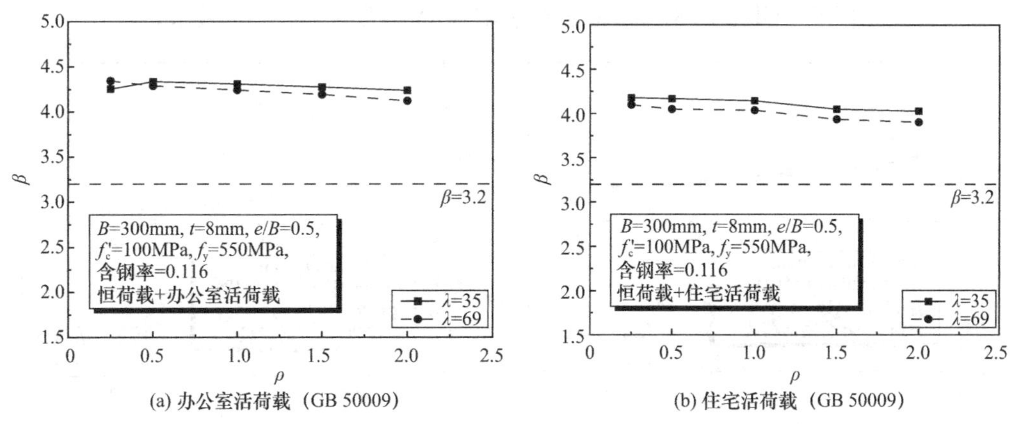

(a) 办公室活荷载（GB 50009）　(b) 住宅活荷载（GB 50009）

图 7-14　各参数对单向偏压长柱可靠度指标的影响（一）

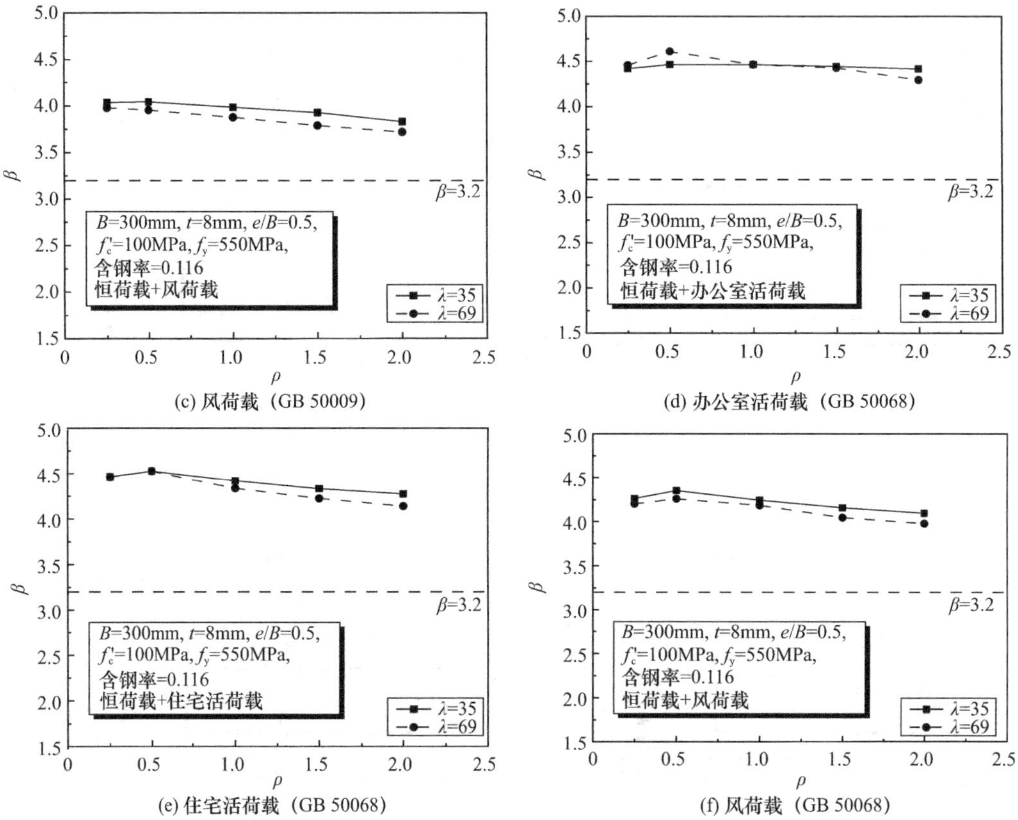

(c) 风荷载（GB 50009）

(d) 办公室活荷载（GB 50068）

(e) 住宅活荷载（GB 50068）

(f) 风荷载（GB 50068）

图 7-14　各参数对单向偏压长柱可靠度指标的影响（二）

7.4.5　双向偏压短柱

基于式（7-11）建立双向偏压短柱设计公式，具体方法见第 7.4.1 节。根据图 7-7 中 101 个试验与模拟结果，计算得到双向偏压短柱计算模式不定性 K_p 的均值系数与变异系数分别为 1.012、0.068。基于此，图 7-15 得到了双向偏压短柱的可靠度指标，图例中“e/B'”的定义见第 6 章，加载角为 45°。与图 7-13（c）的结果类似，图 7-15（c）中也存在部分可靠度指标数值小于 3.2 的情况，但如图 7-15（d）～（f）所示，所有可靠度指标均满足《建筑结构可靠性设计统一标准》GB 50068—2018 对结构构件延性破坏可靠指标的要求。

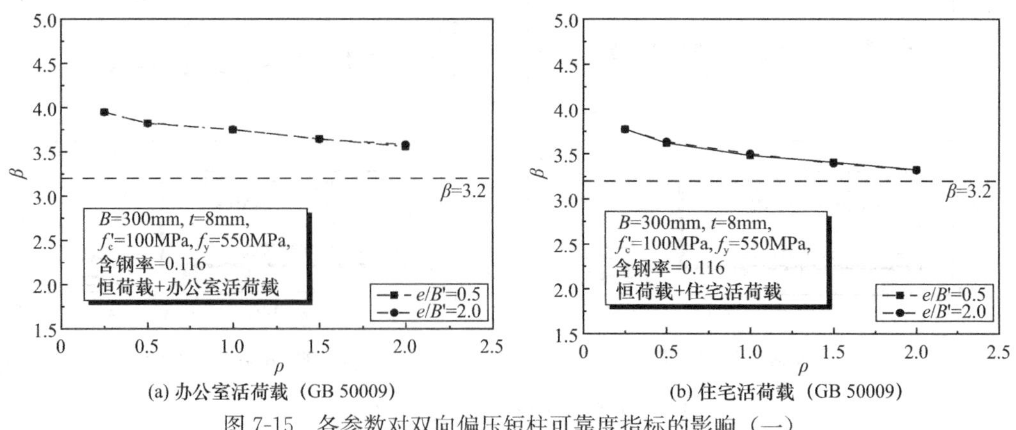

(a) 办公室活荷载（GB 50009）　　(b) 住宅活荷载（GB 50009）

图 7-15　各参数对双向偏压短柱可靠度指标的影响（一）

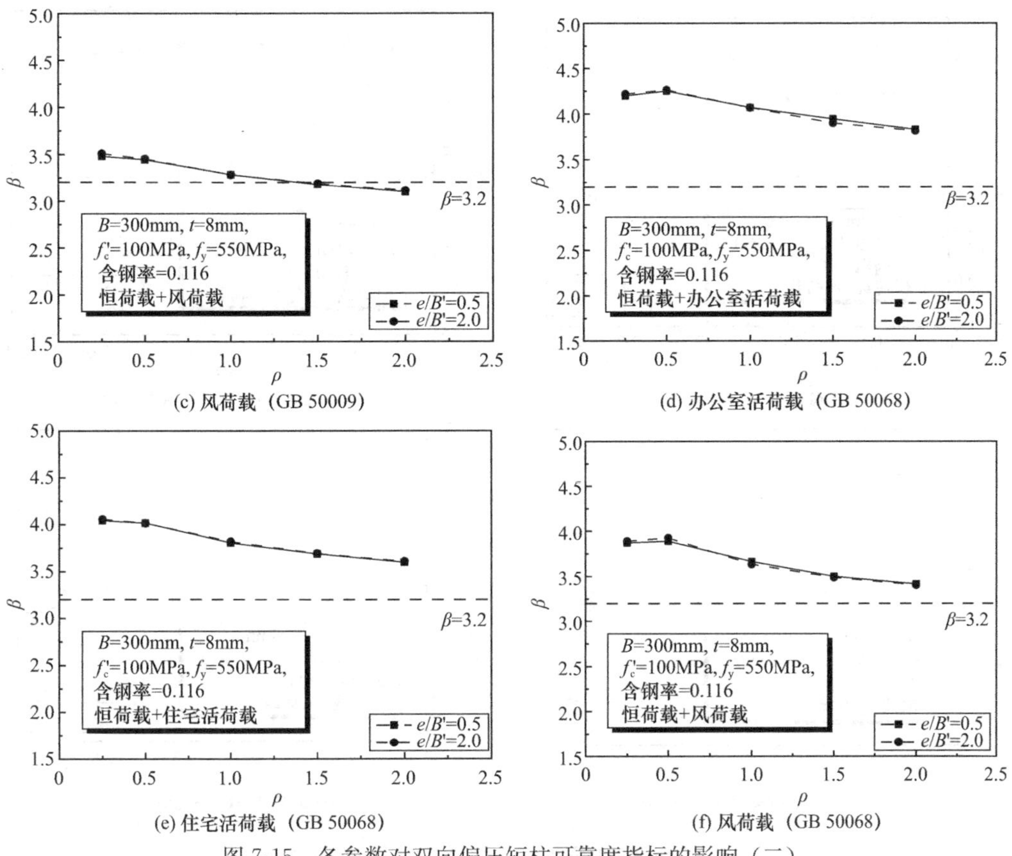

(c) 风荷载（GB 50009） (d) 办公室活荷载（GB 50068）

(e) 住宅活荷载（GB 50068） (f) 风荷载（GB 50068）

图 7-15 各参数对双向偏压短柱可靠度指标的影响（二）

7.4.6 双向偏压长柱

双向偏压长柱设计公式是基于式（7-14）并考虑材料抗力分项系数得到的，具体方法见第 7.4.1 节的介绍。同时，由图 7-8 中 155 个双偏压长柱数据计算得到计算模式不定性的均值系数和变异系数分别为 1.009、0.070。同样以 $e/B'=0.5$ 的双向偏压长柱为例（加载角为 45°），来计算其可靠度指标，见图 7-16。结果表明，双偏压长柱承载力设计公式可靠度指标均满足《建筑结构可靠性设计统一标准》GB 50068—2018 对结构构件延性破坏可靠指标的要求。上述研究说明本书提出的各受力工况下承载力简化设计公式可为工程设计提供参考。

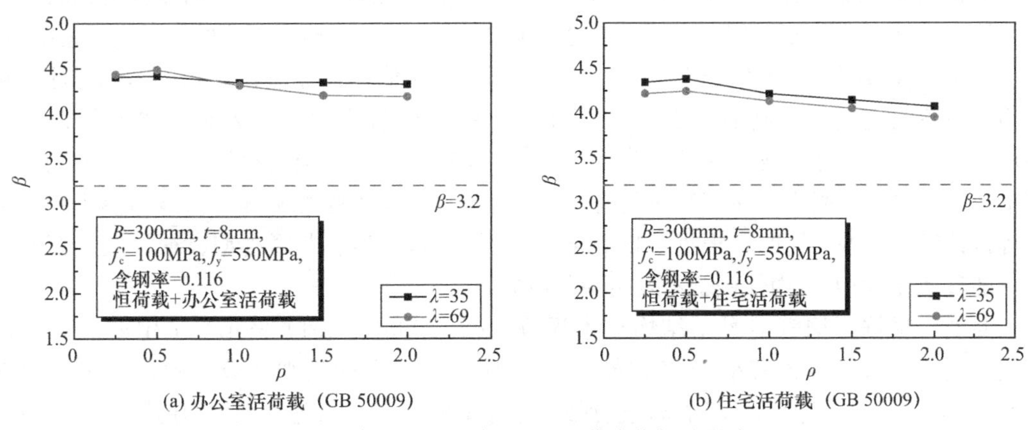

(a) 办公室活荷载（GB 50009） (b) 住宅活荷载（GB 50009）

图 7-16 各参数对双向偏压长柱可靠度指标的影响（一）

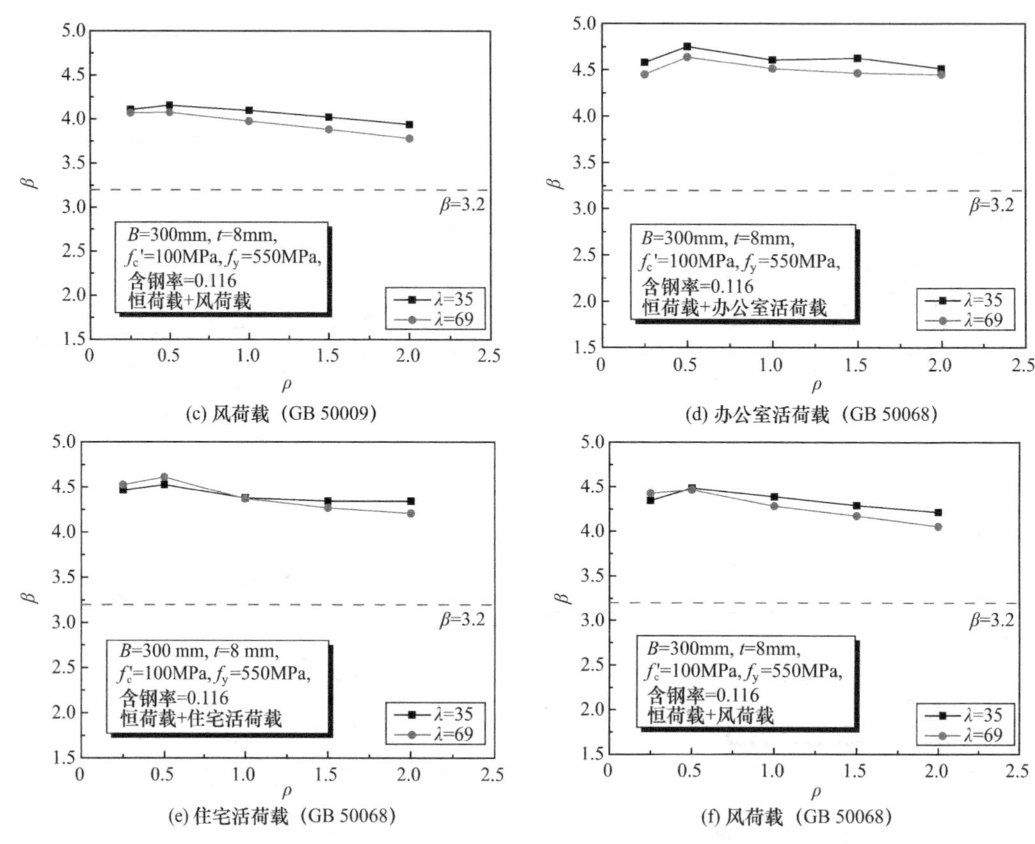

(c) 风荷载（GB 50009）

(d) 办公室活荷载（GB 50068）

(e) 住宅活荷载（GB 50068）

(f) 风荷载（GB 50068）

图 7-16　各参数对双向偏压长柱可靠度指标的影响（二）

7.5　设计建议

7.5.1　钢材与混凝土强度匹配关系

由式（3-1）可见，φ 不仅可表征构件的稳定性质，还可表示材料强度的发挥效率。例如，当 λ 恒定时改变某一参数（如 f_y/f_{cu}），φ 值越大，则说明轴压长柱可发挥越大的材料强度性能。基于此，图 7-17 给出了对应于不同 λ（14～120）轴压长柱的 φ-f_y/f_{cu} 关系图，由图可见，各数据点基本呈现半正弦分布，且 f_y/f_{cu} 比值的最优值在 6.57～7.67 范围内。然而，当该比值较大时则易引起钢管屈曲。因为当 f_y 较大、f_{cu} 较小时，虽然约束系数（ξ）值较大，但钢材屈服应变增加而混凝土极限压应变减小；当钢材屈服应变大于混凝土极限压应变时，混凝土易在钢管屈服前被压碎，构件易发生脆性破坏，该破坏模式并不是工程设计所期望的。同时，根据 AISC 360—16 关于紧凑型、非紧凑型、细长型截面的规定，随着 f_y 的增大，构件钢管易发生局部屈曲。

此外，根据《钢管混凝土结构技术规范》GB 50936—2014 表 4.1.7 中的规定，钢管混凝土框架柱长细比宜小于 80。如图 7-17 所示，在上述长细比范围内，大多数构件（λ=32～74）在 f_y/f_{cu}=6.57 时 φ 值达到最大值。同时，对于其他长细比的构件，f_y/f_{cu}=

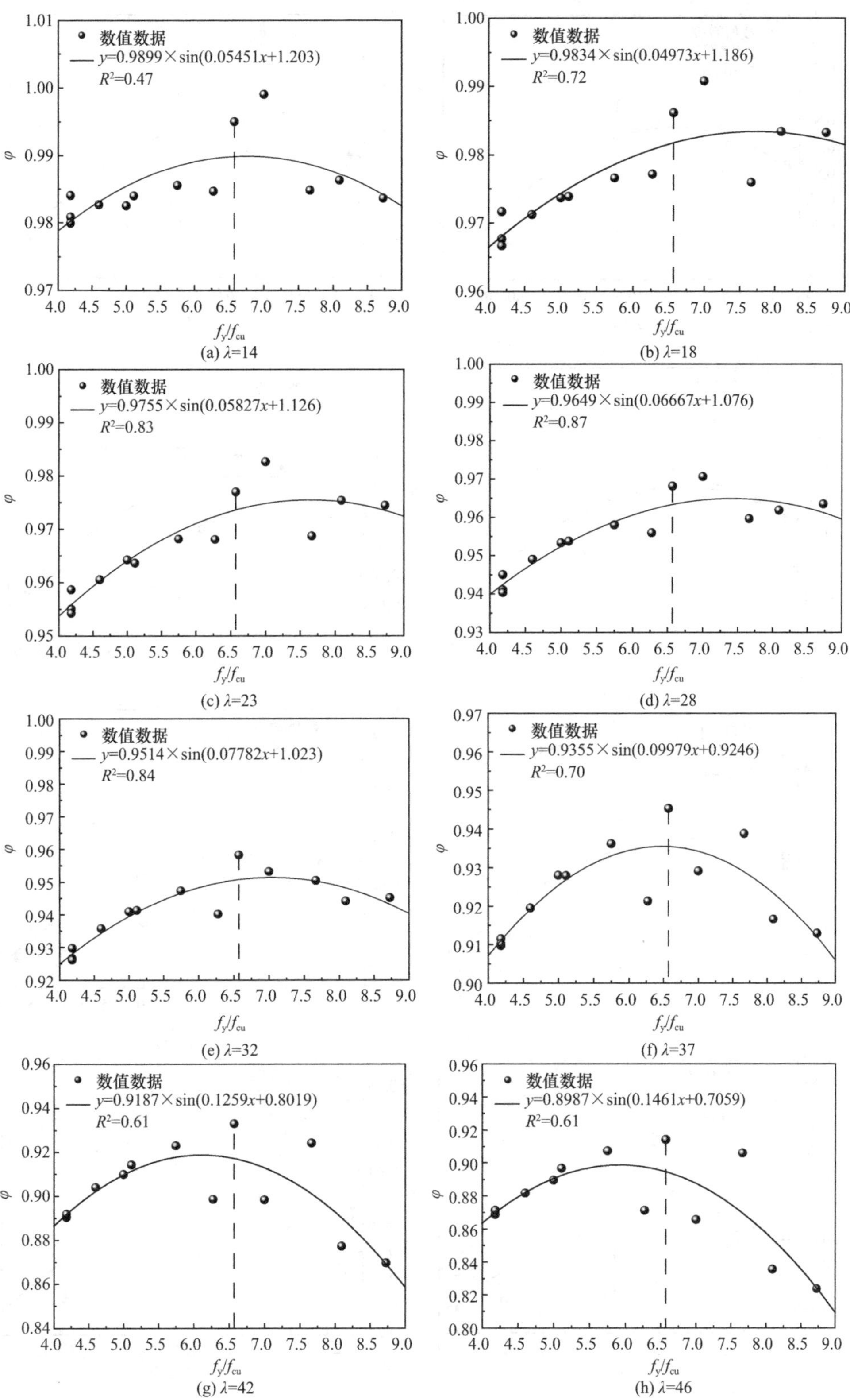

图 7-17　φ-f_y/f_{cu}关系（一）

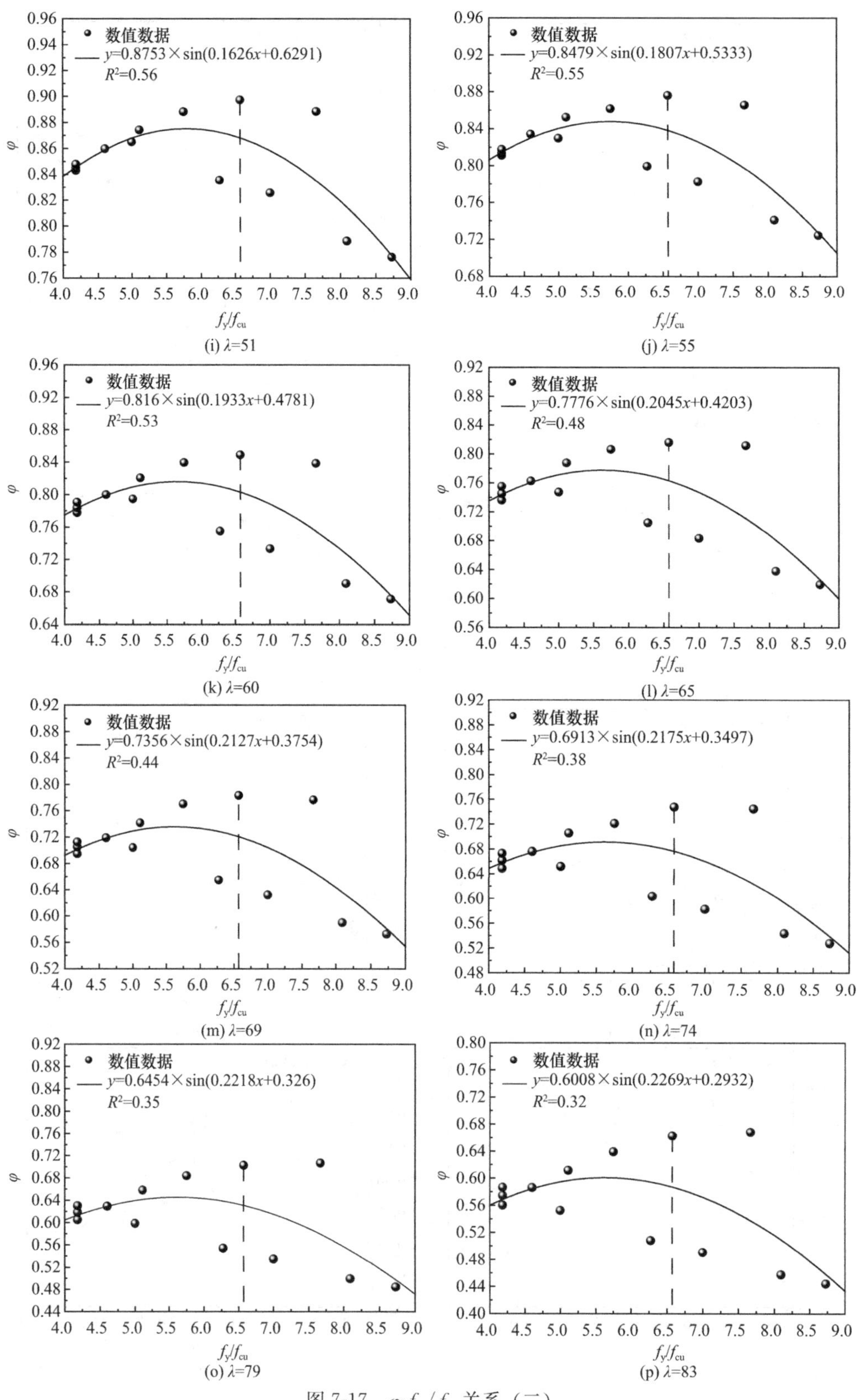

图 7-17　φ-f_y/f_{cu}关系（二）

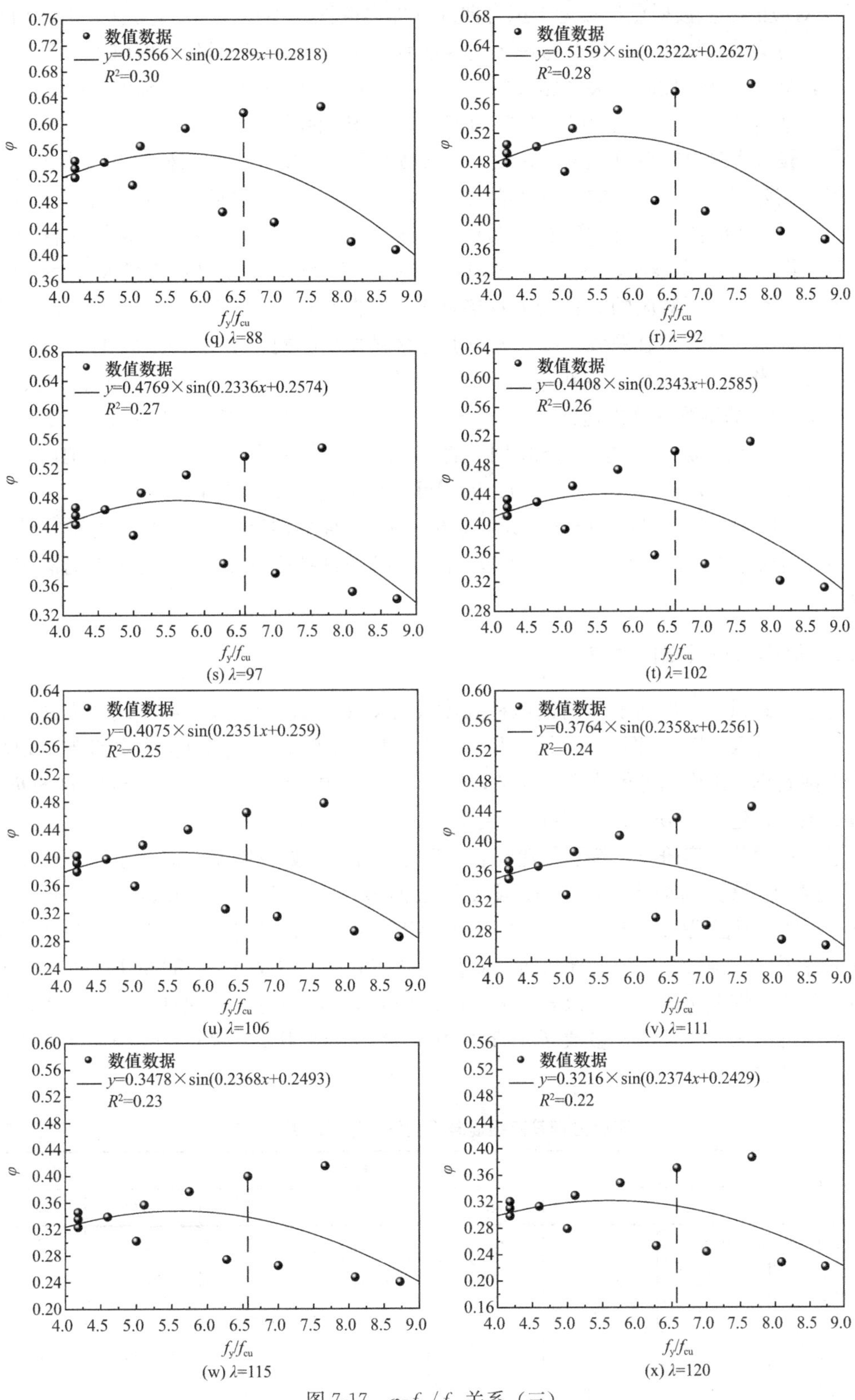

图 7-17 φ-f_y/f_{cu}关系（三）

6.57 时对应的 φ 值数据点均接近于拟合曲线（即离散性较小）。因此，为有效提高钢与混凝土材料协同工作性能，在综合考虑上述因素后，建议将 f_y/f_{cu} 最佳比值取为 6.57。基于该比值，材料最佳强度匹配关系建议如下：f_y=460、550、690、770、890、960MPa 的钢管宜分别适配 f_{cu}=70、84、105、117、135、146MPa 的混凝土。

尽管设计人员进行钢管混凝土柱设计时会按照某一强度等级的钢材和混凝土来进行设计，但在实际工程中，钢管的材料性能（f_y、f_u）往往与设计强度等级存在差异，且混凝土强度也随着龄期的增长而变化。因此，很难将 f_y/f_{cu} 比值严格控制为某一特定数值（6.57）。图 7-17 数据表明，λ=14～28 时，f_y/f_{cu}=7.00 所对应的 φ 值最大；λ=32～37 时，f_y/f_{cu}=7.00 所对应的 φ 值较大且接近于拟合曲线；λ>37 时，f_y/f_{cu}=5.75 所对应的 φ 值较大且接近于拟合曲线。综合考虑上述材料强度匹配、钢管屈曲等因素，建议 λ=14～37 时，将 f_y/f_{cu} 比值控制在 6.57～7.00 范围内，基于此，f_y=460、550、690、770、890、960MPa 的钢管宜分别适配 f_{cu}=66～70、79～84、99～105、110～117、127～135、137～146MPa 的混凝土。建议 λ>37 时，将 f_y/f_{cu} 比值控制在 5.75～6.57 范围内，基于此，f_y=460、550、690、770、890、960MPa 的钢管宜分别适配 f_{cu}=70～80、84～96、105～120、117～134、135～155、146～167MPa 的混凝土。尽管上述研究结果是基于 312 个数值模型的计算结果得到的，但在今后的科研工作或工程实践中仍需进一步验证。

7.5.2 偏心率与长细比限值

通过公式拟合，得到了单向偏压柱强度发挥效率系数（*SDE*）-e/B 函数表达式、拟合曲线及拟合 R^2 值，在图 7-18 中给出，$SDE=P_u/(f_yA_s+f_{ck}A_c)$。为更直观体现高强材料发挥效率，以供构件优化设计参考，基于图 7-18 中 λ=10.39～80.83 构件的 *SDE*-e/B 函数关系式，建立 *SDE*、λ、e/B 匹配关系，如表 7-5 所示。

进行本章节内容研究，特别是建立表 7-5 时，考虑了如下因素：总体上，单向偏压柱 *SDE* 随着 f_{cu} 增大而减小，随着 f_y 及 α 增大而增大。当 B=150mm、α=0.116、f_y>811MPa 时，钢管截面宽厚比（b/t）将大于 AISC 360—16 规定的紧凑型截面与非紧凑型截面的界限值，钢管易发生局部屈曲；而在 α=0.148 工况下，f_y>1303MPa 时，b/t 则大于该界限值。综上所述，出于保守预测 *SDE* 角度考虑，同时，为保证表 7-5 适用范围与截面紧凑性，表 7-5 是基于参数 f_{cu}=110MPa、f_y=460MPa、α=0.148 的单向偏压柱建立的（图 7-18）。

高强方钢管高强混凝土柱偏心率（e/B）限值 **表 7-5**

SDE	长细比（λ）						
	10.39	23.09	34.64	46.19	57.74	69.28	80.83
1.0	0.09	0.07	0.05	0.02	N/A	N/A	N/A
0.9	0.12	0.11	0.08	0.05	0.02	N/A	N/A
0.8	0.17	0.15	0.12	0.09	0.06	0.02	N/A
0.7	0.23	0.21	0.17	0.14	0.1	0.06	0.01
0.6	0.30	0.28	0.24	0.2	0.16	0.11	0.06

续表

SDE	长细比（λ）						
	10.39	23.09	34.64	46.19	57.74	69.28	80.83
0.5	0.41	0.39	0.34	0.29	0.24	0.19	0.13
0.4	0.58	0.55	0.49	0.42	0.36	0.3	0.24
0.3	0.85	0.82	0.73	0.65	0.56	0.49	0.41
0.2	1.40	1.35	1.23	1.09	0.97	0.86	0.76
0.1	3.05	2.94	2.7	2.44	2.19	1.98	1.81

注：*SDE* 为材料强度发挥效率值；λ 为长细比；N/A 表示不适用。

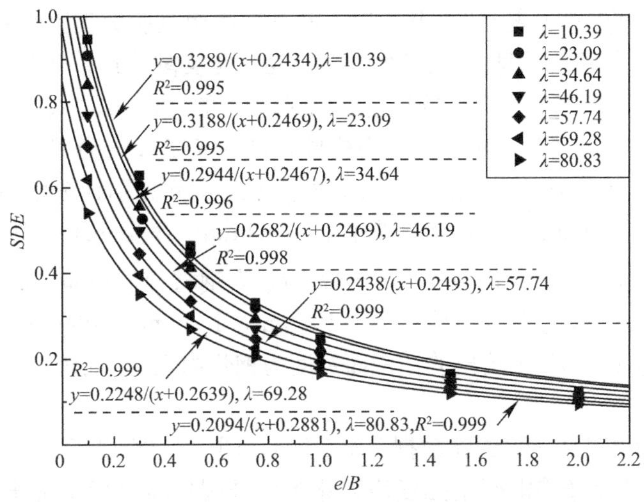

图 7-18　λ 对 *SDE* 的影响

从表 7-5 给出的 *SDE*=0.1～1.0 及 λ=10.39～80.83 的单向偏压柱所对应的 e/B 界限值可见，λ=10.39（L/B=3）的单向偏压短柱在 $e/B>0.09$ 时 *SDE* 值小于 1.0，当 e/B 达到 3.05 时，*SDE* 仅为 0.1；而计算结果表明，λ=80.83 的构件 *SDE* 初始值（e/B=0）仅为 0.73（图 7-18）。因此，在 e/B 或 λ 较大的钢管混凝土柱中，采用高强材料是不经济的。

纵观 *SDE* 的各影响因素，e/B 对 *SDE* 的影响最为显著，其次为 λ。e/B 对构件 *SDE* 的影响不可避免，设计者进行高强方钢管高强混凝土柱优化设计时可参考表 7-5 数值。根据图 7-18 所示结果，当 *SDE* 初始值（e/B=0）等于 1.0 时，即钢与混凝土材料强度可完全发挥时，对应的 λ 在 46.19～57.74 范围内。基于数值计算结果，e/B=0 且 *SDE*=1.0 时，λ 值约为 56。由此，建议构件长细比限值取为 56，且符合《钢管混凝土结构技术规范》GB 50936—2014 的规定。

7.6　高强方（矩）形钢管高强混凝土柱数据库

7.6.1　试验数据收集

在进行钢管混凝土柱设计时，各国现行设计规范对高强材料的应用存在许多限值规定。如《钢管混凝土结构技术规范》GB 50936—2014 仅给出了钢材为 Q420 及混凝土为 C80 以下的构件设计规定。其原因为当前仍缺乏高强钢管高强混凝土构件数据。因此，构建高强钢管高强混凝土构件数据库十分必要，可为规范设计规定的完善、应用范围的扩大提供参考。

目前，课题组已完成 146 个方形截面高强钢管高强混凝土柱的试验研究，包括 14 个轴压短柱、26 个轴压长柱、18 个单向偏压短柱、33 个单向偏压长柱、16 个双向偏压短柱、29 个双向偏压长柱试件。146 个试件信息详见本书第 2 章～第 6 章。同时，收集了现有文献中的 165 个高强方（矩）形钢管高强混凝土轴压与偏压柱极限荷载数据，包括 105 个方形截面柱和 60 个矩形截面（B/H=1.28～2）柱数据，未包括含有纤维混凝土的试件数据。试验试件信息汇总于表 7-6～表 7-11，共计 301 组试验数据。高强材料与普通强度材料的划分见文献［188］；短柱与长柱的分类方法详见文献［15，86］。

表 7-6～表 7-11 中，Res. 为课题组进行的试验研究结果。B 为矩形截面长边尺寸；H 为矩形截面短边尺寸；t 为钢管壁厚；L 为构件长度（高度）；e 为偏心距；f_y 为钢材屈服强度；f_{con}为混凝土抗压强度；f_{con}列数据上角标 a、b、c 分别代表混凝土立方体（边长 150mm）、圆柱体（150mm×300mm）、圆柱体（100mm×200mm）抗压强度；λ_{coeff}为截面长细比系数；$\lambda_{coeff}=b/t\sqrt{(f_y/E_s)}$；$b=B-2t$；$E_s$ 为钢材弹性模量；α 为含钢率；ξ 为约束系数，$\xi=\alpha f_y/f_{ck}$；f_{ck}为混凝土棱柱体（150mm×150mm×300mm）抗压强度；P_u 为极限荷载。文献［34，60］中给出的柱截面宽度为钢管内宽 b，而表 7-6、表 7-7 中，宽度 B 为钢管外宽。

根据表 7-6～表 7-11 中的试验数据（301 组），图 7-19 给出了高强材料的强度分布，为便于对比，按照第 2 章将混凝土强度均转化为标准圆柱体混凝土抗压强度（f'_c）。可以看出，对于方形和矩形截面的高强钢管高强混凝土轴压与偏压柱，f_y 为 770MPa 以下的试验数据相对较多（248 组数据，占总数 82.4%）；f'_c=100～120MPa 的试验数据相对较多，主要来自课题组试验结果和文献［34，60］。

高强钢管高强混凝土轴压短柱试验数据　　表 7-6

文献	数量	B (mm)	H (mm)	t (mm)	L (mm)	f_y (MPa)	f_{con} (MPa)	λ_{coeff}	α	ξ	P_u (kN)
Res.	14	150	150	4～6	450	416.3～889.9	90～98^a	1.07～1.87	0.116～0.182	0.780～2.240	2820～4258
[31]	3	150	150	8.0～12.5	450	446～779	152^c	0.47～1.05	0.253～0.440	1.796～2.887	5953～8585
[42]	10	119～319	119～319	5.95～9.45	357～957	536～835	77～91.1^b	1.06～2.68	0.085～0.259	0.858～3.913	3318～10357
[50]	21	100.3～200.2	80.1～181.2	4.18	300～600	550	70.8～82.1^a	1.15～2.41	0.099～0.200	1.026～2.366	1425～4210
[51]	22	106～190	80～140	4	320～570	495	60～89^b	1.22～2.26	0.125～0.170	0.966～1.641	1657～2828
[52]	12	120～190	90～130	4	360～570	495	55^b	1.39～2.26	0.135～0.149	1.592～1.756	1718～2138

续表

文献	数量	B (mm)	H (mm)	t (mm)	L (mm)	f_y (MPa)	f_{con} (MPa)	λ_{coeff}	α	ξ	P_u (kN)
[60]	10	82.6～208.9	82.6～208.9	4.88～4.94	285～660	762	100～113[b]	0.92～2.50	0.101～0.286	0.952～3.035	1636～5604
[62]	2	300	150～300	5	900	746	70.5～83.6[c]	3.54	0.070～0.108	1.139～1.523	6152～8686
合计	94	82.6～319	80～319	4.0～12.5	285～957	416.3～889.9	55[b]～152[c]	0.47～3.54	0.070～0.440	0.780～3.913	1425～10357

高强钢管高强混凝土轴压长柱试验数据 表 7-7

文献	数量	B (mm)	H (mm)	t (mm)	L (mm)	f_y (MPa)	f_{con} (MPa)	λ_{coeff}	α	ξ	P_u (kN)
Res.	26	150	150	4～5	1000～3700	434.6～914	98～112.6[a]	1.52～1.89	0.116～0.148	0.691～1.802	1623～4434
[34]	39	83.5～210.5	83.5～210.5	4.89～4.97	1512～3512	762	113[b]	0.92～2.51	0.101～0.288	0.946～2.704	286～6329
[60]	6	159.3～208.8	159.3～208.8	4.91～4.95	1062	762	113[b]	1.87～2.50	0.101～0.137	0.951～1.285	4833～7506
[176]	1	120	120	8	500	439	96[b]	0.61	0.331	2.112	2240
合计	72	83.5～210.5	83.5～210.5	4～8	500～3700	434.6～914	96[b]～113[b]	0.61～2.51	0.101～0.331	0.691～2.704	286～7506

高强钢管高强混凝土单向偏压短柱试验数据 表 7-8

文献	B (mm)	H (mm)	t (mm)	L (mm)	e (mm)	f_y (MPa)	f_{con} (MPa)	λ_{coeff}	α	ξ	P_u (kN)
Res.	150	150	4～6	450	20～65	434.6～896	100～110.5[a]	1.07～1.87	0.116～0.182	0.685～2.008	1244～3149
[97]	120～180	90～130	4	360～540	15～60	495	60[b]	1.39～2.14	0.135～0.149	1.496～1.641	763～1491
[120]	350	350	17.6	900	300	806～913	94～113[b]	1.14～1.21	0.236	2.347～3.197	7374～8782
合计	120～350	90～350	4～17.6	360～900	15～300	434.6～913	60[b]～113[b]	1.07～2.14	0.116～0.236	0.685～3.197	763～8782

注：收集的 Res.、文献［97］、［120］样本数量分别为 18、16、2 个。

高强钢管高强混凝土单向偏压长柱试验数据 表 7-9

文献	数量	B (mm)	H (mm)	t (mm)	L (mm)	e (mm)	f_y (MPa)	f_{con} (MPa)	λ_{coeff}	α	ξ	P_u (kN)
Res.	33	150	150	4～5	1000～2000	20～65	434.6～896	110.5[a]	1.47～1.87	0.116～0.148	0.685～1.802	982～2981
[31]	3	200	200	12～12.5	3640	20～50	465～756	176～183[c]	0.68～0.90	0.291～0.306	1.157～1.865	4997～7136

续表

文献	数量	B (mm)	H (mm)	t (mm)	L (mm)	e (mm)	f_y (MPa)	f_{con} (MPa)	λ_{coeff}	α	ξ	P_u (kN)
[97]	4	150	100	4	2600	15～60	495	60^b	1.77	0.148	1.636	617～1130
[105]	2	150	100	5	2135～3135	20	459.82	83.0～91.0^b	1.34	0.190	1.341～1.471	573～935
[108]	12	120～200	80～150	4.18	870～2310	20～70	550	70.8～82.1^a	1.40～2.40	0.122～0.200	1.257～2.372	660～1950
合计	54	120～200	80～200	4～12.5	870～3640	15～70	434.6～896	60^b～183^c	0.68～2.40	0.116～0.306	0.685～2.372	573～7136

高强钢管高强混凝土双向偏压短柱试验数据 **表 7-10**

文献	数量	B (mm)	H (mm)	t (mm)	L (mm)	e (mm)	f_y (MPa)	f_{con} (MPa)	λ_{coeff}	α	ξ	P_u (kN)
Res.	16	150	150	4～6	450	20～64	433.1～895.7	106～110^a	1.07～1.87	0.116～0.182	0.717～1.813	1212.5～3241
合计	16	150	150	4～6	450	20～64	433.1～895.7	106～110^a	1.07～1.87	0.116～0.182	0.717～1.813	1212.5～3241

注：表中 e 为两个主轴方向（x 轴和 y 轴）合成后的偏心距。

高强钢管高强混凝土双向偏压长柱试验数据 **表 7-11**

文献	数量	B (mm)	H (mm)	t (mm)	L (mm)	e (mm)	f_y (MPa)	f_{con} (MPa)	λ_{coeff}	α	ξ	P_u (kN)
Res.	29	150	150	4～5	1000～1800	20～64	434.6～895.7	108～113^a	1.47～1.87	0.116～0.148	0.668～1.847	1009～3029
合计	29	150	150	4～5	1000～1800	20～64	434.6～895.7	108～113^a	1.47～1.87	0.116～0.148	0.668～1.847	1009～3029

注：表中 e 为两个主轴方向（x 轴和 y 轴）合成后的偏心距。

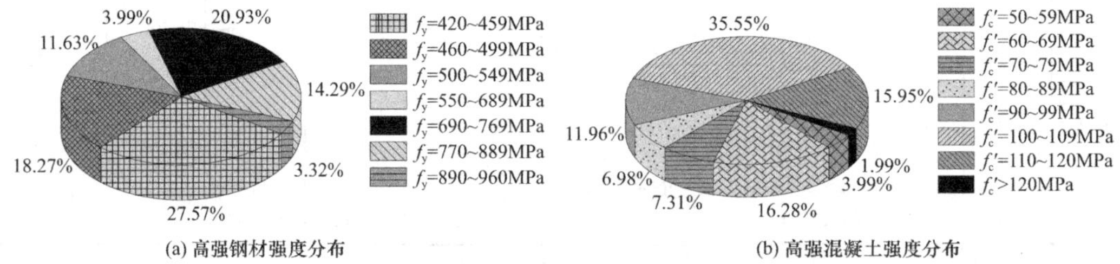

图 7-19 试验材料强度分布

7.6.2 数值模型计算结果汇总

前述研究已验证采用 ABAQUS 进行各类型构件数值计算的可行性，第 2 章～第 6 章进行了轴压短柱、轴压长柱、单向偏压长柱、双向偏压短柱、双向偏压长柱参数化分析。同时，文献 [118] 进行了单向偏压短柱参数化分析。在此基础上，将所有参数分析模型计算结果汇总于表 7-12，共包括 818 个高强方钢管高强混凝土轴压与偏压柱有限元模型，包括 236 个轴压柱模型（未包含 $\lambda>80$ 的数值模型）、365 个单向偏压柱模型、217 个双向偏压柱模型。表 7-12 中字母含义同表 7-6，对于表 7-12 中的各类受力构件，f_y 值变化范围均为 460～960MPa，立方体抗压强度（f_{cu}）值变化范围均为 60～110MPa。

ABAQUS 参数化数值模型 **表 7-12**

模型	数量	B (mm)	H (mm)	t (mm)	L (mm)	e (mm)	λ_{coeff}	α	ξ	P_u（kN）
轴压短柱	41	150～200	150～200	4～6	450～600	0	1.10～1.99	0.108～0.182	0.679～3.282	2423～5575
轴压长柱	195	150	150	4～6	600～3400	0	1.10～2.46	0.116～0.182	0.729～1.521	1539～4205
单向偏压短柱	224	150～200	150～200	3～6	450～600	15～300	1.10～3.10	0.063～0.182	0.438～2.152	380～5539
单向偏压长柱	141	150	150	4～6	1000～3500	15～300	1.10～1.94	0.116～0.182	0.728～1.941	251～3352
双向偏压短柱	91	150	150	4～6	450	21～424	1.10～1.94	0.116～0.182	0.728～1.941	192～3577
双向偏压长柱	126	150	150	4～6	1000～3500	21～424	1.10～1.94	0.116～0.182	0.728～1.941	176～2957
合计	818	150～200	150～200	3～6	450～3500	0～424	1.10～3.10	0.063～0.182	0.438～3.282	176～5575

注：对于单向偏压柱，表中 e 为偏心距；对于双向偏压柱，e 为两个主轴方向（x 轴和 y 轴）合成后的偏心距。

此外，《钢管混凝土结构技术规范》GB 50936—2014 规定，钢管混凝土框架柱长细比宜小于 80，构件约束系数宜为 0.5～2.0，并给出了含钢率为 4%～20%的钢管混凝土柱设计规定。AISC 360—16 规定当 $\lambda_{coeff}\leqslant2.26$ 时构件为紧凑型截面，当 $\lambda_{coeff}>2.26$ 时钢管易发生局部屈曲。因此，在建立 818 个数值模型时充分考虑了上述因素。

7.6.3 数据库建立

汇总本书进行的 146 组试验研究结果，表 7-12 中的 818 组 ABAQUS 数值仿真结果、从现有文献中收集得到的 165 组典型试验数据，形成高强钢管高强混凝土轴压与偏压柱数据库，该数据库以方形截面构件为主（占总数 94.6%），矩形截面构件占总数 5.4%。参数范围为B=82.6～350mm、H=80～350mm、t=3～17.6mm、L=285～3700mm、L/B=2.57～41.86、L/H=2.57～41.86、e=0～424mm、f_y=416.3～960MPa、f_{con}=55～183MPa、λ_{coeff}=0.47～3.54、α=0.063～0.440、ξ=0.438～3.913、P_u=176～10357kN。此外，计算表明，构件长细比 λ 涵盖范围为 8.9～145.0。

图 7-20 给出了此数据库中构件的几何尺寸、材料性能等参数之间的关系分布图。其中，图 7-20（a）所示为构件几何尺寸分布，大部分构件 B 值≤200mm（占总数 98.1%）、t 值≤6mm（占总数 98.4%）。因此，在后续研究中，仍有必要进行大尺寸构件的试验研究与数值模拟。

图 7-20（b）给出了 α、λ_{coeff}和构件约束系数分布图，图例中数值为约束系数值，可以看出，在本数据库中，大部分构件约束系数小于 2.175，且大部分构件截面属于紧凑型截

面。统计表明，该数据库中约束系数小于 2.0 的构件数量占总构件数的 95.0%，含钢率小于 0.2 的构件占比为 96.8%，$\lambda_{coeff} \leqslant 2.26$（紧凑型截面）的构件占比为 91.1%，长细比小于 80 的构件占比为 97.5%。

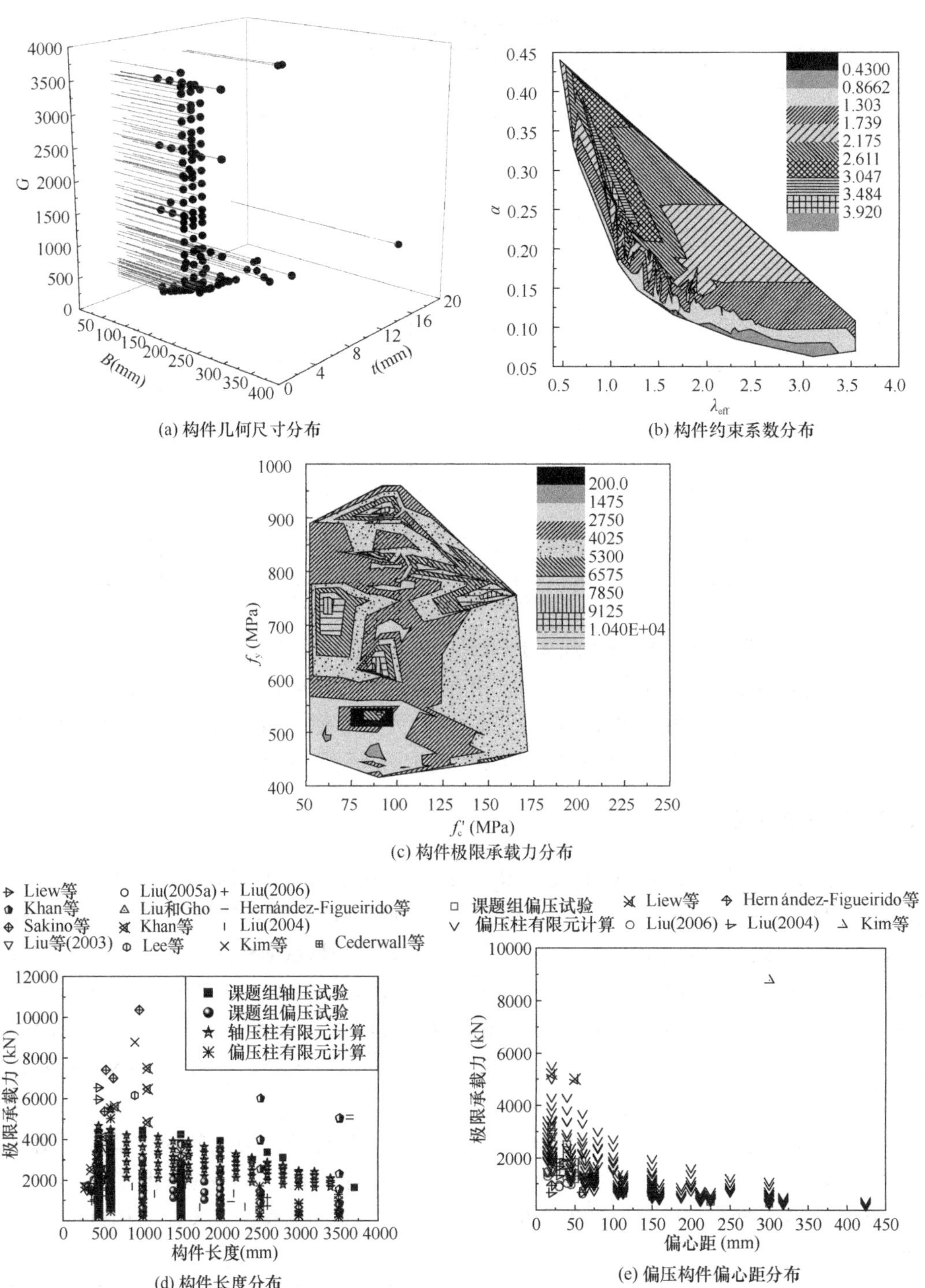

图 7-20　数据分布

图 7-20（c）为构件材料强度与极限荷载之间的关系分布图，横坐标 f'_c为圆柱体（150mm×300mm）混凝土抗压强度，图例中数值为构件极限荷载值，单位为 kN。对于各文献中 100mm×200mm 和 150mm×300mm 的圆柱体混凝土强度值，本书按照文献［62］中的建议公式进行强度转换。由图 7-20（c）所示，在本数据库中，大部分数据极限荷载小于 6575kN。其中，极限荷载小于 5000kN 的构件占比为 96.7%。在后续研究中，仍需通过数值仿真等方法补充极限荷载大于 5000kN 的数据。

此外，图 7-20（d）、（e）分别给出了构件长度与偏心距分布情况。可以看出，在各研究者进行的轴压柱与偏压柱试验研究中，构件长度涵盖范围较广，而大部分单向偏压试验构件的偏心距小于 75mm，可能与偏压试验构件初始偏心距施加难易程度有关。仅有两个单向偏压柱试验采用了较大的偏心距（$e=300$mm），源自文献［120］。本书基于 ABAQUS 仿真对 e=75～424mm 的单向与双向偏压构件数据进行了补充［图 7-20（e）］。此外，目前高强方钢管高强混凝土双向偏压柱的试验数据相对较少，在后续研究中仍有必要开展相关试验研究并对本数据库进行进一步完善。

综上所述，本数据库的建立可为我国《钢管混凝土结构技术规范》GB 50936—2014 和 AISC 360—16 数据库的丰富提供一定参考。

7.7 本章小结

（1）建立高强方钢管高强混凝土轴压、受弯、单向偏压、双向偏压构件承载力简化计算公式，并针对各类型柱进行可靠度指标计算，结果表明，各设计公式满足《建筑结构可靠性设计统一标准》GB 50068—2018 对结构构件延性破坏的可靠指标要求。

（2）为提升钢与混凝土的协同工作性能进而有效增加构件的极限承载力，建议 λ=14～37 时，将 f_y/f_{cu} 比值控制在 6.57～7.00 范围内；λ＞37 时，将 f_y/f_{cu} 比值控制在 5.75～6.57 范围内。提出不同长细比（λ=10.39～80.83）构件的偏心率限值，可满足设计者对材料强度发挥效率的不同需求；同时，建议长细比的取值不大于 56。

（3）基于现有文献中 165 组典型试验数据、课题组进行的 146 组构件试验结果、818 组 ABAQUS 数值模拟结果，构建了含 1119 组数据的高强方（矩）形钢管高强混凝土柱数据库。该数据库中约 90%以上构件的参数满足《钢管混凝土结构技术规范》GB 50936—2014 关于钢管混凝土构件约束系数、含钢率、长细比的规定，且满足 AISC 360—16 关于构件紧凑截面的规定，该数据库的建立可为《钢管混凝土结构技术规范》GB 50936—2014 和 AISC 360—16 数据库的丰富提供参考。

8 结　论

本书进行了146个高强方钢管高强混凝土轴压短柱、轴压长柱、纯弯构件、单向偏压短柱、单向偏压长柱、双向偏压短柱、双向偏压长柱试验研究，分析了构件的破坏形态、位移与应变发展、承载力与弯矩变化规律、中性轴移动规律、钢管应力状态等。结合数值模型计算结果，研究了横截面应力分布、钢-混凝土组合效应、钢与混凝土内力分配机制。基于参数化分析，系统研究了各因素对构件承载性能等方面的影响，对比了采用高强材料与普通材料的钢管混凝土构件力学性能差异。此外，提出了构件承载力简化设计公式并进行可靠度分析，得到了组合应力-应变本构方程，建议了钢与混凝土强度匹配关系、构件合理含钢率范围和长细比限值，建立了高强方(矩)形钢管高强混凝土柱数据库。本书主要研究的构件参数范围是 $f_{cu}=60\sim113$MPa、$f_y=434.6\sim960$MPa、$\alpha<0.2$、$\xi<2.0$、$e/B\leqslant2.0$、$\lambda<120$，主要结论如下：

(1) 破坏形态研究表明，高强方钢管高强混凝土构件的破坏始于钢管屈服，随后混凝土侧向膨胀变形增加，使得钢管向外发生鼓曲；鼓曲位置处，混凝土被压碎，被压碎的区域随着构件长细比的增加而减小。其中，轴压短柱($\lambda=10.39$)主要在端部或中部发生钢管鼓曲破坏，且弱约束区的混凝土被压碎。随着轴压构件长细比的增大($\lambda\geqslant23.09$)，构件发生整体弯曲破坏且钢管鼓曲位置逐渐由柱端部向中部转移。单向偏压与双向偏压柱破坏时同样发生整体弯曲破坏，且在柱 $L/3\sim L/2$ 位置处受压区钢管向外鼓曲。

(2) 试验结果分析表明，采用 $f_y\geqslant838.00$MPa 钢材的轴压短柱具有良好的残余力学性能，混凝土脆性破坏得到了延缓或避免。$\lambda\geqslant46.19$ 的轴压长柱在达到极限承载力后发生失稳，f_y 相对较小的试件出现荷载突降现象；而 $\lambda\leqslant46.19$ 的单向与双向偏压柱延性较好，未见混凝土脆性破坏或荷载突降现象。同时，单向偏压长柱达到极限弯矩后，二阶效应对构件荷载下降速率、侧向挠度增加速率、应力变化速率的影响不容忽视。此外，偏压长柱中，混凝土侧向膨胀变形小，从而钢-混凝土粘结与摩擦作用对钢管横向应力的影响较大。

(3) 通过本构关系对比分析确定了适用于高强方钢管高强混凝土轴压柱、纯弯构件、单向偏压柱、双向偏压柱数值模型计算的合理本构关系，建议混凝土膨胀角取为40°。建立了高强混凝土的立方体、棱柱体、圆柱体抗压强度转化关系。同时，现有文献提出了适用于 $f_y\leqslant1045$MPa 的 f_y 和 f_u 强度转换关系计算式，通过本书研究，将该式 f_y 适用范围上限值由1045MPa拓展至1153MPa。建立了精细化有限元模型，给出了可有效提升数值模型计算效率的实用建议。此外，提出了高强方钢管高强混凝土组合应力-应变全曲线计算方程，并与试验结果吻合较好。

(4) 钢-混凝土接触压力是反映钢管约束作用的重要参数，对于各类受力构件，接触压力主要集中于构件角部并在荷载下降阶段显著发展，但随着 λ 的增加而减小。同时，在构件达到极限荷载前或当构件约束系数较小时，轴压短柱端部区域的接触压力相对较大。

（5）各参数对钢与混凝土的内力分配比例有显著影响，然而当 $\lambda>80$ 时 f_y 对其影响较小。在钢管混凝土柱中采用高强混凝土可延缓钢管局部屈曲的发生，采用高强钢有助于提高构件的屈服荷载比例，高强钢的采用对 P/P_F-Δ_m/Δ_F 曲线下降段的延性影响不大。此外，偏心率对构件材料强度发挥效率的影响最为显著，长细比次之。

（6）建立各受力工况下的高强方钢管高强混凝土构件承载力简化计算公式并进行可靠度指标计算，各公式满足《建筑结构可靠性设计统一标准》GB 50068—2018 对结构构件延性破坏的可靠指标要求。

（7）提出高强钢材与高强混凝土的强度匹配关系，建议 $\lambda=14\sim37$ 时，将 f_y/f_{cu} 比值控制在 6.57～7.00 范围内；$\lambda>37$ 时，将 f_y/f_{cu} 比值控制在 5.75～6.57 范围内。为充分发挥钢-混凝土约束效应与材料强度并有效增加构件的极限荷载，建议高强方钢管高强混凝土柱长细比不大于 56、当 f_y 或 e/B 相对较小时增加 f_{cu}、当 e/B 相对较大时增加 f_y 或 α，但建议 α 不大于 0.2。最后，建立含 1119 组数据的高强方（矩）形钢管高强混凝土柱数据库。本书研究成果可为高强方钢管高强混凝土柱的工程应用与《钢管混凝土结构技术规范》GB 50936—2014 和 AISC 360—16 数据库的丰富提供参考。

参考文献

[1] 钟善桐. 钢管混凝土统一理论——研究与应用 [M]. 北京：清华大学出版社，2006：1-14.

[2] Xiong D X. Structural behaviour of concrete filled steel tubes with high strength materials [D]. Kent Ridge: National University of Singapore，2012：1-4.

[3] 李国强，韩林海，楼国彪，等. 钢结构及钢-混凝土组合结构抗火设计 [M]. 北京：中国建筑工业出版社，2006：1-7.

[4] 聂建国. 钢-混凝土组合结构原理与实例 [M]. 北京：科学出版社，2009：1-9.

[5] 韩林海，杨有福，杨华，等. 基于全寿命周期的钢管混凝土结构分析理论及其应用 [J]. 科学通报，2020，65 (Z2)：3173-3184.

[6] Han L H，Li W，Bjorhovde R. Developments and advanced applications of concrete-filled steel tubular (CFST) structures: Members [J]. Journal of Constructional Steel Research，2014，100：211-228.

[7] Moon J，Kim J J，Lee T H，et al. Prediction of axial load capacity of stub circular concrete-filled steel tube using fuzzy logic [J]. Journal of Constructional Steel Research，2014，101：184-191.

[8] Han L H. Tests on concrete filled steel tubular columns with high slenderness ratio [J]. Advances in Structural Engineering，2000，3 (4)：337-344.

[9] Du Z L，Liu Y P，He J W，et al. Direct analysis method for noncompact and slender concrete-filled steel tube members [J]. Thin-Walled Structures，2019，135：173-184.

[10] Zhu J Y，Chan T M. Experimental investigation on octagonal concrete filled steel stub columns under uniaxial compression [J]. Journal of Constructional Steel Research，2018，147：457-467.

[11] Liu S W，Chan T M，Chan S L，et al. Direct analysis of high-strength concrete-filled-tubular columns with circular & octagonal sections [J]. Journal of Constructional Steel Research，2017，129：301-314.

[12] Shen Q H，Wang J F. Mechanical analysis and design recommendation for thin-walled OSCFST stub columns under axial local compression [J]. Thin-Walled Structures，2019，144：106313.

[13] Dai X，Lam D. Numerical modelling of the axial compressive behaviour of short concrete-filled elliptical steel columns [J]. Journal of Constructional Steel Research，2010，66 (7)：931-942.

[14] Qiu W，McCann F，Espinos A，et al. Numerical analysis and design of slender concrete-filled elliptical hollow section columns and beam-columns [J]. Engineering Structures，2017，131：90-100.

[15] 韩林海. 钢管混凝土结构——理论与实践（第三版）[M]. 北京：科学出版社，2016：30-273.

[16] 李帼昌，尚柯，杨志坚，等. 高强方钢管高强混凝土构件纯弯性能研究 [J]. 建筑结构学报，2019，40 (S1)：292-298.

[17] Ibañez C，Hernández-Figueirido D，Piquer A. Shape effect on axially loaded high strength CFST stub columns [J]. Journal of Constructional Steel Research，2018，147：247-256.

[18] Song T Y，Xiang K. Performance of axially-loaded concrete-filled steel tubular circular columns using ultra-high strength concrete [J]. Structures，2020，24：163-176.

[19] Li G C，Zhan Z C，Yang Z J，et al. Behavior of concrete-filled square steel tubular stub columns

stiffened with encased I-section CFRP profile under biaxial bending [J]. Journal of Constructional Steel Research, 2020, 169: 106065.

[20] Wang Z B, Tao Z, Yu Q. Axial compressive behaviour of concrete-filled double-tube stub columns with stiffeners [J]. Thin-Walled Structures, 2017, 120: 91-104.

[21] 杨宇. 内置工字形 CFRP 的高强方钢管高强混凝土轴压短柱受力性能研究 [D]. 沈阳: 沈阳建筑大学, 2019.

[22] Wang F C, Zhao H Y, Han L H. Analytical behavior of concrete-filled aluminum tubular stub columns under axial compression [J]. Thin-Walled Structures, 2019, 140: 21-30.

[23] Ban H Y, Shi G, Shi Y J, et al. Experimental investigation of the overall buckling behaviour of 960MPa high strength steel columns [J]. Journal of Constructional Steel Research, 2013, 88: 256-266.

[24] Wang J, Afshan S, Schillo N, et al. Material properties and compressive local buckling response of high strength steel square and rectangular hollow sections [J]. Engineering Structures, 2017, 130: 297-315.

[25] Eurocode 3. Design of Steel Structures-Part 1-1: General Rules and Rules for Buildings [S]. Brussels: European Committee for Standardization, 2005: 56-67.

[26] Ban H Y, Shi G. A review of research on high-strength steel structures [J]. Proceedings of the Institution of Civil Engineers-Structures and Buildings, 2018, 171 (8): 625-641.

[27] Lang L, Duan H J, Chen B. Experimental investigation on concrete using corn stalk and magnesium phosphate cement under compaction forming technology [J]. Journal of Materials in Civil Engineering, 2020, 32 (12): 04020370.

[28] Shi G, Jiang X, Zhou W J, et al. Experimental study on column buckling of 420 MPa high strength steel welded circular tubes [J]. Journal of Constructional Steel Research, 2014, 100: 71-81.

[29] 施刚, 石永久, 班慧勇. 高强度钢材钢结构 [M]. 北京: 中国建筑工业出版社, 2014: 1-24.

[30] Eurocode 4. Design of Composite Steel and Concrete Structures-Part 1-1: General Rules and Rules for Buildings [S]. European Committee for Standardization, Brussels, 2004: 62-71.

[31] Liew J Y R, Xiong M X, Xiong D X. Design of concrete filled tubular beam-columns with high strength steel and concrete [J]. Structures, 2016, 8: 213-226.

[32] 蔡绍怀. 现代钢管混凝土结构 (第 2 版) [M]. 北京: 人民交通出版社, 2007: 3-11.

[33] Ahmed M, Liang Q Q, Patel V I, et al. Local-global interaction buckling of square high strength concrete-filled double steel tubular slender beam-columns [J]. Thin-Walled Structures, 2019, 143: 106244.

[34] Khan M, Uy B, Tao Z, et al. Concentrically loaded slender square hollow and composite columns incorporating high strength properties [J]. Engineering Structures, 2017, 131: 69-89.

[35] Du Y S, Chen Z H, Liew J Y R, et al. Rectangular concrete-filled steel tubular beam-columns using high-strength steel: Experiments and design [J]. Journal of Constructional Steel Research, 2017, 131: 1-18.

[36] Han L H, Yao G H. Experimental behaviour of thin-walled hollow structural steel (HSS) columns filled with self-consolidating concrete (SCC) [J]. Thin-Walled Structures, 2004, 42: 1357-1377.

[37] Han L H, Zhao X L, Tao Z. Tests and mechanics model for concrete-filled SHS stub columns, columns and beam-columns [J]. Steel and Composite Structures, 2001, 1 (1): 51-74.

[38] Huang Z C, Li D X, Uy B, et al. Local and post-local buckling of fabricated high-strength steel and composite columns [J]. Journal of Constructional Steel Research, 2019, 154: 235-249.

[39] Gunawardena Y, Aslani F, Uy B. Behaviour and design of concrete-filled mild-steel spiral welded tube long columns under eccentric axial compression loading [J]. Journal of Constructional Steel Research, 2019, 159: 341-363.

[40] Lam D, Williams C A. Experimental study on concrete filled square hollow sections [J]. Steel and Composite Structures, 2004, 4 (2): 95-112.

[41] Guler S, Copur A, Aydogan M. A comparative study on square and circular high strength concrete-filled steel tube columns [J]. Advanced Steel Construction, 2014, 10 (2): 234-247.

[42] Sakino K, Nakahara H, Morino S, et al. Behavior of centrally loaded concrete-filled steel-tube short columns [J]. Journal of Structural Engineering, 2004, 130 (2): 180-188.

[43] 王力尚，钱稼茹. 钢管高强混凝土应力-应变全曲线试验研究 [J]. 建筑结构，2004，34 (1): 11-12+19.

[44] Aslani F, Uy B, Tao Z, et al. Behaviour and design of composite columns incorporating compact high-strength steel plates [J]. Journal of Constructional Steel Research, 2015, 107: 94-110.

[45] Zhou S M, Sun Q, Wu X H. Impact of D/t ratio on circular concrete-filled high-strength steel tubular stub columns under axial compression [J]. Thin-Walled Structures, 2018, 132: 461-474.

[46] Liang Q Q, Fragomeni S. Nonlinear analysis of circular concrete-filled steel tubular short columns under axial loading [J]. Journal of Constructional Steel Research, 2009, 65 (12): 2186-2196.

[47] Mander J B, Priestley M J N, Park R. Theoretical stress-strain model for confined concrete [J]. Journal of Structural Engineering, 1988, 114 (8): 1804-1826.

[48] 涂程亮，石永久，刘栋. 高强钢材钢管混凝土柱轴压承载力计算方法 [J]. 建筑钢结构进展，2020，22 (5): 99-107.

[49] Vrcelj Z, Uy B. Behaviour and design of steel square hollow sections filled with high strength concrete [J]. Australian Journal of Structural Engineering, 2002, 3 (3): 153-170.

[50] Liu D L, Gho W M, Yuan J. Ultimate capacity of high-strength rectangular concrete-filled steel hollow section stub columns [J]. Journal of Constructional Steel Research, 2003, 59: 1499-1515.

[51] Liu D L. Tests on high-strength rectangular concrete-filled steel hollow section stub columns [J]. Journal of Constructional Steel Research, 2005a, 61: 902-911.

[52] Liu D L, Gho W M. Axial load behaviour of high-strength rectangular concrete-filled steel tubular stub columns [J]. Thin-Walled Structures, 2005b, 43: 1131-1142.

[53] AISC-LRFD, Load and Resistance Factor Design Specification for Structural Steel Buildings [S]. Chicago: American Institute of Steel Construction; 1999.

[54] 王玉银，张素梅. 圆钢管高强混凝土轴压短柱剥离分析 [J]. 哈尔滨工业大学学报，2003，35 (S): 31-34.

[55] 张素梅，王玉银. 圆钢管高强混凝土轴压短柱的破坏模式 [J]. 土木工程学报，2004，37 (9): 1-10.

[56] 康洪震，钱稼茹. 钢管高强混凝土组合柱轴压承载力试验研究 [J]. 建筑结构，2011，41 (6): 64-67.

[57] 牛海成，曹万林，周中一，等. 足尺方钢管高强再生混凝土柱轴压试验 [J]. 北京工业大学学报，2015，41 (3): 395-402.

[58] 李帼昌，闫海龙，陈博文. 高强方钢管高强混凝土轴压短柱力学性能的有限元分析 [J]. 沈阳建筑大学学报（自然科学版），2015，31 (5): 847-855.

[59] 刘余. 高强方钢管高强混凝土轴压短柱力学性能研究 [D]. 沈阳：沈阳建筑大学，2015: 23-32.

[60] Khan M, Uy B, Tao Z, et al. Behaviour and design of short high-strength steel welded box and

concrete-filled tube (CFT) sections [J]. Engineering Structures, 2017, 147: 458-472.

[61] Yan Y X, Xu L H, Li B, et al. Axial behavior of ultra-high performance concrete (UHPC) filled stocky steel tubes with square sections [J]. Journal of Constructional Steel Research, 2019, 158: 417-428.

[62] Lee H J, Park H G, Choi I R. Compression loading test for concrete-filled tubular columns with high-strength steel slender section [J]. Journal of Constructional Steel Research, 2019, 159: 507-520.

[63] Lai Z C, Varma A H. High-strength rectangular CFT members: Database, modeling, and design of short columns [J]. Journal of Structural Engineering, 2018, 144 (5): 04018036.

[64] 韦建刚，罗霞，谢志涛. 圆高强钢管超高性能混凝土轴压柱稳定性能试验研究 [J]. 建筑结构学报，2019，40 (S1)：200-206.

[65] Xiong M X, Liew J Y R, Wang Y B, et al. Effects of coarse aggregates on physical and mechanical properties of C170/185 ultra-high strength concrete and compressive behaviour of CFST columns [J]. Construction and Building Materials, 2020, 240: 117967.

[66] Wei J G, Luo X, Lai Z C, et al. Experimental behavior and design of high-strength circular concrete-filled steel tube short columns [J]. Journal of Structural Engineering, 2020a, 146 (1): 04019184.

[67] 韦建刚，罗霞，欧智菁，等. 圆高强钢管超高性能混凝土短柱轴压性能试验研究 [J]. 建筑结构学报，2020b，41 (11)：16-28.

[68] Ellobody E, Young B, Lam D. Behaviour of normal and high strength concrete-filled compact steel tube circular stub columns [J]. Journal of Constructional Steel Research, 2006, 62 (7): 706-715.

[69] Du Y S, Chen Z H, Xiong M X. Experimental behavior and design method of rectangular concrete-filled tubular columns using Q460 high-strength steel [J]. Construction and Building Materials, 2016, 125: 856-872.

[70] 钢管混凝土结构技术规范 GB 50936—2014 [S]. 北京：中国建筑工业出版社，2014：9-113.

[71] Wang Z B, Tao Z, Han L H, et al. Strength, stiffness and ductility of concrete-filled steel columns under axial compression [J]. Engineering Structures, 2017, 135: 209-221.

[72] 余敏，李书磊，王圣松. 钢管混凝土构件轴压承载力设计公式的可靠度分析 [J]. 建筑钢结构进展，2017，19 (2)：45-52+67.

[73] 涂程亮，石永久，刘栋. 高强钢材钢管混凝土柱试验与设计方法研究进展 [C]. 中国钢结构协会结构稳定与疲劳分会第 16 届 (ISSF-2018) 学术交流会暨教学研讨会论文集，青岛，2018：523-531.

[74] ANSI/AISC 360—16. Specification for Structural Steel Buildings [S]. Chicago-Illinois: American Institute of Steel Construction, 2016: 86-99.

[75] 廖慧娟. 圆钢管混凝土轴心受压短柱承载力计算及可靠度分析 [D]. 长沙：湖南大学，2018：41-95.

[76] Han L H, Hou C, Hua Y X. Concrete-filled steel tubes subjected to axial compression: Life-cycle based performance [J]. Journal of Constructional Steel Research, 2020, 170: 106063.

[77] Thai H T, Thai S. Reliability Evaluation of Eurocode 4 for Concrete-Filled Steel Tubular Columns [J]. Innovation for Sustainable Infrastructure, 2020: 323-328.

[78] Chen J B, Chan T M, Chung K F. Design of square and rectangular CFST cross-sectional capacities in compression [J]. Journal of Constructional Steel Research, 2021, 176: 106419.

[79] de Oliveira W L A, De Nardin S, de Cresce El Debs A L H, et al. Influence of concrete strength

and length/diameter on the axial capacity of CFT columns [J]. Journal of Constructional Steel Research，2009，65 (12)：2103-2110.

[80] Ekmekyapar T，AL-Eliwi B J M. Experimental behaviour of circular concrete filled steel tube columns and design specifications [J]. Thin-Walled Structures，2016，105：220-230.

[81] Zhu L，Ma L M，Bai Y，et al. Large diameter concrete-filled high strength steel tubular stub columns under compression [J]. Thin-Walled Structures，2016，108：12-19.

[82] Patel V I，Hassanein M F，Thai H T，et al. Ultra-high strength circular short CFST columns：Axisymmetric analysis，behaviour and design [J]. Engineering Structures，2019，179：268-283.

[83] Kang W H，Uy B，Tao Z，et al. Design strength of concrete-filled steel columns [J]. Advanced Steel Construction，2015，11 (2)：165-184.

[84] Lai B L，Liew J Y R，Xiong M X. Experimental and analytical investigation of composite columns made of high strength steel and high strength concrete [J]. Steel and Composite Structures，2019，33 (1)：67-79.

[85] Goode C D，Kuranovas A，Kvedaras A K. Buckling of slender composite concrete-filled steel columns [J]. Journal of Civil Engineering and Management，2010，16 (2)：230-237.

[86] Thai S，Thai H T，Uy B，et al. Concrete-filled steel tubular columns：Test database，design and calibration [J]. Journal of Constructional Steel Research，2019，157：161-181.

[87] Horsangchai V，Lenwari A. Evaluation of AISC 360—16 and Eurocode 4 compressive strength equations for concrete-filled steel tube columns [J]. Engineering Journal，2020，24 (1)：89-104.

[88] Lu H，Han L H，Zhao X L. Analytical behavior of circular concrete-filled thin-walled steel tubes subjected to bending [J]. Thin-Walled Structures，2009，47 (3)：346-358.

[89] Montuori R，Piluso V. Analysis and modelling of CFT members：moment curvature analysis [J]. Thin-Walled Structures，2015，86：157-166.

[90] Han L H，Lu H，Yao G H，et al. Further study on the flexural behaviour of concrete-filled steel tubes [J]. Journal of Constructional Steel Research，2006，62 (6)：554-565.

[91] Chung K S，Kim J H，Yoo J H. Experimental and analytical investigation of high-strength concrete-filled steel tube square columns subjected to flexural loading [J]. Steel and Composite Structures，2013，14 (2)：133-153.

[92] Javed M F，Sulong N H R，Memon S A，et al. FE modelling of the flexural behaviour of square and rectangular steel tubes filled with normal and high strength concrete [J]. Thin-walled structures，2017，119：470-481.

[93] AS/NZS 2327. Composite Structures-Composite Steel-concrete Construction in Buildings [S]. Sydney：Australia/New Zealand Standard，2017.

[94] Varma A H，Ricles J M，Sause R，et al. Experimental behavior of high strength square concrete-filled steel tube beam-columns [J]. Journal of Structural Engineering，2002，128 (3)：309-318.

[95] 张素梅，郭兰慧，王玉银，等. 方钢管高强混凝土偏压构件的试验研究与理论分析 [J]. 建筑结构学报，2004，25 (1)：17-24+70.

[96] 郭兰慧，张素梅，田华. 矩形钢管高强混凝土压弯构件的实验研究 [J]. 哈尔滨工业大学学报，2004，36 (3)：297-301.

[97] Liu D. Behaviour of eccentrically loaded high-strength rectangular concrete-filled steel tubular columns [J]. Journal of Constructional Steel Research，2006，62 (8)：839-846.

[98] Liang Q Q. High strength circular concrete-filled steel tubular slender beam-columns，Part Ⅰ：Numerical analysis [J]. Journal of Constructional Steel Research，2011，67 (2)：164-171.

[99] Liang Q Q. High strength circular concrete-filled steel tubular slender beam-columns, Part Ⅱ: fundamental behavior [J]. Journal of Constructional Steel Research, 2011, 67 (2): 172-180.

[100] Patel V I, Liang Q Q, Hadi M N S. High strength thin-walled rectangular concrete-filled steel tubular slender beam-columns, Part I: Modeling [J]. Journal of Constructional Steel Research, 2012, 70: 377-384.

[101] Patel V I, Liang Q Q, Hadi M N S. High strength thin-walled rectangular concrete-filled steel tubular slender beam-columns, Part II: Behavior [J]. Journal of Constructional Steel Research, 2012, 70: 368-376.

[102] Hassanein M F, Patel V I, El Hadidy A M, et al. Structural behaviour and design of elliptical high-strength concrete-filled steel tubular short compression members [J]. Engineering Structures, 2018, 173: 495-511.

[103] Lee S H, Uy B, Kim S H, et al. Behavior of high-strength circular concrete-filled steel tubular (CFST) column under eccentric loading [J]. Journal of Constructional Steel Research, 2011, 67 (1): 1-13.

[104] Goode C D, Lam D. Concrete-filled steel tube columns-tests compared with Eurocode 4 [C]. International Conference on Composite Construction in Steel and Concrete, Colorado, 2008.

[105] Hernández-Figueirido D, Romero M L, Bonet J L, et al. Influence of slenderness on high-strength rectangular concrete-filled tubular columns with axial load and nonconstant bending moment [J]. Journal of Structural Engineering, 2012, 138 (12): 1436-1445.

[106] Xiong M X, Xiong D X, Liew J Y R. Behaviour of steel tubular members infilled with ultra high strength concrete [J]. Journal of Constructional Steel Research, 2017, 138: 168-183.

[107] Zeghiche J, Chaoui K. An experimental behaviour of concrete-filled steel tubular columns [J]. Journal of Constructional Steel Research, 2005, 61 (1): 53-66.

[108] Liu D L. Behaviour of high strength rectangular concrete-filled steel hollow section columns under eccentric loading [J]. Thin-Walled Structures, 2004, 42 (12): 1631-1644.

[109] Guo L H, Wang Y Y, Zhang S M. Experimental study of concrete-filled rectangular HSS columns subjected to biaxial bending [J]. Advances in Structural Engineering, 2012, 15 (8): 1329-1344.

[110] Uy B. Strength of short concrete filled high strength steel box columns [J]. Journal of Constructional Steel Research, 2001, 57 (2): 113-134.

[111] Mursi M, Uy B. Strength of slender concrete filled high strength steel box columns [J]. Journal of Constructional Steel Research, 2004, 60: 1825-1848.

[112] 王志滨，陶忠，韩林海. 矩形钢管高性能混凝土偏压构件承载力试验研究 [J]. 钢结构，2005，20 (81): 54-57.

[113] Choi Y H, Kim K S, Choi S M. Simplified P-M interaction curve for square steel tube filled with high-strength concrete [J]. Thin-Walled Structures, 2008, 46 (5): 506-515.

[114] Liang Q Q. Nonlinear analysis of short concrete-filled steel tubular beam-columns under axial load and biaxial bending [J]. Journal of Constructional Steel Research, 2008, 64 (3): 295-304.

[115] Liang Q Q, Patel V I, Hadi M N S. Biaxially loaded high-strength concrete-filled steel tubular slender beam-columns, Part Ⅰ: Multiscale simulation [J]. Journal of Constructional Steel Research, 2012, 75: 64-71.

[116] Patel V I, Liang Q Q, Hadi M N S. Biaxially loaded high-strength concrete-filled steel tubular slender beam-columns, Part Ⅱ: Parametric study [J]. Journal of Constructional Steel Research, 2015, 110: 200-207.

[117] Patel V I, Liang Q Q, Hadi M N S. Nonlinear analysis of biaxially loaded rectangular concrete-filled stainless steel tubular slender beam-columns [J]. Engineering Structures, 2017, 140: 120-133.

[118] 陈博文. 高强方钢管高强混凝土偏压短柱力学性能研究 [D]. 沈阳: 沈阳建筑大学, 2017: 13-66.

[119] Choi I R, Chung K S, Kim C S. Experimental study on rectangular CFT columns with different steel grades and thicknesses [J]. Journal of Constructional Steel Research, 2017, 130: 109-119.

[120] Kim C S, Park H G, Chung K S, et al. Eccentric axial load capacity of high-strength steel-concrete composite columns of various sectional shapes [J]. Journal of Structural Engineering, 2014, 140 (4): 04013091.

[121] Lee H J, Choi I R, Park H G. Eccentric compression strength of rectangular concrete-filled tubular columns using high-strength steel thin plates [J]. Journal of Structural Engineering, 2017, 143 (5): 04016228.

[122] Phan D H H, Patel V I, Al Abadi H, et al. Analysis and design of eccentrically compressed ultra-high-strength slender CFST circular columns [J]. Structures, 2020, 27: 2481-2499.

[123] Thai H T, Thai S, Ngo T, et al. Reliability considerations of modern design codes for CFST columns [J]. Journal of Constructional Steel Research, 2021, 177: 106482.

[124] 金属材料 拉伸试验 第1部分: 室温试验方法 GB/T 228.1—2010 [S]. 北京: 中国标准出版社, 2010: 9-19.

[125] 颜燕祥, 徐礼华, 蔡恒, 等. 高强方钢管超高性能混凝土短柱轴压承载力计算方法研究 [J]. 建筑结构学报, 2019, 40 (12): 128-137.

[126] Zhang S M, Guo L H, Ye Z L, et al. Behavior of steel tube and confined high strength concrete for concrete-filled RHS tubes [J]. Advances in Structural Engineering, 2005, 8 (2): 101-116.

[127] Wang Q W, Shi Q X, Lui E M, et al. Axial compressive behavior of reactive powder concrete-filled circular steel tube stub columns [J]. Journal of Constructional Steel Research, 2019, 153: 42-54.

[128] 李帼昌, 陈博文, 刘余. 高强方钢管高强混凝土轴压短柱有限元模型优化 [C]. 第24届全国结构工程学术会议论文集 (第Ⅱ册), 厦门, 2015: 15-18.

[129] Li G C, Liu D, Yang Z J, et al. Flexural behavior of high strength concrete filled high strength square steel tube [J]. Journal of Constructional Steel Research, 2017, 128: 732-744.

[130] 李帼昌, 张壮南, 王春刚. 内置CFRP圆管的方钢管高强混凝土结构的静力性能研究 [M]. 北京: 科学出版社, 2011: 14-266.

[131] Han L H, Yao G H, Tao Z. Performance of concrete-filled thin-walled steel tubes under pure torsion [J]. Thin-Walled Structures, 2007, 45 (1): 24-36.

[132] Tao Z, Wang Z B, Yu Q. Finite element modelling of concrete-filled steel stub columns under axial compression [J]. Journal of Constructional Steel Research, 2013, 89: 121-131.

[133] Tao Z, Wang X Q, Uy B. Stress-strain curves of structural and reinforcing steels after exposure to elevated temperatures [J]. Journal of Materials in Civil Engineering, 2013, 25 (9): 1306-1316.

[134] Katwal U, Tao Z, Hassan M K. Finite element modelling of steel-concrete composite beams with profiled steel sheeting [J]. Journal of Constructional Steel Research, 2018, 146: 1-15.

[135] Lin S Q, Zhao Y G. Numerical study of the behaviors of axially loaded large-diameter CFT stub columns [J]. Journal of Constructional Steel Research, 2019, 160: 54-66.

[136] Inai E, Mukai A, Kai M, et al. Behavior of concrete-filled steel tube beam columns [J]. Journal

of Structural Engineering, 2004, 130: 189-202.

[137] Fujimoto T, Mukai A, Nishiyama I, et al. Axial compression behavior of concrete filled steel tubular stub columns using high strength materials [J]. Journal of Structural and Construction Engineering, 1997, 498: 161-168.

[138] Shimura Y, Yamaguchi T, Okada T. Concrete filled tube columns [J]. Nippon Steel Technical Report, 1998, 77 (78): 57-64.

[139] Qiang X H, Bijlaard F S K, Kolstein H. Post-fire performance of very high strength steel S960 [J]. Journal of Constructional Steel Research, 2013, 80: 235-242.

[140] Li G Q, Lyu H B, Zhang C. Post-fire mechanical properties of high strength Q690 structural steel [J]. Journal of Constructional Steel Research, 2017, 132: 108-116.

[141] Wang X Q, Tao Z, Hassan M K. Post-fire behaviour of high-strength quenched and tempered steel under various heating conditions [J]. Journal of Constructional Steel Research, 2020, 164: 105785.

[142] Wang W, Zhang Y, Xu L, et al. Mechanical properties of high-strength Q960 steel at elevated temperature [J]. Fire Safety Journal, 2020, 114: 103010.

[143] Tjur T. Coefficients of determination in logistic regression models-A new proposal: The coefficient of discrimination [J]. The American Statistician, 2009, 63 (4): 366-372.

[144] Nisticò N, Pallini F, Rousakis T, et al. Peak strength and ultimate strain prediction for FRP confined square and circular concrete sections [J]. Composites Part B: Engineering, 2014, 67: 543-554.

[145] Liu J P, Zhou X H. Behavior and strength of tubed RC stub columns under axial compression [J]. Journal of Constructional Steel Research, 2010, 66 (1): 28-36.

[146] Wang X D, Liu J P, Zhang S M. Behavior of short circular tubed-reinforced-concrete columns subjected to eccentric compression [J]. Engineering Structures, 2015, 105: 77-86.

[147] Li G C, Liu Y, Zhu B W. High-strength concrete filled high-strength steel tube finite element analysis of stub column under axial compressive load [C]. 7th European Conference on Steel and Composite Structures, Napoli, 2014: 547-549.

[148] Razvi S, Saatcioglu M. Confinement model for high-strength concrete [J]. Journal of Structural Engineering, 1999, 125 (3): 281-289.

[149] Légeron F, Paultre P. Uniaxial confinement model for normal-and high-strength concrete columns [J]. Journal of Structural Engineering, 2003, 129 (2): 241-252.

[150] Eurocode 2, Design of Concrete Structures-Part 1. 1: General Rules and Rules for Buildings [S]. Brussels: European Committee for Standardization, 2003: 27-29.

[151] CEB-FIP model code 1990. London: Design Code [S]. London: Committee Euro-International du Béton, 1993: 33-39.

[152] Yu Q, Tao Z, Wu Y X. Experimental behaviour of high performance concrete-filled steel tubular columns [J]. Thin-Walled Structures, 2008, 46: 362-370.

[153] 丁发兴，余志武. 混凝土单轴力学性能统一计算方法 [J]. 中南大学学报，2006，41：1973-1979.

[154] 混凝土结构设计规范 GB 50010—2010 [S]. 北京：中国建筑工业出版社，2010：19-21.

[155] ACI 363R—92. State-of-the-art Report on High-strength Concrete [S]. Detroit, 1997: 1-55.

[156] Logan A, Choi W, Mirmiran A, et al. Short-term mechanical properties of high strength concrete [J]. ACI Materials Journal, 2009, 106 (5): 413-418.

[157] Yuan F, Huang H, Chen M C. Behaviour of square concrete-filled stiffened steel tubular stub columns under axial compression [J]. Advances in Structural Engineering, 2019, 22 (8): 1878-1894.
[158] Liang W, Dong J, Wang Q. Mechanical behaviour of concrete-filled double-skin steel tube (CFDST) with stiffeners under axial and eccentric loading [J]. Thin-Walled Structures, 2019, 138: 215-230.
[159] Yang Y L, Wang Y Y, Fu F. Effect of reinforcement stiffeners on square concrete-filled steel tubular columns subjected to axial compressive load [J]. Thin-Walled Structures, 2014, 82: 132-144.
[160] Xiong M X, Xiong D X, Liew J Y R. Axial performance of short concrete filled steel tubes with high- and ultra-high- strength materials [J]. Engineering Structures, 2017, 136: 494-510.
[161] 陈映旬. 基于Q550以上钢材的高强方钢管高强混凝土轴压中长柱受力性能研究 [D]. 沈阳：沈阳建筑大学，2020：17-37.
[162] 朱博文. 高强方钢管高强混凝土轴压中长柱力学性能研究 [D]. 沈阳：沈阳建筑大学，2016：15-17.
[163] Ellobody E. Numerical modelling of fibre reinforced concrete-filled stainless steel tubular columns [J]. Thin-Walled Structures, 2013, 63: 1-12.
[164] An L H, Fehling E. Numerical study of circular steel tube confined concrete (STCC) stub columns [J]. Journal of Constructional Steel Research, 2017, 136: 238-255.
[165] Dai X H, Lam D, Jamaluddin N, et al. Numerical analysis of slender elliptical concrete filled columns under axial compression [J]. Thin-Walled Structures, 2014, 77: 26-35.
[166] Liu X G, Xu C Z, Liu J P, et al. Research on special-shaped concrete-filled steel tubular columns under axial compression [J]. Journal of Constructional Steel Research, 2018, 147: 203-223.
[167] Shi G, Zhu X, Ban H Y. Material properties and partial factors for resistance of high-strength steels in China [J]. Journal of Constructional Steel Research, 2016, 121: 65-79.
[168] Wang Y B, Liew J Y R. Constitutive model for confined ultra-high strength concrete in steel tube [J]. Construction and Building Materials, 2016, 126: 812-822.
[169] Han L H, Yao G H, Zhao X L. Tests and calculations for hollow structural steel (HSS) stub columns filled with self-consolidating concrete (SCC) [J]. Journal of Constructional Steel Research, 2005, 61: 1241-1269.
[170] 建筑结构可靠性设计统一标准 GB 50068—2018 [S]. 北京：中国建筑工业出版社，2018：11-30.
[171] Abed F, AlHamaydeh M, Abdalla S. Experimental and numerical investigations of the compressive behavior of concrete filled steel tubes (CFSTs) [J]. Journal of Constructional Steel Research, 2013, 80: 429-439.
[172] ACI 318—11. Building Code Requirements for Structural Concrete and Commentary [S]. American Concrete Institute, Farmington Hills, MI, USA, 2011: 111-112.
[173] Yan B, Zhou X H, Liu J P. Behavior of circular tubed steel-reinforced-concrete slender columns under eccentric compression [J]. Journal of Constructional Steel Research, 2019, 155: 342-354.
[174] Dong M H, Elchalakani M, Karrech A, et al. Behaviour and design of rubberised concrete filled steel tubes under combined loading conditions [J]. Thin-Walled Structures, 2019, 139: 24-38.
[175] Young B, Ellobody E. Experimental investigation of concrete-filled cold-formed high strength stainless steel tube columns [J]. Journal of Constructional Steel Research, 2006, 62: 484-492.
[176] Cederwall K, Engstrom B, Grauers M. High-strength concrete used in composite columns [J].

Special Publication，1990，121：195-214.

[177] Du Y S，Chen Z H，Yu Y J. Behavior of rectangular concrete-filled high-strength steel tubular columns with different aspect ratio [J]. Thin-Walled Structures，2016，109：304-318.

[178] 韩林海，钟善桐. 钢管混凝土力学 [M]. 大连：大连理工大学出版社，1996：54-87.

[179] 张琦. 基于 Q550 以上钢材的高强方钢管高强混凝土柱单向偏压性能研究 [D]. 沈阳：沈阳建筑大学，2020：53-72.

[180] Han L H，Yao G H，Zhao X L. Behavior and calculation on concrete-filled steel CHS (circular hollow section) beam-columns [J]. Steel and Composite Structures，2004，4 (3)：169-188.

[181] Han L H，Yao G H，Tao Z. Behaviors of concrete-filled steel tubular members subjected to combined loading [J]. Thin-Walled Structures，2007，45：600-619.

[182] 曹文正. 基于 Q550 以上钢材的高强方钢管高强混凝土双向偏压柱受力性能研究 [D]. 沈阳：沈阳建筑大学，2020：19-34.

[183] 张明. 结构可靠度分析——方法与程序 [M]. 北京：科学出版社，2009：7-174.

[184] Bartlett F M，Macgregor J G. Statistical analysis of the compressive strength of concrete in structures [J]. ACI Materials Journal，1996，93：158-168.

[185] 钢结构设计标准 GB 50017—2017 [S]. 北京：中国建筑工业出版社，2017：16-19.

[186] 建筑结构荷载规范 GB 50009—2012 [S]. 北京：中国建筑工业出版社，2012：8-12.

[187] Onesteel. Design Capacity Tables for Structural Steel Hollow Sections [S]. Australia：OneSteel Australian Tube Mills，2010：3-14.

[188] 熊明祥，Liew J Y R. 高层建筑中高强钢管混凝土的设计研究 [J]. 建筑结构，2015，45 (11)：37-42.